光伏电池
原理及应用

SOLAR PHOTOVOLTAICS:
WORKING PRINCIPLES AND APPLICATIONS

王 东 杨冠东 刘富德 编著

化学工业出版社

·北京·

多种多样的光伏技术既有共性，也有其特异性。首先，光伏效应无一例外发生在具有半导体性质的两种材料的接触界面之间，产生的自由电荷通过在半导体材料中的输运到达电极和外电路，本书第1~3章阐述了半导体材料的一般性质以及接触界面发生的物理过程与原理，使读者对光伏电池的工作原理具备基础性的理解；其次，不同类别的光伏电池在材料性质、制备工艺、电池结构、组件应用等方面有很大的差异，第4~9章分别讲述了目前在产业领域和科研领域被普遍关注的几种光伏技术，包括晶体硅电池、硅薄膜电池、碲化镉电池、铜铟镓硒电池、有机电池和染料敏化电池，第10章则集中介绍了提高光伏电池效率的几种新理念、新技术；最后，结合光伏发电的实际案例，第11章提出电池与组件在系统真实应用中需要注意的问题，以期为读者在开发和使用光伏产品时与实践相结合提供依据。

本书适合太阳能光伏技术领域的研究人员、技术人员阅读，也可作为相关专业高校师生的阅读参考书。

图书在版编目（CIP）数据

光伏电池原理及应用/王东，杨冠东，刘富德编著．
北京：化学工业出版社，2014.1
ISBN 978-7-122-18737-6

Ⅰ．①光…　Ⅱ．①王…②杨…③刘…　Ⅲ．①光电
池-研究　Ⅳ．①TM914

中国版本图书馆 CIP 数据核字（2013）第 248338 号

责任编辑：戴燕红　郑宇印　　　　　　文字编辑：丁建华
责任校对：边　涛　　　　　　　　　　装帧设计：张　辉

出版发行：化学工业出版社（北京市东城区青年湖南街 13 号　邮政编码 100011）
印　　装：北京七彩京通数码快印有限公司
710mm×1000mm　1/16　印张 21¾　字数 402 千字　　2014 年 1 月北京第 1 版第 1 次印刷

购书咨询：010-64518888　　　　　　售后服务：010-64518899
网　　址：http://www.cip.com.cn
凡购买本书，如有缺损质量问题，本社销售中心负责调换。

定　　价：85.00 元

前　言

　　进入 21 世纪以来，全球对清洁能源的需求与日俱增。以太阳能光伏发电为例，最近十年全世界的光伏装机容量平均以每年 50% 的速度递增，截至 2011 年年底，全球累积光伏装机已达到 70GW。中国 2008 年当年光伏组件安装达到 40MW，之后呈现爆炸性增长，每年以 3~5 倍的速率递增，截至 2011 年年底全国累积光伏装机容量 3.3GW，自 2012 年开始的"十二五"规划中设定光伏安装量在"十二五"结束时至少达到 21GW。

　　尽管太阳能光伏发电已普通被民众广泛接受，光伏组件的规模化利用趋势也优于其他可再生能源，但与传统化石能源和水力发电相比（三峡水电站总装机容量为 22.5GW），光伏发电的比例仍然很小，并且对晶体硅材料过度依赖，成本尚未建立优势，因此开发更清洁、更廉价、更高效的光伏电池技术仍然是一个紧迫的任务。世界多国政府一直把光伏技术研发列为国家能源战略和科技发展规划中的重要组成部分，大量的人力物力投入促使光伏技术在过去的二十年里取得了飞速进步。目前各类光伏电池不下二十种，最高实验室效率超过 40%，所用关键半导体材料涵盖无机、有机和高分子及纳米材料，制备工艺五花八门，电池形态也多种多样。其中晶体硅电池、非晶硅电池、碲化镉电池、铜铟镓硒电池均已实现大规模商业化生产，光伏行业直接从业人员近百万。

　　为了满足各类对光伏技术感兴趣的人士的需求，本书对多种光伏电池做了全面且有重点的介绍。首先本书归纳了光伏效应的基本原理和物理规律，让读者从理性上理解光电流、光电压产生的通用科学机制；随后通过讲述每一种电池的具体材料特性与制造工艺，使读者对主流光伏技术的应用现状和发展前景有初步的了解；最后分析了光伏组件在实际系统应用中需要注意的问题，以便光伏研发人员在产品开发过程中更好地与实践相结合。笔者希望通过此书的出版，进一步普及太阳能光伏技术及其应用方面的知识，促进相关产业的发展。

本书第1至第3章由杨冠东负责编写，第4章、第5章、第10章由刘富德编写，其余章节由王东、苏志倩负责编写。本书在出版过程中得到北京大学李亚在文献调研方面的大力帮助，在此表示衷心的感谢。

编著者

2013 年 11 月

目　录

1 半导体材料

1.1 绝缘体，半导体，导体

材料的电导率 σ 反映了电子在材料中自由移动的能力。电导率的倒数即为电阻率 ρ，反映了材料对电子运动的阻力。根据材料所处电阻率的范围不同，可以将自然界中的材料大致分为导体、半导体、绝缘体。电阻率低于 $10^{-4}\,\Omega\cdot cm$ 的材料为导体，处于 $10^4\sim10^9\,\Omega\cdot cm$ 范围内的为半导体，高于 $10^9\,\Omega\cdot cm$ 的即为绝缘体。常见的导体包括各种金属，如 Al、Cu，Fe 等；半导体主要包括Ⅳ族材料 Si、Ge 和Ⅲ-Ⅴ族及Ⅱ-Ⅵ族化合物等，如 GaAs，GaN，ZnO 等；绝缘体包括的范围很广，如玻璃、石英、氧化镍、硫、纯水等都属于绝缘体。

半导体材料的导电性在不同的掺杂浓度、温度以及光激发状态下都可以产生很大的差异，而这些影响因素都是可以人为控制的。于是，人们便可以在很大范围内控制材料的光电性质，而半导体材料也成为现代电子器件中最为重要的材料。

表 1.1 给出了半导体器件中最广为利用的元素。目前，Si 和 GaAs 应用最为广泛，其中 GaAs 可以视为 Ga 和 As 的合金，在固体状态下没有毒性。InP 和 GaN 在光电器件中也占有重要的位置，例如 LED 芯片就是由 GaN 晶体制成。Ⅲ-Ⅴ族化合物半导体与 Si 的光电性质略有不同，例如大多数Ⅲ-Ⅴ族化合物为直接带隙半导体，而 Si 为间接带隙半导体。Ⅲ-Ⅴ族化合物半导体在高速电子器件，光电子器件等方面有着重要应用。Si 除了在传统电子器件中广泛使用，还是在太阳能电池领域使用最多的材料。

表 1.1 半导体材料常用元素

主族 周期	II	III	IV	V	VI
2		B 硼	C 碳	N 氮	O 氧
3	Mg 镁	Al 铝	Si 硅	P 磷	S 硫
4	Zn 锌	Ga 镓	Ge 锗	As 砷	Se 硒
5	Cd 镉	In 铟	Sn 锡	Sb 锑	Te 碲
6	Hg 汞		Pb 铅		

1.2 半导体材料的晶体性质

半导体材料的电学性质不仅受到掺杂浓度、温度的影响，更决定于其结晶性质。通常可以把固体半导体材料划分为单晶、多晶和非晶（图 1.1）。单晶材料兼具长程有序和短程有序，晶体内原子排列具有对称性和周期性，整个材料的晶体取向也是单一的。多晶硅材料仍然具有短程有序性，但是长程无序。而非晶材料则表现为长程、短程均无序。采用不同的材料制备方法可以获得有序程度不同的材料，对于硅而言，人们通常使用提拉法或区熔法制备单晶硅。另外，材料在不同温度下，其有序度会发成变化。一般而言，有序度越高的材料，电子运动所受到的各种阻力越小，材料电性能越好。因此，制备性质优良的结晶程度高的半导体材料一直都是人们关注的课题，例如，很多研究人员正在致力于将非晶或微晶硅薄膜太阳能电池发展至多晶硅薄膜太阳能电池。

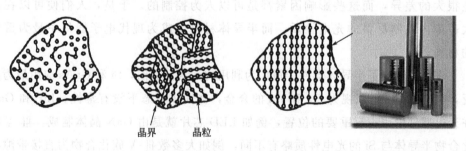

(a) 非晶硅
长程、短程均无序

(b) 多晶硅
长程无序、短程有序
晶界 晶粒

(c) 单晶硅
长程有序和短程有序

(d) 单晶硅锭

图 1.1 非晶硅、多晶硅、单晶硅的原子排列有序性

1.2.1 半导体材料的晶格结构

晶体的一个重要特征就是原子的周期性排列，其可以借用空间点阵来进行描述。可以找到一个晶体结构的最小单元，通过重复它便可以还原整个晶格排列，而这个最小单元就称为原胞（图1.2）。三个矢量 **a**、**b**、**c** 为原胞矢量，晶格中的每一个格点都可以通过这三个基矢表示：

$$\boldsymbol{R} = m\boldsymbol{a} + n\boldsymbol{b} + p\boldsymbol{c}$$

式中，m、n、p 均为整数。

在不同的晶面，晶体的电学、力学、热学性质都会各有不同。所谓晶面，即晶体内原子组成的平面。材料在不同的晶面上性质的不同，主要在于原子在不同晶面上排列不同。不同的晶面可以通过密勒指数（hkl）表示。密勒指数是晶面在晶格坐标轴上截距的倒数的最简整数比。密勒指数代表了一组相互平行的原子面。

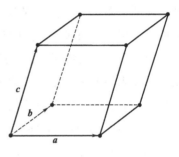

图1.2　晶格原胞

原子在晶体中的不同排列形成了不同的晶格结构。不同的材料原子间距不同，但是它们仍然可以具有相同的晶格结构。下面介绍几种常见的晶格结构[1]。

（1）简单立方（simple cubic，sc）

简单立方晶格结构是最简单的晶格结构，相同的每个原子分别占据立方体的每一个角，便形成了简单立方晶格结构，如图1.3（a）所示。也可以从另外一个角度理解简单立方结构，在一个平面上，原子如图1.4所示按照最简单的方式排列形成原子层，相同的原子层在纵向位置上以相同的方式不断重复堆叠，最后便形成了

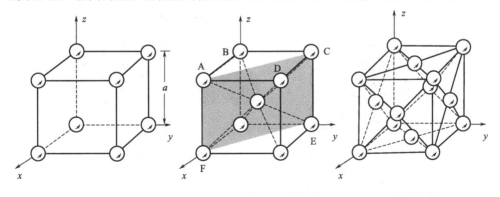

(a) 简单立方(sc)　　　　　(b) 体心立方(bcc)　　　　　(c) 面心立方(fcc)

图1.3　简单立方、体心立方、面心立方晶格结构

简单立方结构。如果用 A 表示第一原子层的位置，简单立方的堆叠结构可以表示为 AA…AA。简单立方结构虽然简单，但是却很不稳定，因为这种原子排列方式没有把材料的能量降到最低。因而，自然界很少有材料是这种结构，目前在自然界中只观察到了钋（Po）的 α 相为简单立方晶格结构[1]。

（2）体心立方（body-centered cubic，bcc）

体心立方晶格结构与简单立方结构唯一的不同便是在立方体的中心多了一个同样的原子［图 1.3（b）］。从原子层堆叠的角度，体心立方结构也是由如图 1.4 所示的原子层堆叠而成，不同的是第二层原子并不与第一层原子的位子重合，而是对应于第一层原子的原子间隙。按照这样的方式循环重复堆叠，便可以得到体心立方结构。如果用 B 表示上一层原子的间隙位置，则体心立方结构可以表示为 ABAB…ABAB。体心立方结构相比简单立方结构稳定很多，很多金属，如 Li、Na、K、Fe、W、Mo 等，都具有体心立方结构。

（3）面心立方（face-centered cubic，fcc）

在立方体的八个角和六个面的中心各安放一个相同的原子，便形成了面心立方结构［图 1.3（c）］。面心立方结构属于密排结构，它的原子层如图 1.5 所示，排列最为紧密，形成密排面。原子层在纵向上可以选择如图 1.5 所示三个位置进行堆叠，包括第一层原子所在的位置 A，第一层原子的一类空隙 B 和另一类空隙 C。如果原子层按照 ABCABC 的方式堆叠，便可以得到面心立方结构。若原子按照 AB-ABAB 的方式堆叠，便可以得到另一种密排结构——六角密排晶格（图 1.6）。由于密排结构比较稳定，很多金属都具有密排结构。如属于面心立方的有 Au、Ag、Cu、Al、Ni 等；属于六角密排的有 Mg、Zn、Ti 等。

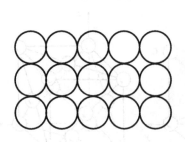

图 1.4　简单立方晶格结构原子层

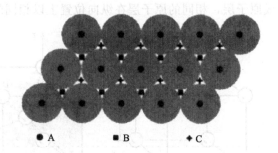

● A　　■ B　　◆ C

图 1.5　面心立方晶格结构原子层堆积

（4）金刚石结构（diamond structure）

金刚石结构是在面心立方结构的基础上，在立方体的四条体对角线上分别安放四个相同的原子，其中两个原子位于两条相邻对角线的 1/4 处，另外两个原子位于

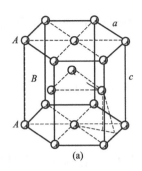
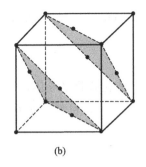

图 1.6　六角密排晶格结构（a）和面心立方晶格结构（b）

剩下的两条对角线的 3/4 处（图 1.7）。也可以将 4 条对角线划分为从体心出发的 8 条 1/2 对角线，4 个原子分别位于 4 条不相邻的 1/2 对角线的中心。对于金刚石结构，每个原子都处于它最近的四个原子形成的四面体的中心。值得注意的是，处于四面体中心的原子和四面体顶点上的原子是不等价的。金刚石结构是一种非常重要的结构，除了金刚石为该结构外，半导体材料 Si 和 Ge 也都是金刚石结构。

（5）闪锌矿结构（zinc blende structure）

闪锌矿结构与金刚石结构非常类似，唯一不同的是闪锌矿结构中，对角线上的原子与面心立方位置上的原子不是同一种原子（图 1.8）。例如 GaAs 为闪锌矿结构，当 Ga 离子占据面心立方位置时，As 离子占据对角线上的位置。具有闪锌矿结构的晶体还包括 ZnS、ZnSe、CuCl 等等。另外，很多Ⅲ-Ⅴ族化合物也具有闪锌矿的结构，如 InSb[2]。

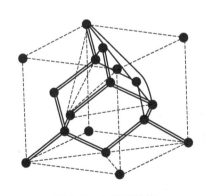

图 1.7　金刚石结构

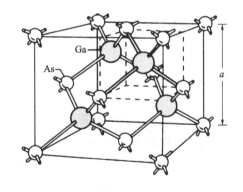

图 1.8　闪锌矿结构

1.2.2　常见太阳能电池材料的晶格结构

（1）Si

单晶硅为金刚石结构，晶格常数为 0.543nm，原子半径为 0.118nm，原子

密度为 $5.02 \times 10^{22}\,cm^{-3}$，材料密度为 $2328kg/m^3$，本征电阻率约为 $2.3 \times 10^5\,\Omega \cdot cm$ [3]。

（2）GaAs

GaAs 为Ⅲ-Ⅴ族化合物半导体，属于闪锌矿结构，晶格常数为 0.565nm，原子密度为 $4.42 \times 10^{22}\,cm^{-3}$，材料密度为 $5307kg/m^3$。

（3）CdTe

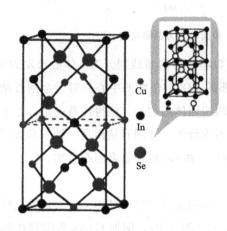

图 1.9　CuInSe₂ 黄铜矿晶格结构

CdTe 具有闪锌矿和纤锌矿两种晶格结构，但在常温下人们获得的多为闪锌矿结构的 CdTe 晶体，包括 CdTe 薄膜太阳能电池中的 CdTe 晶体。闪锌矿的 CdTe，晶格常数为 0.648nm，材料密度为 $5860kg/m^3$。

（4）CIGS

铜铟镓硒实际上是 CuInSe₂ 和 CuGaSe₂ 的固熔晶体，可以认为是 Ga 代替了 CuInSe₂ 晶体中的部分 In 而形成。CuInSe₂ 晶体属于黄铜矿结构（图 1.9），晶格常数 $a = 0.577nm$，$c = 1.154nm$，但是随着 Ga 的掺入，晶格常数会随之发生变化。

1.3　半导体能带

1.3.1　原子能级

为了更好地理解半导体的能带，首先了解组成半导体的原子中，电子是如何运动和分布的。根据波尔在 20 世纪初提出的原子模型，原子由原子核和围绕它运动的电子组成。原子核占据了原子几乎所有的质量，而电子的质量相对可忽略不计。但是原子核的半径却比原子壳层的半径小很多，原子核的半径属于 10^{-15} m 量级，原子壳层的半径为 10^{-10} m 量级。原子核带正电，它由带正电的质子和电中性的中子组成；电子壳层带负电；整个原子呈电中性。若按照经典理论，带负电的电子受到带正电的原子核的吸引力，围绕原子核做周期运动，电子所受离心力与静电力达到平衡，速度不同的电子拥有不同的能量和运动半径（图 1.10）。

但是，该理论会遇到一个很大的问题，电子和原子核之间组成了电偶极子，电子围绕原子核运动时电偶极子随之运动。根据电动力学理论，此时电偶极子会释放出电磁波，电子会损失能量，这个过程不断持续，最终电子会坠入原子核。为了解决这个矛盾，波尔提出电子只能在分立的能级上运动，电子的能量和运动半径是量子化的（图 1.11）。在氢原子中，电子的能量依照下列形式给出：

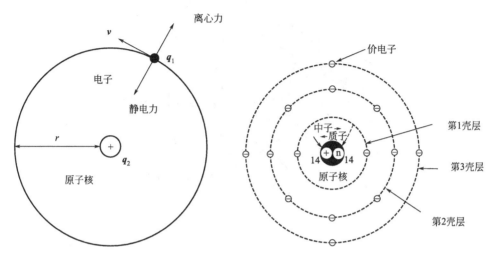

图 1.10　氢原子结构示意图　　　　图 1.11　电子的分立能级

$$E_n = -\frac{E_B}{n^2} = -\frac{q^2}{8\pi\varepsilon_0 a_B}\frac{1}{n^2} \tag{1.1}$$

式中，E_B 为氢原子的电离能；n 为自然数（1，2，3…）（图 1.12）；a_B 为波尔半径；q 为电子电荷；ε_0 为真空介电常数。电子不能拥有除这些分离能级以外的能量。不同的元素，其电子的能级各不相同。波尔半径的表达式如下：

$$a_B = \frac{\varepsilon_0 h^2}{\pi m_e q^2} \tag{1.2}$$

式中，h 为普朗克常数；m_e 为电子质量。对于氢原子

$$E_n = -\frac{13.6}{n^2}(\text{eV}) \tag{1.3}$$

式中，eV 是半导体中常用的能量单位，表示电子电势升高 -1V 所获得的电势能，$1\text{eV} = 1.6 \times 10^{-19}$J。

波尔的原子模型与爱因斯坦的光子理论也保持一致，电子从高能级跃迁至低能级会释放出光子，光子的能量等于两能级的能量差：

$$E = E_n - E_m = hf_{n,m} \tag{1.4}$$

对于氢原子，光子的频率为：

$$f_{n,m} = \frac{q^4 m_e}{8\varepsilon_0^2 h^2} \left| \frac{1}{m^2} - \frac{1}{n^2} \right| \tag{1.5}$$

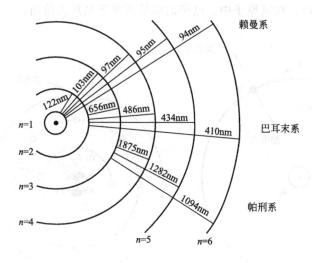

图 1.12　氢原子电子跃迁

硅原子中电子的能级分布

硅原子一共有 14 个电子，电子的轨道分布为 $1s^2 2s^2 2p^6 3s^2 3p^2$，其中前 10 个电子处于内层轨道，分别占据 1s、2s 和 2p，它们与原子核有着强烈的相互作用；剩余的 4 个电子分布在外层轨道 3s 和 3p，3s 拥有两个电子态，电子优先占满这两个电子态，3p 拥有 6 个电子态，剩余的 2 个电子就处于 3p 轨道，这 4 个外层电子称为价电子，它们与原子核的相互作用较弱，能直接参与硅原子与其他原子的化学反应。

1.3.2　能带的形成

在孤立的原子中，电子始终处于分立的量子化的能级，但是当原子聚集在一起形成晶体时，不同原子的电子壳层会相互交叠，发生相互作用。由于原子电子壳层发生交叠，电子可以从一个原子的电子壳层运动到另一个原子相同的电子壳层，也即发生电子的共有化运动。电子壳层交叠程度越高，电子的共有化运动越强烈，使得电子可以在整个晶体内发生迁移。此外，原子间的相互作用还会使电子的能级发生改变。以两个原子为例，当两原子相互靠近时，电子发生相互作用，特别是外壳层电子相互作用最为强烈，其能级就会发生迁移，原来两原子中相同的能级就会发生分裂，形成两个相距很近却各不相同的能级。当有 N 个原子聚集并发生相互作用时，原来的单一能级就会分裂成 N 个能级，当 N 足够大，分裂能级之间相邻足够紧密的时候，就会组成近似连续的能带，整个能带的能量跨度可以达到 eV 量级。有的能带并不仅仅是由单一能级分裂而来，例如当 N 个硅原子组成晶体时，3s 能级和 3p 能级会发生杂化，然后形成上下两个能带，每个能带各可容纳 4N 个电子。由于晶体一共拥有 4N 个价电子，当材料处于绝对零度时，价电子全位于能量较低的能带，此能带也即价带；而能量较高的能带则未被电子占据，此能带为导带；两个能带之间的间隙为禁带。

在价带中，能量最高的能态称为价带顶，用 E_V 表示；导带中能量最低的能态称为导带底，用 E_C 表示，E_C 与 E_V 之间的能量差即为禁带宽度 E_g（图 1.13）。

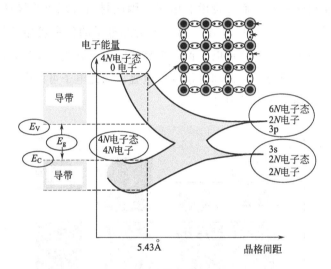

图 1.13　晶体能带的形成

$$E_g = E_C - E_V \tag{1.6}$$

禁带中没有电子态的存在，电子想要从价带跃迁到导带，就必须拥有足够的能量跃过禁带，电子跃迁从价带跃迁至导带的过程，也即是电子必须打破束缚它的原有的电子键而成为准自由电子的过程。禁带宽度就是电子脱离原有价键束缚的最小能量。对于半导体而言，电子从价带跃迁至导带的数目多少，决定了其导电能力。

对于电子而言，当其在外电场的作用下在材料中发生定向迁移运动，其电子状态特别是能量就会发生变化。由于电子的能级是量子化的，电子只能处于特定的电子态，当其能量发生变化时，必须有空的能级接纳电子，也即电子所处的能带中必须有空的电子态。在半导体中，当材料处于绝对零度时，价带的所有电子态都被电子所占满，而导带没有电子；随着材料温度的升高，电子由于热激发，获得了跃迁至导带的机会。当一部分电子跃迁至导带以后，由于导带还拥有大量的空电子态，于是这部分电子便可以参与导电。在价带中，由于电子的跃迁，留下了一个空的电子态，使得价带中的电子也可以参与导电，其导电能力决定于这些空的电子态，可以等效地把这些空的电子态看成是带正电的准粒子，即空穴。在室温下，电子的热激活能 $E_{thermal}=kT=25.6meV$，而半导体材料的禁带宽度一般为 $1.0\sim2.0eV$[4]。虽然热激发可能将电子从价带激发至导带，但是由于禁带宽度相对较大，只有少部分电子跃迁至导带，从而使得半导体材料的导电性并不很高。借助禁带宽度的概念，可以进一步理解绝缘体和导体。对于绝缘体，其禁带宽度大于 5eV，价带电子与原子结合得非常紧密，常温下电子非常难摆脱束缚跃迁至导带[4]。由于价带所有的电子态都被电子占据，而导带没有电子，因此材料表现出绝缘性。对于导体，可以分为两种情况。如图 1.14 所示，第一种情况电子的价带或导带只被电子部分占据，剩余很多空电子态，使得电子拥有足够的空电子态进行跃迁，因而表现出明显的导电性；第二种情况是导带和价带发生重叠，因此电子可以很容易地跃迁至导带的空电子态，因而表现出导电性。

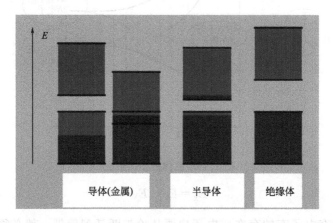

图 1.14　导体（金属）、半导体、绝缘体的能带以及电子占据状态

1.3.3　波粒二象性

为了研究载流子在晶体周期势场中的运动，理解半导体能带，首先简单介绍粒子的量子力学特性。根据量子力学，粒子具有波粒二象性，德布罗意认为粒子可以用物质波表示，波的频率和波长通过普朗克常数与粒子的能量和动量联系起来，也即频率为：

$$\nu=\frac{E}{h} \tag{1.7}$$

波长为：

$$\lambda = \frac{h}{p} \tag{1.8}$$

式中，p 为粒子的动量。对于不处于任何势场之中的自由粒子，其波函数可以用平面波表示：

$$\Phi(r,t) = \exp[i(\boldsymbol{k} \cdot \boldsymbol{r} - \omega t)] \tag{1.9}$$

式中，ω 为角频率；$\boldsymbol{k}$ 为波的波矢，描述了波的传播方向，其模的大小：

$$|\boldsymbol{k}| = \frac{2\pi}{\lambda} \tag{1.10}$$

粒子的动量用波矢表示为：

$$\boldsymbol{p} = \frac{h\boldsymbol{k}}{2\pi} = \hbar \boldsymbol{k} \tag{1.11}$$

式中，$\hbar$ 称为约化普朗克常数。利用波粒二象性，德布罗意尝试解释了原子中能量的量子化。以氢原子为例，围绕着原子核的电子可以看成是以原子核为中心的驻波（图 1.15），为了使驻波保持连续性，要求驻波的圆周长是波长的整数倍，从而波长只能取一系列分立的值，即：

$$\lambda = \frac{2\pi r}{n} \tag{1.12}$$

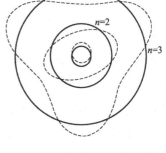

图 1.15 氢原子电子波函数

式中，r 为电子的运动半径；n 为自然数。由此可以求出电子的角动量：

$$J = rp = r\frac{h}{\lambda} = \frac{nh}{2\pi} \tag{1.13}$$

角动量的量子化进一步说明了能量的量子化。

1.3.4 薛定谔方程

在量子力学中，粒子的波函数遵循薛定谔方程。对于一个粒子，其能量由动能 $K.E.$ 和势能 V 两部分组成：

$$E = K.E. + V = \frac{p^2}{2m} + V(r) \tag{1.14}$$

式中，p 和 m 分别为粒子的动量和质量。假设粒子的波函数为 ψ，将波函数乘以上式两边，可得：

$$E\psi = \frac{p^2}{2m}\psi + V(r)\psi \tag{1.15}$$

在量子力学中用算符来表示动量和能量，其对应关系如下：

$$E \sim \mathrm{i}\,\hbar\frac{\partial}{\partial t} \qquad (1.16)$$

$$\boldsymbol{p} \sim -\mathrm{i}\,\hbar\,\boldsymbol{\nabla} \qquad (1.17)$$

式中，$\boldsymbol{\nabla}$ 为哈密顿算子。代入上述波函数乘式便可以得到薛定谔方程（作用于波函数上）：

$$\mathrm{i}\,\hbar\frac{\partial}{\partial t}\psi = \left[-\frac{\hbar^2}{2m}\boldsymbol{\nabla}^2 + V(\boldsymbol{r})\right]\psi \qquad (1.18)$$

假设势能 V 不显含时间，则可以得到不含时的薛定谔方程：

$$E\psi(\boldsymbol{r}) = \left[-\frac{\hbar^2}{2m}\boldsymbol{\nabla}^2 + V(\boldsymbol{r})\right]\psi(\boldsymbol{r}) \qquad (1.19)$$

这是一个能量的本征方程，E 为能量的本征值，不同的能量本征值代表不同的能级，而相应的波函数解 ψ 为能量本征函数。波函数的物理含义较难直接理解，可以理解波函数为粒子的概率波，ψ 为概率波幅（图 1.16）。波函数乘以它的共轭所得到的模方表示粒子在某一位置 r 出现的概率密度 P (r)，此即概率密度函数。如果在一定的空间内对波函数模方进行积分，便得到粒子在这一空间范围内出现的概率。如果对全空间积分，那么这个概率就等于1，也即：

$$P(x) = \psi(x)\psi^*(x) \qquad (1.20)$$

$$\int_{-\infty}^{\infty} P(x)\mathrm{d}x = 1 \qquad (1.21)$$

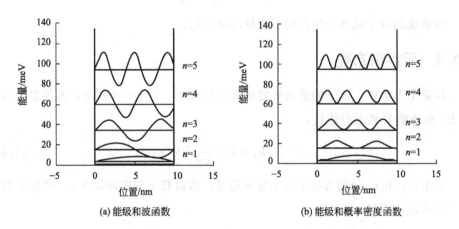

(a) 能级和波函数　　　　　　　(b) 能级和概率密度函数

图 1.16　无限深势阱中粒子的波函数、能级和概率密度函数

因此，在计算波函数时，可以对波函数进行归一化。

1.3.5 半导体中电子的能量与动量之间的关系

在一维情况下，自由电子的能量和动量关系为：

$$E = \frac{p^2}{2m} \tag{1.22}$$

可以得到图 1.17 所示的一条抛物线。

但是对于半导体中的电子而言，E 与 K 之间的关系更为复杂，必须借助能带理论等更为复杂的方法才能计算出 $E(K)$。但是考虑到在实际的半导体中，电子或者空穴总是倾向于占据低能量状态，因此，可以集中研究能带中导带底和价带顶的能量与波数之间的关系。根据量子力学，粒子质量中心的运动速度可以看成是其波函数波包运动的群速度 v_g，而 v_g 的表达式为：

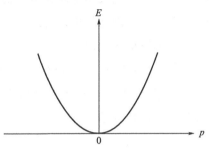

图 1.17 自由电子的能量和动量关系

$$v_g = \frac{\mathrm{d}\omega}{\mathrm{d}k} \tag{1.23}$$

式中，ω 为粒子波函数的圆频率，有 $E = \hbar\omega$。可以得到：

$$v_g = \frac{1}{\hbar}\frac{\mathrm{d}E}{\mathrm{d}k} \tag{1.24}$$

当粒子受到除与晶体内周期势相关的力 F 时，由于晶体的周期势已经考虑进波函数当中，于是有[5]：

$$\mathrm{d}E = F\mathrm{d}x = Fv_g\,\mathrm{d}t \tag{1.25}$$

$$F = \frac{1}{v_g}\frac{\mathrm{d}E}{\mathrm{d}t} = \frac{1}{v_g}\frac{\mathrm{d}E}{\mathrm{d}k}\frac{\mathrm{d}k}{\mathrm{d}t} = \frac{\mathrm{d}(\hbar k)}{\mathrm{d}t} \tag{1.26}$$

与此同时

$$\frac{\mathrm{d}v_g}{\mathrm{d}t} = \frac{1}{\hbar}\frac{\mathrm{d}}{\mathrm{d}t}\left(\frac{\mathrm{d}E}{\mathrm{d}k}\right) = \frac{1}{\hbar^2}\frac{\mathrm{d}^2 E}{\mathrm{d}^2 k}\frac{\mathrm{d}(\hbar k)}{\mathrm{d}t} \tag{1.27}$$

结合以上两式可以得到：

$$F = m^*\frac{\mathrm{d}v_g}{\mathrm{d}t} \tag{1.28}$$

式中，m^* 称为电子的有效质量：

$$m^* = \left(\frac{1}{\hbar^2} \frac{\mathrm{d}^2 E}{\mathrm{d}^2 k}\right)^{-1} \tag{1.29}$$

有效质量为处理半导体中的电子提供了一种非常方便的方法，可以由 F 的表达式看出，其与牛顿力学中的表达形式相同。借助上式，在处理电子的运动时，不需要再考虑晶体中的通常很复杂的周期势场，而只需考虑电子受到的外部的力，从而使得对电子运动的分析容易了很多。电子在导带底和价带顶的有效质量可以通过实验测得，可以直接用来研究电子的运动。另外，$\hbar k = m^* v$，为电子在半导体中的准动量，这个准动量也是已经计入半导体周期势以后的结果，可以直接用来研究电子在外力下的运动规律。

由 m^* 的表达式可以看出，电子在导带底的有效质量大于 0，而在价带顶的有效质量小于 0；另外，能带抛物线越窄，其有效质量的绝对值就越小，在外力作用下速度变化越快（图 1.18）。

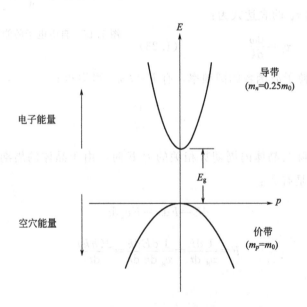

图 1.18　导带底与价带顶

另外，对于空穴而言，由于空穴实际上是电子的空位，在研究空穴的运动时，只需让：

$$m_p^* = -m_n^*$$

式中，m_p^*、m_n^* 分别为电子在价带顶和导带底的有效电子质量。其余皆可以按照同样的方法进行计算分析。

1.3.6 直接带隙和间接带隙半导体

半导体材料按照其能带的特点，可以分为直接带隙半导体和间接带隙半导体。对于直接带隙半导体，其价带能量的最大值与导带能量的最小值位于同一个 K 点；对于间接带隙半导体，价带能量的最大值与导带能量的最小值位于不同的 K 点。在间接带隙半导体中，电子想要从价带顶跃迁至导带底时，除了需要带隙间的能量差以外，还需要吸收动量，也即需要声子的作用，使其从一个 K 点移动到另一个 K 点；而对于直接带隙半导体则不需要吸收动量便可完成跃迁。

由于光子所携带动量相比能带间动量的变化非常小，仅受光子作用时，电子动量几乎不会发生变化，如果没有声子的参与，只能在同一 K 点上跃迁，这就导致了间接带隙半导体中光激发电子的跃迁概率以及电子的带间复合概率相比直接带隙半导体中的跃迁概率和带间复合概率要小很多。由于间接带隙半导体中电子的带间复合概率较低，这就使得其复合速率主要受复合中心的影响。间接带隙半导体中，电子通过复合中心复合，其能量的释放主要是通过热的形式，即释放出声子；而在直接带隙半导体中，电子的带间直接复合则会通过光的形式释放出能量，也即释放光子，这也是制备 LED、激光器等器件时需要选用直接带隙半导体材料的原因（图 1.19）。

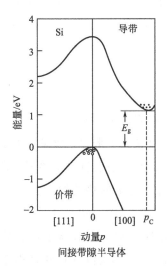
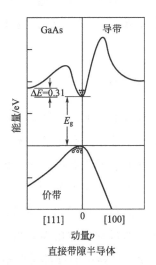

(a)

图 1.19

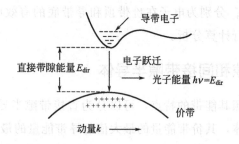

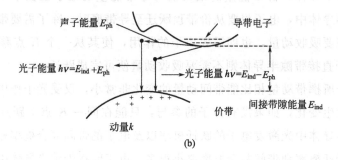

(b)

图 1.19　直接带隙半导体和间接带隙半导体以及其载流子跃迁

1.4　半导体材料的掺杂

半导体材料在电子领域具有广泛应用的原因之一就是人们可以通过掺杂改变材料的性质，特别是导电性。通过掺入特定的杂质，半导体材料可以由本征状态变为 p 型或者 n 型半导体，而 p 型和 n 型半导体是半导体器件中 pn 结形成的基础。

1.4.1　本征半导体

在半导体材料中，不可避免地含有一定量的杂质，但是当杂质含量很小时，可以认为它是本征半导体。本征半导体中的自由载流子来源于价带的电子在跃迁到导带以后形成的自由电子和空穴，电子跃迁需要的最小能量就是禁带的带宽，由于半导体的禁带宽度通常都在 1eV 以上，而室温下电子的热能约为 $kT=0.026\mathrm{eV}$，因此只有少量的自由载流子产生。例如在本征的硅中，室温下自由电子密度约在 $10^{10}\,\mathrm{cm}^{-3}$ 量级。通过共价键模型，可以更好地理解自由载流子形成的过程。虽然并不是所有半导体材料中的键都是严格的共价键，例如 GaAs 中的电子键也具有一定的离子性，但通常并不妨碍用共价键模型来理解半导体材料的性质。下面以 Si 为例，说明自由电子的形成。硅原子外壳层的四个电子与相邻硅原子的外层电子一起形成共价键，同时电子被硅原子核所束缚（图 1.20）。当晶体处于绝对零度时，晶格没有热振动，电子也无法获得能量挣脱束缚，随着温度的升高，晶格热振动加剧，电子能够获得能量，在一定概率下热激发而摆脱原子核的紧密束缚，形成可以在晶格中自由运动的自由电子，而当其离开原有的位置时，便留下了一个正电中心，也即空穴。它可以俘获邻近的电子，从而这个正电中心可以在晶格中不断地自由移动，形成导电空穴。在热平衡状态下，不断有

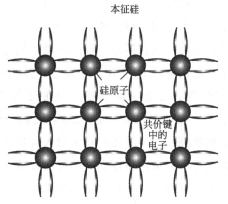

图 1.20　本征硅晶体

自由电子和空穴被激发，同时也不断有电子和空穴复合，电子被激发和复合的速率相等。在热平衡状态下，假设材料中自由电子的浓度为 n_i，激发速率为 g_i，复合速率为 r_i，则 $g_i = r_i$。g_i 随着温度的增加而增加，与此同时 n_i 也增加；而 n_i 的增加便导致复合速率 r_i 的增加，r_i 会增加至与 g_i 到达平衡为止。可以看出，材料中的载流子浓度是复合速率和激发速率的函数，复合速率和激发速率在不同温度下始终相等，达到平衡，通常情况下有：

$$r_i(T) = g_i(T) = \alpha n_i^2(T) \tag{1.30}$$

1.4.2　掺杂半导体

半导体材料的载流子浓度可以通过掺入杂质来改变，且这种掺杂通常为替代位掺杂，即杂质原子替代晶体材料中原有的原子，而不是位于原子的间隙。根据杂质提供的是多余的电子还是空穴，可以把杂质分为 n 型杂质和 p 型杂质，掺杂后的半导体分别为 n 型半导体或 p 型半导体。

在半导体进行掺杂以后，半导体中的一种载流子会远远多于另外一种载流子，例如在 n 型半导体中，自由电子的数量会远大于空穴的数量，此时称数量较多的、对材料的电导率做主要贡献的一类载流子为多数载流子，而另一种载流子为少数载流子（简称少子）。

（1）n 型半导体

当杂质为半导体材料引入多余的电子时，就对材料进行了 n 型掺杂，称这一类杂质为施主杂质。下面以磷原子掺入硅为例。如图 1.21（a）所示，硅的最外层有 4 个电子，这 4 个电子分别与该硅原子的四个最邻近硅原子中的一个电子形成共价

键。当磷原子替代硅原子时，由于磷原子拥有 5 个价电子，在同其周围的四个硅原子形成共价键以后，还多余一个电子。当温度为 0K 时，这个电子由于受到磷原子核的束缚，而在磷原子周围运动，但是由于这个电子没有参与共价键的形成，磷原子对它的束缚非常弱。事实上，其束缚能小于 0.044eV[3]。当温度升高到 50～100K 时，此电子便能摆脱磷原子核的束缚，在材料中自由运动，形成自由电子[6]。电子摆脱杂质原子束缚的过程称为施主电离，施主电离所需的能量为施主电离能。当半导体材料中掺入大量的杂质后，在室温下杂质便可以电离出大量的自由电子，从而使得此时的自由载流子浓度 n_0 远大于半导体材料未掺杂时的本征载流子浓度 n_i，使得材料的导电性大大增加。

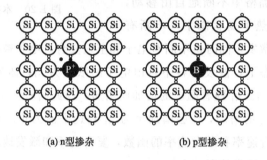

(a) n 型掺杂   (b) p 型掺杂

图 1.21　n 型硅和 p 型硅

半导体杂质电离的过程通过能带图可以得到清晰的描述。如图 1.22 所示，施主杂质掺入半导体以后会引入杂质能级，这个能级通常处于禁带之中靠近导带底的位置。由于杂质原子的数量相对晶体内原子的数量很少，杂质原子之间的距离较大，不会产生相互作用，因此杂质原子的杂质能级不会分裂而形成能带，而在禁带内形成了单一能级。施主杂质的施主能级 E_D 靠近导带底，导带底与杂质能级之间的能量差也即为杂质的电离能。当材料上升至一定温度时，处于施主能级上的电子获得足够的能量，跃迁至导带，形成自由电子，在施主能级留下了正电中心。

(2) p 型半导体

对 p 型半导体的分析与 n 型半导体的类似。以硼替代位掺杂硅为例［图 1.21（b）］。硼原子最外层仅有 3 个价电子，当替代硅原子后，仅有 3 个电子与周围的硅原子形成共价键，由于缺少一个电子完整地形成 4 个共价键，从而产生了一个电子空位，也即空穴。该空穴拥有吸引电子的能力，在室温下，其周围的电子可以很容易地被空穴所俘获，而空穴在该过程中从一个原子移动到了另一个原子，也即空穴可以在材料中自由移动，成为自由载流子。如果把空穴看成准粒子，可以理解为空穴受到硼原子的束缚，但是其受到的束缚能很小，在热激发下很容易摆脱束缚，而在材料中自由移动。为材料提供空穴的杂质称为受主杂质，空穴摆脱受主的过程称为受主电离，所需要的能量为受主电离能。受主杂质掺入半导体后，使得自由载流子浓度 p_0 远大于半导体材料未掺杂时的本征载流子浓度 n_i。

同样可以通过能带图理解空穴电离的过程（图 1.23）。本征半导体材料中掺入受主杂质以后会引入受主能级，受主能级 E_A 一般位于禁带中靠近价带顶的位置。当材料温度升高时，价带的电子跃迁至受主能级，在价带中留下了一个空穴。受主能级与价带顶之间的能量差也即为空穴的电离能。值得注意的是，电子跃迁至受主能级以后，由于受主能级只是一个单能级，并没有空余的能级以供电子运动时占据，因此并不属于自由电子。而只有价带中的空穴才属于自由载流子。

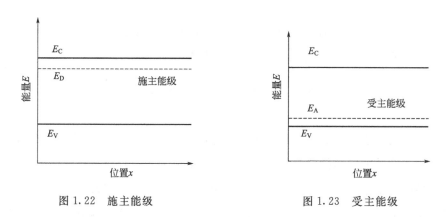

图 1.22 施主能级   图 1.23 受主能级

Ⅲ-Ⅴ族半导体的掺杂与 Si 类似，以 GaAs 为例，当掺入Ⅱ族的 Be、Zn、Cd 等时，拥有两个价电子的Ⅱ族原子替代拥有三个价电子的 Ga 原子，引入空穴。当掺入Ⅵ族的 S、Se、Te 时，拥有六个价电子的Ⅵ族原子替代 As，引入电子。当Ⅳ族原子，例如 Si，掺入Ⅲ-Ⅴ族半导体以后，既可形成 n 型半导体，又可形成 p 型半导体。通常情况下，Si 会替代 Ga 原子，而提供多余的电子，形成 n 型半导体。但是如果在 GaAs 生长过程中形成了较多的 As 空位，Si 原子也会占据 As 原子的位置，而形成 p 型半导体。

1.4.3 杂质能级的计算

对于 n 型和 p 型半导体，其掺杂以后形成的施主能级和受主能级距离导带底和价带顶都很近，属于浅杂质能级。由于电子或空穴受到杂质正电中心或负电中心的束缚很弱，可以使用类氢模型对杂质的电离能进行估计。以磷原子掺杂硅单晶为例，磷原子替代硅原子以后，形成一个正电中心和被轻束缚的电子，形成一个类氢原子。对于氢原子，根据波尔模型，各电子能级的能量为：

$$E_n = -\frac{mq^4}{2K^2 \ \hbar^2 n^2} \tag{1.31}$$

式中，n 为自然数，$K = 4\pi\varepsilon_0$。

对于磷原子杂质，由于其处于硅晶体之中，其介电常数由 ε_0 变为 ε_r；此外，由于杂质处于周期性的晶体之中，受到晶体周期势能的作用，电子的质量 m_0 应该换为其在晶体中的有效质量 m^*。由此可以得到，当电子被正电中心束缚时，其最低能态的能量为：

$$E_1 = -\frac{m^* \ q^4}{2K^2 \ \hbar^2} \tag{1.32}$$

式中，$K = 4\pi\varepsilon_r\varepsilon_0$。当杂质电离以后，电子成为自由载流子，不再受到正电中心的束缚，其能量为 $E' = 0$。因此，杂质的电离能：

$$\Delta E = E' - E_1 = \frac{m^* \ q^4}{2K^2 \ \hbar^2} = \frac{13.6m^*}{\varepsilon_r^2 m_0}(\text{eV}) \tag{1.33}$$

对于硅，其 ε_r 约为 11.8，其电子的有效质量 $m^* \approx 0.26m_0$，可以计算得出，硅晶体中施主杂质的电离能约为 0.025eV。同样的，还可以计算出硅晶体中空穴的电离能，硅晶体中空穴的有效质量约为 $0.30m_0$，空穴电离能约为 0.029eV。同一种材料中不同的杂质应该拥有不同的电离能，但是上述计算中并没有考虑杂质对电子能级的影响，因此对于电子或空穴只得出了同样的一个电离能。对于硅而言其电子和空穴的电离能大多位于 $0.03\sim0.06$eV 之间[6]。对于大多数的半导体，其 ε_r 在 10 左右，其电子和空穴的有效质量一般小于其真实质量，由此可以看出，半导体中浅杂质的电离能一般小于 0.1eV。

深能级杂质

有的替代位杂质掺入半导体以后，其杂质能级离价带顶和导带底都比较远，形成深杂质能级。深能级杂质的电离能较高，一般在室温下不会完全电离。但依然可以电离出一定量的电子或者空穴，并且深能级杂质可能会在禁带中形成多个杂质能级。深能级杂质在半导体材料中会形成陷阱或者电子空穴的复合中心，对半导体器件的性能有很重要的影响。特别是对于制作太阳电池和 LED 等光电器件，在半导体材料生长过程中要尽量避免深能级杂质的掺入。另外，深能级杂质相对浅能级杂质而言，其含量一般较小，对半导体的导电性并没有决定性的影响。

1.5 载流子分布

1.5.1 费米分布

在研究和使用半导体的过程中，人们关心的一个主要问题就是材料的载流子浓度。通常情况下，对于掺杂后的半导体，由于杂质浓度一般远大于材料本征载流子的浓度，而杂质在室温下几乎可以完全电离，因此人们近似地认为材料的多数载流子浓度等于杂质浓度。但是，当人们想要知道材料少数载流子浓度时，就更多地希望借助于统计的观点，获得载流子的分布，进而求出少数载流子浓度。在半导体材料中，单位体积内原子和电子的数目都非常大，例如在硅晶体中，其原子密度处于 $10^{22}\,\mathrm{cm}^{-3}$ 量级。由于单位体积内电子的数目非常大，因此用统计力学研究它的分布。在一定的温度下，电子由于热振动具有一定的动能，电子的能量不断在允许的能量状态下改变，在热平衡状态下，电子的能量服从一定的统计规律。由于电子为费米子，也即在一个量子态只能同时允许一个粒子占据，服从泡利不相容原理，因而电子在热平衡状态下的能量分布服从费米-狄拉克统计（简称费米分布）：

$$f(E) = \cfrac{1}{1 + \exp\left(\cfrac{E - E_F}{kT}\right)} \tag{1.34}$$

式中，$f(E)$ 代表能量为 E 的量子态被某一个电子所占据的统计概率；k 为玻耳兹曼常数，$k = 8.62 \times 10^{-5}\,\mathrm{eV/K} = 1.38 \times 10^{-23}\,\mathrm{J/K}$，当 $T = 300\mathrm{K}$ 时，$kT \approx 26\mathrm{meV}$；$E_F$ 为费米能级，费米能级是研究半导体材料非常重要的一个概念。由 $f(E)$ 表达式可以知道，当材料处于一定的温度时，只要知道 E_F 的大小便可以知道材料中电子的分布。此外，费米能级还表示了电子组成的热力学系统中的化学势[7]：

$$E_F = \mu = \left(\frac{\partial F}{\partial N}\right)_T \tag{1.35}$$

式中，F 为系统的自由能；N 为系统中电子的数目。于是 E_F 也就表示系统增加或减少一个电子所需要或放出的能量。此外，由于 $f(E_i)$ 代表了一个量子态被一个电子占据的概率，也就表示了在一定的分布下，一个量子态上有多少个"电子"。因此，如果将所有量子态的 $f(E_i)$ 相加，应该等于系统中电子的总数。

不难发现，无论在任何温度下，对于能量等于费米能级的量子态，其被电子占据的概率永远等于 1/2：

$$f(E_F)=\frac{1}{1+\exp\left(\dfrac{E_F-E_F}{kT}\right)}=\frac{1}{1+1}=\frac{1}{2} \tag{1.36}$$

电子的费米分布函数在不同的温度下有不同的特性：

当 $T=0K$ 时，如图 1.24 所示，电子的分布为直角形。对于能量大于 E_F 的电子态，在 $f(E)$ 的表达式中，其分母为无穷大，$f(E)$ 的值为零，也即能量大于 E_F 的电子态上没有电子；而对于能量小于 E_F 的电子态，$f(E)$ 的值为 1，也即能量小于 E_F 的电子态均被电子所占满。可以更直观地理解 E_F 的含义，由于能量小于 E_F 的电子态都被占据，而大于 E_F 的电子态没有电子，可以理解为电子从能量低的状态开始占据电子态，逐级占据能量更高的电子态，直到所有的电子都占据了电子态为止，此时电子占据的最高能级为 E_F。由于温度为 0K，电子没有额外的动能，因此没有机会从较低的能级跃迁至较高的能级，使得大于 E_F 的量子态完全没有电子。

当 $T>0K$ 时，电子获得热能，存在一定的概率从低能级跃迁至高能级。由 $f(E)$ 的表达式可知，当 $E>E_F$ 时，$f(E)<1/2$，且当 E 越靠近 E_F 时，$f(E)$ 的值越大，越接近 1/2，量子态越有可能被电子所占据；当 $E<E_F$ 时，$f(E)>1/2$，且当 E 越靠近 E_F 时，$f(E)$ 的值越小，越接近 1/2，量子态不被电子所占据的可能性越大。随着温度的升高，电子跃迁至高能态的概率也随之增加，如图 1.24 所示的曲线也变得越来越弯曲。在室温下，当量子态能量不断增大，远离费米能级时，其被占据的概率迅速下降，当 $E-E_F>10kT$ 时，其占据的概率就已经非常小了。

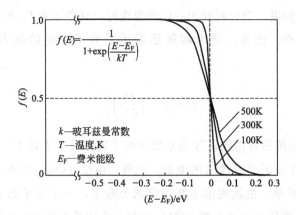

图 1.24　费米分布

光伏电池原理及应用

此外，由 $f(E)$ 的表达式可知，

$$1-f(E)=1-\frac{1}{1+\exp\left(\dfrac{E-E_F}{kT}\right)}=\frac{1}{1+\exp\left(\dfrac{E_F-E}{kT}\right)} \quad (1.37)$$

$$1-f(E_F-\Delta E)=f(E_F+\Delta E) \quad (1.38)$$

也即以 E_F 为对称轴，高于费米能级 ΔE 的量子态被电子占据的概率等于低于费米能级 ΔE 的量子态不被电子占据的概率。而不被电子占据的状态正好对应了被空穴占据的状态，由此可以得到能态被空穴占据的概率分布为：

$$1-f(E)=\frac{1}{1+\exp\left(\dfrac{E_F-E}{kT}\right)} \quad (1.39)$$

图 1.25 给出了一定温度下电子和空穴的费米分布。

费米分布只给出了量子态被电子占据的概率，而一定能量范围内电子的数目还与电子的能态密度有关。ΔE 能量范围内的载流子浓度为：

$$n_{\Delta E}=\int_E^{E+\Delta E}f(E)N(E)\mathrm{d}E \quad (1.40)$$

式中，$N(E)$ 即为电子的能态密度。

对于本征半导体，在导带或者价带中，电子的能态密度达到了 $10^{19}\,\mathrm{cm}^{-3}$，

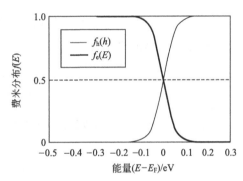

图 1.25　电子和空穴的费米分布

而室温下材料的本征载流子浓度仅为 $n_i=p_i\approx10^{10}\,\mathrm{cm}^{-3}$。由此可见，$f(E)$ 的微小变化，都会被电子巨大的能态密度所放大。而 $f(E)$ 主要受温度和费米能级的影响，尤其是费米能级，对研究载流子浓度有非常重要的影响。

对于本征半导体而言，其空穴和自由电子的浓度相等，如果不考虑导带和价带中电子能态密度的微小区别，那么此时材料的费米能级应该位于价带顶和导带底的中间，也即禁带的中间；对于 n 型半导体而言，由于其在导带的自由电子多于价带中的空穴，由此可以推断，电子的费米能级高于本征状态下电子的费米能级。因为只有这样，导带中电子态被电子占据的总概率才会大于价带中能态被空穴占据的总概率。同样可得，对于 p 型半导体而言，价带中的空穴多于导带中的电子，价带中能态被空穴占据的总概率大于导带中能态被电子占据的总概率，电子的费米能级应该低于本征状态下电子的费米能级（图 1.26）。

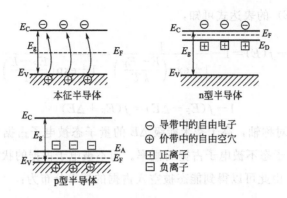

图 1.26　本征半导体、n 型半导体、p 型半导体的费米能级

值得注意的是，杂质能级被电子占据的概率与材料导带或价带中能态占据的概率是不同的。对于能带中的能态，具有某一能量的能态可以同时被自旋向上和自旋向下的两个电子所占据，而对于杂质能级，只能被一个电子所占据，无论其自旋的取向如何。因此，电子占据杂质能级的概率分布函数便会有所不同。对于施主能级，其被电子占据的概率为：

$$f(E) = \frac{1}{1 + \frac{1}{2}\exp\left(\dfrac{E_D - E_F}{kT}\right)} \tag{1.41}$$

对于受主能级，其被空穴占据的概率为：

$$f(E) = \frac{1}{1 + \frac{1}{2}\exp\left(\dfrac{E_F - E_A}{kT}\right)} \tag{1.42}$$

式中，E_D 和 E_A 分别为施主能级和受主能级的能量。

1.5.2　玻耳兹曼分布

当材料的费米能级和导带底或价带顶的能量差比 kT 大很多时，特别是当 $E_C - E_F > 3kT$ 且 $E_F - E_V > 3kT$ 时，导带中电子分布可以近似为：

$$f(E) = \frac{1}{1 + \exp\left(\dfrac{E_C - E_F}{kT}\right)} \approx \exp\left(-\frac{E - E_F}{kT}\right) \tag{1.43}$$

价带中空穴的分布可以近似为：

$$f(E) = \frac{1}{1 + \exp\left(\dfrac{E_F - E}{kT}\right)} \approx \exp\left(-\frac{E_F - E}{kT}\right) \tag{1.44}$$

也即电子和空穴近似服从玻耳兹曼分布。对于一般的半导体，特别是对于本征半导体，其费米能级处于禁带中间，费米能级与导带底和价带顶的距离一般远大于

室温下的 kT（$kT \approx 0.026\mathrm{eV}$，$T = 300\mathrm{K}$），因此上述近似可以在大部分半导体材料的计算中使用。另外，由于某一能态被占据的概率 $f(E)$ 的大小随着该能态与费米能级之间距离的变大而迅速变小，使得大部分的自由电子主要集中在导带底附近，而空穴主要集中在价带顶附近。

1.6　载流子浓度

在上面的讨论中，已经得到了能带中能态被占据的概率分布，将其乘以能态的数量以后，便可以得到电子在一定能量范围内的数目。首先定义单位能量范围内能态的数目为能态密度 $g(E)$。那么，从能量 E_1 到能量 E_2 范围内的能态数目为：

$$Z_{\Delta E} = \int_{E_1}^{E_2} g(E) \mathrm{d}E \tag{1.45}$$

能量处于 E_1 与 E_2 之间的电子的数目为：

$$N_{\Delta E} = \int_{E_1}^{E_2} f(E) g(E) \mathrm{d}E \tag{1.46}$$

根据量子力学和泡利不相容，可以得到在半导体材料中，位于导带（CB）底附近的能态密度为：

$$g_{\mathrm{C}}(E) = 4\pi V \frac{(2m_n^*)^{\frac{3}{2}}}{h^3} (E - E_{\mathrm{C}})^{\frac{1}{2}} \tag{1.47}$$

式中，V 为材料的体积。另外还可以得到价带（VB）顶附近的能态密度：

$$g_{\mathrm{V}}(E) = 4\pi V \frac{(2m_p^*)^{\frac{3}{2}}}{h^3} (E_{\mathrm{V}} - E)^{\frac{1}{2}} \tag{1.48}$$

由能态密度的表达式可知，在导带中，能态密度与 $E^{1/2}$ 成正比，随着能量的增加而增加；在价带中，能态密度与 $E^{1/2}$ 成反比，随着能量的减少而增加。与此同时，导带中能态被电子占据的概率却以 E 成反比，随着能量的增加，能态被电子占据的概率迅速减少。将能态密度与占据概率相乘，$g(E)f(E)$，得到的结果是，电子在导带底附近单位能量范围内的数目先随着能量的增加而增加，但是在很小的范围内便达到峰值而迅速减小，如图 1.27 所示。由此，也可以判定，导带中的电子，绝大部分集中在导带底；对于价带中的空穴，可以得到类似的结果。在价带顶，单位能量范围内空穴的数目随着能量的减少先增加，而后迅速达到峰值，然后快速地减少。由此，同样可以推断在价带中，空穴主要集中在价带顶。

由图 1.27 可知，对于本征半导体，由于导带底和价带顶的能态密度近似相等，可以得到关于禁带中心对称的电子和空穴分布；当对半导体进行掺杂以后，以 n 型半导体为例，由于导带中电子数目增加，材料的费米能级偏离禁带中央，向导带一

侧移动，也即自由电子占据导带的概率大于空穴占据价带的概率，于是形成了如图
1.27 所示的电子和空穴分布，在导带中的电子远多于在价带的空穴。

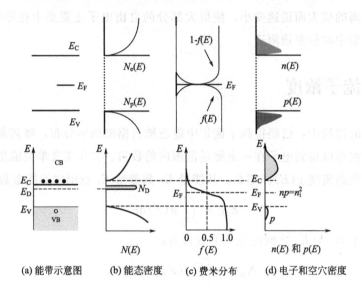

| (a) 能带示意图 | (b) 能态密度 | (c) 费米分布 | (d) 电子和空穴密度 |

图 1.27　n 型半导体能态密度和载流子浓度分布

得到了能态密度和能态占据概率以后，可以分别计算导带中自由电子的粒子数
密度和价带中空穴的粒子数密度。其中，导带中自由电子的密度为：

$$n_0 = \frac{N}{V} = \frac{1}{V} \int_{E_C}^{+\infty} g(E)f(E)\mathrm{d}E \tag{1.49}$$

代入 $g(E)$ 和 $f(E)$ 的表达式：

$$n_0 = \frac{N}{V} = \frac{1}{V} \int_{E_C}^{+\infty} 4\pi V \frac{(2m_n^*)^{\frac{3}{2}}}{h^3}(E-E_C)^{\frac{1}{2}} \exp\left(-\frac{E-E_F}{kT}\right)\mathrm{d}E \tag{1.50}$$

最后通过计算积分可以得到：

$$n_0 = 2\frac{(2\pi m_n^* kT)^{\frac{3}{2}}}{h^3} \exp\left(-\frac{(E_C-E_F)}{kT}\right) \tag{1.51}$$

令

$$N_C = 2\frac{(2\pi m_n^* kT)^{\frac{3}{2}}}{h^3} \tag{1.52}$$

则

$$n_0 = N_C \exp\left(-\frac{E_C-E_F}{kT}\right) \tag{1.53}$$

式中，N_C 称为导带的有效状态密度，它是温度的函数，与 $T^{3/2}$ 成正比。

同样的，可以得到价带空穴的粒子数密度：

$$p_0 = \frac{N}{V} = \frac{1}{V} \int_{-\infty}^{E_V} g(E) f(E) \mathrm{d}E \tag{1.54}$$

代入 $g(E)$ 和 $f(E)$，通过计算可以得到：

$$p_0 = N_V \exp\left(-\frac{E_F - E_V}{kT}\right) \tag{1.55}$$

其中

$$N_V = 2 \frac{(2\pi m_p^* kT)^{\frac{3}{2}}}{h^3} \tag{1.56}$$

式中，N_V 为价带的有效状态密度，与 $T^{3/2}$ 成正比。

由 n_0 和 p_0 的表达式可以看出，半导体材料温度的变化会引起本征载流子浓度的较大变化，这不仅是因为有效状态密度随着温度的增加而增加，还因为能带被自由电子或者空穴占据的概率也大大增加。

由 n_0 和 p_0 的表达式，可以得到一个非常实用的表达式，即：

$$n_0 p_0 = N_C N_V \exp\left(-\frac{E_C - E_V}{kT}\right) = N_C N_V \exp\left(-\frac{E_g}{kT}\right) \tag{1.57}$$

式中，E_g 为半导体材料的禁带宽度。由上式可以知道，在一定的温度下，对于某一种半导体材料，其电子数密度和空穴密度的乘积为常数，而与材料费米能级的位置无关。材料中一种载流子浓度的上升就会引起另一种载流子浓度的下降。值得注意的式，该式无论在本征半导体还是掺杂半导体中都适用。可以借助该式，较为容易地计算得到掺杂半导体中的少数载流子浓度。

为了表述方便，令本征状态下材料的费米能级 $E_F = E_i$，$n_0 = p_0 = n_i$，那么：

$$n_i = n_0 = p_0 \tag{1.58}$$

$$N_C \exp\left(-\frac{E_C - E_i}{kT}\right) = N_V \exp\left(-\frac{E_i - E_V}{kT}\right) \tag{1.59}$$

$$E_i = \frac{E_V + E_C}{2} + \frac{kT}{2} \ln\left(\frac{N_V}{N_C}\right) \tag{1.60}$$

由于电子在导带底的有效质量与空穴在价带顶的有效质量一般情况下会有所不同，使得 N_V 和 N_C 也有所不同，所以本征情况下电子的费米能级并不是完全位于禁带的中间，而是有所偏移。同时：

$$n_i^2 = n_0 p_0 \tag{1.61}$$

$$n_i = \sqrt{N_C N_V} \exp\left(-\frac{E_g}{2kT}\right) \tag{1.62}$$

由此得到了本征情况下空穴以及自由电子的浓度。由表达式可以看出，半导体的能带结构以及材料温度决定了载流子浓度的大小。对于特定的材料，其本征载流子浓度仅随着温度而改变（图 1.28）。

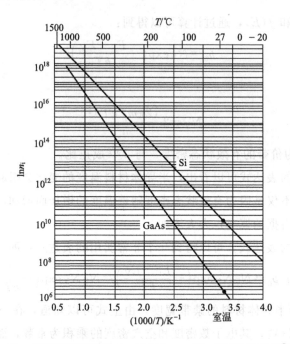

图 1.28　本征载流子浓度（n_i 单位为 cm^{-3}）与温度的关系[8,9]

由于半导体能态密度和材料禁带宽度随温度的变化速度相比能态被电子或空穴占据的概率随温度变化的速率要慢很多，因此只考虑 n_i 表达式中代表能态被占据概率的指数项随温度的变化，进而研究本征材料载流子浓度随温度的变化。由图

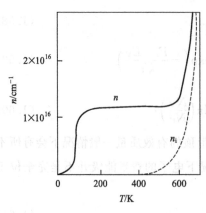

图 1.29　n 型硅中自由电子
浓度与温度的关系[3,10]

1.28 可以看出，$\ln n_i$ 与 $10^3/T$ 近似呈线性关系。

由图 1.28 可以看出，本征材料的载流子浓度随着温度的变化而较快地变化，而载流子浓度的变化会直接影响到半导体的性质，这会使得由半导体材料制造的器件的性能变得不稳定。而对于掺杂半导体，其载流子浓度随温度的变化呈现出不同的特性。以掺杂浓度为 10^{16} cm^{-3} 的 n 型 Si 为例，其载流子浓度如图 1.29 所示：

图 1.29 中实线部分是材料自由电子的总

浓度，而虚线部分是本征载流子的浓度。可以看出，当温度较低时，杂质只有部分电离，材料的载流子浓度随着温度的升高而快速增加。而此时，材料本征载流子浓度很低，材料的载流子浓度的贡献主要来自于杂质的电离。当材料温度上升到100K左右时，硅材料中的杂质几乎全部电离。此时本征载流子对材料总载流子浓度的贡献依然非常小，材料中载流子浓度近似等于杂质浓度。只有当材料的温度高到一定程度，本征载流子浓度才能大于杂质电子载流子的浓度。在材料达到这个温度之前，材料的载流子浓度都近似等于杂质浓度。鉴于杂质浓度是一定的，且完全电离，这就为半导体材料提供了一段载流子浓度保持不变的温度范围。而这段温度范围就成为了半导体器件正常工作的温度范围。当材料的温度高于这个温度范围，本征载流子浓度就会大于杂质电离浓度，材料的性质就会随温度升高而变得不稳定。由于材料的本征载流子浓度与材料的禁带宽度成反比，对于需要在高温或者大功率条件下工作的半导体器件，可以尽量选择禁带宽度较大的材料。

强电离情况下的载流子浓度

以 n 型半导体材料为例，当材料处于杂质强电离的温度范围时，材料中的杂质几乎全部电离，而同时本征载流子浓度由于温度不够高，相比之下其对总载流子浓度的贡献小，此时，可以近似得到材料中的自由电子浓度 n 等于杂质浓度 N_D：

$$n \approx N_D \tag{1.63}$$

而对于半导体，总是满足：

$$np = n_i^2 \tag{1.64}$$

由此可以得到材料中的空穴浓度为：

$$p = \frac{n_i^2}{N_D} \tag{1.65}$$

此外还可以得到费米能级的表达式。将载流子浓度：

$$n \approx N_D \tag{1.66}$$

代入载流子浓度的表达式：

$$n = N_C \exp\left(-\frac{E_C - E_F}{kT}\right) \tag{1.67}$$

可以得到：

$$E_F \approx E_C - kT\ln\left(\frac{N_C}{N_D}\right) \tag{1.68}$$

对于 p 型半导体，可以得到类似的结果，设 p 型半导体的掺杂浓度为 N_A，则在强电离区，材料的空穴浓度为：

$$p \approx N_A \tag{1.69}$$

其少数载流子电子的浓度为：

$$n = \frac{n_i^2}{N_A} \tag{1.70}$$

此时，费米能级 E_F 为：

$$E_F \approx E_V + kT\ln\left(\frac{N_V}{N_A}\right) \tag{1.71}$$

图 1.30 给出了硅的费米能级随温度和掺杂浓度的变化趋势。由以上费米能级公式可知，当材料温度保持不变时，随着掺杂浓度的升高，对于 n 型半导体，其费米能级由禁带中间位置不断向导带底靠近；对于 p 型半导体，则向价带顶靠近。当杂质浓度不变，而升高温度时，会使得导带底和价带顶量子态分别被电子和空穴占据的概率都大大增加，使得导带电子和价带空穴的浓度差越来越小，于是费米能级就越来越向禁带中间靠近。图 1.30 所反映的规律不仅仅对 Si，对其他的半导体也同样适用。通过控制材料的掺杂浓度和温度，就可以改变费米能级在禁带中的位置。

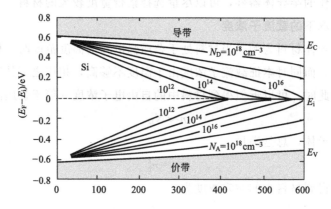

图 1.30　硅的费米能级随温度和掺杂浓度的变化趋势[9,11]

1.7　载流子的产生与复合

1.7.1　载流子的产生

1.7.1.1　光吸收，光吸收系数

光吸收对太阳能电池至关重要，它通过吸收光子的能量产生电子空穴对，进而产生光电流，实现将光能转化为电能的过程。实验观测到，光束入射材料，光强度从表面向材料内部逐渐衰减，其衰减率与光强成正比（图 1.31），也即：

$$\frac{\mathrm{d}I(x)}{\mathrm{d}x} = -\alpha I(x) \tag{1.72}$$

式中，α 为材料光吸收系数；x 为沿光传播方向材料内某一点离光入射表面的距离。光吸收系数的大小不仅与材料本身的性质有关，还与入射光的波长有关。假设材料是均匀同质的，同时考虑到入射时的表面反射，那么上式积分可得光强随入射深度变化的表达式：

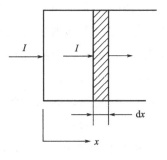

$$I(x)=(1-R)I_0\exp(-\alpha x) \qquad (1.73)$$

式中，I_0 是入射光强度；R 为材料的表面反射

图 1.31 材料对光的吸收

率。光强度实际上代表了单位时间通过单位面积截面的光子数的多少，因此，可以认为光子流密度 b 随材料深度的变化也遵循同样的规律：

$$b(E,x)=[1-R(E)]b_0(E)\exp(-\alpha x) \qquad (1.74)$$

式中，b_0 为入射光子流密度；E 对应了不同能量也即不同波长的光子。

当光照射通过材料时，光子不断被材料所吸收，产生自由载流子、声子等。其中，用于产生自由载流子的光子数与被吸收的总光子数之比为太阳能电池的内量子效率 η，它反映了太阳能电池对光子的利用率。将内量子效率乘以光子流密度，便可以得到单位时间单位截面积内某一波长的被吸收的光子转化为载流子数目。假设 $\eta=1$，可以得到载流子的产生率 $G(E,x)$：

$$G(E,x)=\alpha(E)[1-R(E)]b_0(E)\exp[-\alpha(E)x] \qquad (1.75)$$

若入射光为连续谱，其光子流密度的光谱分布，也即光子流谱密度为 $Q(E)$，则可以得到其对应的载流子分布，对其积分便可以得到总的载流子产生率：

$$G(E,x)=\int\alpha(E)[1-R(E)]Q(E)\exp[-\alpha(E)x]\mathrm{d}E=\int g(E,x)\mathrm{d}E \qquad (1.76)$$

对于半导体而言，不是所有能量的光子都能被材料吸收而产生载流子，因此上式的积分范围会根据不同的材料而不同。简单而言，对于半导体的本征吸收，上式的积分范围为 $(E_g,+\infty)$。

1.7.1.2　半导体的光吸收过程

半导体光吸收的过程主要是光子与电子之间的相互作用的过程，在这个过程中光子将电子激发到更高的能态。在众多的吸收过程中，本征吸收是最主要的过程，其他光吸收过程还包括激子吸收、自由载流子吸收、杂质吸收、晶格振动吸收等等。

（1）本征吸收

本征吸收也即电子在光子的作用下从价带直接跃迁至导带的吸收过程。电子跃迁至导带以后，在导带形成自由电子，而价带留下空穴。很明显，要实现本征吸收，入射光子的能量至少需要大于半导体带隙，也即 $\hbar\omega \geqslant E_g$。借此，可以计算出半导体实现本征吸收的最大波长，也即本征吸收限，$\lambda_0 = 1.24/E_g$，其中 E_g 的单位为 eV，而所计算得到的波长的单位为 μm。例如，Si 的禁带宽度约为 1.12eV，带入式中可得 λ_0 约为 $1.1\mu m$；GaAs 的禁带宽度为 1.43eV，则 λ_0 约为 $0.867\mu m$，也即 GaAs 能够比 Si 吸收更广波长范围的光。

（2）激子吸收

被激发的电子和空穴对，如果激发的能量不足以使它们相互分离，在导带和价带形成自由电子和空穴，则它们会由于相互间的库仑相互作用而相互束缚形成一个新的系统，也即激子。此时，电子并没有进入导带，而是在导带底附近，而激发产生激子的光子，其能量一般也略小于半导体带隙。激子产生以后，空穴和电子会以一个整体的形式在半导体内运动，但是由于其是中性的，所以并不产生电流。激子受到其他形式能量的激发后，电子可进入导带成为自由载流子，电子和空穴分离。此外，激子也可能发生复合，电子重新回到价带，同时释放出能量。

（3）其他吸收过程

自由载流子吸收，是电子吸收较长波长的光子，在同一带内发生跃迁的过程。例如，对于有的材料，其价带实质上由多个独立的能带组成，自由载流子吸收使得电子在这些不同的独立能带之间发生跃迁。杂质吸收，是电子在杂质能级与各能带之间的跃迁吸收，杂质吸收不仅仅可以发生在施主能级与导带、受主能级和价带之间，还可以发生在施主能级与价带、受主能级与导带之间。晶格振动吸收，可以理解为光子与声子之间的相互作用，它使得光子的能量转化为晶格振动的能量。

（4）费米黄金定律

费米黄金定律描述了在微扰的作用下，单位时间内系统从一个量子态跃迁至另一个量子态的跃迁概率，假设系统初态为 $|i\rangle$，末态为 $|f\rangle$，微扰为 H'，那么其单位时间的跃迁概率为：

$$\frac{2\pi}{\hbar}|\langle f|H'|i\rangle|^2\delta(E_f = E_i \mp \Delta E)$$

式中，E_i 为初始态的本征能量；E_f 为末态的本征能量，由于微扰的作用，其能量增加或减小 ΔE，而微扰势其势场的能量也相应减小或增加能量 ΔE。

1.7.1.3 直接带隙与间接带隙半导体的光吸收

直接带隙与间接带隙半导体光吸收之间最大的区别就是是否需要声子的参与。对于直接带隙半导体，其价带顶和导带底在倒空间中位于同一 K 点，电子从价带顶跃迁至导带底不需要改变其动量。而对于间接带隙半导体，由于其导带底与价带顶不在同一 K 点，因此需要声子的参与以提供动量，因此整个跃迁过程可以看成光子和声子与电子分别相互作用的两步过程，从而使得其电子跃迁的概率相比直接带隙半导体中电子跃迁的概率小很多（图 1.32）。对于直接带隙半导体，其光吸收系数为 $10^4 \sim 10^6\,\mathrm{cm^{-1}}$ 量级，而对于间接带隙半导体就要小很多，为 $1 \sim 10^3\,\mathrm{cm^{-1}}$ 量级。

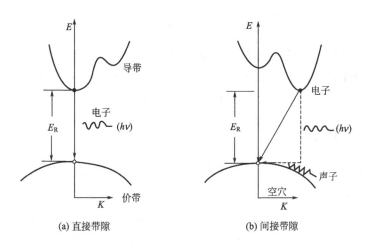

图 1.32　直接带隙和间接带隙半导体中的电子跃迁

（1）直接带隙半导体

半导体跃迁过程需要遵循能量和动量守恒，但光子的动量相比电子或声子的动量非常小，因此可以忽略不计。对于直接带隙半导体，跃迁为直接跃迁，满足：

$$\hbar\omega = E' - E \tag{1.77}$$

$$\boldsymbol{k}' = \boldsymbol{k} \tag{1.78}$$

对于直接带隙半导体中电子从价带顶到导带底的跃迁，动量保持不变，通过理论计算可以得到材料对光的吸收系数为：

$$\alpha(\omega) = A^*(\hbar\omega - E_\mathrm{g})^{\frac{1}{2}},\ \hbar\omega \geqslant E_\mathrm{g} \tag{1.79}$$

式中，A^* 与材料自身的特性有关。可以看出吸收系数随着入射光子能量的增加和带隙的变窄而增加。

（2）间接带隙半导体

对于间接带隙半导体，为间接跃迁过程，电子跃迁从一个 K 点跃迁至另一个 K 点，此间吸收或者释放出声子，在这个过程中满足：

$$\hbar\omega \pm \hbar\omega_\mathrm{q} = E' - E \tag{1.80}$$

$$\boldsymbol{k}' - \boldsymbol{k} = \pm\boldsymbol{q} \tag{1.81}$$

式中，ω_q 为声子的角频率；$\boldsymbol{q}$ 为声子的波矢。同样可以通过计算得到对于间接跃迁，材料对光的吸收系数。当跃迁过程中吸收一个声子时：

$$\alpha_p-(\omega)=A^*\frac{(\hbar\omega-E_g+\hbar\omega_q)^2}{e^{\frac{\hbar\omega_q}{k_BT}}-1} \tag{1.82}$$

当跃迁过程中放出一个声子时：

$$\alpha_p+(\omega)=A^*\frac{(\hbar\omega-E_g-\hbar\omega_q)^2}{1-e^{-\frac{\hbar\omega_q}{k_BT}}} \tag{1.83}$$

对于间接带隙半导体，当光子的能量大于带隙时，材料的吸收系数先迅速增加，而后逐渐平滑，当光子能量继续增加，达到足以使价带电子垂直跃迁至导带，发生直接跃迁时，材料的吸收系数便又一次发生陡增。

1.7.2 载流子的复合

在半导体材料中，导带自由电子和价带的空穴会不断地复合，任何稳态下的载流子浓度都是自由载流子产生与复合的净结果。对于处在非平衡状态的半导体材料，其复合过程受多种机制的影响，而这些复合过程有的是不可避免的，例如导带电子直接跃迁至价带的复合。而有的复合过程是可以避免或者是减少的，比如载流子通过禁带中杂质复合中心的复合，对于太阳能电池而言，想获得尽量多的非平衡载流子，就需要减少这一类复合过程。

在电子和空穴的复合过程中，必然会有能量释放，而能量的释放可以是通过光子，也可以是通过声子，也可以直接传递给别的载流子（图 1.33）。根据能量释放方式的不同，主要介绍以下三类复合过程：辐射复合、非辐射复合、俄歇复合。

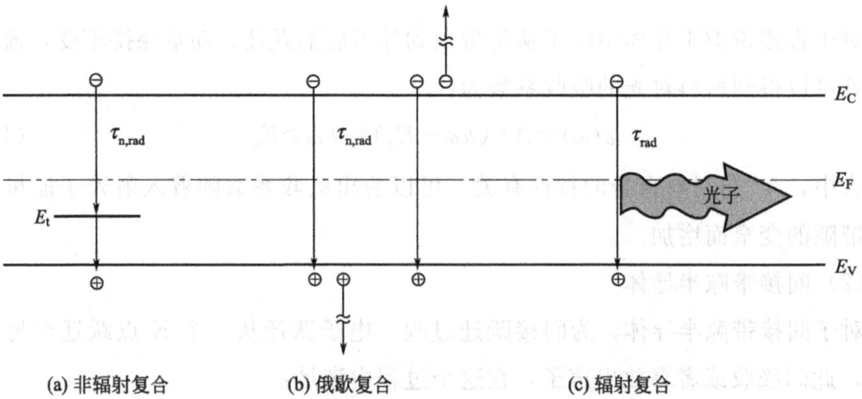

图 1.33 半导体内载流子的复合机制

(1) 辐射复合

辐射复合是指复合产生的能量通过光子释放的复合过程，在这个过程中导带的电子直接跃迁至价带，同时释放出光子。材料中，自由电子和空穴的浓度越高，电子和空穴复合的概率越大，则辐射复合就会越强。可以用复合率 R 来描述载流子复合的强弱，它表示单位时间单位体积内自由载流子复合的数目，有：

$$R_{rad} = r_{rad} np \tag{1.84}$$

式中，r_{rad} 为辐射系数，它与材料的温度和材料本身的性质有关。上述复合率包括了材料中所有载流子的辐射复合，而不仅仅是光生非平衡载流子的复合。在 1.7.1 节讨论非平衡载流子的产生率时，仅仅讨论的是光子产生的光生非平衡载流子，因此这里也有必要讨论净复合率 U，以便得到在非平衡状态下单位体积载流子的净产生率为 $G-U$。U 可以通过将 R 减去无光照热平衡状态下载流子的复合率得到，即：

$$U_{rad} = R_{rad} - R_0 = r_{rad}(np - n_i^2) \tag{1.85}$$

对于掺杂浓度为 N_A 的 p 型半导体，当其光生电子 Δn 相对于 p_0 很小时，将 $n = n_0 + \Delta n$，$p = p_0 + \Delta p$，带入上式，可近似得到：

$$U_{rad} = r_{rad} \Delta n N_A \tag{1.86}$$

材料失去光照以后，从非平衡状态回复平衡状态的过程中，少数载流子浓度随时间增加不断降低，以 p 型半导体为例，少数载流子电子的浓度随时间的变化为：

$$\Delta n = \Delta n_{t=0} e^{-\frac{t}{\tau}} \tag{1.87}$$

式中，τ 即为少数载流子的寿命，它表示少数载流子浓度从初始浓度降为初始浓度的 $1/e$ 倍所需要的时间。对于 n 型半导体中的空穴，其定义也一样。这样，对于 p 型半导体而言，便可以近似地把 U 写为：

$$U_{rad} = \frac{n - n_0}{\tau_{n,rad}} \tag{1.88}$$

式中

$$\tau_{n,rad} = \frac{1}{r_{rad} N_A} \tag{1.89}$$

对于 n 型半导体而言，有上述类似的结果：

$$U_{rad} = \frac{p - p_0}{\tau_{p,rad}} \tag{1.90}$$

$$\tau_{p,rad} = \frac{1}{r_{rad} N_D} \tag{1.91}$$

在半导体材料中，由于还存在很多别的复合过程，加速了非平衡载流子的复合，因此，实际的少数载流子寿命会比 $\tau_{n,rad}$ 小很多。

（2）非辐射复合

非辐射复合主要是指复合过程中载流子的能量释放不是通过光子，而是通过声子等其他形式释放的复合过程。通常讨论的非辐射复合主要是指载流子通过复合中心的间接复合。在复合过程中，电子先从导带进入复合中心能级，然后进入价带。或者也可以理解为，复合中心先后俘获导带的电子和价带的空穴，电子和空穴在复合中心复合。对于间接带隙半导体而言，电子直接从导带底进入价带顶进行直接复合的概率相对直接带隙半导体要小很多，因而通过复合中心的复合对其就显得很重要。

缺陷或陷阱相对载流子而言是局域的，而载流子是非局域的，因而载流子总存在被缺陷或陷阱俘获的可能，而载流子被俘获以后，由于热激发，一段时间以后又能脱离缺陷或者陷阱。但是，如果在电子（空穴）脱离缺陷或陷阱之前，缺陷或陷阱又俘获了空穴（电子），那么就会发生空穴和电子的复合。对主要只俘获一类载流子的，称其为陷阱；而对两类载流子均能俘获，并使其复合的，称其为复合中心，一般而言，复合中心比陷阱在禁带中的位置更深。

当电子和空穴只是单步通过一个复合中心能级复合时，称为 Shockley Read Hall（SRH）复合，可以得到其净复合率为：

$$U_{\mathrm{SRH}} = \frac{np - n_{\mathrm{i}}^2}{\tau_{\mathrm{n,SRH}}(p + p_{\mathrm{t}}) + \tau_{\mathrm{p,SRH}}(n + n_{\mathrm{t}})} \tag{1.92}$$

式中，$\tau_{\mathrm{n,SRH}}$ 和 $\tau_{\mathrm{p,SRH}}$ 分别为 SRH 复合下非平衡电子和空穴的寿命，它们分别为：

$$\tau_{\mathrm{n,SRH}} = \frac{1}{v_{\mathrm{n}} \sigma_{\mathrm{n}} N_{\mathrm{t}}} \tag{1.93}$$

$$\tau_{\mathrm{p,SRH}} \frac{1}{v_{\mathrm{p}} \sigma_{\mathrm{p}} N_{\mathrm{t}}} \tag{1.94}$$

式中，v 表示载流子的平均热运动速度；σ 为复合中心对载流子的俘获截面；而 N_{t} 为复合中心的浓度。此外，p_{t} 和 n_{t} 分别表示空穴或电子的准费米能级等于复合中心能级时，空穴和电子的平衡态浓度：

$$p_{\mathrm{t}} = N_{\mathrm{V}} \exp\left(\frac{E_{\mathrm{V}} - E_{\mathrm{t}}}{kT}\right) \tag{1.95}$$

$$n_{\mathrm{t}} = N_{\mathrm{C}} \exp\left(\frac{E_{\mathrm{t}} - E_{\mathrm{C}}}{kT}\right) \tag{1.96}$$

通过 U_{SRH} 的表达式可知，当载流子通过复合中心复合时，复合中心越接近禁带中间，复合率越大；电子和空穴的浓度越接近，复合率也越大。

对于掺杂半导体，以 p 型半导体为例，$\tau_{\mathrm{n,SRH}}(p + p_{\mathrm{t}}) \gg \tau_{\mathrm{p,SRH}}(n + n_{\mathrm{t}})$，

$p \gg p_t$，可以近似得到：

$$U_{\text{SRH}} \approx \frac{n-n_0}{\tau_{\text{n,SRH}}} \tag{1.97}$$

同样，对于 n 型半导体而言，有：

$$U_{\text{SRH}} \approx \frac{p-p_0}{\tau_{\text{p,SRH}}} \tag{1.98}$$

（3）俄歇复合

载流子在俄歇复合的过程中，将释放出的能量传递给其附近的另一个同型载流子，将其激发到高能态，而这个被激发的载流子最终也会以声子的形式将能量传递给材料，而回到导带或价带边。整个复合过程并没有释放出光子，因此其也属于非辐射复合。俄歇复合既可发生在直接带隙半导体，也可发生在间接带隙半导体；既可在导带与价带间直接进行，也可以通过复合中心进行。

对于直接发生在导带与价带间的俄歇复合，每次会涉及三个载流子，一个电子两个空穴或者一个空穴两个电子，结合之前对复合率的分析，可以类似地得到俄歇复合的复合率，对于两个电子一个空穴的过程，净复合率为：

$$U_{\text{Aug,n}} = r_{\text{Aug,n}}(n^2 p - nn_i^2) \tag{1.99}$$

对于一个空穴两个电子的过程，净复合率为：

$$U_{\text{Aug,p}} = r_{\text{Aug,p}}(p^2 n - pn_i^2) \tag{1.100}$$

式中，$r_{\text{Aug,n}}$ 和 $r_{\text{Aug,p}}$ 为俄歇复合系数。在半导体材料中，上述两过程同时发生，因此，总的净复合率为：

$$U_{\text{Aug}} = (r_{\text{Aug,p}} p + r_{\text{Aug,n}} n)(np - n_i^2) \tag{1.101}$$

俄歇复合的复合率与载流子浓度的三次方成正比，这使得俄歇复合在载流子浓度高时显得很重要。当半导体材料带隙较窄、掺杂浓度较高或者材料温度较高时，俄歇复合都会扮演很重要的角色。

对于掺杂半导体，可以近似地表示出少数载流子的寿命。对于 p 型半导体，其少数载流子电子的寿命为：

$$\tau_{\text{n,Aug}} = \frac{1}{r_{\text{Aug,p}} N_A^2} \tag{1.102}$$

对于 n 型半导体，其少数载流子空穴的寿命为：

$$\tau_{\text{p,Aug}} = \frac{1}{r_{\text{Aug,n}} N_D^2} \tag{1.103}$$

在俄歇复合的过程中，一个载流子不仅可以和它周围的载流子交换能量，还可以交换动量，因此，俄歇复合过程在间接带隙半导体中比在直接带隙半导体中显得更为重要（图 1.34）。

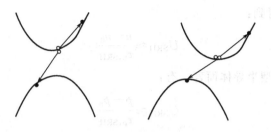

图 1.34 直接带隙半导体和
间接带隙半导体中的俄歇复合

实际情况中，上述各种复合过程在半导体材料中同时进行，材料的净复合率等于各种机制下材料复合率之和：

$$U = U_{\text{rad}} + U_{\text{SRH}} + U_{\text{Aug}} \tag{1.104}$$

而最终的少数载流子寿命有：

$$\frac{1}{\tau} = \frac{1}{\tau_{\text{rad}}} + \frac{1}{\tau_{\text{SRH}}} + \frac{1}{\tau_{\text{Aug}}} \tag{1.105}$$

（4）表面复合

在半导体材料表面，或者不同半导体材料以及多晶材料的界面，由于存在着大量的悬挂键或者外来的杂质污染，在表面产生很多表面态，这些表面态位于禁带中，通常扮演着复合中心的角色。与半导体内的复合中心不同，这些表面态处于二维空间而非三维，因此可以借助一个极小量 δx 对半导体表面复合进行描述。对于 n 型半导体，其少数载流子空穴的表面复合率 U 为：

$$U_{\text{s}} \delta x = S_{\text{p}} (p - p_0) \tag{1.106}$$

式中，$U_{\text{s}} \delta x$ 表示单位面积单位时间载流子的复合数；S 表示载流子的表面复合速率，其量纲为速度的量纲，它与材料表面的界面态密度成正比。对于 p 型半导体，其少数载流子电子的表面复合率 U 为：

$$U_{\text{s}} \delta x = S_{\text{n}} (n - n_0) \tag{1.107}$$

可以借此计算出由于表面复合所引起的漏电流密度：

$$J = q \int_{x_{\text{s}} - \delta x}^{x_{\text{s}}} U_{\text{s}} \, \mathrm{d}x \tag{1.108}$$

对于 n 型半导体：

$$J = q S_{\text{p}} (p - p_0) \tag{1.109}$$

对于 p 型半导体：

$$J = q S_{\text{n}} (n - n_0) \tag{1.110}$$

表面复合对太阳能电池短路电流的影响较大，在制备太阳能电池的过程中要尽量减少表面态密度，可以通过表面钝化等方式减少表面的悬挂键，同时确保表面的清洁和尽量减少表面损伤。

1.8 载流子输运

1.8.1 载流子连续性方程

在非平衡态下，在一定的体积范围内，不断有非平衡态载流子的产生与复合，同时由于载流子的扩散和漂移作用形成的电流，使得有载流子不断地流进或流出某一区域，使得材料某一区域内的载流子浓度随时间不断变化。下面，先以一维情况为例，讨论载流子的连续性方程。

如图 1.35 所示的体积为 $\mathrm{d}x\mathrm{d}A$ 的区域内，单位时间产生在空穴数目为 $G_\mathrm{p}\mathrm{d}x\mathrm{d}A$（产生的电子数为 $G_\mathrm{n}\mathrm{d}x\mathrm{d}A$），单位时间复合的空穴数目为 $U_\mathrm{p}\mathrm{d}x\mathrm{d}A$（产生的电子数为 $U_\mathrm{n}\mathrm{d}x\mathrm{d}A$），单位时间流入该区域的空穴数目为 $J_\mathrm{p}(x)\mathrm{d}A$ [流入的电子数为 $-J_\mathrm{n}(x)\mathrm{d}A$]，单位时间流出该区域的载流子数目为 $J_\mathrm{p}(x+\mathrm{d}x)\mathrm{d}A$ [流入的电子数为 $-J_\mathrm{n}(x+\mathrm{d}x)\mathrm{d}A$]。由此可以得到，该区域内空穴的浓度随时间的变化为：

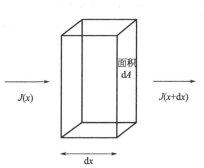

图 1.35 载流子输运

$$\frac{\partial p}{\partial t}=-\frac{1}{q}\frac{\partial J_\mathrm{p}}{\partial x}+G_\mathrm{p}-U_\mathrm{p} \tag{1.111}$$

该区域内空穴的浓度随时间的变化为：

$$\frac{\partial n}{\partial t}=-\frac{1}{q}\frac{\partial J_\mathrm{n}}{\partial x}+G_\mathrm{n}-U_\mathrm{n} \tag{1.112}$$

类似的，可以得到三维情况下的连续性方程：

$$\frac{\partial p}{\partial t}=-\frac{1}{q}\nabla\cdot\boldsymbol{J_\mathrm{p}}+G_\mathrm{p}-U_\mathrm{p} \tag{1.113}$$

$$\frac{\partial n}{\partial t}=-\frac{1}{q}\nabla\cdot\boldsymbol{J_\mathrm{n}}+G_\mathrm{n}-U_\mathrm{n} \tag{1.114}$$

结合泊松方程，获得材料内的电势分布，便可以求得材料内的载流子分布，泊松方程表示为：

$$\nabla^2\phi=-\frac{q\rho}{\varepsilon_0\varepsilon_\mathrm{s}}=-\frac{q}{\varepsilon_0\varepsilon_\mathrm{s}}(\rho_\mathrm{fix}+p-n) \tag{1.115}$$

式中，ρ 为材料内的电荷密度；ε_s 为材料的相对介电常数；ρ_{fix} 为固定电荷密度。

1.8.2 载流子的扩散和漂移

在半导体材料内，载流子运动形成电流主要包括两种形式，扩散和漂移。扩散是在一定温度下，由于浓度梯度的存在，载流子由高浓度区域向低浓度区域运动。载流子的扩散流密度 S 与浓度梯度成正比：

$$S = -D\frac{dn^0}{dx} \tag{1.116}$$

式中，D 为扩散系数，它反映了载流子在某种材料中扩散能力的大小；n^0 为载流子浓度。由此可以得到空穴和电子的扩散电流分别为：

$$J_{p,diffuse} = -qD_p\frac{dp}{dx} \tag{1.117}$$

$$J_{n,diffuse} = -qD_n\frac{dn}{dx} \tag{1.118}$$

式中，p 和 n 分别为空穴浓度和自由电子浓度。在稳态下，由于少数载流子在扩散的过程中会不断复合，因此其扩散流密度也不断变化，可以得到以下的扩散方程：

$$-\frac{dS(x)}{dx} = \frac{n^0(x)}{\tau} \tag{1.119}$$

也即：

$$D\frac{d^2n^0}{dx^2} = \frac{n^0(x) - n_0^0}{\tau} \tag{1.120}$$

式中，τ 为少数载流子的寿命；n_0^0 为热平衡时的载流子浓度，也即为非平衡载流子浓度。由上式可以解得 $n^0(x) - n_0^0$ 以 $\exp(\pm x/L)$ 的形式变化，其中 $L = \sqrt{\tau D}$，L 称为少数载流子的扩散长度。扩散长度是标志少数载流子在被复合前所能扩散的特征长度，对于太阳能电池来说尤为重要。

载流子在外场的作用下会发生漂移运动，进而产生漂移电流。在外场 F 的作用下，载流子的漂移运动速度 v 为 μF，其中 μ 为载流子的迁移率。由此可知在外场作用下空穴和电子的漂移电流分别为：

$$J_{p,drift} = qp\mu_p F \tag{1.121}$$

$$J_{n,drift} = qn\mu_n F \tag{1.122}$$

光伏电池原理及应用

迁移率 μ 与扩散系数 D 之间满足爱因斯坦关系式：

$$D = \mu \frac{k_B T}{q} \tag{1.123}$$

材料中的总电流等于扩散电流和漂移电流之和，可以得到总电流：

$$J_p = J_{p,\text{drift}} + J_{p,\text{diffuse}} \tag{1.124}$$

$$J_n = J_{n,\text{drift}} + J_{n,\text{diffuse}} \tag{1.125}$$

将 J 的表达式代入连续性方程可得：

$$\frac{\partial p}{\partial t} = D_p \frac{d^2 p}{dx^2} - \mu_p p \frac{dF}{dx} - \mu_p F \frac{dp}{dx} + G_p - U_p \tag{1.126}$$

$$\frac{\partial n}{\partial t} = D_n \frac{d^2 n}{dx^2} + \mu_n n \frac{dF}{dx} + \mu_n F \frac{dn}{dx} + G_n - U_n \tag{1.127}$$

对于掺杂半导体而言，少数载流子的净复合率 U：

$$U = \frac{n^0 - n_0^0}{\tau} = D \frac{n^0 - n_0^0}{L^2} \tag{1.128}$$

在实际情况中，材料经过一段时间后会处于稳态，载流子浓度不再随时间变化，如果外加场在材料内也保持相同，那么可以得到对于 n 型半导体中的空穴：

$$0 = \frac{d^2 p}{dx^2} - \frac{qF}{k_B T} \frac{dp}{dx} + \frac{G_p}{D_p} - \frac{p - p_0}{L_p^2} \tag{1.129}$$

对于 p 型半导体中的电子：

$$0 = \frac{d^2 n}{dx^2} + \frac{qF}{k_B T} \frac{dn}{dx} + \frac{G_n}{D_n} - \frac{n - n_0}{L_n^2} \tag{1.130}$$

有了上述两个方程，结合泊松方程，以及边界条件，便可以求得半导体材料中非平衡载流子浓度的分布。

参 考 文 献

[1] 胡安，章维益. 固体物理学. 北京：高等教育出版社，2005.

[2] 黄昆，韩汝琦. 固体物理学. 北京：高等教育出版社，1988.

[3] 刘恩科，朱秉升，罗晋生. 半导体物理学. 北京：电子工业出版社，2003.

[4] M S Sze. Semiconductor Devices. Physics and Technology. 2nd ed. Hoboken：John Wiley & Sons Inc，2002.

[5] Robert F Pierret. Advanced Semiconductor Fundamentals. Second Edition. Upper Saddle River：Pearson Education Inc，2003.

[6] Ben G Streetman，Sanjay Kumar Banerjee. Solid State Electronic Devices. Sixth Edition. Upper Saddle River Pearson Education Inc，2005.

[7] Shockly W. Electrons and Holes in Semiconductors. Toronto New York，London：D Van Nostrand Compa-
ny Inc，1950.

[8] C D Thurmond. The Standard Thermodynamic Functions for the Formation of Electrons and Holes in Ge，
Si，GaAs，and GaP. Journal of The Electrochemical Society，1975. 122（8）：1133-1141.

[9] ［美］施敏，［美］伍国珏. 半导体器件物理. 第 3 版 . 耿莉，张瑞智译. 西安：西安交通大学出版
社，2008.

[10] F J Morin，J P Maita. Electrical Properties of Silicon Containing Arsenic and Boron. Physical Review，
1954. 96（1）：28-35.

[11] A S Grove. Physics and Technology of Semiconductor Devices. Hoboken，New Jersev：John Wiley &
Sons Inc，1967.

2　半导体接触

2.1　半导体 pn 结

半导体 pn 结是半导体器件中最重要的结构之一,理解半导体 pn 结的各种特性是研究半导体器件原理的重要基础。下面主要讨论半导体 pn 结的形成,pn 结的空间电荷区特性,pn 结的电流电压特性,以及光照条件下 pn 结的特性等。

2.1.1　pn 结的形成

当一块半导体材料中同时存在 p 型区域和 n 型区域,那么在它们的界面,便会形成 pn 结(图 2.1)。制备 pn 结的方法有很多,包括合金法、热扩散法、离子注入法等等。这些方法共同的特征就是在现有的 n 型(p 型)半导体表面注入足够的 p 型(n 型)杂质,形成 pn 结。如果杂质注入层较浅,注入杂质浓度远远大于原有材料的杂质浓度,那么就形成了突变结(p^+n 结或 n^+p 结);如果注入杂质浓度较低且注入深度很深,则一般会形成线性缓变结[1]。

2.1.2　pn 结中的空间电荷区

p 型和 n 型半导体接触后,由于 p 型半导体中空穴的浓度远大于 n 型半导体中空穴的浓度,浓度梯度的存在会驱使 p 型半导体中的空穴扩散至 n 型半导体,留下带负电的受主;同样的,n 型半导体中的电子向 p 型半导体扩散,留下带正电的施主。带正电的施主和带负电的受主会形成空间电场,而该区域称为空间电荷区。空间电荷区的电场会阻碍电子或空穴的扩散,并使电子和空穴发生漂移运动,且漂移

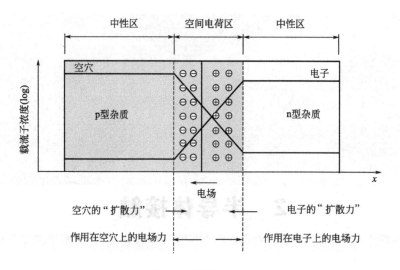

図 2.1　半导体 pn 结

的方向和扩散的方向刚好相反。当扩散运动强于漂移运动时，空间电荷区会不断增大，空间电场增强，当空间电场大到一定程度时，载流子的漂移运动和扩散运动相当，此时便达到平衡，空间电荷区不再增加。此时有：

$$J_n = -nq\mu_n|E| + qD_n\frac{dn}{dx} = 0 \tag{2.1}$$

$$J_p = -pq\mu_n|E| - qD_p\frac{dp}{dx} = 0 \tag{2.2}$$

当到达平衡以后，可以近似地认为空间电荷区内的电荷均来自带正电的电离施主和带负电的电离受主，而忽略自由电子和空穴对电荷量的贡献，且空间电荷区以外，材料保持电中性，这也即耗尽层近似。于是，在 p 层耗尽区，负电荷的电荷密度等于施主浓度 N_D，在 n 层耗尽区，正电荷的电荷密度等于受主浓度 N_A。由于耗尽层 n 和 p 两侧的正负电荷总量应相等，可以得到：

$$x_p N_A = x_n N_D \tag{2.3}$$

式中，x_p 为空间电荷区 p 型一侧的厚度；x_n 为空间电荷区 n 型一侧的厚度，如图 2.2 所示。

2.1.3　pn 结的能带

下面从另一个角度，能量的角度，来理解 pn 结的形成和特性。p 型与 n 型半导体在接触前，有其各自的费米能级 E_{FP} 和 E_{FN}。当 n 型半导体和 p 型半导体接触以后，由于 n 型半导体的费米能级高于 p 型半导体的费米能级，于是 n 型半导体中

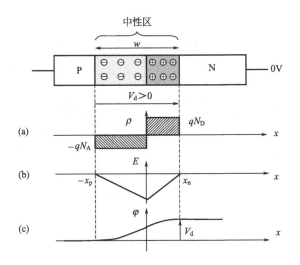

图 2.2 pn结中的电场和电势分布

的电子便会向低能方向流动，至 p 型半导体一侧；同样对于 p 型半导体，其空穴也向空穴能量较低的一侧，也即费米能级较高的一侧流动，流向 n 型半导体。电子流向 p 型半导体会导致其费米能级升高，而空穴流向 n 型半导体一侧导致 n 型半导体中费米能级不断下降。空穴和电子的不断流动，直到 n 型半导体和 p 型半导体的费米能级相等为止。实际上，由于自由载流子的流动，在 n 型和 p 型半导体两侧留下的电离施主和受主会产生内建电场，它会改变空间电荷区内的电势，使得能带发生上下移动。费米能级会随着能带的移动而移动，使得 p 侧和 n 侧的费米能级相等为止。费米能级随能带的移动是很好理解的，因为根据耗尽层近似，在空间电荷区以外，也即中性区，半导体材料的性质与 pn 半导体接触前是一样的，因此费米能级在中性区与导带底或价带顶的能量差就必定是不变的，因而随着能带的变化而变化。由于空间电荷区以外电场为 0，在该区域内电势保持不变，而在 pn 结两侧有着固定的电势差 V_{bi}，V_{bi} 称为接触电势差。由图 2.3 易知：

$$qV_{bi} = E_{Fn} - E_{Fp} \tag{2.4}$$

在 n 型半导体和 p 型半导体未接触前，其各自的电子浓度为：

$$n_{n0} = n_i \exp\left(\frac{E_{Fn} - E_i}{kT}\right) \approx N_D \tag{2.5}$$

$$n_{p0} = n_i \exp\left(\frac{E_i - E_{Fp}}{kT}\right) \approx \frac{n_i^2}{N_A} \tag{2.6}$$

可得：

$$V_{bi} = \frac{kT}{q}\left(\ln\frac{N_A N_D}{n_i^2}\right) \tag{2.7}$$

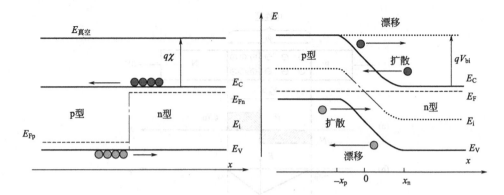

图 2.3　pn 结能带

χ—电子亲和能

由此可知，当温度不变时，材料的掺杂浓度越高，其接触电势差就越大。当半导体禁带宽度越小时，n_i 也就越大，接触电势差越小。此外，由于 n 型半导体和 p 型半导体中性区的载流子浓度在接触前和接触后保持不变，因此由上述公式还可以得到两个关于 pn 结中性区载流子浓度的有用的表达式，即：

$$\frac{n_{n0}}{n_{p0}} = \exp\left(\frac{qV_{bi}}{kT}\right) \qquad (2.8)$$

同时，由 $n_{n0}\,p_{n0} = n_i^2 = n_{p0}\,p_{p0}$ 得：

$$\frac{p_{p0}}{p_{n0}} = \exp\left(\frac{qV_{bi}}{kT}\right) \qquad (2.9)$$

上述两个公式将在计算 pn 结的电流电压特性时用到。

下面来更加详细地讨论 pn 结的费米能级以及能带。可以将爱因斯坦关系：

$$D_n = \frac{kT\mu_n}{q} \qquad (2.10)$$

代入式(2.1)，可得：

$$J_n = -nq\mu_n|E| + q\frac{kT\mu_n}{q}\frac{dn}{dx} = 0 \qquad (2.11)$$

与此同时：

$$n = n_i \exp\left(\frac{E_F - E_i}{kT}\right) \qquad (2.12)$$

代入式(2.11)，可得：

$$J_n = -nq\mu_n\left[|E| - \frac{1}{q}\left(\frac{dE_F}{dx} - \frac{dE_i}{dx}\right)\right] = 0 \qquad (2.13)$$

而

$$\frac{\mathrm{d}E_i}{\mathrm{d}x} = -q|E| \tag{2.14}$$

因此：

$$J_n = n\mu_n \frac{\mathrm{d}E_F}{\mathrm{d}x} = 0 \tag{2.15}$$

对于空穴，同样可以得到：

$$J_p = n\mu_p \frac{\mathrm{d}E_F}{\mathrm{d}x} = 0 \tag{2.16}$$

该结果说明，当 pn 结达到平衡状态，载流子的扩散电流等于漂移电流，总电流为 0 时，p 型半导体与 n 型半导体的费米能级相等，费米能级随空间变化的梯度为 0。有了上述原理，当知道半导体的能带结构，以及其费米能级的位置时，就可以很容易地大致画出 pn 结的能带图：只需让 pn 结两侧的费米能级相等，同时让其能带也随着费米能级上下移动。

为了更好地理解 pn 结，下面将基于耗尽层近似简单计算突变 pn 结内的电场和电势分布。根据泊松方程，在空间电荷区内，电势应满足如下方程：

$$\frac{\mathrm{d}^2\psi}{\mathrm{d}x^2} = \frac{q}{\varepsilon_s} N_A \qquad -x_p < x < 0 \tag{2.17}$$

$$\frac{\mathrm{d}^2\psi}{\mathrm{d}x^2} = \frac{q}{\varepsilon_s} N_D \qquad 0 < x < x_n \tag{2.18}$$

根据电场与电势之间的关系：

$$E = -\frac{\mathrm{d}\psi}{\mathrm{d}x} \tag{2.19}$$

可以得到：

$$\frac{\mathrm{d}E}{\mathrm{d}x} = \frac{q}{\varepsilon_s} N_A \qquad -x_p < x < 0 \tag{2.20}$$

$$\frac{\mathrm{d}E}{\mathrm{d}x} = \frac{q}{\varepsilon_s} N_D \qquad 0 < x < x_n \tag{2.21}$$

为了获得电场的表达式，还需要知道上述方程的边界条件。由于采用了耗尽层近似，因此除了空间电荷区以外，电场 $E = 0$，因此：

$$E = 0, \quad x = x_n \text{ 或 } x = -x_p$$

另外，可以近似认为电场在 pn 结界面处与界面垂直，也即电场在界面处是连续的。由上述关系式可以得到：

$$E(x) = -\frac{qN_A}{\varepsilon_s}(x + x_p) \qquad -x_p < x < 0 \tag{2.22}$$

$$E(x) = \frac{qN_A}{\varepsilon_s}(x - x_n) \qquad 0 < x < x_n \tag{2.23}$$

且

$$E(0) = -\frac{qN_A}{\varepsilon_s}x_p = -\frac{qN_D}{\varepsilon_s}x_n \tag{2.24}$$

由空间电荷区宽度 $W = x_p + x_n$，得：

$$x_p = \frac{WN_D}{N_A + N_D} \tag{2.25}$$

$$x_n = \frac{WN_A}{N_A + N_D} \tag{2.26}$$

对电场进行积分，可以得出空间电荷区内的电势分布。这里，选择 $x = 0$ 处为零电势参考点，可以得到：

$$\psi_p(x) = -\frac{qN_A x^2}{2\varepsilon_s} \tag{2.27}$$

$$\psi_n(x) = \frac{qN_D x^2}{2\varepsilon_s} \tag{2.28}$$

空间电荷区两端的电势差 V_{bi} 为：

$$V_{bi} = \psi_n(x_n) - \psi_p(x_p) = \frac{qN_D x_n^2}{2\varepsilon_s} + \frac{qN_A x_p^2}{2\varepsilon_s} \tag{2.29}$$

将式(2.25)和式(2.26)代入上式，可得

$$V_{bi} = \frac{q}{2\varepsilon_s}\frac{N_A N_D}{N_A + N_D}W^2 \tag{2.30}$$

由式(2.30)可以得到空间电荷区的宽度 W 以及空间电荷区 n 侧和 p 侧的宽度：

$$W = x_p + x_n = \left[\frac{2\varepsilon_s V_{bi}}{q}\frac{N_A + N_D}{N_A N_D}\right]^{\frac{1}{2}} \tag{2.31}$$

$$x_p = \left[\frac{2\varepsilon_s V_{bi}}{q}\frac{N_D}{N_A(N_A + N_D)}\right]^{\frac{1}{2}} \tag{2.32}$$

$$x_n = \left[\frac{2\varepsilon_s V_{bi}}{q}\frac{N_A}{N_D(N_A + N_D)}\right]^{\frac{1}{2}} \tag{2.33}$$

2.1.4 pn 结的电流电压特性

在研究 pn 结的电流电压特性之前，我们需要提出一些假设，以合理的简化 pn 结模型。通常的假设包括以下四条。

① 突变耗尽层近似：由空间电荷引起的内建电场和外加电压仅仅局限于 pn 结的耗尽区内，在耗尽区以外，半导体材料呈现电中性。

② 小注入假设：注入的少数载流子浓度与材料本身的多数载流子浓度相比非常小。

③ 在耗尽层内电子和空穴的电流保持恒定，忽略耗尽层中电子和空穴的产生和复合作用，电子和空穴的产生复合电流为0。

④ 玻耳兹曼统计近似：电子和空穴的分布满足玻耳兹曼统计。

之前对半导体的研究，都主要研究其在平衡状态下的特性。当 pn 结两端加上电压以后，这种平衡就会被打破。下面就讨论当外加电压时 pn 结所表现出来的特性。

首先讨论当外加电压为正电压时的情形，也即 p 区的电势高于 n 区的电势。由于在非空间电荷区，自由载流子浓度很高，电阻很小，而在空间电荷区，载流子浓度非常低，与非空间电荷区相比，电阻很大，所以外加电压 V 几乎都落在空间电荷区上。由于所加电压的方向与空间电荷区内建电场的方向相反，使得空间电荷区的势垒下降为 $q(V_{bi}-V)$，空间电荷区宽度变小，空间电荷变少，空间电场强度变小。由于内部电场强度变小，削弱了载流子的漂移运动，原来载流子扩散运动和漂移运动的平衡被打破，使得扩散电流大于漂移电流，空间电荷区内的净电流不再等于0。载流子扩散至空间电荷区的边界，载流子浓度积累变高。以空穴为例，空穴扩散至 n 型半导体一侧的边界，空穴在 n 型半导体中为少子，空间电荷区边界处空穴的浓度远高于 n 型半导体内部空穴的浓度，由此空穴会向 n 型半导体内部扩散，在扩散的过程中，不断地与 n 型半导体中的电子复合，经过数个扩散长度的距离以后，空穴的浓度逐渐降为0，当空穴在扩散的过程中形成扩散电流。在空间电荷区外，空穴扩散的区域为扩散区，空穴浓度降为0以后的剩余区域为 n 型半导体中性区。对于由 n 区向 p 区扩散的电子，整个过程与上述空穴的扩散过程类似，形成电子的扩散电流。同时，在上述过程中，外电路会不断向 p 区注入空穴，向 n 区注入电子。当正向偏压一定时，空穴和电子的扩散流是一定的，作为少子在 n 型半导体或 p 型半导体中的扩散分布也是稳定的，形成稳定的电流。当外加电压变大时，pn 结的势垒进一步变小，载流子扩散作用增强而漂移作用被削弱，使得通过 pn 结的电流进一步增加。

当外加电压为负电压时，此时 n 区的电势高于 p 区的电势，空间电荷区的势垒增大，空间电荷区变宽，空间电荷增加，空间电荷区内的电场变强。这使得空间电荷区内载流子漂移作用增强，大于扩散作用。在强电场的作用下，电子从 p 区向 n 区运动，在 n 区一侧积累；空穴从 n 区向 p 区运动，在 p 区一侧积累。但是，由于电子在 p 区是少数载流子，数量很少，而电子在 n 区是多数载流子，这就导致在漂移作用下，在 pn 结边界 n 区一侧积累的电子浓度相比 n 型半导体内部的电子浓度相差很小，电子向 n 区内部的扩散电流很小。即使外加电压很大时，其积累的电子浓度与 n 区内部的电子浓度差别依然很小，表现为电子的扩散电流大小基本不变而且很小，且外加电压的大小基本不能改变电流的大小。

下面从能量的角度进一步理解外加电压后 pn 结的特性。为了研究非平衡状态下 pn 结的能带特性，首先引入准费米能级的概念。当半导体材料处于非平衡状态时，半导体内载流子的浓度会发生变化。例如，当外加正电压时，p 型半导体在 pn 结边界附近少数载流子电子的浓度明显增加。这个时候，$pn=n_i^2$ 将不再成立。可以重新单独定义电子和空穴的准费米能级 E_{Fn} 和 E_{Fp}，用其来表示材料中电子和空穴的浓度。其定义如下：

$$n \equiv n_i \exp\left(\frac{E_{Fn}-E_i}{kT}\right) \tag{2.34}$$

$$p \equiv n_i \exp\left(\frac{E_i-E_{Fp}}{kT}\right) \tag{2.35}$$

式中，n_i 为本征载流子浓度。上述两式与半导体处于热平衡状态时载流子浓度的表达形式相当，不同的是把 E_F 换为了 E_{Fn} 和 E_{Fp}。当半导体处于热平衡状态时 $E_{Fn}=E_{Fp}$，$pn=n_i^2$；当其处于非平衡状态时，E_{Fn} 与 E_{Fp} 不再相等，此时有：

$$pn=n_i^2 \exp\left(\frac{E_{Fn}-E_{Fp}}{kT}\right) \tag{2.36}$$

根据准费米能级的定义，可以画出 pn 结处于正向偏压和反向偏压时能带示意图（图 2.4）。首先，研究当外加正向偏压时，电子准费米能级的变化。当电子在 n 型半导体的中性区内，其准费米能级在禁带中的位置与处于平衡态时相同，当进入空穴的扩散区以后，电子会被扩散进入的空穴不断复合，但是由于空穴是少数载流子，而电子为多数载流子，电子的浓度远远大于空穴，因为即使电子与空穴复合以后，其浓度基本保持不变，因此其准费米能级几乎始终没有变化。进入空间电荷区以后，由于空间电荷区很窄，准费米能级在这个区域内的变化可以忽略不计，因此电子的准费米能级在空间电荷区保持水平。当电子进入 p 型半导体一侧的电子扩散区时，电子此时变成了少子，在扩散的过程中不断被 p 型半导体中的多子空穴所复合，电子浓度不断下降，直到降至 p 型半导体中性区中电子的浓度。由于电子浓度不断下降，因此，其准费米能级也不断下降，表现为一条斜线，直到与 p 型半导体中的费米能级一致为止。采用类似的分析，当外加电压为反向电压时，其费米能级的变化与加正向偏压时的变化相反，且此时 E_{Fn} 处于 E_{Fp} 之下。

由于准费米能级达到半导体中性区以后将不再变化，而器件两端费米能级的能量差应等于外加电压的电势差，可以得到：

$$qV=E_{Fn}-E_{Fp} \tag{2.37}$$

式中，E_{Fn} 为 n 型半导体一侧以及空间电荷区电子的准费米能级；E_{Fp} 为 p 型半导体一侧以及空间电荷区空穴的准费米能级。

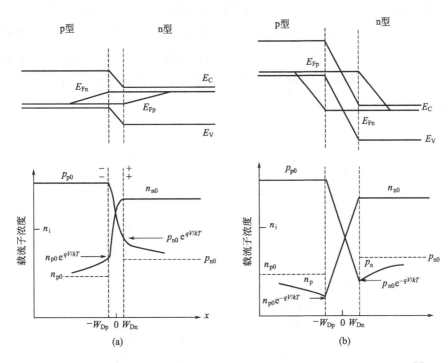

图 2.4　（a）正向偏压和（b）反向偏压下 pn 结的能带图和载流子浓度分布[2]

下面讨论 pn 结中电流电压关系的表达式。在 pn 结中，总电流由电子电流和空穴电流所组成，而 pn 结中，电流始终是保持恒定的，也即 pn 结中任何一处的电子电流和空穴电流的和相等。

$$J(x) = J_p(x) + J_n(x) \qquad (2.38)$$

为了获得 pn 结总电流，只需计算出某一位置的电子和空穴电流即可。注意到在 pn 结的空间电荷区中，电子电流和空穴电流是分别保持不变的。因此：

$$J_p(-W_{Dp}) = J_p(W_{Dn}) \qquad (2.39)$$

$$J_n(-W_{Dp}) = J_n(W_{Dn}) \qquad (2.40)$$

由此，可以得到 pn 结总电流：

$$J = J_p(W_{Dn}) + J_n(-W_{Dp}) \qquad (2.41)$$

而在空间电荷区的边缘，电场为 0，电流只有扩散电流，而无漂移电流，根据扩散电流的表达式，可以得到：

$$J_p(W_{Dn}) = -qD_p \frac{\mathrm{d}p_n}{\mathrm{d}x}\Big|_{W_{Dn}} \qquad (2.42)$$

$$J_n(-W_{Dp}) = -qD_n \frac{dn_p}{dx}\bigg|_{-W_{Dp}} \qquad (2.43)$$

式中，D_p 为空穴在 n 型半导体一侧的扩散系数；D_n 为电子在 p 型半导体一侧的扩散系数；p_n 为空穴在 n 型半导体一侧的浓度分布，n_p 为电子在 p 型半导体一侧的浓度分布。由式（2.42）、式（2.43）可知，要想得到 pn 结中的总电流，只需得到电子在 p 型一侧扩散区的分布和空穴在 n 型半导体一侧扩散区的分布即可（图 2.5）。

光伏电池原理及应用

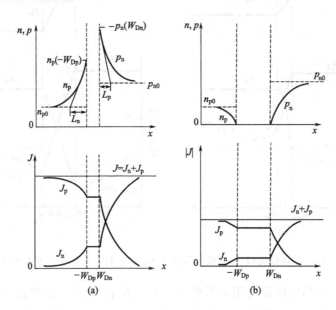

图 2.5 （a）正向偏压和（b）反向偏压下 pn 结的载流子浓度分布和电流密度分布[2]

为了求得少数载流子的浓度分布，首先利用连续性方程，有：

$$\frac{\partial n}{\partial t} = G_n - U_n + \frac{1}{q}\boldsymbol{\nabla} \cdot \boldsymbol{J_n} \qquad (2.44)$$

$$\frac{\partial p}{\partial t} = G_p - U_p - \frac{1}{q}\boldsymbol{\nabla} \cdot \boldsymbol{J_p} \qquad (2.45)$$

当 pn 结达到稳定状态以后，材料内部各处的载流子浓度不再随时间变化，其变化率为 0。同时，代入 J 的表达式（2.1）、式（2.2）可得：

$$0 = G_n - U_n - \mu_n|E|\frac{dn}{dx} - \mu_n n\frac{d|E|}{dx} + D_n\frac{d^2 n}{dx^2} \qquad (2.46)$$

$$0 = G_p - U_p + \mu_p|E|\frac{dp}{dx} + \mu_p p\frac{d|E|}{dx} + D_p\frac{d^2 p}{dx^2} \qquad (2.47)$$

现在，先讨论空穴在 n 型半导体一侧的分布。$U_p - G_p$ 为空穴在 n 型半导体一侧的净复合率，可以用少子寿命 τ 来表示：

$$U_p - G_p = \frac{p_n - p_{n0}}{\tau_p} \tag{2.48}$$

此外，在小注入的假设下，电场的变化可以忽略，且在扩散区内，电场强度为 0。由此，可以得到：

$$\frac{d^2 p_n}{dx^2} - \frac{p_n - p_{n0}}{L_p^2} = 0 \tag{2.49}$$

式中，L_p 为少子空穴的扩散长度：

$$L_p = \sqrt{D_p \tau_p} \tag{2.50}$$

现在已经得到了关于空穴分布的微分方程。为了获得这个微分方程的解，还需要知道空穴浓度分布的边界条件。由式(2.36)和式(2.37)，可知，在 $x = W_{Dn}$ 处，空穴的浓度为：

$$p_n(W_{Dn}) = \frac{n_i^2}{n_n} \exp\left(\frac{qV}{kT}\right) \tag{2.51}$$

对于小注入，$n_n \approx n_{n0}$，因此：

$$p_n(W_{Dn}) = p_{n0} \exp\left(\frac{qV}{kT}\right) \tag{2.52}$$

此外，当空穴进入中性区以后，其浓度应等于 p_{n0}，也即：

$$p_n(+\infty) = p_{n0} \tag{2.53}$$

由以上两个边界条件，可以解得空穴浓度分布：

$$p_n(x) - p_{n0} = p_{n0} \left[\exp\left(\frac{qV}{kT}\right) - 1\right] \exp\left(-\frac{x - W_{Dn}}{L_p}\right) \tag{2.54}$$

将式(2.54)代入式(2.42)，可以得到在 W_{Dn} 处的空穴电流为：

$$J_p(W_{Dn}) = -qD_p \frac{dp_n}{dx}\bigg|_{W_{Dn}} = \frac{qD_p p_{n0}}{L_p} \left[\exp\left(\frac{qV}{kT}\right) - 1\right] \tag{2.55}$$

对于电子电流，可以采取同样的处理方法，并可得到：

$$J_n(-W_{Dp}) = -qD_n \frac{dn_p}{dx}\bigg|_{-W_{Dp}} = \frac{qD_n n_{p0}}{L_n} \left[\exp\left(\frac{qV}{kT}\right) - 1\right] \tag{2.56}$$

由此可以得到总电流 J：

$$J = J_p(W_{Dn}) + J_n(-W_{Dp}) = J_0 \left[\exp\left(\frac{qV}{kT}\right) - 1\right] \tag{2.57}$$

其中：

$$J_0 = \frac{qD_p p_{n0}}{L_p} + \frac{qD_n n_{p0}}{L_n} = \frac{qD_p n_i^2}{L_p N_D} + \frac{qD_n n_i^2}{L_n N_A} \tag{2.58}$$

图 2.6 给出了 pn 结的电流电压关系,可以直观地看出当 pn 结外加正向电压和反向电压时,其电流相差很大,表现出非对称性。当 pn 结外加正向电压时,$V > 0$,电流随着电压的增加呈指数增长,当 $qV > 3kT$ 时,$\exp(qV/kT)$ 远大于 1,因此可以近似得到:

$$J = J_p(W_{Dn}) + J_n(-W_{Dp}) = J_0 \exp\left(\frac{qV}{kT}\right) \tag{2.59}$$

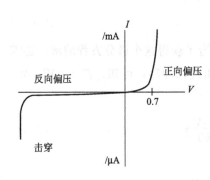

图 2.6　pn 结的电流电压关系

$\ln J$ 与温度呈线性增长;随着 V 的增加,J 迅速增加。但是,当外加反向偏压时,情况完全不同。此时 $V < 0$,最初电流随着电压的增加而增加,但当 $|qV| > 3kT$ 时,$\exp(qV/kT)$ 远小于 1,随着 V 绝对值的增加,$\exp(qV/kT)$ 趋于 0,可以近似得到:

$$J = -J_0 \tag{2.60}$$

此时电流是一个很小的常量,与电压无关,而 $-J_0$ 也称为反向饱和电流密度。由图 2.6 可以直观地看出,外加正向电压时通过 pn 结的电流远大于外加反向电压时的电流。可以简单地理解为,外加正向电压时电流可通过,外加反向电压时,电流不能通过,此即 pn 结的单向导电性或整流特性。

下面讨论 pn 结电流随温度的变化。从上一章的讨论可以知道,p_{n0} 和 n_{p0} 与 $T^3 \exp(-E_g/kT)$ 成正比,若假设 D/τ 与 T^3 成正比,那么可以得到:

$$J_0 = \frac{qD_p p_{n0}}{L_p} + \frac{qD_n n_{p0}}{L_n} = qp_{n0}\sqrt{\frac{D_p}{\tau_p}} + qn_{p0}\sqrt{\frac{D_n}{\tau_n}} \propto \left(AT^{3+\frac{\gamma_p}{2}} + BT^{3+\frac{\gamma_n}{2}}\right) \exp\left(-\frac{E_g}{kT}\right) \tag{2.61}$$

$T^{3+\frac{\gamma}{2}}$ 项与指数项相比,随温度的变化会慢很多,因此 J_0 随温度的变化主要由指数项决定。当外加反向偏压时,$J \approx -J_0$,因此反向电流会随着温度的增加而快速增加。当外加正向偏压时:

$$J_0 \propto \exp\left(-\frac{E_g - qV}{kT}\right) \tag{2.62}$$

电流同样随温度增加而增加,只是变化系数不仅仅受材料禁带宽度的影响,还受到其外加电压 V 的影响。

值得注意的是，目前所得到的结果都是理想条件下，在各个假设下得到的结果，而在实际情况中，这些假设可能并不能满足。比如，对于有的材料，其在空间电荷区内载流子的产生与复合不可完全忽略；当外加电流较大时，小注入的条件可能不能满足；外加电压并不是完全加在空间电荷区，由于材料电阻 R 的存在，中性区也会有 IR 的电压降。因此，在研究具体情况时，需要判断是否满足各个假设，如不满足，上述分析计算可能并不适用，需要单独研究。

2.1.5 pn 结击穿

从上面的讨论可以知道，当外加反向偏压时，由于参与导电的载流子很少，因此反向电流很小。但是，当反向电压大到某一数值 V_{BD} 时，pn 结会被击穿，反向电流会突然增大（图 2.7），而 V_{BD} 即称为击穿电压。通常情况下，导致 pn 结击穿的机制主要有三种，包括雪崩击穿、热电击穿和隧道击穿。这三种机制都有一个共同的特点，就是使得参与导电的载流子浓度迅速增加，从而导致反向电流迅速增加。

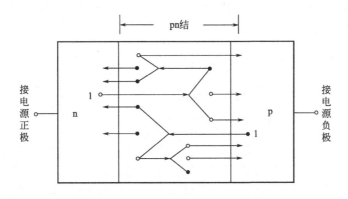

图 2.7　雪崩击穿示意图

（1）雪崩击穿

雪崩击穿与载流子与原子的碰撞电离相关。当电子被加速达到一定能量时，其对原子进行轰击会导致原子的电离，使得原子内的电子摆脱原有的束缚，进而产生一个自由电子和空穴。从能带的角度理解，这是由于高速粒子的碰撞，导致了价带中的电子跃迁至导带。在 pn 结中，当外加反向电压很大时，空间电荷区内的电场就会变得非常强，电子在空间电荷区内被加速到很高的能量，以致与空间电荷区内的原子发生碰撞时导致了原子的电离。新电离出的电子与刚刚碰撞完原子的电子一起又被电场所加速，又与新的原子碰撞，使其电离。当一个电子与原子碰撞后，产生一个新的电子与空穴；这两个电子再与原子碰撞，产生 4 个电子和 4 个空穴，以此类推，通过多次碰撞以后，自由电子的数目便会迅速增加，形成载流子的倍增效应。下面，建立一个简易的模型，对这一过程做简单的计算。假设电子被加速后碰撞原子使其电离一个电子的概率为 P，那么：

$$n_{\text{out}} = n_{\text{in}} + P \cdot 2 n_{\text{in}} + P^2 \cdot 2^2 n_{\text{in}} + P^3 \cdot 2^3 n_{\text{in}} + P^3 \cdot 2^3 n_{\text{in}} + \cdots + P^N \cdot 2^N n_{\text{in}}$$
(2.63)

$$n_{\text{out}} = n_{\text{in}} (1 + 2P + 2^2 P^2 + 2^3 P^3 + 2^3 P^3 + \cdots + 2^N P^N)$$
(2.64)

$$n_{\text{out}} = n_{\text{in}} \frac{(2P)^N - 1}{2P - 1}$$
(2.65)

当外加电场很大时，碰撞电离概率 P 接近 1，碰撞电离次数 N 也变得很大，载流子的浓度能迅速地增大非常多倍。

当形成 pn 结的半导体掺杂浓度增加时，在同样的外加电压下，空间电荷区内的电场更大，碰撞电离产生的自由电子更多，因此随着掺杂浓度的增加，击穿电压会下降（图 2.8）；此外，当半导体材料带隙增加时，电子更容易从价带跃迁至导带，使原子发生电离，载流子浓度增加，因此，随着半导体带隙的减小，pn 结的击穿电压也不断减小。

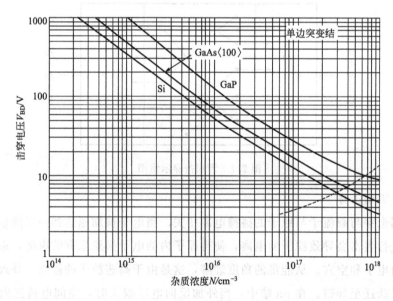

图 2.8 击穿电压与掺杂浓度的关系[2,3]

（2）隧道击穿

隧道击穿即齐纳击穿，与电子的隧穿相关。处于 p 型半导体价带中的电子，存在一定的概率，隧穿过空间电荷区的势垒，成为 n 型半导体一侧导带中的自由电子。如

图2.9所示，当外加反向电压时，随着反向电压的增加，n型半导体中导带的位置相对于p型半导体中价带的位置不断下降，当外加反向偏压较大时，n型半导体一侧的导带底甚至低于p型半导体的价带顶，同时，随着反向偏压的增加，空间电荷区能带越来越倾斜，电子穿越的势垒区域越来越窄，从而电子隧穿的概率不断增大。当空间电荷区中的电子势垒很窄，且杂质浓度很高时，在一定的电压下，会有大量的电子从p区价带隧穿至n区导带，形成很大的隧穿电流，从而产生了齐纳击穿。

影响电子隧穿的主要因素是空间电荷区势垒的宽度。为了使空间电荷区更窄，需要提高材料的掺杂浓度，并且使pn结为突变结而非缓变结。如果上述两个条件不满足，就会使得空间电荷势垒区较宽，使得电子很难发生隧穿。当反向电压增大时，空间电荷区能带便会更加倾斜，此时如图2.9所示，电子需要隧穿的势垒宽度就越窄，隧穿的概率增大。

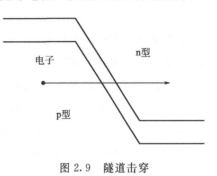

图2.9　隧道击穿

假设电子要穿越的势垒为三角势垒，通过计算可以得到电子穿越空间电荷区势垒的概率以及势垒宽度为[1]：

$$P=\exp\left[-\frac{8\pi}{3}\left(\frac{2m_n^*}{h^2}\right)^{\frac{1}{2}}E_g^{\frac{3}{2}}\Delta x\right] \tag{2.66}$$

$$\Delta x=\left(\frac{E_g}{q}\right)\left[\frac{2\varepsilon_r\varepsilon_0}{qN(V+V_D)}\right]^{\frac{1}{2}} \tag{2.67}$$

式中，$N=N_D N_A/(N_D+N_A)$。从式(2.66)可以明显地看出，材料掺杂浓度越高，外加反向电压越高，电子隧穿的概率越大，隧穿电流也越大。当掺杂浓度较小时，需要较大的反向电压才能发生隧道击穿，但是通常在发生隧道击穿前，电压已经足够大，使得pn结发生雪崩击穿。对一般的pn结，如果击穿电压小于$4E_g/q$，其击穿机制主要是隧道击穿；如果击穿电压大于$6E_g/q$，其击穿机制主要是雪崩击穿；当击穿电压介于两者之间时，两种机制混合发生。

（3）热电击穿

当pn结外加反向电压时，会形成反向电流，电流流过pn结会释放出热量，导致pn结温度升高，根据式(2.61)，可以知道反向电流与温度成正比：

$$J_0\propto\left(AT^{3+\frac{\gamma_p}{2}}+BT^{3+\frac{\gamma_n}{2}}\right)\exp\left(-\frac{E_g}{kT}\right) \tag{2.68}$$

当温度升高时，反向电流也很快增加，而反向电流增加又会释放出更多的热量，使得 pn 结温度升高，反向电流进一步增大，由此形成了电流与温度的正反馈，从而可能导致 pn 结的击穿。对于禁带宽度较小，反向饱和电流较大的 pn 结，例如锗形成的 pn 结，热不稳定性对结的性质有较为重要的影响。

2.2　半导体异质结

半导体异质结是指两种不同半导体材料接触形成的结。由于不同半导体的能隙宽度不同，所形成的半导体异质结在半导体器件中有广泛的应用。对于太阳能电池而言，薄膜太阳能电池中生长的窗口层便与吸收层形成半导体异质结。半导体异质结要获得应用，首先需要避免在两种半导体材料之间由于晶格失配等因素所形成的位错缺陷，避免其对器件性能的严重影响。按照两种半导体材料之间能级的相对位置，可以把半导体异质结划分为Ⅰ型、Ⅱ型和Ⅲ型异质结，各种异质结能带间的相对位置如图 2.10 所示。

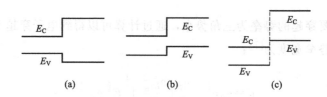

图 2.10　(a)Ⅰ型、(b)Ⅱ型和 (c)Ⅲ型异质结

对于Ⅱ型异质结，电子流向能带较低的一侧，而空穴流向能带位置较高的一侧，因此它可以起到分离电子和空穴的作用，Ⅲ型异质结只是Ⅱ型异质结的特殊情况，同样可以起到分离电子和空穴的作用。

为了研究半导体异质结，首先定义半导体功函数和半导体中的电子亲和能。半导体功函数是指电子从半导体逃逸到材料体外所需要的最小能量；半导体的电子亲和能指的是电子从半导体导带底逃逸到体外的最小能量。如图 2.11 所示。

其中，E_0 为真空能级；ϕ 为半导体的功函数；χ 为半导体的电子亲和能。它们可以分别表示为：

$$\phi = E_0 - E_F \tag{2.69}$$

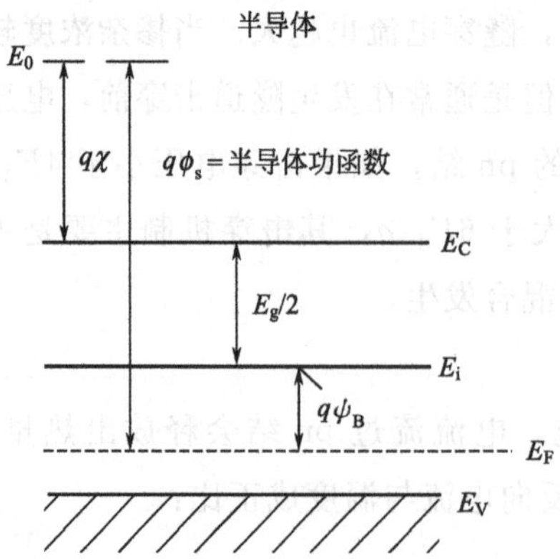

图 2.11　半导体功函数和电子亲和能

$$\chi = E_0 - E_C \tag{2.70}$$

易知，ϕ 和 χ 之间的关系为：

$$\phi = \chi + (E_C - E_F) \tag{2.71}$$

半导体功函数一般为几电子伏特，由于半导体功函数与半导体费米能级有关，因此，对于同一半导体，功函数随材料掺杂类型以及掺杂浓度的变化而变化。

根据异质结两侧半导体材料的导电类型，可以把异质结分为两种：异型异质结，也即组成异质结的两种半导体材料具有不同的导电类型；同型异质结，也即组成异质结的两种半导体材料具有相同的导电类型。下面将以Ⅰ型异质结为例，分别讨论上述两种异质结的能带图。在下面的讨论中，将假设两种半导体的界面不存在界面态，且异质结为突变结。

2.2.1　异型异质结

如图 2.12 所示，当 n 型半导体与 p 型半导体接触以后，由于 n 型半导体的费米能级大于 p 型半导体，电子由 n 型半导体流向 p 型半导体，而空穴由 p 型半导体流向 n 型半导体，直到异质结两边费米能级相等为止。在接触界面两侧附近形成了空间电荷区，其中 n 型半导体一侧带正电荷而 p 型半导体一侧带负电荷，正负电荷形成了空间电场。可以发现，半导体的导带边和价带边并不连续，导带边不连续的能量差为 ΔE_C，价带边不连续的能量差为 ΔE_V，带边的能量差不随材料掺杂浓度的变化而变化，且有：

$$\Delta E_C + \Delta E_V = \Delta E_g \tag{2.72}$$

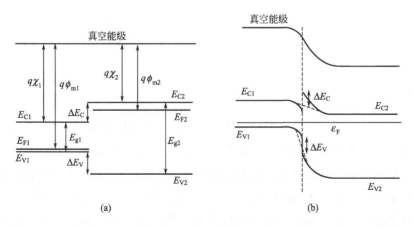

(a)　　　　　　　　　　(b)

图 2.12　异型异质结能带

式中，ΔE_g 为两种半导体材料带隙的能量差。材料的真空能级随着带边的弯曲变化而变化，始终保持与导带边平行。但是与材料导带边或价带边不同的是，真空能级是连续的。当异质结达到热平衡后，结两侧费米能级相等，内建电势 ψ_{bi} 为材料接触前费米能级的能量差，也即：

$$\psi_{bi} = E_{F2} - E_{F1} \tag{2.73}$$

内建电势同时还等于价带边和导带边能量弯曲的总和，以及真空能级在结两侧的能量差。通过利用泊松方程，且注意到异质结界面电场连续性条件（$\varepsilon_1 E_1 = \varepsilon_2 E_2$），可以得到空间电荷区的宽度[2]：

$$W_{D1} = \left[\frac{2 N_{A2} \varepsilon_1 \varepsilon_2 (\psi_{bi} - V)}{q N_{D1} (\varepsilon_1 N_{D1} + \varepsilon_2 N_{A2})} \right]^{\frac{1}{2}} \tag{2.74}$$

$$W_{D2} = \left[\frac{2 N_{D1} \varepsilon_1 \varepsilon_2 (\psi_{bi} - V)}{q N_{A2} (\varepsilon_1 N_{D1} + \varepsilon_2 N_{A2})} \right]^{\frac{1}{2}} \tag{2.75}$$

对于异质突变结，当外加正向电压时，由于带边会出现尖峰，因此影响电流的因素会变得更复杂，但是倘若假设异质结为缓变结，结两侧半导体的带边平滑过渡，则可以得到类似于普通 pn 结的电流电压特性[2]：

$$J_p = \frac{q D_{p1} n_{i1}^2}{L_{p1} N_{D1}} \left[\exp\left(\frac{qV}{kT}\right) - 1 \right] \tag{2.76}$$

$$J_n = \frac{q D_{n2} n_{i2}^2}{L_{n2} N_{A2}} \left[\exp\left(\frac{qV}{kT}\right) - 1 \right] \tag{2.77}$$

总电流为：

$$J = J_p + J_n = \left(\frac{q D_{p1} n_{i1}^2}{L_{p1} N_{D1}} + \frac{q D_{n2} n_{i2}^2}{L_{n2} N_{A2}} \right) \left[\exp\left(\frac{qV}{kT}\right) - 1 \right] \tag{2.78}$$

2.2.2　同型异质结

对于同型异质结，若为突变 nn 异质结，电子将从功函数低的一侧流向功函数高的一侧，直到界面两侧的费米能级相等为止，如图 2.13 所示。由此，在功函数低的一侧形成了电子的耗尽层，而在功函数高的一侧形成了电子的积累层，而不是如异型异质结分别在界面两侧形成电子和空穴的耗尽层。对于 pp 异质结，同样的，空穴由费米能级低的一侧流向费米能级高的一侧，直到费米能级相等，形成如图 2.13 所示的能带图。对于 nn 异质结，在费米能级高的一侧最终会形成了一个尖角势垒, 使得热电子发射成为影响其电流电压特性的一个重要因素。对于如图 2.13 所示 nn 异质结, 可以得到以下 IV 关系[2]:

$$J = \frac{q^2 N_{D2} \psi_{bi}}{\sqrt{2\pi m_2^* kT}} \exp\left(\frac{-q\psi_{bi}}{kT}\right) \left(1 - \frac{V}{\psi_{bi}}\right) \left[\exp\left(\frac{qV}{kT} - 1\right)\right] \qquad (2.79)$$

且

$$\psi_{bi} = \psi_{b1} + \psi_{b2}$$

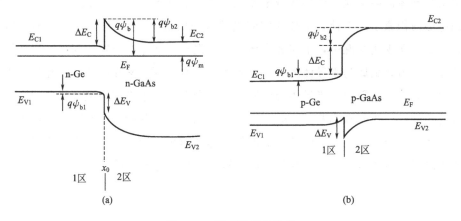

图 2.13 同型异质结能带

值得注意的是, 由式(2.79) 可知, 由于存在一个电压的线性项, 当外加反向电压时, 特别是反向电压绝对值大于 $3kT$ 以后, 反向电流随着反向电压增加会线性增加。当外加正向电压时, 由于指数项变化远快于线性项, 因此电流与电压的关系近似成指数关系, $J \propto \exp[qV/(\eta kT)]$。

2.3 金属半导体接触

金属半导体接触是半导体器件中常常出现的结构, pn 结的很多器件特性都可以通过金属半导体接触实现, 而制作金属半导体接触相比 pn 结的制作要容易。此外, 金属半导体接触对实现高速整流器也很重要。金属半导体接触除了形成整流接触以外, 还能形成欧姆接触, 欧姆接触对于半导体电流的输出和输入非常关键。

2.3.1 金属半导体接触势垒

在研究金属半导体接触之前, 先假设金属和半导体界面均不存在表面态, 处于理想状态。半导体和金属接触之前, 金属和半导体拥有不同的费米能级, 当把金属和半导体连接起来, 电子就会从功函数小（费米能级高）的一侧流向功函数大（费米能级低）的一侧, 直到两侧的费米能级相等为止。在此过程中, 由于金属中自由电子数目巨大，电子的流动造成其费米能级的变化相比半导体一侧费米能级的变化小很多，可以认为金属的费米能级保持不变。因此，半导体费米能级的变化量就等于金属和半导体功函数之差，这个电势差也称为接触电势。

下面以图 2.14 所示的金属半导体系统分析金属半导体接触的能带。如图 2.14 所示，半导体的费米能级高于金属的费米能级，当将两者连接成为一个系统以后，电子由半导体流向金属，半导体费米能级下降。在半导体一侧形成了空间电荷区，在耗尽层内积累了正电荷，半导体空间电荷区内能带的变化与 p$^+$n 结类似。值得注意的是，在现实情况中，金属和半导体之间很有可能存在一定的间隙，比如界面层的存在，由此金属与半导体的接触电势差就会有一部分落在间隙上。此外，当两种材料之间存在间隙时，半导体与金属之间便会存在一个真空势垒，势垒的高度为金属的功函数。当间隙不断减小时，半导体一侧空间电荷的密度不断增加，半导体能带弯曲越来越大，而落在间隙上的电势也越来越小。当间隙足够小，达到原子间距的量级时，电子可以自由地穿过间隙，这时就可以忽略间隙的存在了。此时金属一侧的势垒高度为：

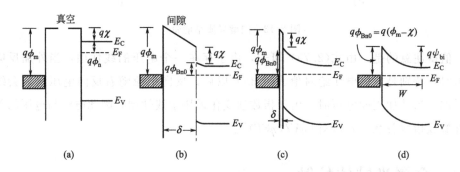

图 2.14　金属半导体接触

$$q\phi_B = q(\phi_m - \chi) \tag{2.80}$$

而半导体一侧的势垒高度为：

$$q\phi_{bi} = q(\phi_m - \phi_s) \tag{2.81}$$

当然，实际测得的势垒高度与上述会有所不同，一是因为上述假设了半导体和金属的间隙为 0，而这实际很难做到，例如在半导体表面沉积金属时，半导体表面可能会有污染甚至较薄的氧化层；其次，假设了界面不存在界面态，而对于半导体表面，这也是很难避免的；最后，金属半导体接触后，势垒高度还会因为镜像力等因素而改变。

以上给出了金属功函数大于 n 型半导体功函数时的情形。此时，在半导体一侧形成带正电荷的空间电荷区，空间电荷区内电子浓度很小，且在空间电荷区产生了一个势垒，因此空间电荷区形成一个电子的阻挡层。

但是，当金属的功函数小于 n 型半导体的功函数时，电子将由金属流向半导体，半导体的费米能级向上移动，能带在空间电荷区将向下弯曲，对于在导带底的电子，其在空间电荷区的能量低于半导体体内的能量（图 2.15）。在半导体的一侧的空间电荷区电子密度将很大，此时空间电荷区电导率会很高，成为反阻挡层。

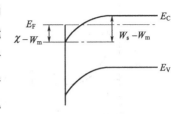

图 2.15 金属半导体接触能带

对于 p 型半导体，可以得到类似的结果，当金属的功函数小于半导体的功函数时，半导体能带在空间电荷区向下弯曲，空间电荷区空穴很少，形成了空穴的阻挡层。当金属的功函数大于半导体的功函数时，半导体能带在空间电荷区向上弯曲，空间电荷区空穴富集，形成了空穴反阻挡层。

当金属和 n 型半导体接触时，半导体一侧的耗尽层和 p^+n 结中 n 侧的耗尽层类似，当采用耗尽层近似时，可以借此得到其耗尽层宽度和耗尽层内导带底附近能量表达式[2]：

$$W_D = \sqrt{\frac{2\varepsilon_s}{qN_D}\left(\phi_{bi} - V - \frac{kT}{q}\right)} \tag{2.82}$$

$$E_C(x) = q\phi_B - \frac{q^2 N_D}{\varepsilon_s}\left(W_D x - \frac{x^2}{2}\right) \tag{2.83}$$

式中，ϕ_{bi} 可以通过金属和半导体功函数之差得到，也可以通过它们的费米能级之差得到。

2.3.2 半导体表面态

在金属和半导体接触时，其接触势垒不仅仅由金属和半导体的功函数之差决定，还会受到半导体表面态的影响，其表面态密度越大，影响就越大。由于表面态的存在，半导体表面附近的禁带中会形成很多表面态能级，这些能级在半导体禁带中形成一定的分布。其中，可以得到一个固定的中性能级 ϕ_0，对于高于 ϕ_0 的界面态，其被电子填充时将带负电，而不被电子填充时为电中性，为受主型的能态。对于低于 ϕ_0 的界面态能级，其被电子填充时为电中性，而其不被电子填充时带正电，这一类能级称其为施主型。对于大多数的共价键半导体，其中性能级位于价带顶上约 $E_g/3$ 的位置。

由于界面态的存在，在半导体未接触金属之前，在半导体表面附近就已经形成

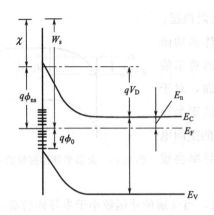

图 2.16　高表面态密度下 n 型半导体的能带

势垒。如图 2.16 所示，对于费米能级高于中性能级的 n 型半导体，如果界面态密度很大，在中性能级附近就能容纳大量的负电荷，而半导体的费米能级将会钉扎在中性能级处，此时半导体的势垒高度为 $E_F - q\phi_0$。

当金属与半导体接触以后，由于两者功函数不同，会产生电子的流动，但是，以图 2.16 为例，此时半导体流向金属的电子是通过界面态给出的。

理论上，如果界面态密度很大，趋于无穷，那么界面态能够给出或接受足够的电子，使得金属和半导体的费米能级达到一致的同时，半导体的费米能级依然钉扎在中性能级。此时，半导体与金属之间的势垒高度为 $E_F - q\phi_0$，势垒高度仅仅与半导体有关，由半导体的表面特性决定，而与金属无关。不过，实际中由于表面态密度并不是无穷大，因此金属功函数还是会对接触势垒产生影响（图 2.17）。通常，接触势垒是金属和半导体界面态共同影响的结果，只是对表面态密度高的半导体材料，费米能级的钉扎可能更为明显。

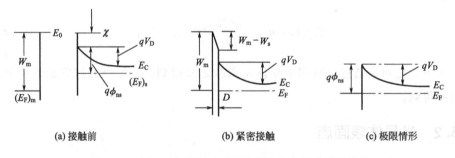

(a) 接触前　　　　　　　　(b) 紧密接触　　　　　　　　(c) 极限情形

图 2.17　高表面态密度下 n 型半导体与金属接触的能带

2.3.3　金属半导体接触的电流输运理论

金属半导体接触与 pn 结的载流子输运不同，对于 pn 结，是少数载流子完成电流输运，而对于金属半导体接触则是依靠多数载流子。下面简单介绍三种载流子输运的理论，他们分别适用于不同的环境。此外，以下三种理论描述的都是金属半导体接触形成了阻挡层的情形。

（1）扩散理论

对于 n 型半导体而言，假设金属半导体接触势垒远大于 kT，而半导体中电子的自由程相比阻挡层的厚度要小很多时，电子通过阻挡层时就会与阻挡层内的粒子发生碰撞，也即会经历在阻挡层内的扩散过程。电子要通过阻挡层不仅仅需要克服能带形成的势垒，还需要经历粒子扩散的过程。在这个过程中，电子同时受到扩散作用和漂移作用，空间电荷区内的电势分布会对整个过程产生影响。通过泊松方程求得电势分布以后，利用电流密度方程，可以计算得到电流的表达式为[2]：

$$J = J_D \left[\exp\left(\frac{qV}{kT}\right) - 1 \right] \tag{2.84}$$

式中，J_D 为扩散理论的饱和电流密度，其大小与外加电压大小相关。

（2）热电子发射理论

当金属半导体势垒远大于 kT 时，而阻挡层的厚度比电子平均自由程小很多时，那么可以忽略电子在阻挡层中的扩散过程，电子只要拥有足够的能量越过金属半导体的接触势垒就可以通过阻挡层。在一定的温度下，电子的能量拥有一定的分布，或者说能量不同的能级被电子占据的概率有一定的分布，通过积分计算便可以得到拥有足够能量而可以通过势垒的电子的密度，进而便可以得到电流的表达式为[2]：

$$J = J_{TE} \left[\exp\left(\frac{qV}{kT}\right) - 1 \right] \tag{2.85}$$

其中：

$$J_{TE} = A^* T^2 \exp\left(-\frac{q\phi_B}{kT}\right) \tag{2.86}$$

式中，A^* 为有效理查逊常数，其表达式为：

$$A^* = \frac{4\pi q m_n^* k^2}{h^3} \tag{2.87}$$

对于 Si、GaAs 这一类电子迁移率较高的材料，其电流输运主要受热电子发射的影响。

（3）隧穿电流

根据量子力学，能量低于势垒的电子也拥有一定的概率穿越势垒。当半导体材料为重掺杂而使得载流子密度较大时，或者材料处于低温下时，电子的隧道效应便对金属半导体接触的电流输运有重要影响。由半导体到金属的隧穿电流的大小与半导体一侧的能态被电子占据的概率和金属一侧能态未被电子占据的概率成正比，与电子隧穿的概率成正比。电子隧穿的概率主要与电子的能量大小以及势垒的宽度有关。

2.3.4 整流接触与欧姆接触

（1）整流接触

当金属半导体接触形成如图 2.18 所示的阻挡层时，可以观察到当外加正向电压时产生的正向电流会远大于外加负方向电压时的反向电流。当外加正向电压时，也即金属一侧接正压而半导体一侧接负压时，半导体一侧的费米能级相对金属的费米能级升高。此时，半导体一侧的势垒下降，而金属一侧势垒保持不变，于是半导体一侧的电子相对会更加容易流向金属，形成大的电子电流。而当外加反向电压时，半导体一侧的费米能级相对金属的费米能级下降，半导体一侧的势垒变大，而金属一侧的势垒保持不变。此时，金属一侧的电子流向半导体相对比半导体一侧的电子流向金属更加容易，于是形成了金属流向半导体的反向电流。但是金属到半导体的势垒并没有因为外加电压而降低，电子依旧需要越过一个很高的势垒达到半导体，因此反向电流会很小。当外加反向电压增大时，反向电流会趋于饱和。由此可以看出，具有阻挡层的金属半导体接触具有整流的作用。

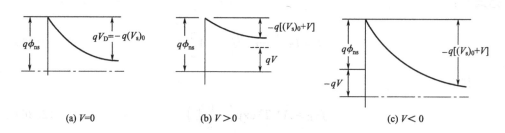

(a) $V = 0$　　　　　　　(b) $V > 0$　　　　　　　(c) $V < 0$

图 2.18　整流接触

（2）欧姆接触

对于半导体器件，其电流的流入和流出基本上都是通过其表面的金属层电极进行，该金属层会与半导体形成金属半导体接触。为了减少金属半导体接触对器件电流电压特性的影响，减小接触电阻，需要使金属与半导体形成欧姆接触。所谓欧姆接触，就是无论外加正向偏压还是反向偏压时，其接触电阻相对于半导体的体电阻很小，可以忽略不计。欧姆接触对于半导体器件，特别是大功率和超高频器件非常重要。

为了形成欧姆接触，首先想到的是让金属和半导体接触时形成反阻挡层，也即选用合适的金属和半导体，使得对于 n 型材料，半导体的功函数大于金属的功函数，或者对于 p 型材料，半导体的功函数小于金属的功函数。遗憾的是，对于很多常用的半导体如 Si、GaAs，其表面的态密度很高，与金属接触后，由于费米能级的钉扎，会使得金属和半导体之间始终存在势垒，载流子流动的电阻较大，依靠选择具有合适金属功函数的材料仍很难实现欧姆接触。为了实现欧姆接触，可以利用电子的隧穿效应。当对半导体进行重掺杂时，半导体一侧的空间电荷区会变得很薄，电子隧穿的概率变得较大，当掺杂浓度足够大，空间电荷区足够薄时，就能形成很大的隧穿电流，从而形成欧姆接触。接触电阻定义为电压为零时接触处电压降对地电流密度的微分的倒数，也即：

$$R = \left(\frac{\mathrm{d}J}{\mathrm{d}V}\right)_{V=0}^{-1} \tag{2.88}$$

若仅考虑电子的隧穿机制，那么接触电阻 R 与 $\exp(N^{-1/2})$ 成正比，电阻随着掺杂浓度的增加而迅速减小。考虑到半导体费米能级的钉扎是出现在表面态密度无限大时的极端情形，一般接触势垒仍会不同程度地受到金属费米能级的影响，因此，为了使接触电阻更小，在重掺杂的同时，也应尽量选择接触势垒较小的金属。

在工艺上，当在半导体表面镀上合适的金属层后，可以利用金属原子在高温下向半导体材料的扩散，在半导体表面形成所需的重掺杂区。比如可以使用含有少量 Sb 的 Au 镀于 n-Si 表面，高温处理后便会形成硅的 n$^+$ 层，而直接形成欧姆接触；对于 p-Si，可以直接选用 Al[4]。

表 2.1 给出了不同半导体材料一些可选用的接触金属[2,5]。

表 2.1　不同半导体材料形成欧姆接触的接触金属

半导体	金　属	半导体	金　属
n-Ge	Ag-Al-Sb, Al, Al-Au-P, Au, Bi, Sb, Sn, Pb-Sn	p-Ge	Ag, Al, Au, Cu, Ga, Ga-In, In, Al-Pd, Ni, Pt, Sn
n-Si	Ag, Al, Al-Au, Ni, Sn, In, Ge-Sn, Sb, Au-Sb, Ti, TiN	p-Si	Ag, Al, Al-Au, Au, Ni, Pt, Sn, In, Pb, Ga, Ge, Ti, TiN
n-GaAs	Au(0.88)Ge(0.12)-Ni, Ag-Sn, Ag(0.95)In(0.05)-Ge	P-GaAs	Au(0.84)Zn(0.16), Ag-In-Zn, Ag-Zn
n-GaP	Ag-Te-Ni, Al, Au-Si, An-Sn, In-Sn	p-GaP	Au-In, Au-Zn, Ga, In-Zn, Zn, Ag-Zn
n-GaAsP	Au-Sn	p-GaAsP	Au-Zn
n-GaAlAs	Au-Ge-Ni	p-GaAlAs	Au-Zn
n-InAs	Au-Ge, Au-Sn-Ni, Sn	p-InAs	Al
n-InGaAs	Au-Ge, Ni	p-InGaAs	Au-Zn, Ni
n-InP	Au-Ge, In, Ni, Sn	P-InSb	Au-Ge
n-InSb	Au-Sn, An-In, Ni, Sn	p-CdTe	Au, In-Ni, Indalloy 13, Pt, Rh
n-CdS	Ag, Al, Au, Au-In, Ga, In, Ga-In	p-SiC	Al-Si, Si, Ni
n-GdTe	In		
n-ZnSe	In, In-Ga, Pt, InHg		
n-SiC	W		

2.4　其他半导体接触

2.4.1　n⁺p⁺隧穿结

在制备多结太阳能电池时，每个 pn 结与 pn 结之间会形成一个反向的 np 结，由于这个结的存在，对光生载流子的运输形成了势垒，阻碍了光生载流子的运输和收集，同时降低了开路电压。解决这个问题的一个方法便是将这个 np 结制备成为隧穿结。在金属半导体接触中，可以通过将半导体一侧重掺杂，使之存在较大的隧穿电流，进而形成欧姆接触。同样的，对于 np 结，可以将其重掺杂，形成 n⁺p⁺ 结。由于重掺杂，可以使得空间电荷区变得很薄，使得载流子较为容易实现隧穿，形成极大的隧穿电流。在制备 n⁺p⁺ 时，要尽量减少结附近由于杂质扩散而产生的杂质相互补偿，它增加空间电荷区的宽度。

2.4.2　有机半导体材料异质结

有机半导体材料有着类似于无机半导体材料价带、导带、禁带的能带结构，其最低未占有分子轨道（LUMO）可类比于导带，而其最高占有分子轨道（HOMO）可以类比于价带。处于 HOMO 的电子受到光激发后跃迁，与留在 HOMO 的空穴一起形成激子，激子的能量一般在 $0.2\sim1.0\text{eV}$ 的范围。激子需要在外场的作用下发生分离才能形成自由电子和空穴。如图 2.19、图 2.20 所示，当激子运动到两种

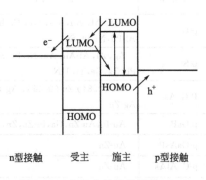

图 2.19　有机半导体异质结（一）

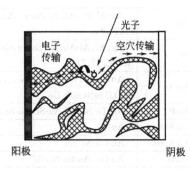

图 2.20　有机半导体异质结（二）

有机半导体材料的界面时，由于电势差的存在，使得激子发生分离，电子运动到 LUMO 较低的一侧，而空穴到 HOMO 较高的一侧。需要注意的是，要实现激子的分离，必须在其复合之前运动足够的距离到达界面。但是，激子的扩散长度通常

很小，一般小于 10nm。因此，传统的分层的半导体接触可能不能有效地分离激子，一个解决办法就是将两种有机半导体材料混合起来，形成混合材料，这不仅减少了激子到接触界面的距离，同时还增大了接触界面的面积，从而能够较有效地分离激子，获得自由电子和空穴（图 2.21）。此外，为了更有效地收集激子分离产生的自由载流子，还可以引入纳米无机结构作为载流子收集电极。当纳米线密集插入有机材料层，自由载流子到电极的距离将更短，自由载流子收集的面积更大，从而短路电流得以提高。

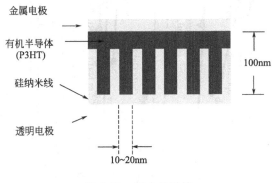

图 2.21　混合异质结

2.5　太阳能电池的分类

根据太阳能电池使用的材料不同可以将太阳能电池分为 Si 太阳能电池、GaAs 太阳能电池、CdTe 太阳能电池、CIGS 太阳能电池、染料太阳能电池和有机太阳能电池等；根据材料的结晶性，又可以分为单晶太阳能电池、多晶太阳能电池、微晶太阳能电池和非晶太阳能电池；此外，还可以根据使用多个 pn 结还是单个 pn 结，将太阳能电池分为多结太阳能电池和单结太阳能电池。图 2.22 给出了美国国家再生能源实验室对目前出现的大部分太阳能电池的分类，以及各种太阳能电池在不同时期达到的最高效率。

以上分类是根据材料的类型，还可以根据结接触类型不同而进行分类，结接触的类型反映了在太阳能电池中分离电子空穴对所采用的方式，更能反映太阳能电池的原理。如图 2.23 所示，第一类接触为类 pn 结接触，其接触是基于无机半导体材料的能带结构和费米能级，包括 Si 太阳能电池、CdTe 太阳能电池等；第二类接触为有机半导体材料之间的接触，例如采用 P3HT/PCBM 所形成的有机太阳能电池，由于有机半导体在光照下产生的电子空穴较为局域，接触后形成的能带图与无机半导体接触有所不同；第三类接触为有机半导体与无机半导体的接触，包括杂化太阳能电池等。

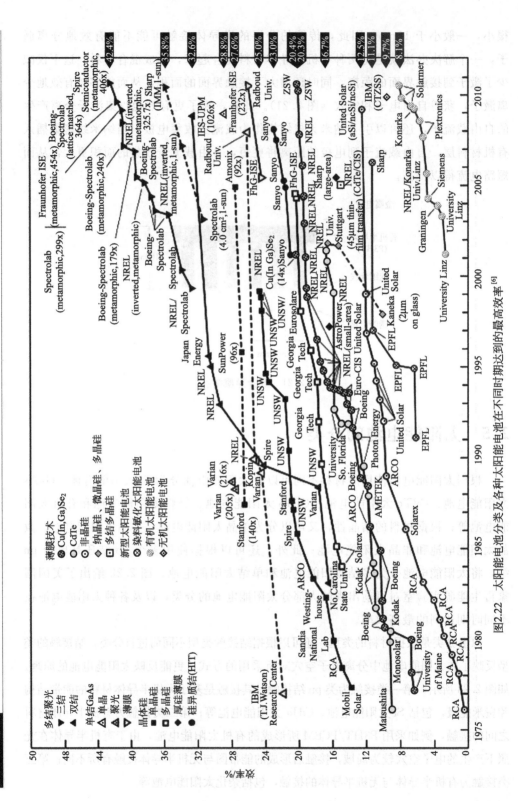

图2.22 太阳能电池分类及各种太阳能电池在不同时期达到的最高效率[6]

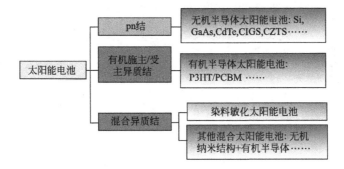

图 2.23 太阳能电池分类[7]

参 考 文 献

[1] 刘恩科，朱秉升，罗晋生. 半导体物理学. 北京：电子工业出版社，2003.

[2] [美] 施敏，[美] 伍国珏. 半导体器件物理. 第 3 版. 耿莉. 张瑞智译. 西安：西安交通大学出版社，2008.

[3] S M Sze，G Gibbons. AVALANCHE BREAKDOWN VOLTAGES OF ABRUPT AND LINEARLY GRADED p-n JUNCTIONS IN Ge，Si，GaAs，AND GaP. Applied Physics Letters，1966. 8（5）：111-113.

[4] Ben G Streetman，Sanjay Kumar Banerjee. Solid State Electronic Devices. Sixth Edition. Upper Saddle River：Pearson Education Inc，2005.

[5] S S Li. Semiconductor Physical Electronics. Second Edition. New York：Springer Science + Business Media，LLC，2006.

[6] Research Cell Efficiency Records [2012-12-1] http://www. nrel. gov/ncpv/.

[7] Fude Liu，et al. Working principles of solar and other energy conversion cells. Nanomaterials and Energy，2012，2（1）：3-10.

3 太阳能电池基本原理

　　从能量的角度理解，太阳能电池工作过程就是将入射光能转化为电能的过程。其所经历的能量过程可以用图3.1所示的过程来简单理解。这里给出一个水泵的模型，且假设该水泵能够利用太阳能，将水从低处（低势能处）抽到高处（高势能处）。水泵将水从低势能处抽取到高势能处的过程，就是对光能的利用过程，它将光能转化为水的势能。水被抽到高处后，就可以利用叶轮机等类似的负载，把水的势能转化为动能或者别的形式的能量。但是，由于蓄水池的一些缺陷，可能使得高处部分水没有通过负载，便直接泄漏至低处的蓄水池，造成能量的浪费。太阳能电池的能量转化过程与上述模型类似，太阳能电池（水泵）利用入射太阳光，使电子（水）从低能态（低处蓄水池）跃迁至高能态（高处蓄水池），高能态的电子再通过负载，如电阻、电机，回到低能态，电子的势能被负载转化为其他形式的能量，而在这个过程中，高能态的电子也可能不通过负载，而由于太阳能电池的缺陷等原

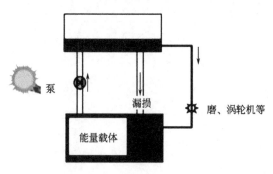

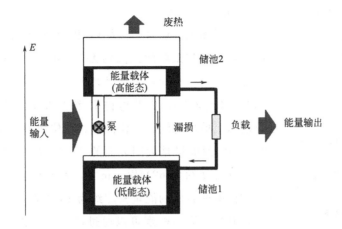

图 3.1　太阳能电池与水泵能量利用过程对比

因，而直接跃迁回低能态，也即发生电子和空穴的复合，使得能量被浪费。本章以下部分就将会围绕这一过程，对太阳能电池的能量转化进行讲解。

3.1　太阳光谱与太阳辐射

　　太阳能电池是将太阳能转化为电能的系统，要研究其能量转化过程，就必须对入射太阳光的性质了解清楚。实际上，太阳入射光的能谱对于太阳能电池的效率有着非常根本的影响。太阳能电池在实际应用中吸收太阳光，将其转化为电能，而太阳光的光谱是一个连续谱，对于拥有固定带隙的半导体吸收层材料而言，不同的入射光能谱分布会对光电流的产生造成直接的影响。所以，首先需要了解入射到太阳能电池表面的太阳光的性质。太阳的表面温度为5760K，可以近似地认为太阳发射出的光谱为相应温度的黑体辐射光谱、单位时间、单位面积、单位立体角、单位能量范围内流过的光子数为：

$$\beta_s(E, s, \theta, \phi) = \frac{2}{h^3 c^2}\left(\frac{E^2}{e^{E/k_B T_s} - 1}\right) \tag{3.1}$$

　　式中，c 为光速；ϕ、θ 为立体角；s 为面积；T_s 为太阳温度。

　　对立体角积分就可以得到单位时间、单位面积、单位能量范围内流过的光子数，即光子流谱密度 $b_s(E, s)$：

$$b_s(E, s) = \frac{2F_s}{h^3 c^2}\left(\frac{E^2}{e^{E/k_B T_s} - 1}\right) \tag{3.2}$$

　　式中，F_s 为几何因子。其表达式为：

$$F_s = \pi \sin^2 \theta_s \tag{3.3}$$

式中，θ_s 为观测点对太阳的张角的一半。

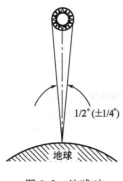

图 3.2 地球对
太阳的张角

对于黑体表面而言，θ_s 为 π，因此 F_s 的值为 π；对于地球而言，地球与太阳的距离约为 1.496×10^{11} m，太阳的直径约为 1.392×10^9 m，因此地球对太阳的张角的一半 θ_s 约为 0.26°（图 3.2），由此可得 F_s 约为 2.16×10^{-5}π，也就是说地球上单位时间、单位能量、单位面积的光子数 $b_s(E, s)$ 以及光辐射能量是太阳表面的 2.16×10^{-5} 倍。在太阳表面，能量密度约为 62MW·m^{-2}，若不计大气的吸收，可以得到在地球表面的能量密度约为 1353W·m^{-2}。

入射光的能量密度可以通过以下方式得到，首先将光子流谱密度乘以光子能量便可以得到辐射能量流密度：

$$L(E) = E b_s(E) \tag{3.4}$$

然后将辐射能量流密度对能量进行积分 $\int L(E)\mathrm{d}E$ 便可以得到入射光的能量密度。太阳光在到达地面的过程中，会被大气散射和吸收，一方面会使得太阳光的能量密度下降，另一方面使得太阳光谱中出现很多吸收谷。其中，波长小于 300nm 的太阳光几乎被氧气、臭氧、氮气等分子所全部吸收，而水对太阳光的吸收造成了光谱在 900nm、1100nm、1400nm 和 1900nm 处的吸收谷（图 3.3），而二氧化碳则造成了 1800nm 和 2600nm 的吸收谷。

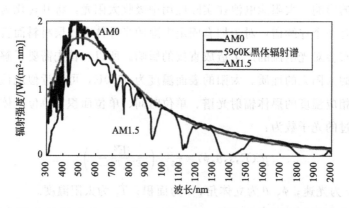

图 3.3 太阳光谱[1]

当太阳光从不同的角度入射进入大气时，其在大气中的光程是不同的，其能量被大气吸收的多少也不同。可以定义大气质量（Air Mass，AM）这个概念来描述大气对太阳光的吸收程度。大气质量的定义如下：

$$AM = \frac{\text{太阳光在大气中的光程}}{\text{太阳光垂直地平面入射时的光程}} = \frac{1}{\cos\theta_z} \tag{3.5}$$

式中，θ_z 为太阳光的入射角（天顶角）。

特别地，AM0 表示大气上界未被大气吸收的太阳光。AM1.0 为太阳光垂直入射时的太阳光（图 3.4）。对于太阳能电池，人们通常使用 AM1.5 作为标准入射光来标志太阳能电池的性能，此时，入射光的能量密度约为 $900\mathrm{W/m^2}$，不过为了研究方便，在太阳能电池测试中，人们通常将其规范化为 $1000\mathrm{W/m^2}$ 的 AM1.5 光谱。

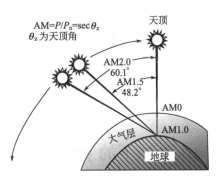

图 3.4 大气质量示意图

地球上各个地方获得的太阳辐射的能量不尽相同，纬度越高的地方，其入射角越大，获得的能量越小，整个太阳能光谱会随着入射角的增大而发生红移；海拔越高的地方，由于太阳光在大气中的光程变短，获得的能量也就越大；晴朗日越多的地区，一年平均获得的太阳辐射能量越多，例如沙漠地区。平均来说，太阳能辐射能量一般在 $100\sim300\mathrm{W/m^2}$ 之间。图 3.5 给出了世界年太阳平均辐射量。

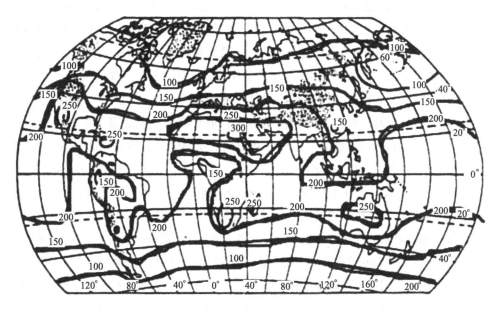

图 3.5 世界年太阳平均辐射量（$\mathrm{W/m^2}$）[1,2]

此外，由于地球的自转，对于同一地点，不同时间太阳光的入射角度不同，太阳辐射能量也不同。对于太阳能电池而言，如果太阳能电池保持不动，对于不同的时间，太阳光入射角不断变化，使得入射光并不总是垂直入射于太阳能电池表面，使得太阳能电池接受太阳光的有效面积变小。为了解决这个问题，可以使用太阳跟踪系统，不断调整太阳能电池板的角度，使之与入射光垂直。太阳能电池除了接收直接入射的太阳光外，还接收来自大气的散射光，这部分光的能量能达到太阳能电池接收总光能的 15％～20％。计入散射光的太阳光谱与不计入散射光的太阳光谱是不相同的，可以分别用 AMg（global）和 AMd（direct）表示，如 AM1.5g 和 AM1.5d。

3.2　光照下的 pn 结

对入射光的性质有一定了解以后，下面就具体来看太阳能电池这个"水泵"是如何利用太阳能使电子跃迁至高能态，并有效利用其电势能的。在整个过程中，要尽量防止高能态的电子"漏"至低能态，而不被负载所利用。

对于传统的太阳能电池，其器件结构的基础为 pn 结，事实上一个 pn 结就可以看做一个简单的太阳能电池。当光子入射 pn 结以及 pn 结两侧的半导体材料时，半导体材料会产生多余的非平衡载流子，pn 结原有的平衡会被打破。p 型半导体一侧产生的电子在内建电场的作用下，发生漂移运动，运动到 n 型半导体一侧而在结附近堆积，而 n 型半导体一侧的空穴也会漂移到 p 型半导体一侧在结附近堆积。在 pn 结堆积的这些载流子会形成一个与 pn 结内建电场相反的电场，这相当于给 pn 结外加了一个正向电压，使得 pn 结的势垒降低。这会导致 n 型半导体一侧的电子向 p 型半导体一侧扩散，而 p 型半导体一侧的空穴向 n 型半导体一侧扩散。当 pn 结两端没有外电路连接，处于断路状态时，最后漂移电流会等于扩散电流，而到达平衡，pn 结达到稳定状态。最终，所形成的反向电场会部分降低 pn 结原来的势垒，使其变为 $qV_D - qV$，而 qV 就是光生电压。pn 结为断路状态时，qV 达到最大，此即为开路电压 V_{OC}，它在 pn 结两端形成了电势差 qV_{OC}。当将 pn 结两端通过外接电阻连接起来时，在 p 区积累的空穴和 n 区积累的电子可以源源不断地向太阳能电池两端扩散，通过电阻的连接，而发生复合。这使得 pn 结两端的正向电压相对于断路状态时降低了，于是 pn 结内部原有的平衡再次被打破，使得漂移电流大于扩散电流，从而使得 n 区的空穴可以不断地漂移至 p 区，而 p 区的电子可以不断地漂移至 n 区，而这些电子和空穴会进一步扩散，通过电阻的连接而不断复合，从而产生了光电流（图 3.6）。此时，pn 结两端的正向电压，也即光生电压，等于电阻两端的电压降。当外接电阻等于零时，pn 结两端处于短路状态，此时正向电压等于零，电子和空穴在 pn 结内的漂移达到最大，从而光电流也达到最大，为短路电流 I_{SC}。

从准费米能级的角度可以更好地理解光照下 pn 结中载流子的行为。在入射光

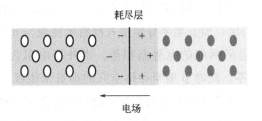

图 3.6 半导体 pn 结

的照射下，产生了非平衡载流子，材料空穴和电子的准费米能级此时会发生分裂。在 p 型半导体材料中分别形成电子和空穴的准费米能级，由于电子在 p 型半导体中是少子，光照情况下大大改变了导带中自由电子的浓度，电子的准费米能级在光照后大大向导带底移动，而空穴为多子，光照后空穴浓度相对变化不大，因此空穴的准费米能级变化非常小，于是自由电子和空穴的准费米能级就发生了较大的分裂（图 3.7）。对于 n 型半导体，这种分裂过程也类似。

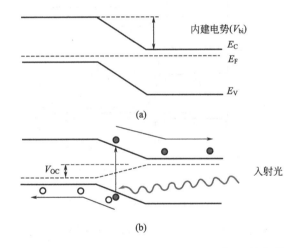

图 3.7 （a）无光照和（b）光照下半导体 pn 结能带

当 pn 结两端处于断路状态时，光照下 pn 结两侧空穴的准费米能级相等，pn 结两边电子的准费米能级也相等，这主要是因为，倘若它们不处于同样的费米能级，那么就会发生载流子的流动，直到平衡。如图 3.8 所示，当上述准费米能级相等以后，p 型半导体多子空穴的准费米能级和 n 型半导体电子的准费米能级之间就会存在一个电势差，而这个电势差就是断路电压 V_{OC}。之所以采用多子准费米能级来计算 V_{OC}，是因为当外接电阻时，少子只在 pn 结内部流动，多子才流出 pn 结，因此测得的电势差为 pn 结两端多子准费米能级的电势差。如图 3.8 所示，当外接电阻以后，空穴从 p 型半导体流向 n 型半导体，电子从 n 型半导体流向 p 型半导体，形成持续不断的电流，电子和空穴不断复合，这时 pn 结两端电子和空穴的准费米能级不再分别对准。由于外接电阻的存在，外接电阻两端存在电势差，电势差的大小由电流的大小决定，而 p 型半导体空穴准费米能级与 n 型半导体电子准费米能级之间的电势差与电阻两端的电势差相等。当外接电阻为零时，也即短路时，pn 结两端的电势差为零，此时 p 型半导体空穴的准费米能级与 n 型半导体电子的准费米能级相等，而 p 型半导体电子的准费米能级与 n 型半导体电子的准费米能级之间电势差达到最大，n 型半导体空穴的准费米能级与 p 型半导体空穴的准费米能级之间的电势差也达到最大，此时电流也达到最大，为短路电流 I_{SC}。

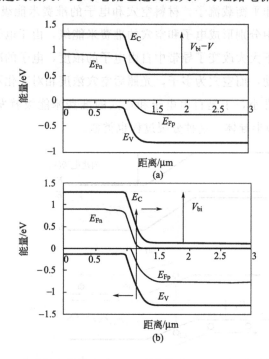

图 3.8　光照下太阳能电池 （a）正向偏压和 （b）短路时的能带

3.2.1　光照下 pn 结的电流电压特性

分析 pn 结电流电压特性的思路如下，通过连续性方程，结合边界条件，首先求出在 pn 结中性区的载流子浓度分布。与在上一章中讨论无光照的 pn 结类似，可以根据载流子浓度分布，求出在 pn 结空间电荷区边界的扩散电流 $J_p(W_{Dn})$ 和 $J_n(-W_{Dp})$。太阳能电池总电流等于 $J = J_p(W_{Dn}) + J_n(W_{Dn})$，其中 $J_n(W_{Dn}) = J_n(-W_{Dp}) + J_{gen,SCR}$，$J_{gen,SCR}$ 为空间电荷区的净光生电流：

$$J_{gen,SCR} = q\int_{-W_{Dp}}^{W_{Dn}} [G(x) - U(x)]dx \tag{3.6}$$

由此可以得到 pn 结在光照下电流密度的表达式：

$$J = J_p(W_{Dn}) + J_n(-W_{Dp}) + q \int_{-W_{Dp}}^{W_{Dn}} G(x) \mathrm{d}x - q \int_{-W_{Dp}}^{W_{Dn}} U(x) \mathrm{d}x \qquad (3.7)$$

上一章中介绍了在半导体中载流子输运的连续性方程，当材料处于稳定状态时，载流子浓度不再随时间而变化，同时由于在 pn 结的中性区，外电场也为 0，有如下关系。

对于 n 型半导体中性区的空穴：

$$0 = \frac{\mathrm{d}^2 p}{\mathrm{d}x^2} + \frac{G_p}{D_p} - \frac{p - p_0}{L_p^2} \qquad (3.8)$$

对于 p 型半导体中性区的电子：

$$0 = \frac{\mathrm{d}^2 n}{\mathrm{d}x^2} + \frac{G_n}{D_n} - \frac{n - n_0}{L_n^2} \qquad (3.9)$$

同样从第 1 章知道，当光入射半导体材料时，载流子的产生率 G 为：

$$G(E,x) = \int_{E \geqslant E_g} \alpha(E)[1 - R(E)] b(E) \exp[-\alpha(E)(x + x_p)] \mathrm{d}E \qquad (3.10)$$

式中，$\alpha(E)$ 为材料的光吸收系数；$b(E)$ 为入射光的光子流谱密度，当入射光为太阳光时：

$$b_s(E,s) = \frac{2F_s}{h^3 c^2} \left(\frac{E^2}{\mathrm{e}^{E/k_B T_s} - 1} \right) \qquad (3.11)$$

上述给出了载流子浓度满足的方程，下面只要知道载流子浓度的边界条件便可求出其分布。在第 2 章中我们得到的 pn 结空间电荷区与扩散区边界的少数载流子浓度表达式在这里依然适用，其可以作为边界条件之一：

$$p(W_{Dn}) - p_0 = \frac{n_i^2}{N_d} \left[\exp\left(\frac{qV}{kT} \right) - 1 \right] \qquad (3.12)$$

$$n(-W_{Dp}) - n_0 = \frac{n_i^2}{N_a} \left[\exp\left(\frac{qV}{kT} \right) - 1 \right] \qquad (3.13)$$

另一个边界条件就是在中性区的末端，表面态的存在导致表面复合，表面复合导致的复合电流等于载流子扩散至表面的扩散电流，因此：

$$S_p(p - p_0) = -D_p \frac{\mathrm{d}p}{\mathrm{d}x} \qquad x = x_n \qquad (3.14)$$

$$S_n(n - n_0) = D_n \frac{\mathrm{d}n}{\mathrm{d}x} \qquad x = -x_p \qquad (3.15)$$

有了上述边界条件以及连续性方程，便可以解得在非空间电荷区内，n 型半导体和 p 型半导体中少数载流子浓度的分布函数（图 3.9）。在 n 型半导体中，空穴的浓度为：

$$p(x) = A_p \cosh\left(\frac{x + W_{Dn}}{L_p} \right) + B_p \sinh\left(\frac{x + W_{Dn}}{L_p} \right) - \Delta p_n' \qquad (3.16)$$

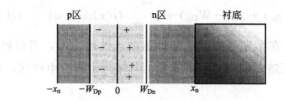

图 3.9　太阳能电池器件结构示意图

在 p 型半导体中，电子的浓度为

$$n(x)=A_n\cosh\left(\frac{-x-W_{Dp}}{L_n}\right)+B_n\sinh\left(\frac{-x-W_{Dp}}{L_n}\right)-\Delta n'_p \qquad (3.17)$$

式中

$$\Delta p'_n=\int_{E\geqslant E_g}\frac{\tau_p}{(L_p^2\alpha^2-1)}\alpha(E)[1-R(E)]b(E)\exp[-\alpha(E)(x+x_p)]dE \qquad (3.18)$$

$$\Delta n'_p=\int_{E\geqslant E_g}\frac{\tau_n}{(L_n^2\alpha^2-1)}\alpha(E)[1-R(E)]b(E)\exp[-\alpha(E)(x+x_p)]dE \qquad (3.19)$$

而 A_p、B_p、A_n、B_n 均可由边界常数给出，由于其表达式较为复杂，这里不再赘述，但是可以指出的是它们与指数项 $\exp(qV/kT)$，扩散长度 L，表面复合速率 S，扩散常数 D，吸收系数 α 有关。得到了少数载流子浓度分布以后，根据扩散电流的表达式：

$$J_p(W_{Dn})=-qD_p\frac{dp_n}{dx}\bigg|_{W_{Dn}} \qquad (3.20)$$

$$J_n(-W_{Dp})=-qD_n\frac{dn_p}{dx}\bigg|_{-W_{Dp}}$$

便可以求出扩散电流。此外，可以表示出空间电荷区内载流子的光生电流为：

$$q\int_{-W_{Dp}}^{W_{Dn}}G(x)dx=q\int_{-W_{Dp}}^{W_{Dn}}\int_{E\geqslant E_g}\alpha(E)[1-R(E)]b(E)\exp[-\alpha(E)(x+x_p)]dEdx \qquad (3.21)$$

$$q\int_{-W_{Dp}}^{W_{Dn}}G(x)=q\int_{E\geqslant E_g}[1-R(E)]b(E)\{\exp[-\alpha(E)(-W_{Dp}+x_p)]-$$
$$\exp[-\alpha(E)(W_{Dn}+x_p)]\}dE \qquad (3.22)$$

此外，倘若在耗尽层中的复合主要是 SRH 复合，可以近似得到耗尽区内的复合电流：

$$q\int_{-W_{Dp}}^{W_{Dn}}U(x)dx\approx\frac{qn_i(W_{Dn}+W_{Dp})}{\sqrt{\tau_n\tau_p}}\left[\exp\left(\frac{qV}{2kT}\right)-1\right] \qquad (3.23)$$

将上述各个电流的表达式带入总电流的表达式(3.7)，便可以得到 pn 结在光照情况下总电流密度的表达式。总电流的表达式很复杂，但是通过整理，可以如下表示出电流密度与电压之间的关系：

$$J = J_{SC} - J_1(e^{\frac{qV}{kT}} - 1) - J_2(e^{\frac{qV}{2kT}} - 1) \tag{3.24}$$

式中，J_{SC}、J_1、J_2 均与电压大小无关。对于第一项 J_{SC}，当电压为 0 时，$J = J_{SC}$，因此 J_{SC} 为短路电流，与光生电流直接相关，第二项与 pn 结在外加电压下的暗电流有关，第三项与空间电荷区内载流子的复合有关。空间电荷区内载流子的复合电流对总电流贡献很小，对于理想太阳能电池中的 pn 结，可以忽略此项，得到：

$$J = J_{SC} - J_{dark}(e^{\frac{qV}{kT}} - 1) \tag{3.25}$$

由此还可以得到电压的表达式：

$$V = \frac{kT}{q}\ln\left(\frac{J_{SC} - J}{J_{dark}} + 1\right) \tag{3.26}$$

当 pn 结短路时，可以通过讨论中性区厚度与少数载流子扩散长度的关系，进而得到近似的、形式稍简化的空间电荷区边界少子扩散电流的表达式，它们反映了中性区中产生的光生载流子对短路电流的贡献。

当中性区厚度远大于少数载流子的扩散长度时，n 区的空穴电流：

$$J_p(E, W_{Dn}) \approx qb_s(1-R)\exp[-\alpha(x_p + W_{Dn})]\left(\frac{\alpha L_p}{1 + \alpha L_p}\right) \tag{3.27}$$

p 区的电子电流：

$$J_n(E, -W_{Dp}) \approx qb_s(1-R)\exp[-\alpha(x_p - W_{Dp})]\left(\frac{\alpha L_n}{1 - \alpha L_n}\right) \tag{3.28}$$

而当扩散长度远大于中性区厚度时，可以近似得到，n 区的空穴电流：

$$J_p(E, W_{Dn}) \approx qb_s(1-R)\exp[-\alpha(x_p + W_{Dn})]\left(1 - \frac{S_p}{\alpha D_p}\right)\{1 - \exp[-\alpha(x_n - W_{Dn})]\}$$

$$\tag{3.29}$$

p 区的电子电流：

$$J_n(E, -W_{Dp}) \approx qb_s(1-R)\left(1 + \frac{S_n}{\alpha D_n}\right)\{1 - \exp[-\alpha(x_p - W_{Dp})]\} \tag{3.30}$$

可以看出，如果在上式中忽略表面复合，那么少数载流子的扩散电流就等于被中性区吸收的光子流乘以电荷 q，也就是说，此时被吸收的光子所激发产生的载流子都被 pn 结有效分离，均贡献于外电路电流。

3.2.2 光照下 pn 结的量子效率谱

太阳能电池的量子效率不仅反映了太阳能电池对光能的有效利用率，还直接反映了太阳能电池中的能量损失的情况，也就是反映了高能态电子"漏"到低能态的情况。下面，将分析各种影响高能态电子"漏"到低能态电子的因素，并试图将这些"漏洞""堵"到最小。

量子效率可分为外量子效率和内量子效率，它们都是反映 pn 结把入射光能转化为电能的能力。不同的是，外量子效率描述的是最初入射到 pn 结上的能量为 E 的光子转化为载流子的能力，而内量子效率描述的是在不计入射光反射、透射的损失，其被 pn 结吸收以后的能量为 E 的光子转化为载流子的能力。它们的表达式分别如下，外量子效率 EQE：

$$\mathrm{EQE}(E) = \frac{J_{\mathrm{SC}}(E)}{qb_s(E)} \tag{3.31}$$

内量子效率 IQE：

$$\mathrm{IQE}(E) = \frac{J_{\mathrm{SC}}(E)}{q[1-R(E)]b_s(E)[\mathrm{e}^{-\alpha(E)W_{\mathrm{opt}}}-1]} \tag{3.32}$$

式中，W_{opt} 是 pn 结的光学厚度，与器件的设计和工艺有关。通过测量一定波长入射光的强度以及此时 pn 结外电路的短路电流，便可以简单地获得 pn 结的外量子效率。下面将讨论各种半导体材料和器件的参数对 pn 结外量子效率的影响。

3.2.3 pn 结各参数对量子效率的影响

（1）pn 结中各层的量子效率

假设入射光从 p 区一侧入射，则 p 区为太阳能电池发射区，n 区为基区。图 3.10 给出了 pn 结不同区域的量子效率，可以发现在表面的 p 区对短波长的光利用率高而对长波长的光利用率低[1]。这主要是由于对于半导体而言，光子能量越大，光波长越短，其材料对光的光吸收系数越大，越容易被材料吸收。短波长光刚刚入射进入表面时，就被强烈吸收，表面对短波长光的利用程度就很高，但是其能穿透进入材料较深的区域的部分很少，因此，在 n 区对短波长光的利用程度就低。而长波长的光恰好相反，材料对其吸收率低，其穿透深度大，因此在表面很少被吸收，而处于较深位置的 n 区一般又较 p 区厚很多，因此长波长的光主要在 n 区被利用。

（2）pn 结中各层厚度对量子效率的影响

图 3.11 给出了不同发射区厚度对量子效率的影响，可以看出，随着发射区厚度的增加，整个 pn 结的量子效率不断下降[1]。这主要是因为，光生载流子在发射区产生以后，需要在被其复合之前扩散至空间电荷区，实现载流子的分离才能被有效利用。而光首先入射到表面，在表面的吸收最为强烈，越靠近表面，产生的光生载流子就越多，而发射区越厚，其需要扩散到空间电荷区的距离也就越大，光生载

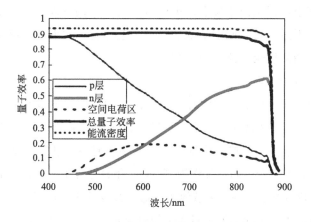

图 3.10 pn 结不同区域的量子效率[1]

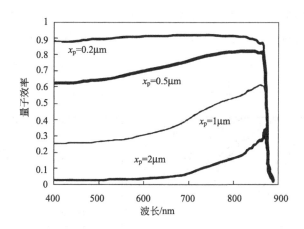

图 3.11 不同发射区厚度对量子效率的影响[1]

流子的复合也越多，因此量子效率也就越小。特别是当发射区的厚度大于少数载流子的扩散长度时，产生在表面的少数载流子几乎不能扩散到空间电荷区，使得量子效率的损失非常大。事实上，当 pn 结两端中性区厚度大于少数载流子扩散长度时，只有空间电荷区两侧的，在少数载流子扩散长度范围内的光生载流子才对外电路电流做出贡献，而其他区域就称为"死层"，其内产生的光生载流子不仅对外电路电流无贡献，反而由于其吸收了光子，导致光强减弱，使得外电路电流减小。

因此，在太阳能电池的设计过程中，通常会把发射区的厚度设计得非常薄，同时将发射区重掺杂。将发射区重掺杂一方面可以增加空间电荷区的电场强度，使之更加有效地分离电子和空穴；同时，重掺杂可以使发射区的费米能级更接近带边，从而提高开路电压；另外，由于发射区会和金属电极接触，为了形成较好的欧姆接触，需要提高发射区的掺杂浓度。半导体杂质浓度的提高会使得少数载流子寿命减少，扩散长度变小，但是由于发射区可以做得很薄，仍可以使其厚度小于少数载流子的扩散长度。不过，就太阳能电池的制备工艺而言，发射区的厚度也不可能做到无限小，因此掺杂浓度也不能任意增大。

（3）少数载流子寿命

提到提高掺杂浓度在很多方面有利于提高太阳能电池的效率，而其对太阳能电池效率不利的一面主要体现在其减小了少数载流子的寿命或（和）扩散长度。但是，需要注意的是，对于相同的掺杂浓度，不同的杂质对少数载流子寿命的影响是不同的。杂质能级越靠近禁带中间，其作为 SRH 复合的复合中心也就越有效。同样的杂质浓度，Al、P 杂质所引起的少数载流子寿命的减少就比 Mo、Fe 等小很多。图 3.12 给出了不同金属杂质、不同浓度下对太阳能电池相对效率的影响[3,4]。正是由于少数载流子寿命或太阳能电池相对效率对 Al、P 的杂质浓度相对不敏感，因此太阳能电池中 n 区的掺杂多采用 P，而 p 区的掺杂多采用 Al。从图 3.12 还可以看出，对于电阻率较小，也即材料掺杂浓度已经较高的半导体，其对新掺入的杂质更敏感。

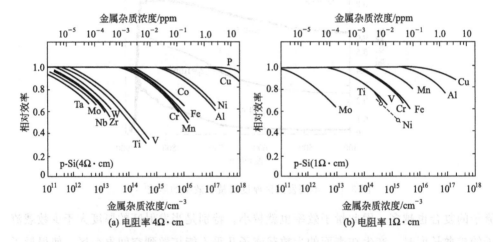

图 3.12　p-Si 基区金属杂质种类和浓度对太阳能电池相对效率的影响[3,4]

其中，因为晶体硅的原子密度为 5×10^{22} 原子/cm^3，对于硅晶体内的金属杂质浓度，

单位换算关系如下：$cm^{-3} = 5 \times 10^{16}$ ppm

（4）表面复合对量子效率的影响

当发射区厚度小于载流子的扩散长度时，发射区的表面复合将会对量子效率产生很重要的影响。特别是因为对于发射区，离表面越近的地方，光生载流子产生越多。对于发射区，表面复合主要影响短波长光子的量子效率；对于基区表面，表面复合主要影响长波长光子的量子效率。图 3.13 给出了不同发射区表面复合速率下 pn 结的量子效率[1]。

需要提到的是，对于与电极接触的表面，其表面复合速率非常大，因此在这些区域产生的光生载流子对外电路几乎无贡献，但是这些区域面积很小，因此其影响也有限。

对于基区，其主要吸收长波长的光子，而半导体材料对长波长光的吸收系数要比对短波长光的吸收系数小很多，因此如若基区要充分吸收长波长光，那么基区的厚度就应远大于发射区的厚度。由于基区厚度较大，因此希望基区中少数载流子的扩散长度较大，使其能有效地运动至空间电荷区，实现光生载流子的分离。图3.14给出了不同基区扩散长度和表面复合速率下，pn结的量子效率[1]。

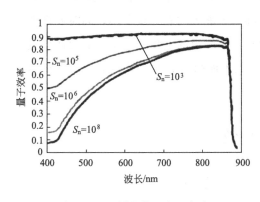

图 3.13　不同发射区表面复合
速率下 pn 结的量子效率[1]

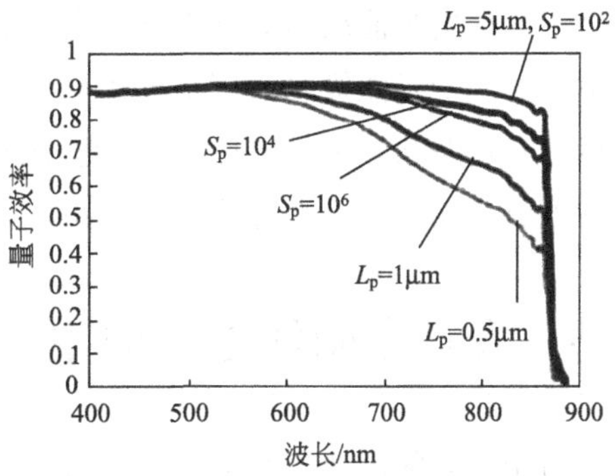

图 3.14　不同基区扩散长度和
表面复合速率下 pn 结的量子效率[1]

图 3.15 给出了入射光强度和温度分别对短路电流和开路电压的影响[1]。当入射光强度增加时，光生载流子数目增加，从而使得短路电流增加。由于 pn 结的暗电流大小与入射光强度无关，因此当短路电流增加时，由式(3.26)可知，开路电压也会相应增加。

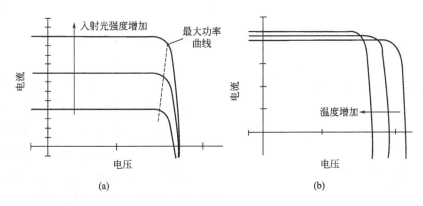

图 3.15　(a) 入射光强度和 (b) 温度对短路电流和开路电压的影响[1]

当温度升高时，会使得半导体材料的本征载流子浓度增加，而 pn 结的饱和暗电流与 n_i^2 成正比，饱和暗电流的增加会使得开路电压下降。当温度升高时，半导体材料的带隙会变窄，这就使得材料对光的吸收系数以及吸收范围增加，从而使得短路电流增加。虽然短路电流的大小与开路电压成正比，但是半导体带隙的增加也会引起本征载流子浓度的增加，使得饱和暗电流增加，而使得开路电压降低。上述各种效应的最后结果是温度升高使得短路电流增加和开路电压下降。也可以从能量的角度理解开路电压的下降，当温度增加时，材料的费米能级向能隙中间移动，并且半导体材料的带隙变小，这就使得在 p 型半导体和 n 型半导体接触前，n 型半导体电子的准费米能级与 p 型半导体电子的准费米能级的能量差变小，同时 p 型半导体空穴的准费米能级与 n 型半导体空穴的准费米能级的电势差变小，从而使得接触以后，在断路状态下，n 型半导体电子的准费米能级与 p 型半导体空穴的准费米能级的电势差变小，也即开路电压变小。

3.3 表征太阳能电池的主要参数

对于太阳能电池，其电流电压有如下近似的关系式：

$$I = I_{SC} - I_{dark}(e^{\frac{qV}{kT}} - 1) \qquad (3.33)$$

根据上述关系式，图 3.16 给出了光照下 pn 结的电流电压关系，其中分别标出了开路电压 V_{OC}、短路电流 I_{SC}、最大输出电压 V_{mp} 和最大输出电流 I_{mp}。

通常来说，表征太阳能电池的参数有短路电流 I_{SC}、开路电压 V_{OC}、填充因子 FF 和效率 η。短路电流也即外电路电压 V 为零时的电流，开路电压为外电路电流为零时的电压，开路电压为：

$$V_{OC} = \frac{kT}{q}\ln\left(\frac{J_{SC}}{J_{dark}} + 1\right) \qquad (3.34)$$

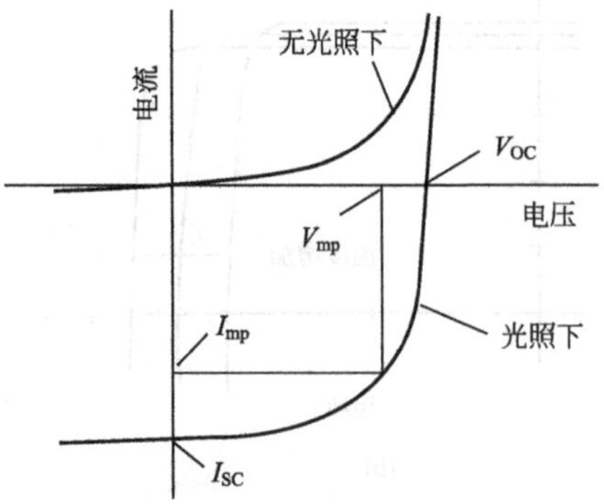

太阳能电池的输出功率 P 为：

$$P = IV \qquad (3.35)$$

由图 3.16 可知，太阳能电池的功率在电流、电压为某一个值时达到最大，称此时的电压为最大输出电压 V_{mp}，此时的电流为最大输出电流 I_{mp}，由此可以得到最大功率 $P_{mp} = I_{mp}V_{mp}$。太阳能电池的填充因子 FF 就定义为最大功率与短路电流开路电压乘积的比，也即：

图 3.16　光照下 pn 结的电流电压关系

$$\mathrm{FF}=\frac{I_{mp}V_{mp}}{I_{SC}V_{OC}} \tag{3.36}$$

在 IV 图中，FF 因子就是 I_{SC} 和 V_{OC} 组成的矩形与 I_{mp} 和 V_{mp} 所组成的矩形的面积比。太阳能电池的效率 η 定义为太阳能电池的最大功率与入射光功率之比：

$$\eta=\frac{P_{mp}}{P_{in}}=\frac{I_{mp}V_{mp}}{P_{in}} \tag{3.37}$$

通过 FF 因子，可以将效率与 I_{SC} 和 V_{OC} 联系起来：

$$\eta=\frac{P_{mp}}{P_{in}}=\frac{I_{SC}V_{OC}FF}{P_{in}} \tag{3.38}$$

上述各太阳能电池的特征量会随着入射光强度、温度等环境因素而改变，因此需要采用统一的标准才能评价不同太阳能电池的性能。目前通用的标准是，入射光谱为 AM1.5，$1000\mathrm{W/m^2}$，环境温度为 25℃。

寄生电阻

在真实的太阳能电池中，总会存在着寄生电阻，包括串联电阻 R_s 和并联电阻 R_{sh}。串联电阻主要由半导体材料本身电阻以及半导体材料与金属电极的接触电阻引起，当光电流密度很大时，太阳能电池的串联电阻会对太阳能电池的性能产生很大的影响。一个例子就是聚光太阳能电池，由于入射光非常强，聚光太阳能电池内的光电流密度很大，此时减小串联电阻就显得特别重要。并联电阻主要用来描述太阳能电池内的漏电流，并联电阻越小，太阳能电池的漏电流越大。理想的太阳能电池，其并联电阻为无穷大。漏电流包括器件侧边缘的漏电流、半导体材料晶体缺陷引起的漏电流等。

图 3.17 给出了考虑寄生电阻时太阳能电池的等效电路。太阳能电池可以看做一个电流为 I_{SC} 的恒流源、一个与其电流方向相反的并联二极管、外加并联电阻和串联电阻。可以得到新的电流 I 的表达式为：

$$I=I_{SC}-I_{dark}(\mathrm{e}^{\frac{q(V+IR_s)}{kT}}-1)-\frac{V+IR_s}{R_{sh}} \tag{3.39}$$

式中，I_{SC} 为恒流源的电流大小，它是不考虑太阳能电池寄生电阻时的短路电流。

串联电阻主要造成电压的损失，而并联电阻主要对外电路电流造成损失。由式（3.39）可以看出，当并联电阻趋向于无穷大时，对于同样的外电流，串联电阻会使外电压下降 IR_s。此外，串联电阻的增加还会使得外电路短路电流变小。图 3.18 给出了当并联电阻无穷大时，太阳能电

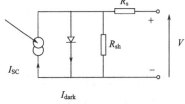

图 3.17　考虑寄生电阻时
太阳能电池的等效电路

池 *I-V* 曲线随串联电阻的变化[5]。

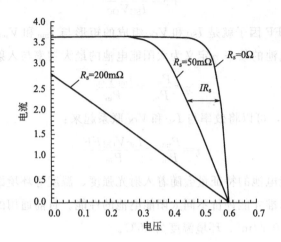

图 3.18　并联电阻无穷大时，太阳能
电池 *I-V* 曲线随串联电阻的变化[5]

当串联电阻为零时，在同样的外电压下，并联电阻会使得外电路电流减小 V/R_{sh}。同时，并联电阻的增加还会导致外电路开路电压的减小。图 3.19 给出了当串联电阻为零时，太阳能电池 *I-V* 曲线随并联电阻的变化[5]。

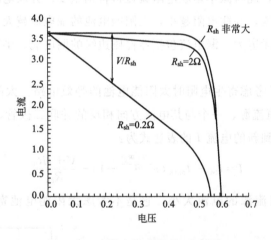

图 3.19　串联电阻为零时，太阳能
电池 *I-V* 曲线随并联电阻的变化[5]

由以上两图可以明显看出，串联电阻的增加和并联电阻的减少会明显减小 FF 因子，同时减小短路电流和开路电压，从而使得太阳能电池的最高功率和效率下降。

可以证明，当串联电阻和并联电阻都很大时，有：

$$\frac{1}{R_s} \approx \frac{dI}{dV}\Big|_{I=0} \qquad (3.40)$$

当串联电阻和并联电阻都很小时，有：

$$\frac{1}{R_{sh}} \approx \frac{dI}{dV}\Big|_{V=0} \qquad (3.41)$$

由此，借助 I-V 曲线，通过观察其在 $I=0$ 和 $V=0$ 时，曲线斜率的大小，就可以大致判断串联电阻和并联电阻的大小。

3.4　太阳能电池的效率极限

3.4.1　太阳能电池极限效率的计算

太阳能电池将光能转化电能的过程是一个熵增加的过程，因此其效率必然存在极限。如果将太阳能电池看成一个热力学系统，可以借助热力学的概念表示出太阳能电池的效率极限，下面给出了四种太阳能电池极限效率的表达式[6,7]。

（1）卡诺效率

$$\eta_C \equiv 1 - \frac{T_a}{T_s} \qquad (3.42)$$

（2）Gurzon-Ahlborn 效率

$$\eta_{CA} \equiv 1 - \left(\frac{T_a}{T_s}\right)^2 \qquad (3.43)$$

（3）Landsberg 效率

$$\eta_L \equiv 1 - \frac{4}{3}\frac{T_a}{T_s} + \frac{1}{3}\left(\frac{T_a}{T_s}\right)^4 \qquad (3.44)$$

（4）源于 Mueser 的光热效率

$$\begin{cases} \eta_{PT} = \left[1 - \left(\frac{T_c}{T_s}\right)^4\right]\left(1 - \frac{T_a}{T_c}\right) \\ 4T_c^5 - 3T_a T_c^4 - T_a 4T_s^4 = 0 \end{cases} \qquad (3.45)$$

以上四式中，T_c 为太阳能电池的温度；T_s 为太阳的温度；T_a 为环境温度。太阳的温度为 6000K 左右，选取环境温度为 300K，那么可以计算得到上述最高效率中的最小值为 $\eta_{CA} = 77.6\%$。

上述计算的效率只是简单地把太阳能电池作为一个热力学系统，而没有考虑到其具体特性。假设太阳能电池的温度为 0K，那么根据热力学计算出的最大效率为 100%，也就是说此时太阳能电池内不存在能量损失，载流子不发生复合，包括辐射复合，入射光所有的能量均被转化为电势能输出。但实际上，入射光中很大一部分能量很难转化为电能。这是因为，半导体具有能隙，从而使得只有能量大于半导体能隙的光子才能被吸收，激发产生电子空穴对；其次，对于能量大于半导体带隙的光子，其能量中只有等于半导体能隙的部分才能被有效利用，而其 $h\nu-E_g$ 的部分会转化为热而耗散。基于上述两点，实际太阳能电池的最大效率会远低于上述热力学计算所得到的最大效率。

下面，近似计算考虑半导体带隙以及入射光光谱后的太阳能电池最大效率，且假设太阳能电池的温度为 0K。当太阳光入射时，太阳能电池的效率等于电子跃迁获得的总能量除以太阳光入射的总能量。由于接近半导体带边的电子态密度很大，所以可以近似地认为电子跃迁以后，其最终都会位于导带底，同时认为能量大于带隙的光子全都被半导体有效吸收，使得电子跃迁至导带。由于太阳能电池的温度为 0K，不考虑复合，那么太阳能电池单位时间、单位面积最终获得的电势能为：

$$\Phi = E_g \int_{E \geqslant E_g} b_s(E,s) \mathrm{d}E \tag{3.46}$$

式中，b_s 为本章初始介绍的太阳光光子流谱密度，也即单位时间、单位面积范围能量内入射太阳能电池的光子数，即

$$b_s(E,s)\mathrm{d}S\mathrm{d}E = \frac{2F_s}{h^3 c^2} \left(\frac{E^2}{\mathrm{e}^{E/k_B T_s} - 1} \right) \tag{3.47}$$

同时入射太阳能电池的总能量为：

$$E_s = \int_{E \geqslant 0} E b_s(E,s) \mathrm{d}E \tag{3.48}$$

由此可以得到太阳能电池效率的表达式为：

$$\eta = \frac{\Phi}{E_s} = \frac{E_g \int_{E \geqslant E_g} \frac{2F_s}{h^3 c^2} \left(\frac{E^2}{\mathrm{e}^{E/k_B T_s} - 1} \right) \mathrm{d}E}{\int_{E \geqslant 0} E \frac{2F_s}{h^3 c^2} \left(\frac{E^2}{\mathrm{e}^{E/k_B T_s} - 1} \right) \mathrm{d}E} = \frac{E_g \int_{E \geqslant E_g} \frac{E^2}{\mathrm{e}^{E/k_B T_s} - 1} \mathrm{d}E}{\int_{E \geqslant 0} \frac{E^3}{\mathrm{e}^{E/k_B T_s} - 1} \mathrm{d}E} \tag{3.49}$$

式(3.49) 也即 Shockley-Queisser 关系式中的极限效率项。上述表达式是理想的表达式，它忽略了半导体内载流子的复合、表面复合、太阳光的吸收率等影响因素。从式(3.49) 便可以明显看出，半导体材料的带隙以及入射光光谱对太阳能电池最大效率有根本性的影响。取太阳温度为 6000K，半导体带隙为 2.2eV，通过式 (3.49) 得到的太阳能电池的极限效率约为 44%[6]。

3.4.2 太阳能光谱对太阳能电池极限效率的影响

实际情况中，太阳能电池的温度并不为 0K，因此任何等价于升高入射光光源温度的光谱改变，都可以增加太阳能电池的效率。例如，当太阳光光谱蓝移时，相当于太阳温度升高，太阳能电池效率增加，但是需要注意的是，此时太阳能电池的

带隙也需要相应增加才能使太阳能电池达到极限效率。如果太阳能电池的带隙保持不变，考虑极限情况，太阳能的效率可以降得很低，例如假设入射光光子能量为无穷大，而半导体带隙保持不变为一个有限值，从而使得太阳能电池转化得到的电势能为有限值，而入射光能量为无穷大，从而太阳能电池的效率趋于 0。当入射光谱红移时，相当于入射光光源温度降低，太阳能电池效率下降，太阳能电池的带隙也需要相应下降才能使太阳能电池达到极限效率。

此外，如果入射光的能量集中在 $(E_g, E_g + \delta E)$，其中 δE 为一个极小量，那么带隙对太阳能电池效率的影响就可以忽略，使得太阳能电池效率达到极大。入射光光谱越向上述能量范围集中，太阳能电池效率越大。

另外，对于聚光太阳能电池，其入射光强度增加，也可以等价于入射光光源温度增加，如果入射光的增强并没有使太阳能电池的温度升高，那么太阳能电池的效率将会增加。当然，在实际情况中，入射光强度增加时，太阳能电池的温度会增加，而且寄生电阻此时对太阳能电池效率的影响会增大。

图 3.20 给出太阳能电池半导体材料选取最优带隙时，太阳光的吸收能谱和太阳能电池最终所利用的能量的能谱[1]。可以看出，对于能量小于 E_g 的光子，太阳能电池对其利用率为 0，而对于能量大于太阳电池带隙的光子，其最终所能被利用的能量为 qV_{mp}。对于能量越大的光子，其能量的利用率 qV_{mp}/E 越低。

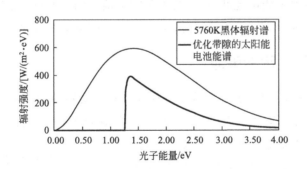

图 3.20　太阳能电池半导体材料选取
最优带隙时对太阳光的吸收能谱[1]

3.4.3　半导体带隙与太阳能电池极限效率

对于固定的太阳光入射光谱，当太阳能电池半导体带隙增加时，虽然在一定范围内外电路开路电压会随之增加，但是由于半导体材料只能利用能量大于半导体带隙的光子，这就使得太阳能电池外电路的电流减少。因此，当半导体带隙过大时，太阳能电池的效率会下降。而当半导体带隙减小时，虽然能利用的光子数增加，短

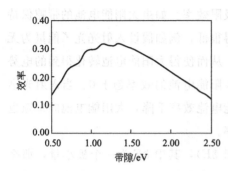

图 3.21 入射光谱为 AM1.5 时，太阳能
电池效率与材料带隙的关系[1]

路电流增加，但是使得在一定的电流下，太阳能电池外电路电压减小。因此，当半导体带隙过小时，太阳能电池的效率也会下降。由此易理解，当入射光光谱一定时，太阳能电池总是存在着一个最优带隙，使得太阳能电池效率达到最大。

基于比式（3.49）更为实际的计算，图3.21给出了在入射光谱为 AM1.5 时，太阳能电池效率与太阳能电池带隙之间的关系[1]。从图 3.21 可以看出，当太阳能电池半导体材料带隙约为 1.4eV 时，太阳能电池有最大效率 33%。在实际制作太阳能电池的过程中，可以通过选择不同的半导体材料，使其带隙尽量接近于此最优带隙值。

3.5 太阳能电池的其他结构

除了 pn 结可以实现太阳能电池功能以外，还有很多其他结构可以实现光电转换，常见的有异质结太阳能电池和 p-i-n 结太阳能电池。例如 CdTe 薄膜太阳能电池和 CIGS 太阳能电池都利用了异质结结构，而 HIT 太阳能电池则是利用了 p-i-n 结构。

3.5.1 异质结太阳能电池

对于 CdTe 和 CIGS，其光吸收系数很高，只需要很薄的一层半导体材料便可以吸收大部分光子。而光从表面入射，使得大部分光生载流子就在表面附近产生，此时表面复合对太阳能电池的影响就特别大，为了减少表面复合，可以在 CdTe 或 CIGS 材料表面生长一层带隙较宽的半导体材料。一方面，这会有效地减小表面复合；另一方面，由于窗口层的带隙较宽，因此大部分光子不会被窗口层吸收，而被吸收层 CdTe 或 CIGS 吸收。由此，太阳能电池的效率能够有效地提高。图 3.22 给出了 CdS/CdTe 异质结的能带，异质结同样会形成空间电荷区，加上合适的能带匹配，就可以有效地实现光生电子和空穴的分离。

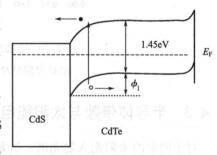

图 3.22 CdS/CdTe 异质结的能带

光伏电池原理及应用

3.5.2 p-i-n 结太阳能电池

p-i-n 太阳能电池的器件结构如图 3.23 所示，在重掺杂的 p^+ 型半导体和 n^+ 型半导体之间为一层相对较厚的本征半导体。在 p-i-n 太阳能电池中，本征层为主要的入射光吸收层，光生载流子主要在这一层产生。p^+ 层和 n^+ 层之间会形成空间电荷区，由于高掺杂的 p^+ 层和 n^+ 层电导率很高，而本征层电导率很低，因此电场或电压降几乎都落于本征层中，其能带如图 3.23 所示。在空间电场的作用下，本征层中的空穴和电子分离，分别流向 p^+ 层和 n^+ 层，形成光电流。

采用 p-i-n 太阳能电池结构的好处在于，对于扩散长度较小而光吸收率很高的材料，采用较薄的本征层便可以吸收大部分光，而由于其很薄，内建电场可以覆盖整个本征层，可以非常有效地实现空间电荷的分离，而此时在本征层中，电荷的运动不再是扩散运动，而是漂移运动。此外，由于在本征层中杂质浓度非常低，复合大大减少，增加了扩散长度。

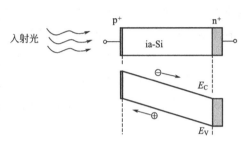

图 3.23 p-i-n 太阳能电池结构

对于 p-i-n 结，本征层不同的掺杂浓度会改变空间电荷区的大小，图 3.24 给出了不同本征层掺杂浓度下电场分布。可以看出，本征层掺杂浓度越高，空间电荷区就越窄。当本征层掺杂浓度过高时，会使得电场不能覆盖整个本征吸收层，而本征吸收层中没有被电场覆盖的区域不能有效地分离电子和空穴，成为"死层"，从而降低太阳能电池的效率。但是，如果本征层的掺杂率过低，又会增加串联电阻，同样会降低太阳能电池的效率。在设计 p-i-n 太阳能电池时，在本征层掺杂率、本征层厚度方面都需要优化，使得本征层足够厚，能有效地吸收光，而同时又保证使空间电荷区覆盖整个本征层，能有效地分离电子和空穴，且还需保持串联电阻较小。

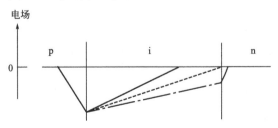

图 3.24 p-i-n 结 i 层电场分布

实线代表 i 层有较高背景掺杂；点划线代表 i 层有较低背景掺杂；虚线代表空间电荷区的宽度等于 i 层厚度

3.6 太阳能电池组件和系统

通常来说，单块太阳能电池所能提供的电流和电压都较小，不能满足实际应用的需要，因此就需要将单块的太阳能电池串联和并联起来，为外电路提供足够大的电流和电压。通常单块太阳能电池片的大小为 10cm×10cm，在太阳光下能提供的电压为 0.5～1.0V，提供的电流密度大小为几十微安每平方厘米。由于电流的大小已基本能满足需要，所以只需要将太阳能电池片串联起来，为外电路提供足够的电压即可。通常可以将 28～36 块电池片串联起来，为外电路提供 12V 的电压，这些电池片串联起来并封装以后，就成为通常见到的太阳能电池组件。在连接太阳能电池片的过程中，会在电池片外接一个旁路二极管，这样可以避免当某一个太阳能电池片损坏时整个组件断路。随后，可以根据实际需要，将这些太阳能电池组件串联或并联起来提供足够的电流和电压（图 3.25）。

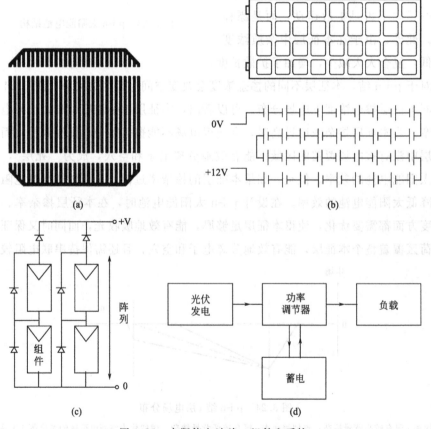

图 3.25 太阳能电池片、组件和系统

光
伏
电
池
原
理
及
应
用

因为一天之中不同的时间太阳能入射的能量不同，太阳能电池的电流和电压不可避免地随时间波动，为了给外电路负载提供稳定的电流和电压，可以先把太阳能电池所产生的电能储存于蓄电池中，然后再由蓄电池向外供电。此外，太阳能电池以及蓄电池提供的均为直流电，而实际很多负载需要交流电，此时可以使用逆变器将直流电转化为交流电。

3.7　太阳能电池原理小结

太阳能电池将光能转化为外电路电势能的过程归纳起来可以分为三个步骤：光生载流子的产生、光生载流子的分离、光生载流子的运输（收集）。具体来说，①光子入射半导体材料，光能被转化为电子的势能，产生光生载流子，这是一个能量转化的过程；②电子在光子的作用下跃迁到较高的能态后，还可以跃迁回低能态，实现电子和空穴的复合，电子和空穴复合的过程或者电子向低能态跃迁的过程，就是能量释放的过程；如果要利用电子和空穴的电势能，在外电路中形成电流，而不是在太阳能电池内就发生复合完成能量释放，就需要将电子和空穴在太阳能电池内实现空间上的分离，使得电势能释放于外电路的负载；在太阳能电池内电子和空穴的分离作用越弱，在太阳能电池中发生的复合越多，能量损失就越大；③在电子和空穴实现分离以后，还需要将其运输至外电路，为了使尽量多的能量被外电路利用，就需要减小在运输过程中电子和空穴的能量损失。

（1）光生载流子的产生

这一步将入射光能转化为电势能，电势能的载体除了自由电子和空穴，还可以是激子，它们的共同点就是电子被激发到了高能级。对于太阳能电池而言，要使电子被激发，从一个低能级跃迁到高能级，一个最基本的条件就是材料内部至少拥有两个能级。但是，当单位时间内入射的高能光子数量很大，可以激发的电子也非常多时，仅仅拥有两个能级会使得光电转换的效率很低，因此材料内最好存在两个不同的、能态密度较高的能带。

由于入射的太阳光不是单色光，为连续光谱，因此单一的禁带宽度并不能最有效地吸收所有的光，首先是能量低于禁带宽度 E_g 的光子不能被吸收；其次，能量大于带隙的光子，其能量会有 $h\nu - E_g$ 被浪费。为了提高入射光能量的利用率，人们采用多结太阳能电池。在多结太阳能电池中，每一结的半导体材料都有不同的带隙，因此能增加对不同波长光子能量的利用率。

此外，入射光照射到太阳能电池表面，在表面会发生反射，为了减少光反射，增加光吸收，可以在太阳电池表面增加一层减反射层，减少表面反射，同时可以采用表面织构，增加光吸收。

（2）光生载流子的分离

光生载流子的分离并不仅仅局限于 pn 结，它还可以借助于异质结、半导体和有机材料的接触等等。实际上，上述结构的功能都类似于一个选择性半透膜，它允许某一类载流子通过，而阻止另一类载流子通过。具有此功能的结构都可以应用于太阳能电池当中，此结构越能减少电子和空穴在太阳能电池中的复合，它就也越有效。

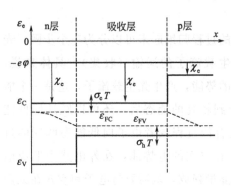

图 3.26　实现分离光生电子
和空穴的结构示意图[8]

如图 3.26 所示，给出了一种分离电子和空穴的结构，吸收层材料为本征材料，不存在杂质和缺陷态，因此没有 SRH 复合[8]。n 型半导体一侧可以让大量电子自由进入，而由于 n 型半导体中空穴浓度很小，因此空穴在 n 型半导体中的运输能力很低，且由于其能带与吸收层形成的异质结，又有效地阻碍了空穴注入 n 型半导体，因此该结构具有让电子通过而阻碍空穴通过的功能。对于另一侧也一样，空穴可以自由进入 p 型半导体，而电子被阻碍。在吸收层中产生的电子和空穴分别流向 n 层和 p 层，由此使得电子和空穴分离，避免了复合。

其实，对于通常太阳能电池中所使用的 pn 结，并不是一个理想的结构。它虽然实现了空穴和电子的分离，但是并没有最大程度上避免电子和空穴不必要的复合。比如，在 p 层中性区和 n 层中性区产生的少数载流子还必须在扩散到 pn 结空间电荷区后，才能实现电子和空穴的分离，但是由于 p 型和 n 型材料掺杂后，少数载流子扩散长度变小，一部分少数载流子在扩散至空间电荷区的过程中便被复合了。因此，有必要设计更有效地结构，使其能更好地分离太阳能电池内的电子和空穴，最大限度地减小复合。

（3）光生载流子的运输（收集）

电子和空穴在太阳能电池内被分离以后，还需要收集输运至外电路，才能形成外电路电流，被有效地利用。电子和空穴在运输至外电路的过程中，其所通过的电阻和势垒都会降低载流子的能量，使效率降低。太阳能电池中半导体掺杂会增加复合，但是却可以减少电阻，对半导体掺杂时这两个影响因素都需要考虑；太阳能电池中的载流子通常通过金属电极运输至负载，因此不可避免地会形成金属半导体接触，此时就需要将半导体一侧重掺杂，保证金属与半导体之间能够形成欧姆接触，

光伏电池原理及应用

让接触电阻变得很小，使载流子损失最小的能量进入金属电极。

此外，大部分太阳能电池的正负电极分别位于太阳能电池的两侧，这就不可避免地会有一侧的电极阻挡太阳光入射进入太阳能电池，从这个角度讲，应该尽量减小电极与半导体的接触面积。但是，当接触面积减小时，电荷进入金属电极的电阻就会增大，造成能量损失。因此，应该尽量设计合理优化的电极图形，使得与半导体接触面积较小的同时，其接触电阻也保持较小。

参 考 文 献

[1] J Nelson. The Physics of Solar Cells. London：Imperial College Press，2003.

[2] R Gottschalg，The Solar Resource for Renewable Energy. Systems and the Fundmantals of Solar Radiation. 2Znd ed. Oxford：Sci-Notes Ltd，2001.

[3] 熊绍珍，朱美芳. 太阳能电池基础与应用. 北京：科学出版社，2009.

[4] Pankove. Optical Processes In Semiconductors. Upper Saddle River：Prentice Hall Inc，1971.

[5] Antonio Luque，Steven Hegedus. Handbook of Photovoltaic Science and Engineering. Chichester：John Wiley & Sons Ltd，2003.

[6] 太阳电池：材料、制备工艺及检测. 梁骏吾等译. 北京：机械工业出版社，2009.

[7] P T Landsberg，V Badescu. Solar energy conversion：list of efficiencies and some theoretical considerations Part Ⅰ-Theoretical considerations. Progress in Quantum Electronics，1998. 22（4）：211-230.

[8] Peter Wurfel. Physics of Solar Cells. Weinheim：WILEY-VCH Verlag GmbH & Co KGaA，2005.

3

太阳能电池基本原理

4 晶体硅太阳能电池

4.1 晶体硅太阳能电池的基本结构

    晶体硅太阳能电池的基本结构是基于 Si 的同型 pn 结，发射区为 n 型半导体，基区为 p 型半导体，在发射区和基区分别连接电极引出电子和空穴，通过外电路形成电流。在这个结构中可以完成光电流产生的三个基础步骤：光生载流子的产生、光生载流子的分离、光生载流子的运输和收集。太阳光入射以后，Si 材料内的电子被激发，从价带跃迁至导带，产生光生自由载流子和空穴，它们扩散至 pn 结空间电荷区，在空间电荷区内的空间电场的作用下，p 区少子电子漂移至 n 区，n 区少子空穴漂移至 p 区，实现电子和空穴的分离。空穴和电子分别在正负电极被收集，流至外电路形成光电流。图 4.1 给出一种太阳能电池的设计，它具有明显的基本太阳能电池结构特征。

    在上述结构中，电极分别位于太阳能电池的正表面和背表面。除此以外，太阳能电池还可以有多种设计，可以将正负电极位于太阳能电池的同一面，例如背接触太阳能电池，其正负电极都位于太阳能电池的背面，电池不再拥有横跨整个太阳能电池横截面的同向的 pn 结，而是在正负电极周围分别进行 p 型和 n 型的重掺杂，形成 p^+p 结 n^+p 结，空间电场分别在这两处形成，且方向相反，分别实现对空穴和电子的选择性吸收。将电极均设计于背面的好处是可以避免由于电极对光的遮挡而造成的对入射光吸收的损失。另一种设计是将太阳能电池的正负极都设计在太阳能电池的正表面，这样做的好处是，太阳光从表面入射，越靠近表面的地方光生载流子越多，将电极设于正表面，可以减少载流子的运动距离，从而减少太阳能电池

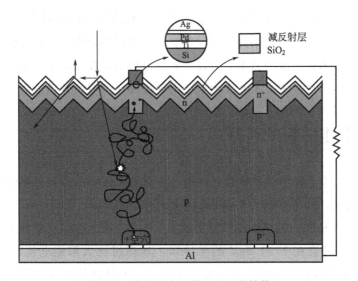

图 4.1　单晶硅太阳能电池基本结构

的串联电阻，但是这样会增加电极对入射光的阻挡，减少太阳光的有效入射面积。在实际工业生产中，大多采用将正负电极分别位于正表面和背表面的结构，这种结构的太阳能电池在工艺上也更容易实现（图 4.2）。

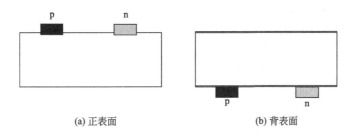

(a) 正表面　　　　　　　　　　　　　　(b) 背表面

图 4.2　电极均位于正表面或背表面的太阳能电池

为了提高太阳电池的效率，需要对太阳能电池的各可变参数以及结构进行优化设计，其主要包括以下各因素。首先，对于材料而言，需要选择合适的掺杂浓度，掺杂浓度对少数载流子的寿命、复合速率以及材料的电阻率都有直接的影响；其次，需要选择合适的发射区和基区厚度，对于基区厚度，其选择一是与扩散长度的大小相关，二是材料越厚对光的吸收越充分，三是材料厚度增加，太阳能电池的串联电阻会增加；而对于发射区厚度，则主要是考虑表面复合与光吸收，其厚度通常都极小。另外，必须考虑到太阳能电池的各个表面的影响，包括前表面、后表面和侧边，表面的影响主要源于载流子的表面复合，并且在前表面和后表面都有电极的存在，在金属电极和半导体接触的区域，载流子复合速率很大，因此也需要特别考虑，此外还应通过设计尽量减少电极和半导体的接触电阻；还有一个需要考虑的因素就是光吸收，应该通过各种方法减少光的反射和透射，使入射光能被充分吸收。上述各个因素都是在设计太阳能电池时需要重点考虑的因素，通过各种优化设计可以有效地提高太阳能电池的效率。但是，要注意的是，在设计太阳能电池时，还需要考虑到在实际的生产中，工艺大面积、大规模操作的可行性以及成本因素等。

4.2　晶体硅材料的性质

在讨论太阳能电池具体结构设计之前，有必要先了解晶体硅材料的性质。单晶硅为金刚石结构，晶格常数为 0.543nm，原子密度为 $5.02 \times 10^{22}\,cm^{-3}$，本征电阻率为 $2.3 \times 10^5\,\Omega \cdot cm$。晶体硅的禁带宽度为 1.1eV，接近于最优带隙 1.4eV。由图 4.3 可知，对于带隙在 1～1.6eV 的半导体，其理想的太阳能电池效率可以达到 30% 以上，而硅的带隙就处于这一范围以内[1]。单晶硅是间接带隙半导体，电子从价带顶跃迁至导带底的过程中，需要声子的参与，这使得硅的光吸收率相对直接带隙半导体要低。因此，硅太阳能电池相对于其他直接带隙半导体太阳能电池，材料厚度较厚，以便能充分吸收光。在同一 K 点硅的最小带宽为 3eV 左右，对于能量大于 3eV 的光子，可以激发电子发生直接跃迁，但是这一部分的光电流对太阳能电池的总功率贡献很小。

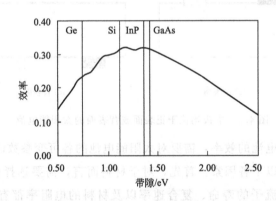

图 4.3　太阳能电池效率极限与带隙宽度的关系[1]

要制备高效率的太阳能电池，就需要高质量的硅单晶，使得材料内部的缺陷和有害的杂质数量到达最小，特别是要减少深能级杂质，从而降低太阳能电池内的 SRH 复合以及表面复合速率。单晶硅常用的制备方法包括区熔法（Float Zone，FZ）和提拉法（Czochralski，Cz）。区熔法与提拉法相比，区熔法制备的单晶硅材料杂质浓度低，晶体质量高，但是成本也相对较高，工业上所使用的单晶硅多为提拉法制得。在使用提拉法制备得到的单晶硅时，由于杂质浓度相对较高，因此还会采用一些吸杂技术以降低材料的杂质浓度。此外，一些新的技术正在逐渐被大规模使用，如横向磁场拉晶（Magnetic Czochralski，MCz）和光伏区熔（Photo Voltaic Float Zone，PV-FZ）技术，它们可以有效降低单晶硅中氧的含量。其中，MCz 方法是在采用提拉法生长单晶硅时，外加一横向磁体结构，从而实现降低氧含量，其氧浓度可以低至 5ppma 以下。PV-FZ 由世界某一顶尖单晶硅生产商推出，材料中氧含量非常低，并可获得与提拉法相比质量很高的 p 型和 n 型硅半导体，目前该技术并未公开，但其是基于区熔法制得。

单晶硅材料的折射率约为 3.4。对于单晶硅材料的反射率，不同波长的光其反射率不同，对于太阳光，其在硅光滑表面的反射率大部分集中在 30％～40％之间。由于单晶硅的反射率过高，需要对表面进行处理，以降低反射率。通过处理后的表面，其反射率可以降至 5％以下。

4.3　晶体硅太阳能电池设计

太阳能电池的效率可以通过优化各个参数从而得到提高，下面将详细讨论太阳能电池的掺杂、各层半导体材料的厚度、表面及电极、光吸收等几大方面对太阳能电池效率的影响。如未特别说明，以下讨论的是电极分别位于正表面和背表面，n 区为发射区，p 区为基区的太阳能电池，其基本结构类似于图 4.2。

4.3.1　太阳能电池中半导体材料的掺杂

半导体材料掺杂浓度对太阳能电池的影响体现在少数载流子寿命、开路电压以及太阳能电池的串联电阻等几个方面。掺杂浓度的增加会减小少数载流子寿命，提高开路电压，同时也减小太阳能电池的串联电阻。太阳能电池中半导体材料的掺杂率需要与太阳能电池各层的厚度、电极制作等等方面综合考虑，下面将首先详细介绍掺杂率对少数载流子寿命、开路电压、串联电阻等方面的影响，然后在后面的各小节中结合其他设计要求，综合分析掺杂率的选择要求。

在太阳能电池中，p 型半导体一般通过掺杂硼元素（B）得到，而 n 型半导体一般通过掺杂磷元素（P）得到。在实际太阳能电池制作中，最初的硅片为 p 型，然后在其表面扩散重掺杂 P 元素而后一层很浅的 n^+ 层。P 和 B 在 Si 晶体中为浅能级杂质，其中 P 的杂质电离能为 0.044eV，B 的杂质电离能为 0.045eV[2]。浅杂质能级对少数载流子的寿命比深杂质能级弱很多，深杂质能级是半导体材料内的主要复合中心，在掺杂时要尽量避免深能级杂质的掺入，包括重金属和碱金属杂质。此外，还要尽量减少 O、C、N 等有害杂质的掺入。

半导体材料掺杂对太阳能电池的影响最主要是对少数载流子寿命的影响，少数载流子寿命越小，材料内少数载流子的扩散长度越小，复合速率增加，导致太阳能电池效率降低。下面就详细讨论掺杂浓度与少数载流子寿命之间的关系。

通过第一章的介绍可以知道，半导体材料体内的复合机制主要包括辐射复合、通过复合中心进行的 SRH 复合、俄歇复合。少数载流子寿命由三种机制共同决定，有如下表达式：

$$\frac{1}{\tau}=\frac{1}{\tau_{\mathrm{rad}}}+\frac{1}{\tau_{\mathrm{SRH}}}+\frac{1}{\tau_{\mathrm{Aug}}} \tag{4.1}$$

三种机制各自对应的少数载流子寿命的表达式分别为，

辐射复合：

$$\tau_{\mathrm{n,rad}}=\frac{1}{r_{\mathrm{rad}}N_{\mathrm{A}}}, \quad \tau_{\mathrm{p,rad}}=\frac{1}{r_{\mathrm{rad}}N_{\mathrm{D}}} \tag{4.2}$$

SRH 复合：

$$\tau_{\mathrm{n,SRH}}=\frac{1}{\upsilon_{\mathrm{n}}\sigma_{\mathrm{n}}N_{\mathrm{t}}}, \quad \tau_{\mathrm{p,SRH}}=\frac{1}{\upsilon_{\mathrm{p}}\sigma_{\mathrm{p}}N_{\mathrm{t}}} \tag{4.3}$$

俄歇复合：

$$\tau_{\mathrm{n,Aug}}=\frac{1}{r_{\mathrm{Aug,p}}N_{\mathrm{A}}^{2}}, \quad \tau_{\mathrm{p,Aug}}=\frac{1}{r_{\mathrm{Aug,n}}N_{\mathrm{D}}^{2}} \tag{4.4}$$

式中，N_{A} 为掺杂浓度，N_{t} 为有效复合中心浓度。此外，当少数载流子寿命一定时，辐射复合和 SRH 复合的复合速率 U 与载流子浓度的一次方成正比，而俄歇复合的复合速率与载流子浓度的三次方成正比。

由上述公式可知，半导体内少数载流子辐射复合寿命与掺杂浓度的一次方成反比，掺杂浓度越高，寿命越低。但是，对于 Si 单晶而言，由于其是间接带隙半导体，辐射复合相对较弱，辐射复合对应的少数载流子寿命在毫秒（ms）量级，与其他两种机制的少数载流子寿命相比要大很多，对总的少数载流子寿命的影响可以忽略。

对于 SRH 复合，当半导体材料的纯度非常高时，SRH 复合的少数载流子寿命 τ_{SRH} 较长，可以达到毫秒（ms）量级，此时 SRH 复合不是最主要的复合机制。但是，通常的情况是，材料不可避免地会掺入杂质，一旦材料掺杂以后，即便是轻掺杂，τ_{SRH} 也会降得很低，以至微秒（μs）级。对于轻掺杂的 p 型半导体，其少数载流子电子的寿命在 10μs 量级；对于轻掺杂的 n 型半导体，其少数载流子空穴的寿命在 1μs 量级。其少数载流子寿命很小，在大多数半导体中，对最终少数载流子的寿命起决定作用。

τ_{SRH} 与有效复合中心的浓度 N_{t} 的一次方成反比。有效复合中心的浓度不仅与深能级杂质的浓度直接相关，还与浅能级杂质的掺杂浓度有关。当浅能级杂质掺杂浓度 N_A 或 N_D 增加时，SRH 复合的少数载流子寿命 τ_{SRH} 也会相应减小，材料的有效复合中心的浓度增加。特别是对于 n 型半导体，由于在半导体材料生长过程中，体材料内掺入的深能级杂质多为受主型杂质（无论 n 型和 p 型），随着 n 型半导体掺杂浓度增加，越来越多的深能级杂质被激活，成为有效的复合中心，使得 N_t 增加，载流子寿命降低。也正是因为这样，对于同样的掺杂浓度，n 型半导体材料中有效复合中心浓度高于 p 型半导体中的有效复合中心的浓度。虽然一般 p 型半导体中电子的俘获截面和热运动速率大于 n 型半导体中空穴的俘获截面和热运动速率，但由于 n 型半导体中有效复合中心浓度较 p 型半导体中的高，因此 n 型半导体中空穴的寿命小于 p 型半导体中电子的寿命。但对于晶体质量很高、深能级杂质浓度非常低的单晶硅材料，n 型半导体中空穴的寿命仍可大于 p 型半导体中电子的寿命。

当半导体掺杂浓度增加时，少数载流子寿命减小，但是材料的 SRH 复合速率却不一定会增加，由第 1 章可以知道复合速率有如下表达式：

$$U_{SRH} \approx \frac{n - n_0}{\tau_{n,SRH}}, \quad U_{SRH} \approx \frac{p - p_0}{\tau_{p,SRH}} \tag{4.5}$$

当半导体材料的掺杂浓度增加导致少数载流子寿命减小的同时，少数载流子浓度也会降低，当少数载流子浓度的降低对复合速率的影响大于少数载流子寿命对复合速率的影响时，少数载流子的复合速率便会减小。在这种情况下，增加掺杂浓度还可以降低太阳能电池的串联电阻，从而提高太阳能电池的效率。

最后讨论半导体材料中的俄歇复合。俄歇复合对应的少数载流子寿命与掺杂浓度的二次方成正比，并且当少数载流子寿命一定时，俄歇复合的复合速率与材料内载流子浓度的三次方成正比。由此可见，俄歇复合在掺杂浓度很高或半导体材料温度较高时很重要。对一般的半导体，在大多数情况下，SRH 复合为半导体中主导的复合机制，但是当杂质浓度大于 $10^{17}\,cm^{-3}$ 次方时，材料内主导的复合机制组件被俄歇复合所取代[1]。图 4.4 给出了在不同的掺杂浓度下，n 型硅和 p 型硅内的少数载流子寿命随掺杂浓度的变化[3]。可以看出，当杂质浓度很高时，其变化曲线开始表现出二次曲线的特征，说明此时俄歇复合逐渐成为主导的复合机制。

杂质对材料少数载流子寿命的影响会直接影响到少数载流子的扩散长度 L：

$$L = \sqrt{\tau D} \tag{4.6}$$

少数载流子寿命越大，其扩散长度越大，而通常 n 型半导体中空穴的寿命小于 p 型半导体中电子的寿命，与此同时，电子的扩散系数（迁移率）又大于空穴的扩散系数（迁移率），因此使得 n 型半导体中空穴的扩散长度明显小于 p 型半导体中电子的扩散长度。少数载流子扩散长度的大小会直接影响到太阳能电池各层厚度大

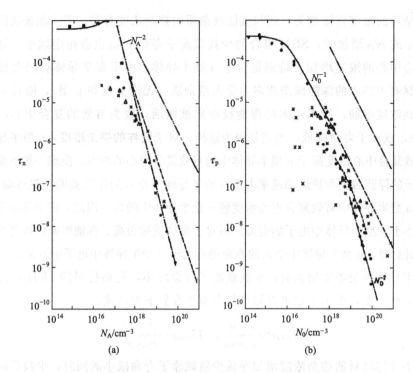

图 4.4 (a) p 型硅和 (b) n 型硅掺杂浓度和少数载流子寿命的关系[3]

小的设计。

此外，材料的掺杂浓度除了会直接改变少子寿命和扩散长度，还会改变太阳能电池的开路电压。高掺杂浓度可以增加 pn 结的内建电势差和内建电场，使得更多的电子和空穴能被分离，从而提高太阳能电池的开路电压。特别是对于发射极，在设计中允许掺杂很高的浓度，从而提高 V_{OC}。但是，当杂质浓度过高时，半导体杂质能级会形成杂质能带，杂质能带会与半导体能带形成新的简并能带，而新的简并能带会有部分进入禁带，形成带尾，从而使得半导体带隙减小，从而限制了 V_{OC} 的增加。一般来说，V_{OC} 的大小在半导体带隙 E_g 的 81% 以内[1]。

材料的掺杂浓度一个重要而明显的影响就是会改变材料的电阻率。当掺杂浓度增加时，材料的电阻率降低，特别是对于较厚的基区，增加掺杂浓度可以明显减小太阳能电池的串联电阻。综合考虑扩散长度、复合速率、电阻率等因素，在工业生产中，基区的掺杂浓度大多在 $10^{16}\,\mathrm{cm}^{-3}$ 左右。

4.3.2 太阳能电池中基区与发射区的厚度

前面已经提到，基区厚度的设计主要考虑少数载流子的扩散长度、光吸收和串联电阻；而对于发射区，则主要考虑表面复合。

在上一章中已经提到，由于入射光从发射区表面入射，离表面越近的地方，光生载流子浓度越大，使得载流子浓度越大的地方，离 pn 结空间电荷区越远。考虑到材料表面复合率很高，而在载流子又需要扩散至 pn 结空间电荷区才能被有效分离，因此在发射区中产生的光生载流子的利用率相对较低。因此，一般把发射区设计得很薄，这样一方面使其尽量减少发射区光吸收，让光入射至利用率较高的基区；另一方面，可以让表面少数载流子扩散至空间电荷区的距离减少，增加其利用率；此外，发射区越薄，基区的串联电阻也越小。图 4.5 给出了一个典型的太阳能电池基区和发射区大致厚度，可以看出 p 区较厚，其厚度 $>100\mu m$，而发射区相比就非常薄，其厚度 $<1\mu m$。

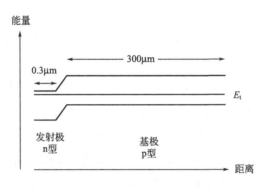

图 4.5　太阳能电池 pn 结能带

基区厚度的选择至少需要综合考虑三个方面，对入射光的吸收、少数载流子的扩散长度以及串联电阻的大小。基区越厚，对光的吸收越充分；但是基区产生的非平衡少数载流子扩散到空间电荷区的距离增加，特别是当基区厚度大于少数载流子扩散长度时，远离空间电荷区的少数载流子就不能有效地被分离，而会发生复合；此外，当基区厚度增加时，串联电阻会线性增加。

首先，讨论基区的光吸收。由于单晶硅为间接带隙半导体，因此，其光吸收系数相对于其他直接带隙半导体要低很多，要充分吸收入射光，则所需要的材料较厚。定义材料的穿透长度 d，它是吸收系数 α 的倒数：

$$d(\lambda) = \frac{1}{\alpha(\lambda)} \tag{4.7}$$

光入射至 $x=d$ 处时，入射光 I_0 被吸收而衰减至 $I_0 e^{-1}$。因此穿透长度可以用来作为光吸收的一个标志长度。图 4.6 给出了各种半导体材料对不同入射波长光的吸收系数和穿透长度。可以看出单晶硅的吸收系数明显低于其他材料，单晶硅材料想要充分吸收太阳能，特别是红外波部分，其材料厚度需至少 $>100\mu m$。

在讨论基区少数载流子的扩散长度和串联电阻之前，先讨论载流子的迁移率，

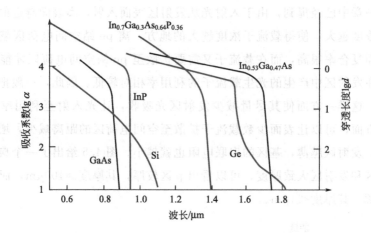

图 4.6 不同半导体材料对不同入射波长光的吸收系数和穿透长度[4]

α 的单位为 cm^{-1}；d 的单位为 μm

因为它和少数载流子的扩散长度以及材料电阻率都直接相关。通常基区为 p 型半导体，少数载流子的扩散长度相对 n 型半导体要大。少数载流子扩散长度 $L=\sqrt{\tau D}$，其中根据爱因斯坦关系扩散系数 $D=\mu kT/q$。材料的迁移率决定于载流子在运动过程中被散射的频率，当材料掺杂浓度较低时，载流子主要受到晶格的散射；当材料掺杂浓度很高时，载流子迁移率会因为杂质散射的增加而降低。对于轻掺杂的单晶硅半导体，其电子的迁移率在 $1500cm^{-2} \cdot V^{-1} \cdot s^{-1}$ 左右，而空穴的迁移率约为 $500cm^{-2} \cdot V^{-1} \cdot s^{-1}$；当材料掺杂浓度很高，达到 $10^{19}cm^{-3}$ 时，电子的迁移率会下降到 $70cm^{-2} \cdot V^{-1} \cdot s^{-1}$ 左右，而空穴的迁移率会下降到 $50cm^{-2} \cdot V^{-1} \cdot s^{-1}$ 左右[1]。

下面，讨论基区少数载流子的扩散长度。为了使基区产生的非平衡载流子被充分收集，就需要使基区少数载流子的扩散长度大于基区的厚度，使得少数载流子能扩散到空间电荷区被有效分离。为了提高材料的扩散长度，首先是要选择高质量的晶体硅材料，使其深能级杂质含量尽量低；其二就是选择合适的掺杂浓度。前面已经知道，提高掺杂浓度会降低载流子的迁移率和寿命，因此会降低其扩散长度。对于 p 型硅单晶而言，当掺杂浓度不是很高时，是扩散长度一般可以达到 $100\mu m$。

下面，讨论串联电阻。对于半导体而言，其材料的电阻率 ρ 有如下表达式：

$$\rho = \frac{1}{\sigma} = \frac{1}{q(\mu_n n + \mu_p p)} \tag{4.8}$$

对于基区 p 型半导体，则有：

$$\rho = \frac{1}{\sigma} = \frac{1}{q\mu_p p} \tag{4.9}$$

材料的迁移率虽然随着掺杂浓度升高而降低，但是载流子浓度增加得会更快，因此材料掺杂率的增加最后会使得材料电阻率下降。而整个基区的电阻为：

$$R = \frac{\rho L}{S} = \frac{L}{S} \frac{1}{q(\mu_{n} n + \mu_{p} p)} \tag{4.10}$$

由此可见，降低串联电阻有两个方法，一是提高掺杂浓度，二是减小基区厚度。

介绍完上述三个影响因素以后，需要综合考虑如何决定基区厚度。基区厚度增加可以增加基区的光吸收，但是会增加串联电阻和载流子运动到空间电荷区的距离；而此时可以通过增加载流子浓度的方法减小串联电阻，但是增加载流子浓度会减少少数载流子的扩散长度。可以在基区厚度和掺杂浓度之间作出平衡，寻找到一个最优值，使得其能吸收大部分的入射光，而吸收的光产生的非平衡载流子大部分又能运动到空间电荷区，且与此同时基区串联电阻较小，不至于损失太多的能量。

对于发射区厚度而言，情况不同，因为发射区不是主要的光吸收层，希望其很薄。因为其很薄，所以少数载流子的扩散长度会远大于发射区厚度。这样便可以大大提高发射区的掺杂浓度，一方面可以降低串联电阻；而另一方面，可以使得其与金属电极之间形成更好的接触；此外，还可以提高开路电压。但是，需要注意的是，电子作为多数载流子，在发射区中需要进行一定横向运动才能到达电极而被收集，如果发射区太过于薄，就可能会使得横向电阻过大。所以，发射区还需要保留一定的厚度。

综合以上考虑因素，表 4.1 给出了一个较为优化的单晶硅太阳能电池设计的例子[1]。可以看出基区厚度远大于发射区厚度，基区厚度与基区少数载流子扩散长度相当；而发射区很薄，且重掺杂，同时，虽然发射区重掺杂，发射区少数载流子的扩散长度还是远大于发射区的厚度。

表 4.1　典型单晶硅太阳能电池参数[1]

项　　目	发射区(n 型)	基区(p 型)
厚度/μm	0.5	300
掺杂浓度/cm^{-3}	1×10^{19}	1×10^{16}
少数载流子扩散常数/cm$^2 \cdot$s^{-1}	2	40
少数载流子寿命/s	1×10^{-6}	5×10^{-6}
少数载流子扩散长度/μm	14	140
表面复合速率/cm $\cdot$s^{-1}	10000	10000
反射率	0.05	
吸收率		
500nm/cm^{-1}	15000	
1μm/cm^{-1}	35	

此外，对于基区厚度，一个需要实际考虑的因素就是成本。明显的是，厚度越

小,使用的材料越少,其成本越小,因此人们也在积极地利用一些增强基区光吸收的方法。例如采用背反射等陷光的方法,使得大部分光被限制在基区内,从而即使基区厚度较小,也能吸收大部分入射光。

4.3.3 太阳能电池表面

在硅单晶表面存在大量的悬挂键,产生密集的表面态,它们会成为光生电子和空穴的复合中心。对于单晶硅,其表面复合速率约达 $10^5 \mathrm{cm \cdot s^{-1}}$。材料的表面复合速率会随着掺杂浓度提高而增加。对于同样的掺杂浓度 p 型半导体的表面复合速率会大于 n 型半导体的表面复合速率。一方面是因为电子的俘获截面大于空穴的俘获截面,另一方面是由于深能级杂质一般的 n 型半导体体内的固溶度大于其在 p 型半导体体内的固溶度,从而使得在材料生长过程中,当材料冷却时,p 型半导体中的杂质向表面移动的趋势大于 n 型半导体中杂质向表面移动的趋势,使得 p 型半导体的表面最终更容易积累深能级杂质[3]。

由于材料表面复合速率很高,会对太阳能效率产生严重的影响,因此需要对表面进行处理,以减小少数载流子在表面的复合。太阳能电池中对材料表面处理的方法主要有两个,一是表面钝化,二是背电场。

表面钝化主要是通过在硅表面生长一层合适的材料,使得硅表面的悬挂键饱和。这一层材料也必须是绝缘的,否则载流子会流入该层材料的表面,进行表面复合。通常可以在硅单晶表面生长一层 SiO_x 或者 SiN_x。生长 SiO_x 可以将 Si 置于富氧环境下,在高温中(约 1000℃)氧化而形成。SiN_x 的生长温度相对较低,约为 300~400℃,但是其工艺相对复杂一些,需要采用等离子增强化学气相沉积(PECVD)。表面钝化的效果与生长钝化层时的气氛有密切关系,特别是氢气,它对于材料获得低的表面复合速率($<100\mathrm{cm \cdot s^{-1}}$)非常重要[5]。对于发射极表面,通常采用表面钝化的方法降低表面复合速率。在发射极表面,太阳光刚刚入射,光生载流子的密度最大,但由于强烈的表面复合,使得其量子效率很低。在表面生长 SiO_x 或者 SiN_x,一方面可以有效地降低表面复合,另一方面,由于 SiO_x 或者 SiN_x 的禁带宽度很大,入射太阳光在 SiO_x 或者 SiN_x 基本不被吸收,造成的能量损失很小。由于短波长光的吸收率最高,因此表面钝化对于提高蓝光响应非常重要。

背电场一般应用于基区,它是在 p 型的硅单晶表面重掺杂一层 p^+ 层,p^+ 层与 p 层会形成 p^+p 结,从而产生一个势垒,这个势垒对载流子具有选择性,将反射回"电子",而允许空穴通过,从而有效地减少了电子和空穴在表面的复合。图 4.7 给出了 p^+p 结的能带[1]。对于背电场,可以用有效表面复合速率来描述载流子在表面的复合，而背电场一般可以将有效表面复合速率降至 $100 \text{cm} \cdot \text{s}^{-1}$ 以下。从能带图还可以看出，$\text{p}^+ \text{p}$ 结势垒产生的电压与光生电压的方向一致，从而可能增加太阳电池的开路电压。背电场可以通过在硅表面扩散掺杂形成，也可以通过与蒸镀的 Al 形成合金而产生。

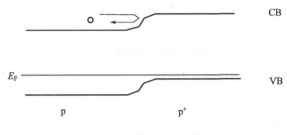

图 4.7　$\text{p}^+ \text{p}$ 结的能带

在实际应用中，基区表面可以同时结合使用钝化和背电场两种方法。可以在电极附近采用背电场，此时重掺杂一方面可以减少表面复合，另一方面可以使电极更好地形成欧姆接触。而在电极以外的区域，则可以采用简单的钝化的方法。

但是，背电场一般很难用于发射极，因为发射极本身已经重掺杂，此时要形成比它杂质浓度高很多的掺杂层非常困难，从而很难形成有效地势垒。因此发射极一般都采用上述钝化的方法来减少少数载流子在表面的复合。

太阳能电池的侧面同样也会存在复合，太阳能电池的面积越小，少数载流子的扩散长度越长，侧面复合的影响相对越大，人们也在探索减少侧面复合的方法。但是，工业生产中，硅片的面积一般都较大，如 $10 \times 10 \text{cm}^2$，因此侧面的影响可以忽略。这里将不再详细讨论。

4.3.4　电极

太阳能电池产生的电子或空穴，需要电极的连接才能到达外电路。制作电极时，主要考虑两个因素，第一是金属电极与半导体材料之间要形成良好的欧姆接触，减少电流电压损失；其次，要尽量减少载流子在金属与半导体界面的复合。

金属和半导体接触会形成势垒，阻碍载流子的传输，通常可以将半导体一侧进行重掺杂，形成很大的隧穿电流，构成欧姆接触，减少载流子能量损失。对于发射区的 n 型半导体，其重掺杂通常通过 P 元素的扩散来完成；为对于基区的 p 型半导体，可以通过与蒸镀的 Al 形成合金或扩散 B 元素这两种方法来实现。通过 Al 的合金形成 p^+ 层的好处是，该过程要求的温度不是很高，而且可以在较短的时间内形成较厚的 p^+ 层；缺点是其形成的 p^+ 层不够均匀，其接触面的复合电流也相对采用 B 元素掺杂方法时要大。而采用 B 元素掺杂的方法的好处在于，由于 B 在 Si

中的固溶度更高，它可以使 p^+ 层的掺杂浓度更高，此外，它不会阻碍光从外界的入射。

在半导体与金属电极接触的界面，载流子的复合率非常高，可以达到 $10^6\,cm\cdot s^{-1}$，因此如果不考虑其他限制，应该减小半导体与金属的接触面积，以减少复合。在金属电极附近，由于采用了重掺杂，会减少少数载流子的浓度，在一定程度上减小了复合电流。

形成重掺杂层以后的下一步就是制作电极。发射区（前表面）和基区（背表面）的电极设计需要考虑的因素会有所不同，例如设计发射区电极时需要考虑不要对入射光造成太多的遮蔽，而设计基区电极时则不需要考虑此因素。下面就分别介绍发射区和基区的电极设计。

（1）发射区电极

发射区电极通常是通过金属栅线连接而成的网状电极。通常，发射区金属电极对入射光的遮蔽可以达到 10%。设计发射区电极时，一方面要尽量减少金属电极的接触面积，以减少对光的遮蔽；但是，另一方面，当接触面积减小时，电阻也会相应地增加，金属栅线越细，栅线之间越稀疏，电阻也就越大。一种优化的设计就是将栅线设计得很细，但是很密，且栅线有着很高的电导率。在不考虑成本的前提下，可以采用光刻和蒸镀的方法，制备出 $10\sim15\,\mu m$ 细的栅线，电极材料为依次蒸镀 Ag，Pd，Ti，也即 Ti/Pd/Ag，从而使得接触电阻较小，而自身的电导率也较大[5]。在实际的工业生产中，通常采用丝网印刷的方法制备电极。丝网印刷是通过在金属或聚酯网上涂抹一层光刻胶，并通过光刻胶曝光显影等工序形成窗口图形，再将导电浆料通过窗口均匀涂抹到衬底上，进而形成电极。在太阳能电池的丝网印刷工艺中采用的导电浆料多为银浆。丝网印刷的方法成本相对低，但是其形成的栅线线宽较大，大于 $100\,\mu m$，且其接触电阻和体电阻都相对较大。当采用丝网印刷制备电极时，对发射区的制备也带来了一些要求，例如发射区掺杂浓度要很高，以尽量减少接触电阻；其次，发射区不能太浅，否则在丝网印刷后烧结的过程中银原子会穿透发射区而进入基区，从而造成太阳能电池内的部分区域短路，增加漏电流。

另一个制作电极的较好的方法是采用刻槽埋栅金属化，即掩埋接触。在硅单晶表面采用激光或者机械的方法刻制深槽，对槽周围进行重掺杂，然后再镀入金属，形成电极（图 4.8）。这样的电极可以在减少对入射光遮蔽的同时，使金属电极和半导体材料之间的接触面积依然保持较大，使得接触电阻较小。这种方法可以把栅线的宽度控制在 $20\sim25\,\mu m$，且金属电极可以获得较大的高宽比。不过这种方法相对于丝网印刷，其成本较高。

光伏电池原理及应用

下面结合电极设计,分别讨论几种发射区表面的设计,包括无表面钝化的均匀发射区、有表面钝化的均匀发射区、选择发射区和局域发射区,各种结构如图 4.9 所示[5]。

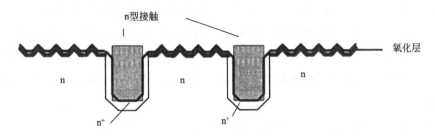

图 4.8　刻槽埋栅金属化

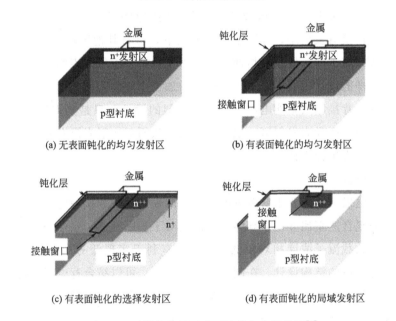

(a) 无表面钝化的均匀发射区　　　　(b) 有表面钝化的均匀发射区

(c) 有表面钝化的选择发射区　　　　(d) 有表面钝化的局域发射区

图 4.9　不同的发射区表面结构与电极设计[5]

当发射区表面没有表面钝化时,其表面的复合速率较高,在发射区产生的光生载流子很多都被复合,此时需要将发射区设计得尽量薄。同时,还将材料进行重掺杂,重掺杂可以减少发射区的少数载流子浓度,从而减少复合;重掺杂可以减少发射区的横向电阻,载流子可以更好地流向电极;此外,重掺杂也是金属电极与发射区半导体材料形成欧姆接触的必要条件。

当发射区表面钝化以后,材料表面复合减弱,此时可以适当降低掺杂,以减少因为过重掺杂而引起的负面效应。由于掺杂浓度下降,且表面复合减弱,可以增加发射极的厚度至 $1\mu m$ 左右,以减少横向电阻。电极在钝化层上的窗口区域形成。

由于发射区对表面复合非常敏感，特别是考虑到金属与半导体接触面的复合速率很大，因此可以让钝化层的窗口宽度适当小于栅线的线宽。

根据发射极表面电极所在区域与其他区域对掺杂的要求不同，还可以通过区域选择性的掺杂来提高太阳能电池的性能。在金属电极下的半导体材料并无光照，其重掺杂效应对太阳能电池的负面影响有限，可以在这里进行很重的掺杂，且掺杂可以较深，形成 n^{++} 区域，它一方面有效地减小接触电阻，另一方面可以减少少数载流子的复合。而在没有电极覆盖的区域，则可以采用普通的重掺杂，掺杂深度也依然很浅。

如果在 Si 表面采用较好的钝化方法，将表面复合速率降到很低，那么甚至可以仅在电极覆盖区域进行很重的掺杂形成 n^{++} 区域，而其他区域并不重掺杂形成 n 型半导体。仅由电极下的 n^{++} 区域与 p 区形成的空间电荷区完成对电子和空穴分离。这样的设计没有发射结，除了金属电极以下，材料其他区域的掺杂浓度较低，这就使得少数载流子的扩散长度增加，并且由于掺杂浓度低，表面复合速率也将减小。但是，这样的设计也有一个缺点，就是增加了串联电阻，特别是电流都集中于 n^{++} 区域附近。背接触太阳能电池就采用了类似的设计，只是其重掺杂区在背面，而在太阳能电池正面没有发射区，也没有电极，从而对入射光没有遮蔽，当入射光较强时，更能体现出此设计的优势。

（2）基区电极

在制作背电极时，需要主要考虑的因素包括表面复合和接触电阻。对于 p 型半导体，其表面复合速率比 n 型半导体高，但是对于基区背面，到达的入射光已经很弱，其光生少数载流子浓度相对较低，这一点有利于实现低的复合电流。图 4.10 给出了一些背电极的结构设计。在制备基区电极时，可以结合背电场，这样可以有效地减少表面复合，一种简单的设计就是在基区背面全覆盖上背电场，然后再全覆盖上金属电极。这样的设计较为简单，但是其表面复合也相对较高。为了进一步减少表面复合，将电极改为栅线，以减少金属半导体的接触面积，此外没有金属电极的区域再外加一层钝化层。

与发射区一样，电极覆盖的区域与没有电极覆盖的区域对半导体材料掺杂浓度的需求不同，在电极所在区域进行额外的重掺杂有助于减少复合和接触电阻，因此可以采用类似于图 4.10 （c）和图 4.10 （d）的结构，对于图 4.10 （d），考虑到在非电极区域，钝化层已经将表面复合速率降得较低，因此在非电极区域可以不再使用背电场，由此可以降低工艺复杂程度，降低成本。

如果在基区 p 层表面形成一层 n^+ 层，形成浮动结，将有可能降低材料的表面复合，而这样做的一个要求就是，n^+ 层产生的光生电子不会注入 p 层，与 p 层中

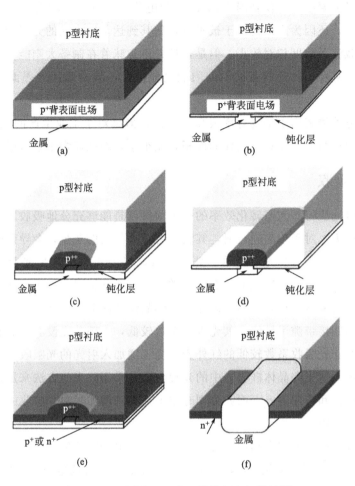

图 4.10　不同的基区表面结构与电极设计[5]

的空穴复合。为达到这个目的，需要保持 n+ 层与 p 层形成的 n+p 结为断路状态，使它们之间不会有电流通过。由此，当保证 n+p 结为断路状态时，就可以借用 n+ 层与 p 层形成的势垒来降低表面复合。采用此方法时需要注意电极的制作，因为电极需要延伸至 p 区，容易导致 n+ 层与 p 层短路。在普通太阳能电池制作时，有时会面临类似的问题，当对前表面进行掺杂时，可能会对背表面造成污染，形成一层 n 层，如果在制作金属电极时，将 n 层与 p 层连接，就会造成 n 层与 p 层短路，如图 4.10（f）所示。此时无意形成的 n 层就会产生电子电流与 p 层中的空穴复合，降低太阳能电池的效率。

　　当然，也可以在基区 p 层表面重掺杂形成 p+ 层，由此形成背电场结构，从而也可以有效地降低基区的表面复合。不过，实际上，对于基区厚度大于少数载流子扩散长度的太阳能电池而言，基区的表面复合相比发射区的表面复合，其对太阳能电池的效率影响要小，不仅是因为 pn 结空间电荷区附近产生的大量少数载流子很难扩散至表面，还因为入射光由于被吸收，使其到达基区表面的光强较小，在基区表面的少数载流子浓度相对较小。但是，这并不意味着在制备太阳能电池时可以忽视基区的表面复合。对于制备高效太阳能电池而言，减少基区的表面复合依然很重要。

太阳能电池侧表面也是复合率很高的表面，但是对于工业生产的太阳能电池，其侧表面的面积与前表面和背表面的面积相比很小，因此通常不予考虑。

4.3.5 光吸收

太阳能电池获得高光电转化效率的一个前提就是能够充分地吸收入射光，减少入射光能的损失。对于单晶硅材料，其表面有较高的反射系数，会导致较大的入射光损失，当太阳光入射到光滑的单晶硅表面时，超过 30％的入射光会被反射。因此，通过光学设计减少入射光的反射就非常重要，通常情况下，人们通过在入射表面采用减反射膜来减少反射。当太阳光入射到晶体硅内部后，其不断被吸收，但是由于单晶硅为间接带隙半导体，其光吸收系数较低，一部分光没有被吸收就穿透出去，特别是对于光吸收系数较低的红外光。为了增加入射光的光吸收，可以通过一定的设计增加入射光在晶体硅材料中的光程。通常采用陷光的方法来加以实现，其中包括表面织构和背反射。下面就分别介绍上述各种增加材料光吸收的方法。

（1）减反射膜

大多数太阳能电池都会利用减反射膜来降低入射光的反射，减反射膜是一层具有一定折射率和厚度的介电薄膜，利用光的干涉效应，有效地减小反射光的强度。下面，就对减反射膜做简单的分析。当入射光从空气直接入射到硅表面时，硅表面的反射系数为：

$$R = \frac{(n-1)^2 + \kappa^2}{(n+1)^2 + \kappa^2} \tag{4.11}$$

式中，n 为单晶硅的折射率；κ 为单晶硅的消光系数，与材料的光吸收有关，其表达式为：

$$\kappa = \frac{\alpha \lambda}{4\pi n} \tag{4.12}$$

式中，α 为单晶硅的吸光系数；λ 为入射光在真空中的波长。当在硅表面覆盖上一层减反射膜时，如果忽略减反射膜材料对光的吸收，那么材料表面的反射系数将变为：

$$R = \frac{r_1^2 + r_2^2 + 2r_1 r_2 \cos 2\beta}{1 + r_1^2 r_2^2 + 2r_1 r_2 \cos 2\beta} \tag{4.13}$$

其中 r_1 和 r_2 的表达式分别为：

$$r_1 = \frac{n_1 - n_0}{n_1 + n_0}, \quad r_2 = \frac{n_2 - n_1}{n_2 + n_1} \tag{4.14}$$

式中，n_0 为太阳能电池上层介质（例如空气或玻璃）的折射率；n_1 为减反射膜的折射率；n_2 为硅的折射率（图 4.11）。而 R 的表达式中，β 的表达式由下式给出：

$$\beta = \frac{2\pi}{\lambda} n_1 d \tag{4.15}$$

式中，d 为减反射膜的厚度。由反射系数 R 的表达式可知，当 $2\beta = \pi$，且 $n_1 = \sqrt{n_0 n_2}$ 时，R 可以达到最小为 0，此时有：

$$d = \frac{(2N+1)\lambda}{4n_1}, \quad N = 0,1,2,3\cdots \tag{4.16}$$

从减反射膜的厚度可以看出，由于 λ/n_1 为入射光的波长，减反射膜出射到上层介质的出射光与减反射膜表面的反射光相位相差 π，它们相互抵消，从而降低反射光强度。

上诉分析说明，当选择具有适当折射率的材料，以及相应的厚度的减反射薄膜时，理论上可以将入射光的反射降为零，从而达到避免入射光损失的目的。

晶体硅的折射率约为 3.8，当上层介质为空气时，可以计算出减反射膜的最佳折射率约为 1.9；当上层介质为玻璃时，减反射膜的最佳折射率约为 2.3。在工业上，人们通常使用 CVD 的方法在硅表面沉积 TiO_2（$n \approx 2.3$）或者使用 PECVD 沉积 Si_3N_4（$n \approx 1.9$）以制备减反射膜。采用 Si_3N_4 制备减反射膜时，除了可以降低入射光的反射率，Si_3N_4 还可以对硅晶体表面起到钝化的作用。此外还可以采用 SZn 以及 MgF_2 等材料来制备减反射膜。

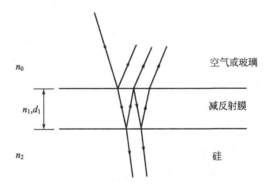

图 4.11　减反射膜

（2）陷光

陷光或光学限制，形象地说就是将入射进入晶体硅内的光尽量限制于晶体硅内，减少入射光的透射或反射，增加入射光在晶体硅内的光程，使得入射光能够被充分地吸收。通常所采用的方法包括表面织构和背反射。

首先，来介绍背反射。进入晶体硅的入射光，在有限的光程内不能被完全吸收，而没有被吸收的部分就会透射出晶体硅。而倘若在晶体硅的背面形成背反射，例如通过背反射镜，就可以将这部分光反射回晶体硅内，增加这部分光的光程，使其被晶体硅再次吸收，从而便减少了光能的损失。背反射可以通过在晶体硅背表面蒸镀金属层来实现；对于薄膜太阳能电池而言，还可以通过在布拉格光栅上生长材料吸收层而实现。由于在太阳能电池的前表面需要让光充分入射，因此不能采用与背表面类似的技术，而是要让反射率尽量小。理想的情况是前表面的反射率 $R=0$，而背表面的反射率 $R=1$。当入射光垂直入射时，入射光的光程可以增加一倍。

当前表面与背表面为光滑表面且相互平行时，入射大部分光从前表面出射，而只有小部分的光由于入射角较大，由于全反射而又回到了晶体内部。但是，倘若将前表面或背表面的各个区域适当地倾斜一定的角度，增加光线从晶体硅射向空气时的入射角，就可以使更多的光线实现全反射，从而增加光程，增强光吸收。而这就正可以通过表面织构等方法实现。

表面织构包括表面随机的织构以及具有几何规则的织构。表面随机的织构也即形成 Lambertian 表面，当光线照射至其表面时，光线被完全反射，且在整个半球空间角度范围内，光线被反射到各个方向的概率相等。随机织构既可应用于前表面，也可用于背表面。下面就以背表面为例，来讨论随机织构表面对入射光光程的影响。当光线入射到至背表面时，由于光线被反射向各个方向的概率相等，可以计算其被背表面反射后到达前表面的平均光程差：

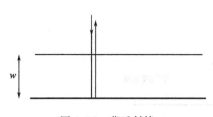

图 4.12 背反射镜

$$\langle l \rangle = \frac{w}{\langle \cos\theta_s \rangle} = 2w \qquad (4.17)$$

式中，w 为晶体硅的厚度（图 4.12）。光线被反射后从背表面到前表面的光程为 $2w$。光线到达前表面后，入射角小于全反射角的光线将透射出晶体硅，也即 $n_{\text{air}}^2/n_{\text{si}}^2$ 比例的光线出射单晶硅，而 $1-n_{\text{air}}^2/n_{\text{si}}^2$ 部分的光线将全反射回晶体内部，然后到达背表面，其平均光程仍为 $2w$。光线达到背表面后又被随机反射回前表面，如此循环往复（图 4.13）。由此可以得到整个过程中光线的总平均光程[1]：

$$\langle l \rangle = \frac{n_{\text{air}}^2}{n_{\text{si}}^2} \times 2w + \frac{n_{\text{air}}^2}{n_{\text{si}}^2} \times \left(1 - \frac{n_{\text{air}}^2}{n_{\text{si}}^2}\right) \times 6w + \frac{n_{\text{air}}^2}{n_{\text{si}}^2} \times \left(1 - \frac{n_{\text{air}}^2}{n_{\text{si}}^2}\right)^2 \times 10w + \cdots \qquad (4.18)$$

由此可得：

$$\langle l \rangle = \left(4\,\frac{n_{\mathrm{air}}^2}{n_{\mathrm{si}}^2} - 2\right)w \approx 4\,\frac{n_{\mathrm{air}}^2}{n_{\mathrm{si}}^2}w \qquad (4.19)$$

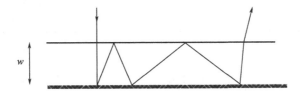

图 4.13 入射光在晶体内的反射

晶体硅的折射率约为 3.8，而空气的折射率约为 1，由此入射光线的总的平均光程可以达到 $50w$ 以上，光吸收得以有效地增强。

对于晶体硅太阳能电池，在实际生产中，较难制备理想的随机织构的表面，通常通过碱溶液，如 NaOH、KOH，腐蚀硅表面，形成具有规则金字塔几何构型的织构表面。在进行表面织构时，一般选取硅的[100]面为表面，当碱溶液对其进行腐蚀时，由于单晶硅体内 [111] 面的腐蚀速率低于[100]面的腐蚀速率，因此最后便腐蚀形成金字塔状。通常腐蚀形成的金字塔大小为微米（μm）量级。为了分析简单，图 4.14 先以沟槽状表面分析其对入射光光程的影响。当垂直的入射光照射到织构表面时，由于表面具有一定的倾斜角度 θ_{t}，因此入射光线的方向发生偏转，由此入射到背表面时，其入射角 γ 变为：

$$\gamma = \theta_{\mathrm{t}} - \sin^{-1}\left(\frac{\sin\theta_{\mathrm{t}}}{n_{\mathrm{si}}}\right) \qquad (4.20)$$

如果结合背反射镜，入射光又将反射回前表面，一部分光会出射前表面，而另一部分又全反射回晶体内，对于出射的光线，其光程为：

$$\langle l \rangle \geqslant 2w\sec\gamma > 2w \qquad (4.21)$$

由于表面具有一定的倾斜角度，因此相对光滑平行平面，入射光发生全反射的概率增加。而当织构表面从图 4.14 所示的对称结构变为不对称结构时，其全反射的概率进一步增加，从而使得光线的光程增加。

上述讨论为沟槽二维结构的情形，当为三维金字塔结构时，全反射的概率会更大。此外对于具有规则几何结构的织构面，当光线经历过多次全反射后，光线的传播方向也将趋向于随机分布，产生类似于随机织构表面的情况，这时就可以近似利用随机织构表面时的分析来讨论光线的传播。

规则几何构型的织构表面不仅能增加入射光在晶体内的光程，还可以有效地降

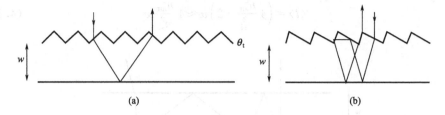

图 4.14 （a）对称的表面织构结构和（b）不对称的表面织构结构[1]

低入射光的表面反射率。当入射光照射到某一个金字塔时，其反射光可以反射至另一个金字塔的表面，即使考虑反射光只被反射到相邻金字塔上一次，材料的表面反射率也将由 R 变为 R^2，从而大大降低入射光的损失。此外，当采用金字塔织构表面时，如图 4.15 所示，太阳能电池表面到 pn 结空间电荷区的平面垂直距离减小，光生载流子需要扩散到空间电荷区的距离减小，从而加强了光生载流子的分离。但是，表面织构也会产生一些不利影响，例如会增加表面复合等。

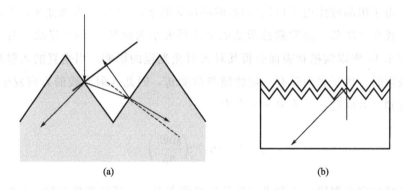

图 4.15 （a）表面织构降低表面反射率和（b）减小载流子到空间电荷区的距离

4.4 晶体硅太阳能电池的制造

上面介绍了太阳能电池结构的设计以及优化，讨论了影响太阳能电池效率的因素以及提高太阳能电池效率的方法。下面，就将介绍实际太阳能电池的制造过程以及工艺，讨论太阳能电池各个结构如何实现。包括晶体硅的制备、结的形成、前表面与背表面的处理、电极的形成等等。

4.4.1 晶体硅的制备

晶体硅是太阳能电池的基础，高质量的晶体硅对制备高效的太阳能电池非常重要。太阳能电池所使用的硅材料大致经过以下步骤获得。首先，将自然存在的 SiO_2 沙粒还原成工业硅，工业硅的纯度很低，远不能满足制备太阳能电池的要求；第二步便是将工业硅形成硅的卤化物，然后再还原制得多晶硅，此时硅材料的纯度较高；之后，再通过提拉法或者区熔法等方法将高纯的多晶硅制成单晶硅锭，此时的硅材料便可以应用于太阳能电池的制造；最后，将硅棒切割成硅片，硅片的厚度依太阳能电池的设计而定。下面就分别简单介绍制备单晶硅的提拉法和区熔法，以及吸杂、硅锭的切片、去损伤和表面织构技术。

（1）提拉法

提拉法，也称 Czochralski 法（Cz 法），是利用籽晶在熔融状态的硅中生长获得单晶硅的方法。首先将高纯的多晶硅放入坩埚中，加热熔化，使其处于熔融态；然后再将籽晶放入熔融硅中，通过控制坩埚中的温度场，使得熔融硅向籽晶的方向形成一定的温度梯度，使籽晶与熔融硅接触的固液界面附近的熔融硅处于过冷状态，从而使得熔融硅沿着籽晶逐渐结晶；此时不断地提拉和旋转籽晶，熔融硅在籽晶表面不断结晶，生长形成圆柱形的单晶硅，整个过程如图 4.16 所示。

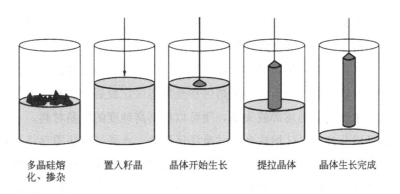

多晶硅熔化、掺杂　　置入籽晶　　晶体开始生长　　提拉晶体　　晶体生长完成

图 4.16　提拉法制备单晶硅

采用提拉法制备单晶硅的好处在于其生长速率较快、成本较低，可以直接观察生长过程从而便于控制，此外其制备得到的晶体的位错密度也相对较低。但是采用提拉法制备单晶硅也有一些缺陷，首先制备过程中熔融硅会和坩埚壁直接接触，从而会引入杂质，降低了晶体硅的纯度，另外，要获得高质量的晶体硅，对材料的生长设备、温度控制精度以及操作人员的技能会提出较高的要求，此外，采用提拉法制备得到的单晶硅，其氧杂质的含量相对较高，从而影响材料内少数载流子的寿命。但是，整体来说，由于提拉法成本低，获得的材料质量也基本能满足制备太阳能电池的需要，因此在工业生产中，大多采用提拉法制备而得的单晶硅作为制备太阳能电池的原材料。

（2）区熔法

区熔法，也即 FZ（Float Zone）法，是将籽晶放置于多晶硅的一端，并从籽晶所在的一端开始，分区逐步熔化多晶硅，沿着熔区的移动，多晶硅逐区形成单晶硅，直到最后形成完整的单晶硅锭。采用区熔法可以得到杂质分布均匀且杂质浓度非常低的高纯单晶硅。使用区熔法生长单晶硅如图 4.17 所示。

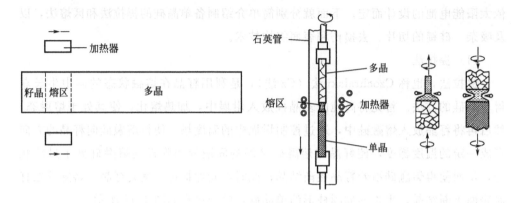

图 4.17　区熔法制备单晶硅

区熔法是依据分凝原理对材料进行提纯。杂质在熔融态材料中的固熔度与在固态材料中的固熔度不同，当杂质在熔融态材料中的固熔度相对较高时，杂质就不断地被集中在熔区中，随着熔区的移动而最终被集中于材料的尾部；当杂质在固态材料的熔融度相对较高时，杂质就会从熔区移至固态区，最后杂质被集中于材料的头部。去除杂质浓度较高的尾部或头部，便可以得到高纯度的单晶材料。

区熔法可以分为水平区熔法和立式悬浮区熔法。水平区熔法需要将材料置于坩埚中，而对于立式悬浮区熔法，材料不需要接触坩埚，多晶硅锭上下两端通过夹具固定硅锭，通过高频感应线圈对材料进行加热形成熔区。由于材料不接触坩埚，避免了坩埚的污染，从而能获得纯度很高的单晶。区熔法虽然能获得高纯度的单晶硅，但是由于其成本较高，在太阳能电池的实际生产中一般并不使用。

（3）吸杂

在太阳能电池工业生产中，虽然已经采用了高纯度的硅单晶，但是在制备太阳能电池的过程中材料会经过很多高温过程，由于晶体周围环境中杂质的影响，使得材料不同程度地受到污染而掺入杂质。为了减小这些杂质的影响，可以采用吸杂剂对材料进行吸杂。在太阳能制备过程中，掺杂或制备电极过程中所使用的磷元素和铝元素便可以作为吸杂剂。吸杂剂的原理简单地讲，就是类似于形成了一个"杂质池"，可以将晶体硅中的有害杂质纳入其中，从而减小对太阳能电池性能的不利影响。当在单晶硅表面蒸镀 Al，在高温下其与 Si 形成 Al-Si 熔融层，由于该熔融层对杂质的固熔度高于杂质在 Si 中的固熔度，因此杂质便逐渐集中于 Al-Si 熔融层中。也就是说，此时 Al-Si 熔融层起到了吸杂的作用。当在晶体硅的前表面掺杂 p 元素形成 n 层时，p 元素也会产生吸杂剂的作用，但是这会使得在前表面有害杂质浓度很高，形成"死层"，而降低了太阳能电池的紫外响应。通过上述方法，工业上太阳能电池内材料的少数载流子寿命可以达到 $1\sim10\mu s$ [5]。

（4）硅锭的切片

通过上述方法获得的单晶硅锭还需要进行切片，获得厚度在 $100\mu m$ 量级的硅片，然后才能用于太阳能电池的制造。切片通常采用线锯的方法，采用强度很高的钢丝细线，细线的直径约为 $160\mu m$，混合砂浆对硅片进行切割[6]。图 4.18 给出了切割装置的示意图。将切线穿绕于高精度的导线槽，在砂浆的混合作用下，通过控制切线的张力、线速以及砂浆的温度等因素，便可以将硅锭高精度地同时切割成多块设定厚度的硅片。

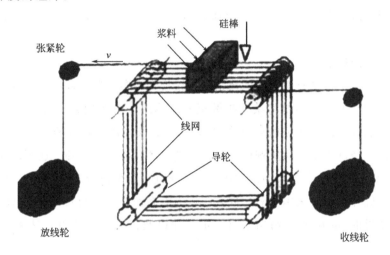

图 4.18　单晶硅锭切片

（5）去损伤和表面织构

在对硅锭进行切片时，切线会对硅片表面造成损伤，在硅片表面造成很多缺陷，这些缺陷一方面降低了表面的晶体质量，增加了表面复合速率；另一方面，这些晶体缺陷会使得在后续制造太阳能电池的过程中，晶体发生碎裂的概率提高，因此需要去除表面损伤层。在工业上通常使用的工艺是将硅片放入温度约为 $80\sim90$℃，质量分数约为 $20\%\sim30\%$ 的 NaOH 或 KOH 溶液中，在表面腐蚀去除大约 $10\mu m$ 厚的硅[6]。

去除损伤层以后，下一步就是对表面进行织构，形成金字塔结构。可以采用浓度约 5% 左右的 NaOH 溶液作为腐蚀剂，在溶液中同时添加异丙醇（IPA），进行表面织构。异丙醇的作用是使反应产生的氢气泡更快地离开硅表面，硅表面附着的氢气气泡的大小会影响金字塔的大小，通过控制异丙醇的浓度，可以改变金字塔的大小。金字塔太小会使得硅表面入射光的反射率较大，而当金字塔太大时，则不利于表面接触电极的制作，因此要适当控制金字塔的大小。除了腐蚀液的浓度会影响金字塔的大小外，腐蚀温度、腐蚀液的搅拌速率都会对金字塔的大小造成影响。一般情况下，大小约 $3\sim 5\mu m$ 的均匀分布的金字塔为较理想的织构表面[6]。

4.4.2 结的形成

太阳能电池中 pn 结的制备是很重要的一个工序，一般的太阳能电池采用 p 型硅为基底材料，通过在 p 型硅上掺杂形成一层浅 n 型层，从而形成 pn 结。太阳能电池中使用的最主要的掺杂方法是热扩散，可以使用固态源进行涂布扩散，也可以采用液态源扩散，而掺杂使用的杂质通常为 P 元素。下面就简单介绍以上两种掺杂方法。

（1）涂布源扩散

涂布源扩散是将含有磷元素的掺杂剂直接均匀涂布于硅片表面，形成固态的杂质源涂层，然后再通过高温将杂质扩散至硅晶体内。涂布的方法可以采用旋转涂布、丝网印刷等。该方法可以采用 P_2O_5 作为固态杂质源，将其溶解形成溶液，涂布于硅表面，经过烘干去除溶剂以后，便可进行高温掺杂。另外，还可以采用含有 P_2O_5 杂质的二氧化硅乳胶作为杂质源，二氧化硅乳胶可以溶解于乙醇等有机溶剂，进而涂布于硅片表面。采用二氧化硅乳胶作为涂布源，相比直接采用 P_2O_5 作为涂布源，其获得的 pn 结相对均匀平整，重复性以及掺杂特性更好，适用于大规模生产。

该方法的热扩散过程可以采用带式炉进行，炉内各个区域的温度可以分开控制，满足在热扩散中各个过程所需要的不同温度，同时通过控制传送带的速度，就可以调节硅片在各个温区的扩散时间，由此就可以实现对整个扩散工艺中温度过程的控制（图 4.19）。将涂布好杂质源并已经初步烘干的硅片放入炉内的传送带上，在传输过程中便完成了整个扩散过程。硅片首先于洁净空气的环境下，在 600℃左右烘烤至干燥几分钟，以去除表面残余的杂质源溶剂，然后于氮气环境下，在 950℃下热扩散约 15min[5]。在热扩散的过程中，虽然掺杂剂仅涂布于硅片的前表面，但是在高温下少量的固态掺杂剂可能会受热挥发而成为气态，从而对硅片的侧面和背面造成污染，产生寄生结。需要注意的是，因为扩散过程为高温过程，在硅片表面要保持清洁无污染，否则会在晶体内引入有害杂质，影响太阳能电池的性能。

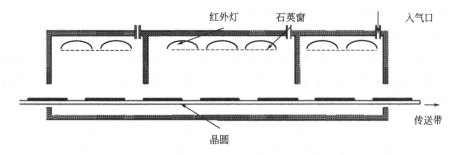

图 4.19　采用带式炉进行涂布源扩散[5]

（2）液态源扩散

液态源扩散一般可以选择液态 $POCl_3$ 作为杂质源，在液态的 $POCl_3$ 中通入高纯氮气，由氮气携带杂质源进入石英炉进行扩散掺杂。图 4.20 给出了其扩散装置的示意图，$POCl_3$ 通过氮气进入石英炉以后，在高温下发生分解，其化学反应式如下：

$$5POCl_3 \xrightarrow{\text{高温}} P_2O_5 \uparrow + 3PCl_5$$

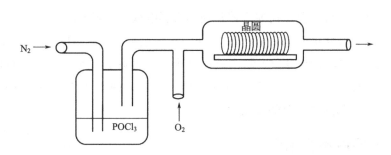

图 4.20　液态源扩散

同时，在石英炉内通入氧气，氧气与 PCl_5 反应，避免其对硅片表面造成侵蚀：

$$4PCl_5 + 5O_2 \longrightarrow 2P_2O_5 \uparrow + 10Cl_2$$

上述两个反应产生的 P_2O_5 在硅片表面与 Si 发生反应，生成 P 和 SiO_2：

$$2P_2O_5 + 5Si \longrightarrow 5SiO_2 + 4P$$

P 在 900～950℃的高温下扩散约 15min，进入晶体硅内实现掺杂[5]。在掺杂的过程中，不仅前表面会被掺杂，背表面和侧边也同样会被掺杂。

固态涂布扩散时使用带式炉，由于空气可以进入炉内，且传送带还可能引入金属杂质，可能会对硅片造成污染，而液态源时使用的石英炉却避免了这个问题。虽然石英炉不能像带式炉一般进行高效的流水线式生产，但是在石英炉内每次可以放入多块硅片，从而也保证了其生产效率。

对硅片完成掺杂以后，在硅片表面会形成 P-Si 的合金，可以用 HF 清洗去除。由于在掺杂过程中，硅片的侧面也被不同程度地掺入了杂质，它会使得太阳能电池的并联电阻减小，甚至导致发射区与基区短路，因此在完成掺杂以后，还需要对硅片的侧面进行去边，以清除掺杂层。在工业生产中，一般采用干法刻蚀的方法，通入 CF_4 和 SF_6 气体，通过等离子体刻蚀进行去边。可以将多个硅片堆叠起来，同时去边，一方面可以提高生产效率，另一方面可以对硅片的前后表面起到保护作用。

4.4.3 前表面钝化与减反射层沉积

当发射区掺杂完成以后，便可以对发射区表面进行钝化然后沉积减反射层。可以在前表面首先热氧化形成一层很薄的 Si 氧化层，对表面起到钝化的作用，然后再在表面沉积减反射层，例如 ZnS 和 MgF_2 组成的双层减反射层；也可以在前表面直接沉积一层氢化氮化硅 SiN_x：H，它可以同时起到钝化表面和减反射的作用。前一种方法通常在实验室中使用，在实际的工业生产中，多采用后一种方法。当采用第一种方法时，硅氧化层需要很薄从而不会影响减反射系统的效果，当然也不能太薄而影响表面钝化的效果。对于 SiN_x：H，一般采用 PECVD 进行沉积，Si_3N_4 的折射率约为 1.9，非常适合于制作减反射涂层；而除了 SiN_x 本身会对硅表面起到钝化作用以外，SiN_x：H 中的氢原子还能与材料内缺陷和杂质相互作用，减少体内复合，也即起到体钝化的作用。

4.4.4 表面接触的制作

在工业生产中，太阳能电池表面的电极接触多采用丝网印刷工艺来制备，丝网印刷工艺相对简单、成熟，制备出的电极质量也较好，并且可以实现全自动的生产工艺。下面，就先对丝网印刷工艺进行了解。

丝网印刷工艺是将导电浆料通过事先制作好的模板而印刷至衬底上，再通过烘干、烧结而形成具有所设计图形的电极（图 4.21）。下面就逐一介绍丝网印刷中的各个工艺步骤。进行丝网印刷的第一步是形成图形模板。模板是通过丝网以及附着在丝网上的感光胶共同形成。金属或者合成纤维形成的细线紧绷在金属边框上就形成了丝网，在丝网上涂布上感光胶以后，再通过曝光显影等光刻工艺就可以获得具有电极图形的丝网印版。对于发射区，希望印刷得到的电极细密，要实现这一点不仅依赖于丝网印版的设计和质量，还依赖于浆料颗粒的大小，丝网印版上的窗口尺寸应大于浆料中最大颗粒的大小。

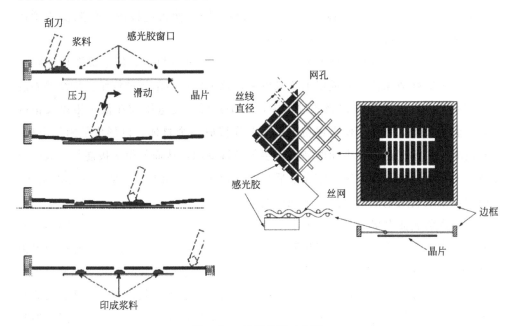

图 4.21 丝网印刷工艺[5]

浆料的选择和配方对于电极的成功制作非常重要，通常使用的导电浆料包括以下几个部分，首先是有机溶剂，它是使浆料具有所需的流动性；其次是有机黏结剂，它使得有效的导电颗粒能够聚集连接在一起；再次是导电粉末，通常采用银粉，它具有很好的导电性，银粉通常是大小为 $10\mu m$ 量级的晶体颗粒，导电粉末在浆料中占据了大部分的质量；此外，还有一个非常重要的组分就是玻璃粉，通常是一些氧化物，包括铅硼硅酸盐玻璃等，玻璃粉不仅可以增强导电粉末在高温浆料中的流动性，更重要的是它能促进对硅表面已有镀层的腐蚀，使得导电浆料能与硅表面紧密接触，以形成理想的欧姆接触。此外，浆料的黏度也很重要，如果浆料的流动性不够，就可能使得在丝网印刷过程中网版上的窗口不能完好地被填满，而形成空孔；而如果浆料流动性过大，那么浆料在印刷后有可能会在硅片表面继续流动，破坏原有的电极图形。

在对浆料进行印刷时，网版与硅片表面具有一定的离网高度，并没有直接接触，在网版一端放置好浆料以后，使用刮板将浆料从一侧刮至另一侧，刮板所压触的地方，刮板下压网版使其与硅片表面接触，浆料也同时通过窗口黏附在硅片表面。在印刷过程中，刮板所使用的力的大小、刮片移动的速度以及离网高度都是需要控制的关键因素。当网版的离网高度较大时，所得到的电极的膜厚会较厚，同时由于网版需要下压的距离增大，会使得网版上图形的变形增大，从而使得电极图形的精度变低；如果网版的离网距离过小，会使得电极层过薄，同时由于此时网版下压后的回复力较小，浆料更容易粘于网版窗口周围，使得电极图形清晰度受到影响。通常离网高度可以设置在 1mm 左右。

在印刷完成电极以后，将其在 $100\sim200$℃ 左右进行烘干，使电极图形能在下一步工序中更好地保持。完成以上步骤以后，就可以进行电极的烧结。烧结的温度一般控制在 $600\sim800$℃。在烧结过程中，玻璃粉可以促进银粒在低于银以及银硅共熔点温度下的重结晶，使得银粉可以重新连接成一个整体，以形成低阻的电极；同时玻璃粉会对镀在硅片表面的减反射层等进行刻蚀，从而使得电极能与硅表面形成直接的紧密的接触。银浆烧结完成后形成的电极，可能形成类似于多孔的结构，从而使得银浆制成电极的电阻高于纯银电极。

在制作前表面电极时，一般要求电极细且密，电极的体电阻和接触电阻要小，与硅衬底焊接紧密等，虽然采用丝网印刷的方法可以满足上述要求，但是所得电极的性能仍相对低于采用蒸镀的方法获得的电极。比如采用蒸镀的方法可以使电极材料与衬底紧密接触，其电阻也较小，而采用丝网印刷，由于浆料中含有玻璃粉等其他绝缘材料，它们使得银颗粒不能与衬底形成完全的接触，从而增加了电阻。但是从成本的角度考虑，在工业生产中还是以采用丝网印刷的方法为主，而蒸镀的方法多在实验室中使用。这也是实验室中太阳能电池效率与工业生产中太阳能电池效率差别的原因之一。当采用丝网印刷时，注意需要采用合适的烧结温度，当温度过低时，浆料不能很好地穿透硅片表面的减反射涂层，而当温度过高时，银可能扩散入发射结中很深，甚至穿透 pn 结，使得并联电阻变小。

在进行背电极制作时，由于银不能与 p 型半导体形成很好的欧姆接触，因此需要在导电浆料中加入铝，但是同时因为铝的焊接性能较差，也需要留有一定的银，使电极材料能与硅紧密焊接。此外，虽然原理上在背面形成一整层连续的导电电极可以有效地降低电阻，但是通常还是采用网状的电极结构。这是因为电极材料和衬底材料具有不同的热膨胀系数，整层的电极材料可能会在使得电极层在高温下发生龟裂。由于在硅片掺杂过程中，在硅片背面会形成寄生的掺杂层，在电极烧结过程中，浆料也需要穿过这层掺杂层，从而与 p 型硅基形成良好的欧姆接触。

经过上述步骤，太阳能电池片就基本制作完成，下一步便是对太阳能电池片进行测试、分类以及封装。太阳能电池的测试是在 25℃ 下，采用人造的 AM1.5 光源进行测试。根据测试得到的结果，将性能参数接近的太阳能电池片归为一类，并封装在一起形成太阳能电池组件。将电池片进行分类的一个好处是可以避免由于各太阳能电池片性能不一致而导致的失配损失。太阳能电池片的封装过程就是将多个电池片串联、并联在一起，以获得标准的输出。太阳能电池片的封装也非常重要，封装所采用的材料以及工艺都会对太阳能电池组件的寿命产生直接的影响。

上述简要介绍了晶体硅太阳能电池制备的主要工艺流程，如图 4.22 所示。

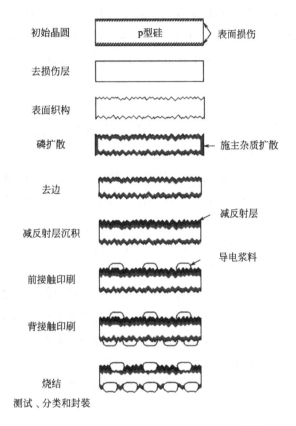

图 4.22　晶体硅太阳能电池制备的主要工艺[5]

4.5　多晶硅太阳能电池

多晶硅太阳能电池在电池片的制作成本和封装成本上都相对单晶硅太阳能电池要低，因此，虽然其效率不及单晶硅太阳能电池，但还是受到了很大的重视。随着工艺的改进和成本的降低，其在工业生产中所占的比例也逐步增加。

多晶硅材料大多采用浇铸法制备得到，被熔化后的单质硅在冷却的过程中形成很多晶核，这些取向不同的晶核逐渐生长形成晶粒，最后形成多晶硅。对于制备太阳能电池而言，多晶硅材料的性质相比单晶硅要差，这主要是因为多晶硅是由大量取向不同的晶粒组成，晶粒与晶粒之间会形成晶界，导致材料少数载流子寿命降低，并且多晶硅材料中的缺陷密度和金属杂质浓度相对单晶硅要大，这些也都直接影响了少数载流子寿命。鉴于此，在多晶硅太阳能电池的制备过程中会采取与单晶硅太阳能电池略微不同的工艺以提高少数载流子寿命，主要包括采用吸杂剂进行吸杂和氢气钝化。此外，多晶硅的表面织构工艺也和单晶硅不同，对于单晶硅而言，其整个表面的晶体取向一致，而对于多晶硅而言，其表面由各个取向不同的晶粒组成，因此不能采用碱溶液腐蚀而获得均匀一致的金字塔结构，而需要设计新的工艺。下面，就针对上述几点，对多晶硅太阳能电池的工艺进行简单的介绍。

（1）吸杂

与单晶硅太阳能电池一样，多晶硅太阳能电池也可以采用吸杂技术，利用 P 和 Al 的吸杂来降低材料内有害杂质的浓度，提高少数载流子寿命。但是，多晶硅吸杂与单晶硅吸杂也存在不同之处。在多晶硅中，有大量晶体缺陷以及晶界的存在，在这些位置会积累很多的杂质，在高温环境下，这些积累的杂质可能分解、扩散至多晶硅体内，从而降低少数载流子寿命。在吸杂过程中，需要考虑到吸杂与材料缺陷处杂质分解扩散之间的关系，从而确定合适的吸杂工艺。此外，吸杂效果还与材料中 O、C 的杂质的含量有关系。

此外，对于多晶硅材料而言，吸杂的效果还与材料的制备方法有关。不同的多晶硅材料制备方法所得到的材料缺陷浓度和分布会有所不同，因此其吸杂效果也会不同。即便对于同一块多晶硅材料，由于不同区域的缺陷浓度和分布也会不同，不同区域也表现出不同的吸杂效果，这就会导致材料在吸杂后，在纵向和横向各个区域的电学性质会不同，从而最终影响太阳能电池的特性。

（2）氢气钝化

前面提到过，对于单晶硅太阳能电池而言，SiN_x：H 不仅起到了减反射层的作用，其制备过程中释放的 H 更可以对材料起到体钝化以及表面钝化的作用，提高少数载流子的寿命，这一点对于多晶硅而言也同样适用。H 原子对多晶硅材料中的缺陷和杂质起到钝化的作用，减弱其作为少数载流子复合中心的作用。通常在制备 Si_3N_4 作为减反射层时，采用 PECVD 的方法，在置有样品的腔内通入 SiH_4 以及 NH_3 气体，在等离子体环境下发生反应，生成 Si_3N_4 薄膜，实际上生成的 Si_3N_4 材料中含有大量的氢原子，所以准确地说得到的材料为 SiN_x：H，而在采用 PECVD 生长 SiN_x：H 的过程中，源气体会电离大量的 H 离子，从而对多晶硅材料起到了钝化的作用。

在制备 SiN_x：H 的过程中，SiN_x：H 的减反射膜特性、体钝化特性以及表面钝化特性是相互关联的，同一个参数可能同时影响到上述三个特性，因此需要在其中作出适当的平衡，合理选择各生长参数，包括温度、气体流量、等离子体激发频率等等。图 4.23 简单给出了 PECVD 生长 SiN_x：H 的示意图。

（3）表面织构

表面织构对于降低太阳能电池的光
反射率非常重要，在单晶硅太阳能电池
中，通常采用碱性溶液对硅表面进行各
向异性腐蚀，在表面形成随机分布的金
字塔结构。但是，对于多晶硅而言，采
用各向异性腐蚀的方法并不能很好地降
低材料反射率。主要原因是多晶硅表面

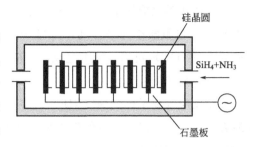

图 4.23　PECVD 生长 SiN_x：H 示意图

由很多取向不同的晶粒组成，当采用各向异性腐蚀时，在硅表面的同一方向，各个
地方的腐蚀速率并不相同。采用各向异性腐蚀除了在降低反射率方面有局限外，它
还会在不同的晶粒间腐蚀形成台阶，使得在采用丝网印刷方法制备电极时，电极可
能出现不连续。鉴于上述原因，针对多晶硅研发出了新的表面织构的方法，主要包
括酸的各向同性腐蚀、等离子刻蚀、机械刻槽、激光刻槽等方法。

（4）各向同性腐蚀

对多晶硅采用酸的各向同性腐蚀一般是采用 HNO_3 和 HF 作为腐蚀剂，各向
同性腐蚀的腐蚀液对于各个晶面来说，其腐蚀速率相当，因此可以形成椭圆形的均
匀分布的凹坑。腐蚀后可以得到如图 4.24 所示的多孔表面，每个腐蚀坑的大小在
$1\sim10\mu m$ 左右，均匀分布在多晶硅的表面。通过各向同性腐蚀不仅可以在硅表面
得到均匀的反射率，还可以避免在晶粒间形成台阶。采用 HNO_3 和 HF 作为腐蚀
剂的化学反应式如下：

$$Si + 6HF + HNO_3 \longrightarrow H_2SiF_6 + HNO_2 + H_2O + H_2 \uparrow$$

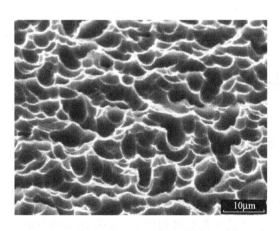

图 4.24　各向同性腐蚀[5,7]

实际的化学反应比上述反应式要复杂很多。硝酸作为强氧化剂，首先将 Si 氧化为 SiO_2，氢氟酸作为络合剂，再与 SiO_2 反应，生成络合物 H_2SiF_6，而反应中生成的少量 HNO_2 可以加速上述化学反应。

（5）等离子刻蚀

采用反应等离子体刻蚀（RIE）对多晶硅表面进行干法刻蚀可以得到反射率很低的表面。通常可以采用氯气作为腐蚀气体，在表面可以腐蚀形成密度很高的、陡峭的凹坑，且凹坑的大小较小，通常小于 $1\mu m$。等离子体刻蚀虽然是一种非常有效的多晶硅表面织构的方法，但是其成本较高，产量也较低，在工业生产中还未得到广泛的应用。

（6）机械刻蚀和激光刻蚀

通过传统的机械方法，在多晶硅表面形成平行的 V 形槽，也能达到降低反射率和增加光程的目的。在机械刻槽完成以后，可以使用碱溶液去除多晶硅表面的机械损伤。在进行电极制作时，可以使电极与机械槽平行，以保证其连续性，也可以在刻槽时留出一定的平面区域供电极使用。采用机械刻槽要求硅片具有一定的厚度，与当今太阳能电池越来越薄的趋势冲突。除了机械方法，还可以使用激光在垂直的两个方向上均刻槽，形成类似于均匀分布的金字塔结构表面。激光刻槽虽然可以得到很好的织构表面，但是激光刻槽的工序相对复杂。表 4.2 给出了采用不同的表面织构方法所得到的多晶硅太阳能电池的入射光反射率[8]。

表 4.2　所用不同的表面织构方法所得到的多晶硅太阳能电池的入射光反射率[8]

项　　目	原切割	碱刻蚀	酸刻蚀	无掩蔽刻蚀
裸面	22.6%	34.4%	27.6%	11.0%
SiN 减反射层	7.6%	9.0%	8.0%	3.9%
SiN 减反射层并封装	8.9%	12.9%	9.2%	7.6%

4.6　其他结构晶体硅太阳能电池

4.6.1　背面点接触太阳能电池

背面点接触太阳能电池最早由斯坦福大学的 Swason 提出，随后美国的 Sunpower 公司在其基础上实现了背面点接触太阳能电池的大规模生产。背面点接触太阳能电池的最大特点就是其正负电极均置于太阳能电池的背面，入射光从太阳能电池的前表面入射时，不会受到任何的遮挡，而被太阳能电池充分吸收，该太阳能的效率可以达到 22％以上，该结构可应用于聚光太阳能电池[1,9]。图 4.25 给出了背面点接触太阳能电池的基本结构。

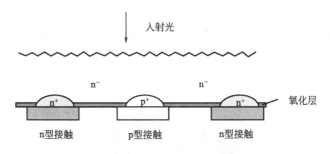

图 4.25　背面点接触太阳能电池的基本结构

如图 4.25 所示，背面点接触太阳能电池由轻掺杂的 n 型单晶及在其背面的正负电极组成，且在正负电极附近分别进行 p 型重掺杂和 n 型重掺杂，形成 p⁺ 和 n⁺ 区域。N 型层为入射光的主要吸收层，而 p⁺ 和 n⁺ 区域与轻掺杂的 n 型层会形成空间电荷区，实现对载流子的选择性吸收，从而实现光生电子和空穴的分离。由于光生载流子需要从前表面扩散至背表面，其扩散距离较长，因此要求 n 型层材料要具有很高的晶体质量，从而使载流子扩散长度较大；同时，可以使 n 型层相对较薄，厚度在 $100\mu m$ 左右。由于其吸收层相对较薄，而其又经常应用于聚光条件，因此需要设计较好的陷光结构以使其能充分地吸收入射光，包括表面织构和减反射层等。由于其前表面的掺杂浓度相对较低，且前表面没有金属接触，使得前表面的少数载流子复合速率相对较低，因此其蓝光相应相对普通 pn 结太阳能电池要好。此外，由于背面点接触太阳能电池的电极采用点接触，因此也有效地降低了少数载流子在太阳能电池背面的复合速率。至 2007 年，Sunpower 公司大规模生产的背面点接触太阳能电池其效率可以达到 21％以上[10]。

4.6.2　HIT 太阳能电池

HIT（Heterojunction with Intrinsic Thin Layer）太阳能电池由日本三洋公司研发生产，其得益于多晶硅薄膜的低成本沉积技术，HIT 太阳能电池的效率可以达到 20％以上，它由单晶硅层与其两侧的 n 型多晶硅和 p 型多晶硅层构成[11,12]。HIT 太阳能电池的结构如图 4.26 所示。

p 型层形成发射极而 n 型层则构成背表面电场。在掺杂多晶硅层与单晶硅层之间夹着一层很薄的本征多晶硅层，该本征层对单晶硅表面起到了很好的钝化作用，提高了单晶硅层与掺杂多晶硅层的界面特性，降低了少数载流子在界面处的复合[10]。在掺杂多晶硅表面沉积 TCO 透明导电薄膜收集电子或空穴，并在 TCO 表面制作金属指状电极。

单晶硅层在沉积多晶硅前进行表面织构，由此可以增加光吸收，而 TCO 层在收集载流子的同时还为入射光的减反射层。HIT 太阳能电池的前后表面采用对称的结构，由此可以减少器件所承受的应力。为了减少单晶硅表面载流子的复合，在沉积多晶硅薄膜时，应采用合适的工艺，如低温工艺（低于 200℃），以尽量减少对单晶硅表面造成的损伤。

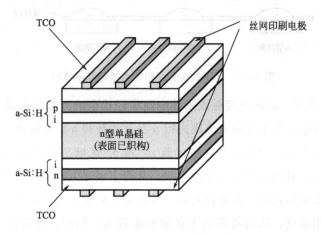

图 4.26　HIT 太阳能电池的结构

参 考 文 献

[1] J Nelson, The Physics of Solar Cells. London: Imperial College Press, 2003.

[2] 刘恩科，朱秉升，罗晋生. 半导体物理学. 北京：电子工业出版社，2003.

[3] R J Van Overstraeten, R P Mertens. Physics, Technology and Use of Photovoltaics. Bristol and Boston: Adam Hilger Ltd, 1986.

[4] H Föll. Semiconductor Technology [2012-12-1]. http://www.tf.uni-kiel.de/matwis/amat/semitech_en/kap 8/backbone/r811.html.

[5] Antonio Luque, Steven Hegedus. Handbook of Photovoltaic Science and Engineering. Chichester: John Wiley & Sons Ltd, 2003.

[6] [英] 马克沃特，[西] 卡斯特纳. 太阳电池：材料、制备工艺及检测. 梁骏吾等译. 北京：机械工业出版社，2009.

[7] J Szlufcik, et al. High-efficiency low-cost integral screen-printing multicrystalline silicon solar cells. Solar Energy Materials and Solar Cells, 2002, 74 (1-4): 155-163.

[8] D H Macdonald, et al. Texturing industrial multicrystalline silicon solar cells. Solar Energy, 2004, 76 (1-3): 277-283.

[9] R A Sinton, et al. 27.5-percent silicon concentrator solar cells. Electron Device Letters, IEEE, 1986, 7 (10): 567-569.

［10］熊绍珍，朱美芳. 太阳能电池基础与应用. 北京：科学出版社，2009.

［11］Mikio Taguchi，et al. HITTM cells-high-efficiency crystalline Si cells with novel structure. Progress in Photovoltaics：Research and Applications，2000. 8（5）：503-513.

［12］E Maruyama，et al. Sanyo's Challenges to the Development of High-efficiency HIT Solar Cells and the Expansion of HIT Business. Photovoltaic Energy Conversion，Conference Record of the 2006 IEEE 4th World Conference，2006.

4

晶体硅太阳能电池

5 硅薄膜太阳能电池

5.1 引言

　　对于太阳能电池而言，很重要的一点就是充分吸收入射光，并将其转化为外电流。硅材料具有一定的吸收系数 α，若要吸收大部分的入射光，则入射光在硅材料中的光程应至少达到 α^{-1}。单晶硅的红外吸收限为 1050nm，那么其所需的光程 α^{-1} 则约为 $700\mu m$。增加入射光光程一个最直接的方法便是增加硅片的厚度，但是当硅片厚度达到 $700\mu m$ 时，一方面使得太阳能电池的成本大大增加；另一方面，由于硅片中少数载流子的扩散长度也很难达到 $700\mu m$，从而使得入射光产生的一部分少数载流子并不能有效收集。因此，太阳能电池的厚度并不能过厚。在一定范围内，硅片厚度的减少对太阳能光吸收的影响并不是很大，一方面是因为短波长部分的太阳光能在较短范围内被吸收，另一方面是材料对入射光的吸收与光程的关系是指数形式。图 5.1 给出了当材料光吸收系数不变的情况下理论计算得到的最大短路电流密度与硅片厚度之间的关系，其中入射光为 AM1.5，对光生载流子的收集效率保持一定，且不考虑表面复合等因素[1]。可以看出在硅厚度从 $700\mu m$ 降到 $300\mu m$ 时，最大短路电流密度也才从不到 $38mA/cm^2$ 降至约 $36mA/cm^2$，变化幅度很小。实际上，通过合适的陷光技术，完全可以使用薄的硅片制作太阳能电池。陷光技术可以有效地增加入射光在太阳能电池中的光程，从而采用很薄的太阳能电池片便可以实现有效地光吸收。

　　直接减少太阳能电池中硅片厚度虽然会使太阳能电池的短路电流下降，但是却可以提高太阳能电池某些其他的特性，例如开路电压和填充因子。图 5.2 给出了理论计算得到的开路电压与硅片厚度之间的变化关系[1]。可以看出，随着材料厚度的降低，太阳能电池的开路电压不断增加。这主要是因为当材料的晶体质量保持不变时，随着太阳能电池厚度的减小，光生载流子在被分离和收集前需要移动的距离减小，从而减少了少数载流子的复合，提高了开路电压。

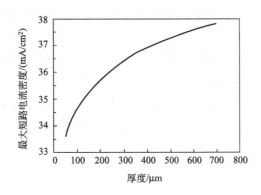

图 5.1　理论计算最大短路电流密度与硅片厚度的关系[1]

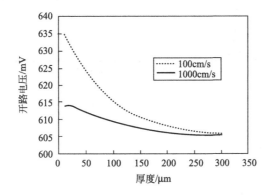

图 5.2　理论计算开路电压与硅片厚度的关系[1]

此外，减少硅片的厚度还可以减少原材料的使用，降低成本。另外，当太阳能电池变薄时，对材料晶体质量的要求也逐渐下降，即便材料晶体质量相对较差，使得少数载流子的扩散长度较小，但是由于少数载流子离空间电荷区和表面的距离减小，少数载流子依然能被较有效地分离和收集。薄膜太阳能电池的对材料晶体质量要求的降低进一步降低了材料制备的成本。

当硅片变得越来越薄时，材料的表面复合对太阳能电池的影响变得越来越大，图 5.2 给出了材料的表面复合速率分别为 100cm/s 和 1000cm/s 时的开路电压[1]。可以看出，表面复合速率越大，开路电压越低，且硅片越薄时该效应也越明显。这体现了硅薄膜太阳能电池与晶体硅太阳能电池的另一个明显区别，就是在硅薄膜太阳能电池中，表面复合对太阳能电池效率的影响更大。

在薄膜太阳能电池中，陷光扮演着更重要的角色，使得入射光在表面附近的吸收进一步增强。图5.3给出了通过理论计算得到的硅薄膜太阳能电池和晶体硅太阳能电池中材料不同深度位置的光吸收强度[1]。这两个太阳能电池的厚度分别设定为$300\mu m$和$10\mu m$，正反表面均进行表面织构且存在Al背反射层。图5.3给出的计算结果显示，在薄膜硅表面其对入射光吸收的强度可以达到晶体硅表面光吸收强度的3倍左右，也就是说在硅薄膜表面产生的非平衡光生载流子是晶体硅表面产生的光生载流子的3倍以上。对于同样的表面复合速率，硅薄膜太阳能电池的表面复合电流将会比晶体硅太阳能电池的高3倍以上。因此，表面复合对硅薄膜太阳能电池的影响更大，对于薄膜太阳能电池，进行有效的表面钝化或者制备背电场，将少数载流子反射回体内以减少少数载流子的表面复合非常重要。

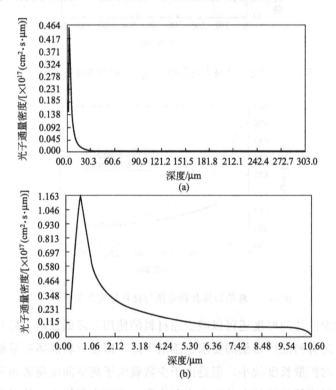

图5.3　理论计算（a）晶体硅及（b）硅薄膜太阳能电池中不同深度位置的光吸收强度[1]

除了可以降低太阳能电池的制造成本，具有成为高效率太阳能电池的潜力等优点外，薄膜太阳能电池还具备质量轻、可具有柔韧性等特征，使得其应用范围得到大大地拓展。正是由于这些优点，引起了人们对硅薄膜太阳能电池的极大关注。

要制备得到高效低成本的硅薄膜太阳能电池，需要注意几个问题，首先就是陷光，由于薄膜硅太阳能电池很薄，为了实现高效太阳能电池，需要有效的陷光技术增加入射光的光程；其次，要减少表面复合，因为材料越薄，表面复合的影响也就越突出；再有，就是采用低成本的方法获得较高晶体质量的硅薄膜，虽然薄膜太阳能电池对晶体质量的要求低于晶体硅太阳能电池，但是晶体质量仍是影响太阳能电池效率的一个重要因素；最后，为了控制成本，还需要采用价格较低的衬底用以沉积硅薄膜，通常低成本的衬底，例如玻璃，很难与高温工艺相容，包括：在高温下衬底容易出现软化，由于热膨胀系数不同在衬底与薄膜之间形成缺陷，衬底中的杂质扩散进入薄膜造成污染，形成复合速率较高的界面等。但总的来说，硅薄膜太阳能电池具有很好的应用前景。

5.2　材料的性质和制备

下面将主要介绍三种硅材料薄膜：非晶硅薄膜、微晶硅（纳米硅）薄膜、多晶硅薄膜。其中非晶硅薄膜也即非晶态的硅薄膜，具有短程有序、长程无序的特点；微晶硅薄膜是指由大小在几纳米到几十纳米的晶粒嵌于非晶硅中形成的薄膜，这些细小的晶粒通常成串或成团结合在一起，微晶硅薄膜的称谓目前存在一定的争议，很多人主张应称其为纳米硅，因为材料中的晶粒均在纳米级范围内；多晶硅薄膜是指由大小在 $1\mu m \sim 1mm$ 范围内的晶粒所组成的硅薄膜。下面就分别对这三种薄膜材料的性质、制备以及基于这些材料的太阳能电池进行介绍。

5.2.1　非晶硅薄膜材料的性质与制备

5.2.1.1　非晶硅薄膜材料的性质

非晶硅薄膜材料主要的特征表现为短程有序，长程无序。由于其表现长程无序，不能像单晶材料一样有明确的 $E\text{-}k$ 关系，因此其在光吸收方面表现出直接带隙半导体的行为，其光吸收系数比单晶或多晶硅大很多。但与此同时，长程无序导致其缺陷密度较高，对光生载流子的分离和输运都造成明显的影响。下面就非晶硅薄膜的具体性质加以讨论。

在非晶硅薄膜中，相邻的硅原子之间虽然大致按照单晶硅中晶格规则进行排列，但是其键长以及键的取向都发生了不规则的扭曲变化，键取向的角度变化可达到 $10°$。这就使得虽然相邻原子之间还保持一定的有序状态，但是距离较远的原子之间的位置关系则表现为无序状态。在能带方面，原子之间距离和角度的扭曲在能带边导致了带尾的形成，称为乌尔巴赫（Urbach）带尾，它从价带顶和导带底深入带隙之中。

除此以外，在非晶硅中的部分原子，其四个键并没有完全饱和，形成了大量的悬挂键。这些悬挂键可能会携带多余的电荷，形成带正电的 D^+、中性的 D^0 或者带负电的 D^-，通常在 n 型半导体中，以带负电的 D^- 居多，而在 p 型半导体中以带正电的 D^+ 居多。这些悬挂键在能带中形成深的缺陷能级（图 5.4）。

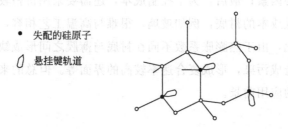

图 5.4 非晶硅材料的原子排列[2]

对于单晶硅，其为间接带隙半导体，电子激发跃迁时，除了需要光子提供能量，还需要声子提供动量才能实现，为两步过程。而对于非晶硅，由于其表现出长程无序，原子间的距离和角度扭曲变化，使得材料能量与动量之间的关系并没有严格的定义，从而使得电子能带间跃迁时不再需要动量的辅助，其对光的吸收过程表现得与直接带隙半导体一样。这就使得非晶硅光吸收系数比单晶硅大很多，在可见光范围内，其光吸收系数甚至比单晶硅光吸收系数大 10 倍以上。正是由于非晶硅有很大的光吸收系数，才使得人们特别关注其在太阳能电池领域的应用。由于非晶硅中含有大量的缺陷（图 5.5），通常需要利用氢原子使其钝化，氢原子钝化会减少载流子的复合，同时还会增加其带隙宽度，达到约 1.7eV，使得其偏离了太阳能电池的最佳带隙宽度 1.4eV。

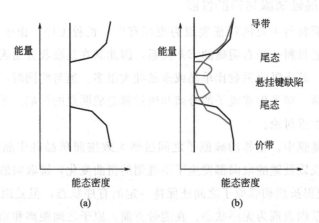

图 5.5 （a）单晶硅和（b）非晶硅的能态密度分布[2]

在非晶硅薄膜中存在大量的悬挂键和缺陷，其浓度可达到 $10^{16} \, \mathrm{cm}^{-3}$ 以上，如果没有对材料进行钝化处理，那将很难实现掺杂。当材料没有钝化时，杂质引入的载流子很容易便被悬挂键 D^0 所俘获，形成 D^+ 或 D^-：

$$D^0 + h^+ \longrightarrow D^+$$

$$D^0 + e^- \longrightarrow D^-$$

这使得即便非晶硅能实现掺杂的情况下，其掺杂效率也很低。材料掺杂浓度越高，D^+ 或 D^- 的浓度也越高。以 n 型掺杂为例，D^- 的浓度与 $\sqrt{N_D}$ 成正比，这就使得掺杂得到的自由电子浓度明显降低。同时 D^- 还会吸引空穴，最后成为复合中心，降低太阳能电池中少数载流子的寿命。也就是说掺杂浓度越高，少数载流子的寿命也就越小。如果进行氢钝化，那么氢原子将与 D^0 结合形成新的键，而避免其俘获电子或空穴。采用 5%～10% 的氢原子对非晶

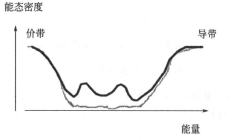

图 5.6 氢钝化对非晶硅
能态密度分布的影响[2]

硅进行钝化，其悬挂键的浓度就能降低至 $10^{15}\,\mathrm{cm}^{-3}$ 左右，使得能带中的缺陷态密度明显减小，如图 5.6 所示[2]。

由于非晶硅薄膜中缺陷态密度较高，它会使得费米能级向缺陷态能级移动，甚至钉扎于缺陷态能级。而这会使得费米能级与 p 型半导体的价带顶或 n 型半导体的导带底距离增大，从而使得多数载流子的电离能增加。在 p 型半导体中，载流子的电离能会达到 0.4eV 左右。费米能级向禁带中间移动一方面会减小多数载流子浓度，另一方面会减少 pn 结空间电荷区的内建电势，降低其分离电子和空穴的能力。

前面已经提到过，对于非晶硅薄膜，会从带边向禁带中伸入形成尾带，在多数载流子的传输过程中，这些尾带将会俘获载流子。载流子被尾带俘获后通过热激发又可成为自由载流子，同时又可能再次被尾带所俘获。载流子的传输过程与尾带被载流子占据的情况紧密相关，而尾带的占据情况又与载流子的浓度直接相关。因此，载流子浓度通过尾带的占据会影响到材料中载流子的迁移率、载流子寿命、扩散系数等与载流子输运有关的系数，而这些系数对于单晶材料而言通常是与载流子浓度无关的。要表示尾带的被载流子占据的情况，最重要的是表示出尾带中的能态密度，通常可以表示如下：

$$g(E) = \frac{N_t}{k_B T_0} \exp\left(\frac{E - E_C}{k_B T_0}\right) \tag{5.1}$$

式中，N_t 为尾态的体密度；而 T_0 是描述尾带伸入带隙中深度的特征温度。根

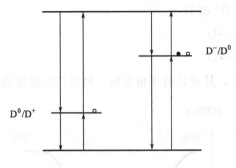

图 5.7 在禁带中的 D^+ 或 D^-

据上述表达式和载流子浓度，以及各能级信息，就可以知道在一定温度下尾态的占据情况。对于悬挂键，其也会参与到载流子的俘获和释放过程，通常可以将其视为如图 5.7 所示的两个分立能级，进而可以分析其对载流子的影响[2]。对于非晶硅太阳能电池，通常采用 p-i-n 结构，因此，这里也简要介绍本征的非晶硅薄膜的输运特征。对于本征非晶硅薄膜，少数载流子的寿命在 $10\sim20\mu s$ 左右，其扩散长度在 $0.1\mu m$ 左右，电子的迁移率在 $10^{-6}\sim10^{-4}m^2 \cdot V^{-1} \cdot s^{-1}$ 左右，而空穴的迁移率在 $10^{-7}\sim10^{-6}m^2 \cdot V^{-1} \cdot s^{-1}$ 左右[2]。

前面提到，可以采用氢钝化的方法来降低非晶硅薄膜中缺陷态的浓度，但是由此得到的 Si：H 薄膜太阳能电池，在太阳光的照射下，其复合电流会随着光照时间而逐渐增加，其效率也不断下降，也即为非晶硅薄膜太阳能电池的光致退化效应，Staebler-Wronski 效应。光致退化效应导致的太阳能电池效率下降可以达到 30% 以上，它是限制非晶硅薄膜太阳能电池发展的主要原因之一。光致退化效应可能是由于具有一定能量的入射光将原有的氢原子与悬挂键形成的键打破，使得有效的悬挂键密度增加，从而使得太阳能电池效率下降。在整个过程中，系统被激发到一个总能量更高的状态，通过退火等方法可以使得系统的能量下降，而悬挂键也再次被饱和。

5.2.1.2 非晶硅薄膜的制备

通常在低温下采用 PECVD 方法便可以制得非晶硅薄膜，其制备方法较为简单，并且由于其可以采用玻璃等低成本的衬底，其制备成本也较低，因此获得大规模的应用。一般采用 SiH_4 作为源气体，其在 PECVD 腔室内受到电子的轰击而发生电离分解，形成含有 Si 的基团或者离子在衬底表面发生反应沉积而生成 Si 薄膜。由于氢钝化对于非晶硅薄膜的性质非常重要，可以在源气体中适量加入氢气进行稀释。氢气的作用不仅仅限于钝化，其对硅薄膜的成核以及网络重构都会产生影响。对硅薄膜进行掺杂时，可以加入 PH_3 或 BF_3 等气体参与反应，实现掺杂。

5.2.2 微晶硅薄膜材料的性质和制备

5.2.2.1 微晶硅薄膜材料的性质

微晶硅薄膜材料为间接带隙半导体，因此其光吸收系数比非晶硅薄膜要低很多。微晶硅薄膜材料的带隙受到其非晶硅成分含量的影响，非晶硅含量越高，其半导体带隙越大，越远离 1.1eV。图 5.8 给出了非晶硅、微晶硅以及单晶硅的光吸收系数[3]。可以看出，非晶硅薄膜的带隙较宽，当入射光子能量大于非晶硅带隙时，非晶硅薄膜的吸收系数明显大于微晶硅和单晶硅薄膜的吸收系数。微晶硅薄膜的吸收系数整体上高于单晶硅薄膜，这主要是由于微晶硅的表面散射所造成[4]。而对于能量较大的光子，微晶硅的吸收系数明显大于单晶硅，这是由于微晶硅中的非晶硅对光吸收的贡献所导致的。

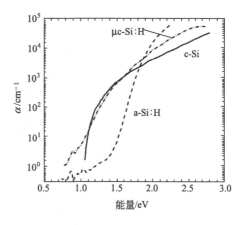

图 5.8 非晶硅、微晶硅以及
单晶硅的光吸收系数[3]

微晶硅薄膜的输运特性和非晶硅类似，其迁移率寿命乘积比非晶硅的略大，但相差较小，这说明载流子在微晶硅中传输也明显受到悬挂键的影响，这使得少数载流子在微晶硅中的扩散长度很小，即便对于本征的微晶硅，其少子载流子的扩散长度也在 $1\mu m$ 以下[5]。对于载流子的漂移运动，其漂移迁移率比非晶硅迁移率大很多，这可能是由于与非晶硅相比，在微晶硅中，其禁带的尾带中带电陷阱的浓度小很多[5]。

微晶硅薄膜与非晶硅薄膜相比另一个很重要的优点就是其光致退化效应小很多。如图 5.9 所示，给出了含有不同比例结晶态硅和非结晶态硅的材料在退化前和退化后对红外光的吸收系数。由于该红外光的能量为 0.8eV，小于材料的带隙，因此其吸收主要是通过材料中杂质和缺陷能级进行吸收，也即其吸收系数的大小反映了材料杂质和缺陷浓度的大小，而对于非晶和微晶硅来说，其主要反应的就是未被氢有效钝化的缺陷浓度。可以看出，非晶硅所占比例越大，材料在退化前和退化后的缺陷浓度相差越大，也即光致退化越严重。当晶态硅的比例增加时，光致退化效应越来越小。可以看出，微晶硅的光致退化效应相对非晶硅的光致退化效应小很多。此外，还可以看出，在非晶硅与晶态硅按一定比例混合的区域，其缺陷浓度最小，可以期望按照此比例形成的微晶硅，其制备出的太阳能电池性能也更优异。

5.2.2.2 微晶硅薄膜的制备

微晶硅薄膜可以通过 PECVD 方法在低温的情况先生长制得。与非晶硅薄膜的制备不同的是，生长微晶硅薄膜的过程中需要通入大量的氢气，它会促进硅材料的结晶。图 5.10 给出了在材料生长过程中氢气与硅烷输入的流速比 $R = v(H_2)/v(CH_4)$ 与薄膜结晶性的关系。可以看出，氢含量越高，材料在生长过程中越容易结

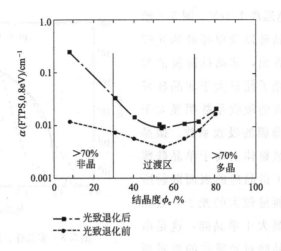

图 5.9　不同结晶度硅薄膜在光致退化前后对能量为 0.8eV 红外光的吸收系数[6]

晶，材料的晶体硅比例就越高。图 5.10 中的 d_b 表示薄膜的厚度，当通入氢气时，材料首先生长为非晶硅，随着厚度的增加，晶态硅的比例越来越大。这说明，硅薄膜的生长不是一个恒态的过程，对于同一的氢含量，随着薄膜厚度的增加，生长出越来越多的晶态硅。因此，如果想要获得结晶性均匀的微晶硅薄膜，这需要在生长过程中不断改变薄膜生长参数，例如氢气的含量。

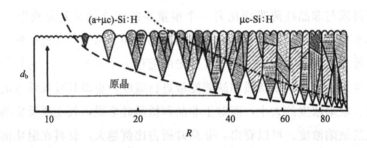

图 5.10　材料生长过程中氢气与硅烷的流速比 R 以及材料生长厚度与薄膜结晶性的关系[7]

　　微晶硅的薄膜生长还可以采用高频 PECVD（VHF-PECVD）制得，等离子体激发的频率增加可以减小离子对衬底的轰击，有利于晶粒的生长。同时频率的增加还会增加离子流密度，从而使得薄膜生长速率也增加。不过对于 VHF 而言，当进行大面积薄膜生长时，很难保证薄膜的均匀性，这一点还有待进一步突破。此外还可以采用高压耗尽（HPD）的方法，此时生长腔室内气压很高，达到上 10Torr（1Torr＝133.322Pa），同时硅烷处于耗尽状态。由于气压很高，使得离子到达衬底的阻力增加，从而使得离子速率降低，对衬底的轰击减小，使得晶粒更容易生长。此外，采用 HPD 方法可以获得相对较高的薄膜生长速率。

5.2.3 多晶硅薄膜材料的性质和制备

5.2.3.1 多晶硅薄膜材料的性质

多晶硅薄膜中晶粒的大小在 μm 级，由于其晶粒较大，已经具备长程有序性，其能带结构与单晶硅几乎相同，表现为间接带隙半导体，其光吸收系数低于非晶硅薄膜。在多晶硅薄膜中，各个晶粒的指向不同，薄膜内也存在着大量的晶界以及缺陷，但仍比非晶硅薄膜内的晶界和缺陷浓度小很多。晶粒内的缺陷在禁带中引入缺陷态，但是它们大都在空间上局域在晶粒内（图5.11）。

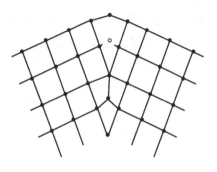

图5.11 多晶硅薄膜的晶界

在多晶硅薄膜的晶界存在了大量的缺陷态，它们作为禁带中的陷阱会俘获材料中多数载流子。晶界上的缺陷态能级一般会比材料中的费米能级更靠近禁带中间，以 n 型半导体为例，如图5.12所示，由于晶界缺陷态能级低于材料的费米能级，因此 n 型半导体中的多子电子就会流向晶界，在晶界处形成电子的积累，直到费米能级与缺陷态能级相等为止。在这个过程中，晶界附近的电子流向晶界，在晶界附近形成了带正电的耗尽区，形成了指向晶界的正向电场，阻止电子进一步向晶界方向运动。而晶界附近的能带出现向上的弯曲，形成多数载流子电子的势垒。然而这个势垒对于少数载流子空穴而言是一个势阱，空穴进入势阱中很可能发生与多数载流子电子的复合。

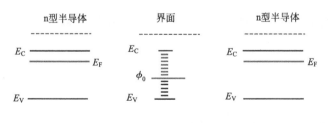

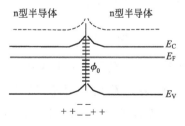

图5.12 n型多晶硅半导体晶界处势垒的形成[2]

可以简单地表示在晶界上所俘获的多数载流子电子的面电荷密度：

$$Q_{gb} = -q \int_{\phi_0}^{E_C - V_n - E_B} g_{gb}(E) dE \qquad (5.2)$$

式中，$g_{gb}(E)$ 为晶界上缺陷的单位面积能态密度；V_n 为施主的电离能；E_B 为在晶界处能带弯曲的能量值。当晶界积累的负电荷为 Q_{gb} 时，那么在晶界两边的耗尽区内分别积累了 $|Q_{gb}|/2$ 的正电荷。

可以通过耗尽层近似对晶界处势垒高度以及空间电荷区的大小进行简单的分析，假设在晶界两侧晶粒的各参数一致，相邻两个晶粒的大小均为 $d/2$，其各个位置坐标如图 5.13 所示。首先对能带的变化进行计算，耗尽区电荷分布的边界条件与普通 pn 结中单侧耗尽区的情况类似，假设耗尽区的宽度为 L，材料的掺杂浓度为 N_d，通过泊松方程可以得到：

$$E_C(x) = E_C(L) + \frac{q^2 N_d}{2\varepsilon_s}(L - |x|)^2 \qquad (5.3)$$

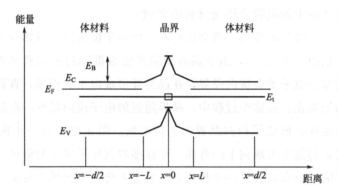

图 5.13　n 型多晶硅半导体的能带示意图[2]

假设在晶界处缺陷面密度为 N_s，当材料掺杂浓度 N_d 较低，使得 $N_s > dN_d$ 时，整个晶粒将会被耗尽，而晶界处的缺陷态仍然处于未饱和状态，此时耗尽区宽度等于晶粒的大小，即：

$$L = \frac{d}{2} \qquad (5.4)$$

由此可以得到在晶界处的势垒高度为：

$$E_B = \frac{q^2 N_d d^2}{8\varepsilon_s} \qquad (5.5)$$

此时，由于整个晶粒均被耗尽，使得费米能级在整个晶粒范围内向禁带中间移动，费米能级的移动导致材料内载流子浓度降低，载流子浓度从 N_d 降至 $N_d e^{-\Delta/kT}$，费米能级的移动与杂质浓度、晶界处缺陷的面密度以及缺陷能级的位置有关。由于此时整个晶格的载流子被耗尽，因此，原来晶格中电离的载流子数目就等于晶界中缺陷态的被占据的总数，而晶界中的缺陷态被占据的概率与费米能级有关，由此可以推得新的费米能级的表达式：

$$dN_d = \int f(E, E_F, T) g_{gb}(E) \mathrm{d}E \qquad (5.6)$$

式中，$g_{gb}(E)$ 为晶界处单位面积的能态密度，其表达式为：

$$g_{gb}(E) = N_s \delta(E - E_t) \qquad (5.7)$$

而 $f(E, E_F, T)$ 为缺陷能级被载流子所占据的概率，其服从费米分布。由此，可以得到如下表达式：

$$dN_d = \frac{N_s}{e^{(E_t - E_F)/k_B T} + 1} \qquad (5.8)$$

整理以后便可以得到新的费米能级表达式：

$$E_F = E_t - kT \ln\left(\frac{N_s}{dN_d} - 1\right) \qquad (5.9)$$

上述为整个晶粒完全耗尽的情况。当掺杂浓度较高，使得 $N_s < dN_d$ 时，晶粒只有一部分被耗尽，而晶界处的缺陷态却完全饱和被填满，此时：

$$2N_d L = N_s \qquad (5.10)$$

其中系数 2 是由于晶界处的电荷来源于两侧的两个晶粒。由此可以得到一侧单个晶粒中的耗尽区宽度为：

$$L = \frac{N_s}{2N_d} \qquad (5.11)$$

由式(5.5) 可以得到由于导带变化而引起的势垒的高度为：

$$E_B = \frac{q^2 N_s^2}{8\varepsilon_s N_d} \qquad (5.12)$$

5.2.3.2 晶界对载流子输运的影响

由于晶界处存在对多数载流子的势垒，同时还是少数载流子的复合中心，因此其对载流子输运会产生明显的影响。晶界对载流子输运的影响可以简单地分为两类，第一类是载流子流动的方向与晶界平行，流动过程中无需穿越边界；第二类是载流子流动的方向与晶界垂直，流动过程中需要穿过晶界。当载流子流动方向与晶界平行时，晶界对于多数载流子的流动基本不会有影响，但是晶界作为复合中心依然会影响少数载流子，晶界对于少数载流子来说是一个势阱，其附近的少数载流子倾向于被晶界俘获发生复合。另外重要的一点是，穿越 pn 结两侧的晶界，其可以作为电子和空穴复合的路径，从而减小了太阳能电池的并联电阻，特别是当对太阳能电池发射区进行重掺杂时，杂质可能在晶界中积累，甚至形成一个 pn 结两端短路的一个通道。

当载流子流动的方向与晶界垂直时，晶界处形成的势垒会阻碍多数载流子的流动，从而降低载流子在材料中的迁移率，同时晶界作为少数载流子的复合中心，会减少少数载流子的扩散长度和寿命，阻碍少数载流子的收集。势垒高度的大小决定了晶界对多数载流子输运的影响，晶界处势垒的高度增加，多数载流子的迁移率降低，少数载流子复合增加。当晶界处的缺陷态浓度增加时，晶界处的势垒会增加；当材料的掺杂浓度增加时，势垒高度最初会随着掺杂浓度的增加而增加，晶界处的缺陷态不断被载流子所饱和，当晶界完全饱和后，势垒高度又随着掺杂浓度的增加而逐渐下降；当太阳能电池在强光照情况下，非平衡载流子浓度很大时，在晶界处的电荷总量由于大量复合而降低，从而使得势垒高度下降。

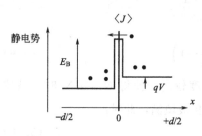

图 5.14　载流子在晶界附近的运动

下面以 n 型多晶硅为例，通过简单的计算对上述情况进行分析。首先讨论多数载流子输运方向垂直于晶界的情况。此时由于势垒的存在，会阻碍多数载流子的运动，可以用有效电导率和有效迁移率来表征此时多数载流子的输运特性，当外加电场为 E 时，有效电导率为 $\sigma = \langle J \rangle / E$，电子的有效迁移率为 $\mu_n = \sigma / q \langle n \rangle$，其中 $\langle J \rangle$ 为穿过晶界的平均电流（图 5.14）。

在外加电场 E 的作用下，晶界一侧电子的平均电势 V 比另一侧高 Ed，在势垒 E_B 的存在下，穿过晶界的平均电流可以表示为：

$$\langle J \rangle = q \langle n \rangle v_x e^{-E_B / k_B T} (e^{qEd / k_B T} - 1) \tag{5.13}$$

式中，$\langle n \rangle$ 是平均电子浓度；v_x 为平均电子速度，假设其近似符合玻耳兹曼统计，则其表达式可写为：

$$v_x = \left(\frac{k_B T}{2 \pi m_c^*} \right)^{1/2} \tag{5.14}$$

由于 Ed 相对 $k_B T / q$ 小很多，因此 $qEd / k_B T$ 为一个小量，可以对 $e^{qEd / k_B T}$ 进行级数展开，于是可以得到 $\langle J \rangle$ 的近似表达式为：

$$\langle J \rangle = \frac{q^2 \langle n \rangle v_x Ed}{kT} e^{-E_B / k_B T} \tag{5.15}$$

由此可以得到有效电导率和电子有效迁移率的表达式：

$$\sigma = \frac{\langle J \rangle}{E} = \frac{q^2 \langle n \rangle v_x d}{kT} e^{-E_B / k_B T} \tag{5.16}$$

$$\mu_n = \frac{\sigma}{q \langle n \rangle} = \frac{q v_x d}{kT} e^{-E_B / k_B T} \tag{5.17}$$

可以很明显地看出，随着晶界处势垒高度的增加，电导率和迁移率呈指数下降。利用式(1.49) 能带的表达式，可以得到平均载流子浓度的表达式为：

$$\langle n \rangle = \frac{2}{d} \int_0^{d/2} N_c e^{-[E_c(x) - E_F]/k_B T} \mathrm{d}x \qquad (5.18)$$

当 $N_s \gg dN_d$ 时，有：

$$\langle n \rangle \approx n_i e^{(E_B + E_F)/k_B T} \qquad (5.19)$$

当 $N_s \ll dN_d$ 时，有：

$$\langle n \rangle \approx N_d \qquad (5.20)$$

当 $N_s > dN_d$ 时，势垒高度随着掺杂浓度增加而增加，薄膜的电导率较低；当掺杂浓度进一步增加，使得 $N_s < dN_d$ 时，势垒高度随着掺杂浓度增加而减小，薄膜的电导率迅速增加，直到晶界处的缺陷态饱和，势垒高度趋于零，此时的电导率几乎不受晶界的影响，而与单晶硅中载流子的电导率相当。虽然提高材料的掺杂浓度可以明显地增加载流子的迁移率，但是掺杂浓度增加也会使得在晶界处少数载流子的复合速率增加，需要综合考虑，以取得最好的效果。

以 n 型半导体为例，晶界处缺陷被电子占据的比例的表达式可以写为：

$$f_t = \frac{S_n n - S_p p_t}{S_n(n + n_t) + S_p(p + p_t)} \qquad (5.21)$$

式中，S_n 和 S_p 分别为电子和空穴在晶界处的复合速率；而 p_t 和 n_t 分别是材料费米能级等于缺陷能级时材料内电子和空穴的浓度。可以看出，当入射光增加时，电子和空穴的浓度同时增加，其变化值应相同，此时 f_t 下降。也可以直观地理解为由于晶界此时能俘获更多的空穴，发生复合，从而使得晶界处的电荷总量减小。当 f_t 下降，势垒高度也随之下降，使得载流子的迁移率提高。

在讨论过多数载流子的输运后，再接着讨论在晶界存在时少数载流子的输运情况，主要讨论少数载流子的复合速率、寿命以及扩散长度。在晶界处少数载流子的复合与半导体表面少数载流子的复合类似，其复合电流可以表示为：

$$J_{gb} = q U_{gb} \delta x = q \frac{np - n_i^2}{(p + p_t)/S_n + (n + n_t)/S_p} \qquad (5.22)$$

式中，U_{gb} 为少数载流子在晶界处的复合率。与半导体表面不同的是，在晶界附近存在着势垒和空间电荷区，从而使得载流子浓度与体内载流子浓度不一致，在晶界处的空穴浓度约为 $p e^{E_B/k_B T}$，电子浓度为 $n e^{-E_B/k_B T}$，从而使得材料的表面复合速率增加，为了更方便地描述在晶界处少数载流子的复合，可以定义晶界处的有效界面复合速率 S_{gb}：

$$S_{gb} = -\frac{J_p(L)}{q[p(L) - p_0]} \qquad (5.23)$$

式中，$J_p(L)$ 为晶界处的复合电流，也即 $J_p(L) = J_{gb}$；$p(L)$ 为晶界附近少数载流子空穴的浓度。由此：

$$J_{gb} = J_p(L) = -qS_{gb}[p(L) - p_0] \tag{5.24}$$

在光照情况下，晶界处的势垒降低，由少数载流子的复合增加而引起的复合电流的增加减小，从而使得有效复合速率减小。为了更方便地描述少子载流子的复合过程，可以定义少数载流子晶界复合的复合寿命：

$$\frac{1}{\tau_{gb}} = \frac{J_{gb}}{qL[p(L) - p_0]} = \frac{S_{gb}}{L} \tag{5.25}$$

由此，在研究多晶硅薄膜中少数载流子寿命时，便可以综合考虑少数载流子在晶界处的复合，而得到少数载流子的有效复合寿命为：

$$\frac{1}{\tau_{eff}} = \frac{1}{\tau_{SRH}} + \frac{1}{\tau_{gb}} + \frac{1}{\tau_{Auger}} + \frac{1}{\tau_{rad}} \tag{5.26}$$

同样可以得到少数载流子的有效扩散长度为：

$$L_{eff} = \sqrt{D_{eff}\tau_{eff}} \tag{5.27}$$

5.2.3.3　多晶硅薄膜的制备

硅薄膜作为太阳能电池中的吸收层，其制备是太阳能电池制备中的主要环节。根据制备硅薄膜的衬底不同，可以大致把制备工艺分为三类：采用单晶硅为衬底制备硅薄膜、采用多晶硅为衬底制备硅薄膜、采用非硅为衬底制备硅薄膜。

采用单晶硅为衬底制备硅薄膜主要是在单晶硅衬底表面先生长一层硅薄膜，再通过一定的方法将这层硅薄膜与单晶硅衬底分离，然后转移到新的衬底上（图5.15）。单晶硅作为衬底可以重复使用。具体的方法包括首先在硅单晶上生长一层多孔硅，然后在多孔硅上外延生长一层硅薄膜，然后再通过化学腐蚀的方法腐蚀掉多孔硅，从而实现硅薄膜与单晶硅衬底的分离。另一种方法类似于智能剥离技术（注氢键合技术），通过氢原子的离子注入，在单晶硅表层下形成一层缺陷层，通过一定的方法使得硅片表面层从缺陷层裂开分离，从而获得硅薄膜。此外还有很多别的方法，等待进一步的研究，以期望在获得较高质量硅薄膜的同时能降低成本，实现大规模应用。

当多晶硅为衬底生长硅薄膜时，可以允许采用低质量、低成本的多晶硅衬底，此时即便不将多晶硅衬底与生长的硅薄膜进行剥离，不重复使用多晶硅衬底，依然能保持低成本。可以采用低成本的冶金级多晶硅作为衬底，通过液相外延或者气相沉积等方法快速沉积硅薄膜。由于采用的是多晶硅作为衬底，因此可以相对较容易地获得高质量的晶粒较大的多晶硅薄膜，由此可以获得效率较高的太阳能电池。不过，采用多晶硅作为衬底也有其缺点，首先，由于采用的是冶金级的硅，其中含有较多的杂质，有可能扩散至硅薄膜中；其次，由于多晶硅衬底由取向不同的晶粒组

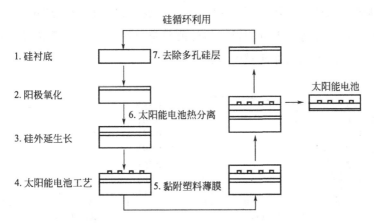

图 5.15　单晶硅为衬底制备硅薄膜流程示意图[1]

成，可能使得不同晶粒位置薄膜生长的速率不一致；再次，多晶硅衬底上的缺陷可能通过外延生长导致硅薄膜中的缺陷。另外，采用多晶硅作为衬底的一个缺陷是，由于多晶硅衬底与硅薄膜之间没有分离，因此作为太阳能电池的硅薄膜，其背面实际为多晶硅衬底，因此不能形成很好的背反射，造成入射光的损失。

　　采用非硅衬底生长硅薄膜可以进一步降低硅薄膜太阳能电池的成本，但是当采用非硅衬底时，便很难获得单晶甚至多晶硅薄膜，通常得到的是非晶或者微晶硅薄膜。此时，采用一定的工艺提高硅薄膜晶粒的大小对于提高太阳能电池的性能有很重要的意义。此外，如以上所提到，由于采用了低成本的衬底，大多数情况下都需要采用低温工艺。

　　硅薄膜太阳能电池得益于薄膜厚度减小时，载流子更容易收集与分离，开路电压和填充因子增加。但是，如果由于其他原因使得硅材料的少数载流子复合速率增加，这个优势就会被减弱。当采用非硅材料为衬底时，由于得到的硅薄膜为微晶或者非晶，使得晶粒很小，晶界的密度很大，从而使得载流子复合速率增加，从而使得开路电压和填充因子下降。因此，有必要采用一定的工艺增加晶粒的大小。

　　通过理论建模与计算，可以大致得出晶粒大小与薄膜电池短路电流密度和开路电压之间的关系，计算结果如图 5.16 所示，当薄膜的厚度为 $10\mu m$，分别给出了晶界处的少数载流子复合速率分别为 100cm/s 和 1000cm/s 时的计算结果[1]。当晶界的复合速率为 100cm/s 时，说明晶界处的杂质浓度很低，这一般很难获得。晶界的复合速率为 1000cm/s 则更符合微晶硅薄膜的实际情况。可以看出，当晶粒尺寸增加时，太阳能电池的短路电流和开路电压也不断增加，当达到某一值时开始趋于饱和。例如，当复合速率为 100cm/s 时，晶粒增加到 $0.5\mu m$ 时，短路电流趋于饱和，开路电压继续增加；当晶粒增加到 $1\mu m$ 时，开路电压也趋于饱和。也就是说，如果能将薄膜的晶粒尺寸增加到 $1 \sim 10 \mu m$ 左右就可以获得较为理想的电流电压特性。但是通常在非硅衬底上沉积得到的硅薄膜都是晶粒很小的微晶或非晶硅薄膜，需要采用进一步的工艺增加薄膜中晶粒的尺寸。

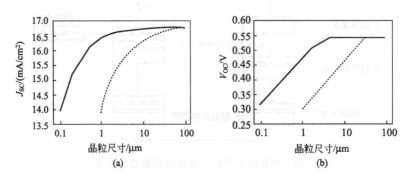

图 5.16　晶界处的少数载流子复合速率分别为 100cm/s（实线）

和 1000cm/s（虚线）时，晶粒大小与薄膜太阳能电池短路

电流密度和开路电压之间关系的计算结果[1]

此外，可以看出，晶界处的复合速率越高，短路电流和开路电压也越小。并且，短路电流和开路电压要达到饱和所要求的晶粒尺寸也越大。另外，通过采用不同的复合速率还可以计算得到，当硅薄膜晶粒尺寸较大时，晶界复合对开路电压的影响比对短路电流的影响更加明显[1]。

硅薄膜的沉积采用化学气相沉积（CVD）的方法，包括 PECVD、HWCVD 等，气体如硅烷（SiH_4）在高温下分解生产硅原子，然后沉积到衬底上形成硅薄膜。PECVD 适用于大规模生产，而 HWCVD 等较新的技术可以获得的硅薄膜质量更好，少数载流子扩散长度更长。由于在材料制备过程中需要使用低温工艺，通常采用低温 CVD 方法（<400℃）制得的薄膜其晶粒很小，在 $0.1 \mu m$ 以下，需要采用进一步的工艺增加晶粒的尺寸。晶粒尺寸增加的过程涉及晶粒边界的不断移动以降低薄膜总能量。要实现这一过程的简单方法就是高温退火，但明显地，高温工艺与所使用的衬底不兼容。下面简单介绍几种增加非晶或微晶硅薄膜晶粒尺寸的方法。

（1）退火

在可接受的温度范围内进行较长时间的退火可以促进晶粒尺寸的增加。在整个退火过程中，薄膜始终保持固态，也即所谓的固相结晶法。在热激发的作用下，晶界不断移动，从而使得晶粒增大。采用该方法一个明显的缺点就是退火时间非常长，可以通过表面织构进一步激发晶粒边界或者掺杂以形成更多晶核的方法来加速晶粒增大的过程。

（2）区域熔融再结晶

区域熔融再结晶方法其原理与区熔法制备单晶硅锭的原理类似。首先将薄膜加热使其某一窄区域熔化，然后逐渐移动加热区，使得整个硅薄膜被逐区熔化然后再结晶。该方法的一个缺点是，由于需要将硅熔化，其温度需要达到硅的熔点1410℃左右，因此不能采用普通玻璃作为衬底。并且当采用其他低成本衬底时由于温度很高，也可能导致衬底中的杂质扩散进入薄膜中造成污染。

（3）激光诱导晶化

激光诱导晶化是将聚焦后的高强度短脉冲激光在硅薄膜表面进行扫描，激光经过的地方，硅被熔化为液态或者固液共存，进而形成再结晶。由于采用的是短脉冲激光，衬底的温度会远低于硅薄膜的温度，因此，可以采用很多低成本的衬底。通过在硅薄膜与衬底之间沉积一层氧化硅或氮化硅，可以使得硅薄膜的热量更难传递至衬底，同时还在一定程度上阻止了衬底的杂质扩散进入薄膜中。

（4）金属诱导晶化

采用金属诱导晶化得到的薄膜比热退火或者直接沉积得到的微晶硅薄膜的晶粒尺寸更大。金属诱导晶化是在低温下沉积得到的非晶硅薄膜表面上再沉积一层金属，然后在温度大于300℃的环境下进行热退火，此时金属作为媒介，可以将非晶硅薄膜转化为晶粒尺寸较大的微晶硅薄膜，并且退火的温度越高，得到的晶粒尺寸也就越大。很多金属，包括 Al、Au、Ni 等都可以用于金属诱导晶化。

金属诱导晶化的一个缺点就是会明显提高硅薄膜中金属杂质的含量，从而导致材料中少数载流子寿命降低，同时金属杂质很容易在晶粒边界聚集，从而导致太阳能电池两极出现一定程度的贯通，而降低并联电阻。可以采用优化的工艺降低薄膜中的金属杂质浓度，一种方法是金属诱导横向晶化，它是在硅薄膜上只选择一定的区域使其覆盖上金属，硅薄膜的再结晶首先在这个区域进行，然后横向延伸至没有覆盖金属的区域。不过虽然这些区域没有覆盖金属，但依旧有较高的金属杂质浓度。另一种方法是采用光激发作为金属诱导晶化的热源，而不是传统的退火炉。当采用红外光进行加热时，金属与硅薄膜的界面对红外光的吸收尤为强烈，因此在金属与硅薄膜界面导致晶化。整个晶化过程可以分为两步，首先在高温下，金属与硅薄膜界面的硅材料晶化，然后在低温环境下，已晶化的硅晶体作为晶核逐步诱使在其上面的硅材料也进行晶化，使得晶粒尺寸变大。整个晶化过程速率较快，且温度也相对较低。

图 5.17 给出了不同厚度的薄膜，在使用光激发加热进行金属诱导晶化后得到的 XRD 测试结果[1]。各个样品晶化时间一致，通过改变光强来控制晶化的温度。可以看出，对于越薄的硅薄膜，越容易实现晶化，这是因为晶化起始于硅薄膜与金

属之间的界面，然后再向薄膜内延伸，因此薄膜越薄越容易实现晶化。随着温度的增加，材料的结晶性越来越好，并且在450℃左右，材料的结晶性随着温度的提高明显增强，这可能是由于在金属铝与硅的界面，虽然温度仍然低于 Al-Si 合金的熔点，但是仍然有部分的合金熔化，而这部分熔融区域导致的再结晶非常强烈。

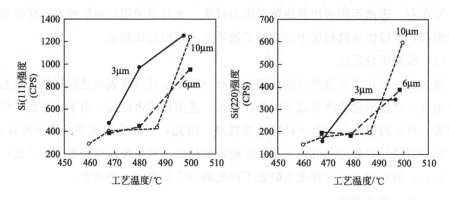

图 5.17　光激发加热进行金属诱导晶化后，不同厚度薄膜的 XRD 测试结果[1]

5.3　器件设计

5.3.1　非晶硅及微晶硅太阳能电池结构

5.3.1.1　p-i-n 结构太阳能电池

对于非晶硅或微晶硅材料而言，少数载流子扩散长度较小，并且掺杂会使得少数载流子的扩散长度迅速下降，因此掺杂的非晶硅或微晶硅并不适用于作为光的主要吸收层。通常采用 p-i-n 结构，利用本征非晶硅或微晶硅材料作为光的吸收层。在 p-i-n 结构中，p 层和 n 层相对较薄，而 i 层相对较厚。由于 i 层的电导率相比 p 层和 n 层都低很多，因此空间电荷区在 i 层中很宽，内建电场可以覆盖整个 i 层（图 5.18）。i 层中产生的光生载流子在电场的作用下分离，并发生漂移运动。这与单晶硅太阳能电池中载流子的收集主要靠扩散运动不同。下面将主要以非晶硅太阳能电池为例来分析 p-i-n 非晶硅太阳能电池。至于微晶硅 p-i-n 太阳能电池，其主要不同主要是其材料的漂移迁移率相对非晶硅较大。

虽然 i 层越厚，其能吸收越多的光，但绝不是越厚越好。由于 i 层中不可避免地存在着带电缺陷，以及 i 层中不可避免的本底掺杂，会使得空间电荷区在 i 层中的宽度是有限的，如果 i 层过厚，则可能会导致空间电场不能完全覆盖 i 层，而电场不能覆盖的区域便不能有效地进行光生载流子的分离与收集，从而形成死层，通常情况下 i 层的厚度可设置在 $0.5\mu m$ 左右。

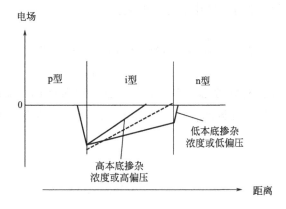

图 5.18　p-i-n 薄膜太阳能电池的电场分布[2]

p-i-n 薄膜太阳能电池的电流电压特性

在研究 p-i-n 薄膜太阳能电池的电流电压特性时，可以采用与普通 pn 结一样的耗尽层近似。此外，还假设 i 层基于优化设计，使得 i 层的厚度与空间电荷区的宽度相等。由此，借助 pn 结中电流电压特性的分析方法，可以得到 p-i-n 结构太阳能电池中的电流密度表达式为：

$$J = -J_n(0) - J_p(x_i) - J_{scr} \tag{5.28}$$

同时，由于 p 区和 n 区非常薄，在整个 p-i-n 太阳能电池的电流中，i 区内产生的复合电流 J_{scr} 占据整个太阳能电池中的主要部分。此时，如果忽略太阳能电池中其他成分的电流，且假设 p-i-n 太阳能电池中光致电流与暗电流同样保持独立，那么有：

$$J(V) = J_{sc} - J_{dark}(V) \approx J_{gen,scr} - J_{rec,scr}(V) \tag{5.29}$$

在 i 层中的复合电流仍以 SRH 复合为主，借助普通 pn 结中的分析计算结果，同时考虑到 p 型和 n 型半导体中的空间电荷区相对 i 层中空间电荷区的宽度也要小很多，可以得到在 i 层空间电荷区的复合电流，也即暗电流的表达式为：

$$J_{dark}(V) = \frac{qn_i x_i}{\sqrt{\tau_n \tau_p}} \frac{2\sinh(qV/2kT)}{q(V_{bi} - V)/kT} \xi \tag{5.30}$$

式中，τ_n 和 τ_p 分别是电子和空穴在 i 层中的少数载流子寿命；ξ 因子在电压足够大时趋向于 $\pi/2$；x_i 为 i 层中空间电荷区的宽度[8]。由于此时暗电流主要为空间电荷区复合电流，因此暗电流的理想因子更趋于 2，而不是普通 pn 结太阳能电池中的 1。

假设在 i 区中的光生载流子能够非常好地被分离和收集，那么 p-i-n 太阳能电池中的短路电流就等于整个 i 区中的光生电流：

$$J_{SC} = \int q(1-R)be^{-\alpha_p}(1-e^{-\alpha_i})\mathrm{d}E \tag{5.31}$$

上述表达式并没有充分考虑到在 i 层中的悬挂键对载流子输运以及复合的影响，由于非晶硅中大量悬挂键的存在，使得光生载流子不能有效地被分离和收集，从而使得电流减小为：

$$J'_{SC} = J_{SC}\left[1 - \frac{x_i^2}{\mu\tau(V_{bi}-V)}\right] \tag{5.32}$$

式中，$\mu\tau$ 为电子和空穴两种载流子的平均迁移率寿命乘积[9]。可以定义光生载流子的漂移长度 L_i：

$$L_i = \frac{\mu\tau(V_{bi}-V)}{x_i} \tag{5.33}$$

由此可以得到 p-i-n 太阳能电池的总电流为：

$$J(V) = J_{SC}\left(1 - \frac{x_i}{L_i}\right) - J_{dark}(V) \tag{5.34}$$

以上得到的电流电压表达式是在假设的理想情况下获得的，下面将讨论一些非理想情况下电流-电压关系将会发生的变化。首先讨论当 i 层中本底掺杂较高时的情况，此时在 i 层中的内建电势下降将会增加，最后可能导致内建电场并不能完全覆盖整个 i 层，在 i 层中出现了如图 5.18 所示的死层，也即：

$$x_i > \sqrt{\frac{2\varepsilon_s(V_{bi}-V)}{qN_i}} \tag{5.35}$$

由此，需要重新讨论电流电压表达式中的空间电荷区宽度和内建电势，假设材料 i 层中的本底掺杂为 n 型，此时内建电场主要建立在 i 层与 p 型半导体接触的一侧，假设 i 层中的杂质浓度为 N_i，N_i 相比 p 型半导体中的杂质浓度 N_a 仍然较小，那么此时 p 层与 i 层形成 pn 结，其内建电势为：

$$V_{pi} = \frac{kT}{q}\ln\left(\frac{N_aN_i}{n_i^2}\right) \tag{5.36}$$

而在 i 层中的耗尽区宽度为：

$$w_i = \sqrt{\frac{2\varepsilon_s(V_{bi}-V)}{qN_i}} \tag{5.37}$$

将上述两式重新代入 p-i-n 太阳能电池电流-电压表达式中，以代替原来的内建电势 V_{bi} 和耗尽区宽度 x_i。可以看出，随着外加电压 V 的增加，耗尽区宽度不断减少，从而导致光电流也不断减小。

下面讨论当入射光很强时，由于大量光生载流子的产生导致的大注入情况对 p-i-n 太阳能电池电流电压特性的影响。当入射光强度很强，以至于产生的光生非平衡少数载流子接近甚至超过非光照情况下的多数载流子的浓度，此时即发生大注入的情况。在大注入情况时，耗尽层近似不再适用，特别是对于 i 区中的能带变化。由于 i 层中存在大量的自由电子和空穴，它们将在 i 层中重新分布从而使得其静电势能达到最小，这会直接影响在 i 区中的静电场分布，最后使得在 i 区中间静电场较小，而在两端与 p 型半导体和 n 型半导体接触的界面处静电场较大。当非平衡载流子注入非常强时，在 i 区中间的很大范围内，其静电场甚至趋于零，其能带变化如图 5.19 所示[2]。

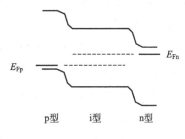

图 5.19　大注入下 p-i-n 太阳能电池的能带

在静电场等于零的区域内，载流子的运动将不再是漂移运动，而是以扩散运动为主，此时电子和空穴浓度遵循以下方程：

$$\frac{d^2 p}{dx^2} - \frac{(p-p_0)}{D_p\tau_p} + \frac{g(E,x)}{D_p} = 0 \tag{5.38}$$

$$\frac{d^2 n}{dx^2} - \frac{(n-n_0)}{D_n\tau_n} + \frac{g(E,x)}{D_n} = 0 \tag{5.39}$$

由于在大注入时电子的浓度和空穴浓度大致相等，两种载流子会在材料中同时进行扩散运动，当它们向同一方向运动时，虽然电子和空穴的扩散系数不同，但是由于电子和空穴之间会产生静电相互吸引作用，从而使得电子和空穴以同样速率一起扩散，也即发生双极扩散。此时电子和空穴的扩散系数应修正为双极扩散系数：

$$D_a = \frac{D_n D_p}{D_n + D_p} \tag{5.40}$$

载流子遵循双极扩散方程：

$$\frac{d^2 n}{dx^2} - \frac{(n-n_0)}{L_a^2} + \frac{g(E,x)}{D_a} = 0 \tag{5.41}$$

双极扩散长度 L_a 为：

$$L_a = \sqrt{D_a \tau_a} \tag{5.42}$$

其中：

$$\tau_a = \frac{D_p + D_n}{\dfrac{D_n}{\tau_p} + \dfrac{D_p}{\tau_n}} \tag{5.43}$$

载流子扩散至 i 区与 p 区和 n 区的界面，在内建电场的作用下，载流子在这里发生分离。在 p-i 界面，只有空穴可以通过而进入 p 型半导体一侧；而在 n-i 界面，只有电子可以通过而进入 n 型半导体。这两个界面扮演了选择性膜的角色，对载流子进行选择。从能带图上可以看出，此时的 p-i-n 太阳能电池类似于由两个串联的pn 结组成。并且从式(5.41)可以看出，在 i 区大部分区域，载流子的分布与 pn结的中性区中的载流子分布类似。此时，p-i-n 太阳能电池暗电流的理想因子也从趋于 2 而变为趋于 1。

讨论完强光照引起的大注入以后，再讨论当光照比较弱、非平衡载流子浓度比较小的情况。当在 i 层中的非平衡载流子浓度较低时，载流子更容易被尾带中的能态陷阱所俘获，而在一定时间后又可能在此被热激发成为自由电子。载流子被俘获的过程增加了少数载流子的寿命，从而也减少了 p-i-n 太阳能电池的暗电流。光照越弱时，非平衡载流子浓度越低，暗电流越小，也即太阳能电池对非平衡载流子收集的能力增加，从而使得填充因子增加。

下面再简单介绍在 p-i-n 太阳能电池中可能产生的空间电荷限制现象。当载流子在 i 层中的迁移率较低，而 i 层又较宽的情况下，在 i 层中产生的非平衡载流子不能非常有效及时地被收集，从而在 i 层中形成积累，电子和空穴积累产生的电场与内建电场相反，从而使得 i 区中的内建电场减小，非平衡载流子的漂移运动减弱，从而导致光电流的减小。

p-i-n 太阳能电池的制备

p-i-n 太阳能电池通常采用如图 5.20 所示的结构[2]。p-i-n 太阳能电池的前表面电极一般采用透明导电氧化物（TCO），例如 ITO（Indium Tin Oxide）或者 ZnO 等，而背电极则是在 Si 表面沉积一层 ZnO，然后再在 ZnO 上沉积一层金属而制成。其制备可以采用如下工艺实现：在玻璃或者塑料衬底上首先沉积 TCO 层，然后再分别沉积 p 型非晶硅层、本征非晶硅层、n 型非晶硅层以及 ZnO 和金属层。Si 薄膜的沉积一般采用 PECVD 的方法。此外，由于非晶硅薄膜非常薄，采用传统的直接在硅材料表面进行刻蚀形成织构的方法并不适用，为了增加光吸收，可以对前表面的 TCO 层进行织构，然后再沉积硅薄膜，进而实现陷光。

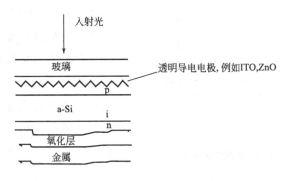

图 5.20　p-i-n 薄膜太阳能电池结构示意图

　　p-i-n 薄膜太阳能电池由于其材料特性缺陷，使得其性能在诸多方面还有待改进。由于 p-i-n 太阳能电池采用非晶硅薄膜材料，其中含有大量的悬挂键需要进行氢钝化，但最终仍存在光致退化效应。需要通过例如改进薄膜沉积方法等手段，提高材料质量，减少悬挂键的浓度。同样，由于悬挂键和大量的缺陷态的存在，使得材料的费米能级向中间移动，从而使得太阳能电池的开路电压降低。采用禁带宽度较大的材料作为发射极可以提高开路电压。此外，由于非晶硅薄膜表面复合速率很大，可以采用禁带宽度较大的半导体材料作为窗口层提高 p-i-n 太阳能电池的蓝光响应。

5.3.1.2　多结硅薄膜太阳能电池

　　多结非晶硅薄膜太阳能电池就是在同一衬底上连续重复生长多组非晶硅 p-i-n 结构的薄膜，各个 p-i-n 单结太阳能电池之间通过隧穿结串联在一起，这些串联的单结 p-i-n 太阳能电池共同组成多结非晶硅薄膜太阳能电池。多结太阳能电池的开路电压等于各个单节太阳能电池开路电压之和，而其短路电流约等于各个单节太阳能电池短路电流的最小值。

　　采用多结太阳能电池的设计，能更加有效地利用入射光。不同的吸收层采用不同带隙的材料，可以提高入射光子能量的利用率，通过在非晶硅中掺入 Ge 形成 a-SiGe：H，可以减小非晶硅薄膜的带隙，而通过掺入 C 形成 a-SiC：H，可以增加非晶硅薄膜的带隙。分别采用 a-SiC：H、a-Si：H、a-SiGe：H 作为不同结的吸收层可以有效提高对光子能量的利用。

　　此外，对于单结非晶硅太阳能电池而言，由于 i 层中的本底掺杂可能较高，当 i 层较厚时可能导致内建电场不能很好地覆盖整个 i 层，实现有效的光生载流子分离与收集。但是，当 i 层太薄时，又使得其吸收光的能力下降，特别是对于长波长的光。此时如采用多结太阳能电池结构，就可以做到即便每一单层 i 层很薄，整个

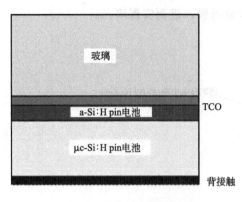

图 5.21　混合硅薄膜太阳能
电池结构示意图[10]

太阳能电池也能实现有效的光吸收。并且当 i 层很薄时，i 层内的内建电场很强，有助于减小光致退化效应。

除了采用非晶硅薄膜形成多结太阳能电池以外，还可以将非晶硅薄膜与微晶硅薄膜结合在一起形成混合硅薄膜太阳能电池。这主要是由于微晶硅薄膜的带隙明显小于非晶硅薄膜，因此其可以作为多结太阳能电池中的最后一层，吸收波长较长的入射光。图 5.21 给出了其结构的示意图[10]。

5.3.2　多晶硅薄膜太阳能电池结构设计

多晶硅薄膜太阳能电池的基本结构较为简单，它不需采用 p-i-n 结构，而可以直接采用传统的 pn 结构。图 5.22 给出了多晶硅薄膜太阳能电池的基本结构，包括

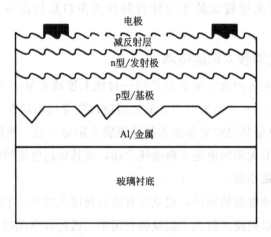

图 5.22　多晶硅薄膜太阳能电池的基本结构[1]

衬底，兼具背反射和电极功能的金属层、硅薄膜、表面减反射层和电极等[1]。在制备过程中应该保持低温工艺，以便可以使用成本较低的衬底。对于硅薄膜，要尽量提高材料晶体质量，降低有害杂质浓度，可以在非晶硅或微晶硅初步沉积完成以后，通过进一步的工艺增加晶粒大小。此结构包含了薄膜太阳能电池最基本的几个要求：首先是增加光吸收。通过减反射层减少入射光反射引起的损失；通过表面织构以及背反射形成有效的陷光，使得入射光光程增加，在硅薄膜中入射光也能被充

光伏电池原理及应用

分地吸收。其次，提高晶体质量与晶粒尺寸，可以有效地减小少数载流子在薄膜内的复合，晶粒尺寸与薄膜厚度之间比率的增加可以提高太阳能电池的开路电压和填充因子。采用吸杂技术减少有害杂质的浓度，而作为电极和背反射层的 Al 层便可以同时起到吸杂的作用。下面将分别更详细地介绍在硅薄膜太阳能电池制备中的设计与各工艺。

5.3.2.1　陷光

由于陷光对于硅薄膜太阳能电池来说非常重要，人们对其也作了较为详细的研究。在上一章中已经讨论过，要实现较好的陷光，一个方法便是将前后表面织构与背反射结合，使得光线在材料内被多次反射吸收。这个方法在实验室中通常能获得较好的效果。但是在实际生产中，由于通常使用 Al 作为背接触，而 Al 与 Si 接触的界面较为粗糙，其对光线的反射率较低，从而使得大部分光线都被 Al 金属所吸收或直接穿透太阳能电池。此时，该结构便不能起到很好的陷光效果，而表面织构对太阳能电池效率的贡献就主要在于降低了表面反射率。

通常人们借用金属层来实现背反射，但是即便在理想情况下，由于金属和半导体界面的反射率总是<1，入射光照射到金属半导体界面会导致部分光能的损失。特别是对于长波长的光，会在硅薄膜内经过很多次反射才能被完全吸收，其损失也会更大。当背表面进行织构以后，金属半导体界面的面积会增大，由此导致光损失增大。此外，金属半导体界面的少数载流子复合也会造成光电流的损失，织构会增加此损失。与此同时，表面织构能增加入射光在材料内的光程，从而增加光电流。因此，如何选择织构，也是人们需要讨论的问题。图 5.23 给出了不同织构方案下计算得到的硅薄膜太阳能电池的最大短路电流[1]。可以看出对前后表面均进行织构得到的短路电流最大，其次是仅对前表面织构，这两种方案得到的短路电流相差较小。但是当仅仅采用背表面织构时，短路电流相比便明显变小。可见，前表面织构非常重要，它对入射光的散射比背表面更有效。随着薄膜厚度的增加，短路电流增加，一方面是因为入射光在硅薄膜中的光程增加，另一方面是由于到达薄膜背面的入射光光强变得更小，从而金属半导体界面导致的光损失会减小。

从图 5.23 还可以看出，在进行适当的表面织构以后，薄膜太阳能电池的短路电流随着薄膜厚度增加而增加，当薄膜厚度达到 $10\mu m$ 左右时开始逐渐达到饱和，其短路电流可以达到 $30mA/cm^2$ 以上，接近晶体硅太阳能电池的短路电流。这说明，表面织构有效地增加了入射光的光程，通过适当的表面织构设计，薄膜太阳能电池也能实现接近晶体硅太阳能电池的光吸收，达到较高的短路电流。此外，考虑到电池的开路电压和填充因子随着薄膜厚度的减小而增加，因此，硅薄膜太阳能电池的厚度理论上在 $10\sim20\mu m$ 较为理想，此时短路电流刚好随着厚度的增加达到饱和。

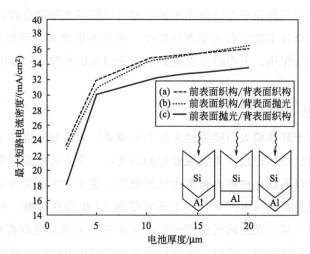

图 5.23 不同织构方案下计算得到的硅薄膜太阳能电池的最大短路电流[1]

5.3.2.2 表面织构的优化

不同的表面织构设计可以获得不同的陷光效果（图 5.24），其中可以控制的因素包括表面织构的结构、织构图形的高度、角度和表面覆盖率等等。通过不同的方法可以得到多种表面织构结构，包括采用常规各向异性化学腐蚀得到的随机分布的金字塔结构、均匀分布的金字塔结构、倒金字塔结构以及正交块状织构，它们对太阳能电池的影响各不一样。假设太阳能电池的背反射良好，通过理论计算，可以得到在不同薄膜厚度下不同的织构方法得到的最大短路电流。计算结果显示，同样的薄膜厚度下正交块状织构方法获得的短路电流最大，以后分别是倒金字塔结构、均匀分布的金子塔结构、随机分布的金字塔结构[1]。

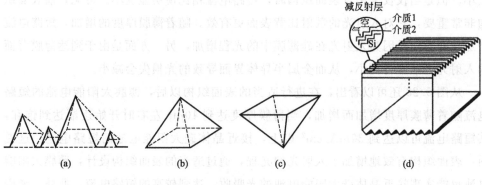

图 5.24 不同的表面织构结构

下面以倒金字塔结构为例来讨论其高度、角度以及表面覆盖率对短路电流的影响。通过理论计算可以得到，短路电流的大小基本与金字塔的高度无关，对于高度在 $0.1 \sim 2\mu m$ 之间的金字塔结构，它们最后得到的太阳能电池的短路电流基本相同[1]。也就是说很浅的表面织构便能实现有效的陷光，这一点对于本身很薄的薄膜太阳能电池来说非常重要。与高度不同，金字塔的张角对短路电流有明显的影响，织构形貌的张角越小，表面反射率越低，短路电流也就越高[1]。通过干法刻蚀，可以得到张角很小的表面织构形貌，从而提高短路电流。不过干法刻蚀，例如 RIE，可能会导致太阳能电池的并联电阻降低，使得开路电压降低。表面织构的表面覆盖率也会对短路电流产生影响，覆盖率越高，短路电流也就越大[1]。总的来说就是表面织构的高度对短路电流影响很小，应尽量使得表面织构图形尖锐，并覆盖整个表面。

5.3.2.3　表面复合的降低

对于薄膜太阳能电池而言，表面复合对电池性能影响较大，因此要尽量减少表面复合。太阳能电池的表面复合包括硅表面的复合以及硅与金属电极接触界面的复合，并且在金属电极与硅接触界面的复合会更加严重。降低表面复合的方法与晶体硅太阳能电池类似，包括表面钝化，如生长一层 SiO_2 或 Si_3N_4，减小金属电极与硅表面的接触面积，通过重掺杂形成 $p^+ p$ 层的背反射场等等。不过，需要注意的是，对于薄膜太阳能电池，由于采用低成本衬底，从而使得在晶体硅太阳能电池中的高温工艺不再适用。例如，传统采用高温（>1000℃）生长 SiO_2 的工艺将不再适用，此时可以采用快速热退火的方法进行热氧化。采用 PECVD 生长 Si_3N_4 时也应采用低温工艺进行沉积。

参　考　文　献

[1] Antonio Luque, Steven Hegedus. Handbook of Photovoltaic Science and Engineering. Chichester：John Wiley & Sons Ltd, 2003.

[2] J Nelson. The Physics of Solar Cells. London：Imperial College Press, 2003.

[3] O Vetterl, et al. Intrinsic microcrystalline silicon：A new material for photovoltaics. Solar Energy Materials and Solar Cells, 2000, 62 (1-2)：97-108.

[4] A Poruba, et al. Optical absorption and light scattering in microcrystalline silicon thin films and solar cells. Journal of Applied Physics, 2000, 88 (1)：148-160.

[5] A V Shah, et al. Material and solar cell research in microcrystalline silicon. Solar Energy Materials and Solar Cells, 2003, 78 (1-4)：469-491.

[6] F Meillaud, et al. Light-induced degradation of thin film amorphous and microcrystalline silicon solar cells. In：Photovoltaic Specialists Conference, 2005. Conference Record of the Thirty-first IEEE, 2005.

[7] R W Collins, et al. Evolution of microstructure and phase in amorphous, protocrystalline, and microcrys-

talline silicon studied by real time spectroscopic ellipsometry. Solar Energy Materials and Solar Cells，2003，78 (1-4)：143-180.

[8] Sah Chih-Tang，R N Noyce，W Shockley. Carrier Generation and Recombination in P-N Junctions and P-N Junction Characteristics. Proceedings of the IRE，1957，45 (9)：1228-1243.

[9] J Merten, et al. Improved equivalent circuit and analytical model for amorphous silicon solar cells and modules. Electron Devices，IEEE Transactions on，1998，45 (2)：423-429.

[10] Guy Beaucarne. Silicon Thin-Film Solar Cells. Advances in OptoElectronics，2007.

6 碲化镉光伏电池

6.1 碲化镉电池介绍

　　碲化镉（CdTe）薄膜光伏电池是快速发展的太阳能产业的基础。作为在 2006～2010 年间美国薄膜组件产品的领袖技术，碲化镉薄膜组件显示出长期优越的性能，引起大规模投资的持续兴趣。这一章将阐述碲化镉薄膜光伏电池的性质，重点介绍碲化镉材料作为光伏电池转换材料的原因、碲化镉光伏电池的发展历史、器件生产方法、器件性能分析、生产战略、目前和将来薄膜 CdTe 光伏电池和组件面临的技术挑战。

　　理想光伏电池转换效率与能带（E_g）的关系表明，CdTe 与太阳光谱（G2 类型，有效黑体表面温度为 5700K，总光度为 3.9×10^{33} erg/s）匹配得非常好。CdTe 是 ⅡB-ⅥA 化合物半导体，直接带隙，$E_g \approx 1.5eV$，吸收因子 $> 5 \times 10^5/cm$，对于能量 E 大于 CdTe 带隙 E_g 的光子，从紫外到 CdTe 带隙吸收边 $\lambda \approx 825nm$ 都有高量子产率。CdTe 的高吸收因子意味着在 AM1.5 的照射下，材料表面 $2\mu m$ 范围可以吸收 99% 的 $E > E_g$ 的光子。CdTe 与其他光伏材料的理论光伏电池效率随能带变化关系及光吸收因子随能量变化关系在图 6.1 中给出[1,2]。

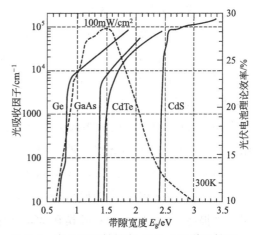

图 6.1　常见吸收材料在 AM1.5 光谱照射下的理论光伏电池效率（虚线）与带隙关系及光吸收因子（实线）与能量的关系

6.2 碲化镉电池发展历史

CdTe 首先由法国化学家 Margottet 在 1879 年合成[3]，但是直到 1947 年，由法国人通过 Cd 和 Te 在氢气氛围下蒸发反应制备 CdTe 晶体，进而测量光电导和晶体性质[4]，才开始将 CdTe 作为光电材料来研究。早期对 CdTe 电学本质的理解是基于对后来的区域熔炼单晶的研究。在 1954 年，Jenny 和 Bube[5] 首先报道了通过向 CdTe 中掺杂外来元素，可以使其变为 p 型或 n 型导体。不久，Krüger 和 de Nobel[6] 证实了导电类型同样可以通过改变 Cd-Te 计量比来控制，Cd 过量产生 n 型导电，Te 过量产生 p 型导电，在 PbS、PbSe 和 PbTe 也类似。1959 年，de Nobel[7] 开发了 Cd-Te 系统的 p-T-x 相图，及与本征导体与掺杂导电性和掺杂原子之间的关系，提出与 Cd 空位相关的两个电子能级和与 Cd 间隙相关的一个电子能级，引起在不同的温度和 Cd 偏压下测量的电导率的变化。进一步推测，与 In 有关的电子能级是 n 型掺杂，与 Au 有关的是 p 型掺杂。

Loferski 在 1956 年首次提出使用 CdTe 作为光伏太阳能转换材料[1]。尽管在 20 世纪 60 年代开发了控制 CdTe 晶体中 n 型和 p 型导电类型的方法，在直接开发 p/n 型异质结上的研究很有限。在 1959 年，Rappaport 通过向 p 型 CdTe 晶体中扩散 In，制备了转换效率约 2% 的单晶异质结 CdTe 光伏电池，$V_{OC}=600\mathrm{mV}$，$J_{SC}\approx 4.5\mathrm{mA/cm^2}$（73mW/cm² 辐照），填充因子 FF=55%[8]。1979 年，法国的 CNRS 研究组通过向 n 型晶体上近空间蒸发沉积（VTD）p 型砷掺杂 CdTe 薄膜，制备出了转换效率>7% 的器件，$V_{OC}=723\mathrm{mV}$，$J_{SC}\approx 12\mathrm{mA/cm^2}$（AM1 辐照），FF=63%[9]；之后又报道了效率>10.5%，$V_{OC}=820\mathrm{mV}$，$J_{SC}\approx 21\mathrm{mA/cm^2}$，FF=62% 的器件[10]。随后很少有 p/n CdTe 异质结的研究报道。

与 p/n 异质结开发不同，CdTe 异质结光伏电池自从 1960 年开始大量研究，依照 CdTe 导电类型，有两种路径。对于 n 型 CdTe 单晶和多晶薄膜，对 p 型 Cu_2Te 异质结进行了大量研究工作。在 20 世纪 60 年代早期，通过 n 型 CdTe 单晶或多晶薄膜在含 Cu 盐的酸溶液中反应，将 CdTe 局部转换为 p 型 Cu_2Te，制备了结构类似于 CdS/Cu_2S 光伏电池[11] 的 n-CdTe/p-Cu_2Te 器件[12~16]。到 20 世纪 70 年代早期，最好的薄膜 CdTe/Cu_2Te 电池达到效率>7%，$V_{OC}=550\mathrm{mV}$，$J_{SC}\approx 16\mathrm{mA/cm^2}$（60mW/cm² 辐照），FF=50%[16]。这些电池使用 5μm 厚 n 型 CdS 底层，来提高 20μm 厚 CdTe 薄膜在 Mo 衬底上的黏附性和导电性，难点在于控制 Cu_2Te 的形成工艺，CdTe/Cu_2Te 电池器件稳定性差。其他工作还有通过加热与 n 型 CdTe 单晶接触的 Pt 或 Au 栅格形成肖特基势垒器件[17]，或电沉积 CdTe 薄膜，得到的效率约为 9%[18]。

对于单晶 p 型 CdTe 光伏电池，使用稳定的氧化物如 In_2O_3：Sn (ITO)，ZnO，SnO_2 和 CdO 等，来制备异质结更为广泛。这些器件中，短波光谱响应受异质结过渡层和低电阻接触层的影响，统称为窗口层。基于 p-CdTe 单晶，电子束蒸发 ITO 窗口层，得到的器件效率为 10.5%，$V_{OC}=810mV$，$J_{SC}\approx20mA/cm^2$，$FF=65\%$[19]。1987 年，通过向 p 型 CdTe 单晶上反应沉积 In_2O_3，制备了总面积效率为 13.4% 的器件，$V_{OC}=892mV$，$J_{SC}\approx20.1mA/cm^2$，$FF=74.5\%$[20]。这个器件中 CdTe 晶体的孔浓度为 $6\times10^{15}/cm^3$，在真空沉积 In_2O_3 之前，CdTe 的 (111) 面先在溴甲醇中腐蚀处理，电池的 V_{OC} 是 CdTe 光伏器件报道中最高的。ZnO 做窗口层的 p-CdTe 单晶器件性能较差，效率<9%，$V_{OC}=540mV$[21]。

20 世纪 60 年代中期，Muller 等人首先向 p-CdTe 单晶上蒸发 n-CdS 薄膜[22,23]，制备的电池转换效率小于 5%。1977 年，Mitchell 等人报道了有 $1\mu m$ 厚 CdS 和 ITO 过渡层的电池，转换效率为 7.9%，$V_{OC}=630mV$[24]。Yamaguchi 等人在 1977 年报道了 p-CdTe 单晶上沉积 CdS 薄膜的最高效率，电池通过化学气相沉积的方法，向磷掺杂的 CdTe 单晶 (111) 面沉积 $0.5\mu m$ 厚的 CdS，得到电池效率为 11.7%，$V_{OC}=670mV$[25]。

薄膜 CdTe/CdS 异质结光伏电池有底型配置和顶型配置两种结构。这两种结构都是光通过 TCO 和 CdS 层进入吸收层材料。在底型配置结构中，首先是 CdTe 薄膜沉积在合适的衬底上，之后依次沉积 CdS 和 TCO。在顶型配置电池中，TCO、CdS 和 CdTe 层依次沉积到顶板玻璃上，顶板玻璃同样起到机械支撑电池的作用，入射光必须透过顶板玻璃才能到达 CdS/CdTe 结。

顶型配置的多晶 CdTe/CdS 异质结薄膜光伏电池首先在 1969 年由 Adirovich 等人开发，向 CdS/SnO_2/玻璃顶层上蒸发 CdTe，得到效率>2% 的电池[26]。之后在 1972 年由 Bonnet 和 Rabenhorst 在第 9 届欧洲光伏会议论文上，阐述了效率为 5%~6% 的底型配置器件，器件通过化学蒸发沉积 CdTe 和真空蒸发 CdS 薄膜[27]，得到 CdS/CdTe/Mo 结构。这篇文章描述了影响高效率薄膜 CdTe/CdS 光伏电池发展的基本问题：①Cu 在 p 型掺杂 CdTe 中的作用；②CdTe 掺杂效率的控制作用；③CdTe-CdS 结突变还是渐变的影响；④活性或非活性晶界的影响；⑤p-CdTe 低阻接触的形成。

薄膜 CdTe/CdS 光伏电池的生产工艺开发始于 20 世纪 80、90 年代，几乎都是在顶型配置结构，优化集中在器件设计、沉积后处理、低阻接触的形成，而不是特定沉积方法的改进。这是由于 CdTe 与制备它的元素和化合物预制层相比，有更高的化学稳定性。因此，可以用各种薄膜制备方法来沉积高效率光伏电池的 CdTe 薄膜，本章中介绍了其中的八种。由于 CdTe 层沉积工艺的改善，CdTe/CdS 光伏电池的转换效率由约 10% 增加到 16%。

尽管高效率薄膜 CdTe/CdS 光伏电池的沉积工艺容忍性较大，仍存在两个难以理解的现象，使用顶型配置器件结构，CdTe 沉积在 CdS 薄膜上，需要将 CdTe 和 CdS 暴露到 Cl 和 O 中。在 20 世纪 80 年代，通过实验优化顶型配置结构制备工艺，CdTe 沉积温度、后沉积加热温度、生长或化学环境处理等各种工艺改变，在器件性能方面有重大收获。例如，Matsushita 电池工业公司报道了丝网印刷/烧结 CdTe 电池，重要的是控制烧结过程的浆料和温度-时间序列，来控制结构中 $CdCl_2$、O 和 Cu 浓度[28]。Monosolar 电沉积工艺通过向 CdTe 水浴中加入 Cl 和使用电池后沉积处理工艺，使优化的器件效率达到 10% 级别[29]。柯达公司的团队用近空间升华法沉积 CdTe，通过优化近空间 CdTe 沉积温度和沉积周围 O 浓度，使器件效率达到 10% 级别[30]。

薄膜 CdTe 电池的性能转换点，工艺容忍性的附属好处是应用后沉积工艺加热处理覆盖 $CdCl_2$ 的 CdTe/CdS 结构[31,32]。南福罗里达大学在 1993 年用近空间升华法沉积 CdTe，结合 $CdCl_2$ 处理与低阻接触形成得到 >15% 的器件效率[33]。窗口层工艺的改良[34]和 $CdCl_2$ 蒸气处理[35]进一步提高了器件效率。迄今为止 CdTe 光伏电池的最高纪录是由 NREL 团队创造的，效率为 16.5%，$V_{OC}=845mV$，$J_{SC}=25.9mA/cm^2$，$FF=75.5\%$[36]。图 6.2 给出了这个电池的 I-V 曲线和量子效率（QE）曲线。

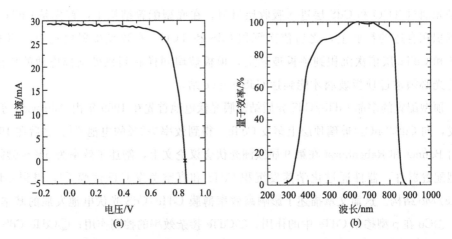

图 6.2 效率为 16.5% 的 CdTe/CdS 薄膜光伏电池的电流-电压曲线和量子效率曲线

6.3 碲化镉的物理化学性质

这节介绍 CdTe 的基本特性，描述多晶 CdTe 薄膜的沉积方法。CdTe 在 ⅡB-ⅥA 族化合物如 ZnS、CdSe 和 HgTe 中比较特殊，因为它有最高的平均原子能、最少的负向形成焓、最低的熔点温度、最大的晶格参数和最高的毒性。在电子学上，CdTe 有两性的半导体行为，可以是本征的或通过 n 型和 p 型掺杂变为非本征的。所有这些参数使之有近乎理想的光学带隙和吸收因子，在薄膜沉积和形成控制上也非常宽容。表 6.1 所列为 CdTe 的光电和物化性质。

表 6.1 CdTe 的光电和物化性质

性质	值或范围	参考文献
CdTe 光学带隙 E_g(300K)	1.50eV±0.01eV	单晶[37]、多晶薄膜[38]
CdTe$_{0.95}$S$_{0.05}$ 合金光学带隙	1.47eV±0.01eV	多晶薄膜[39]
带隙温度系数 dE_g/dT	−0.4meV/K	[40]
电子亲和能 χ_e	4.28eV	[41]
吸收系数(600nm)	>5×10^5/cm	[38]
折射率(600nm)	约 3	[42]
静态介电常数 $\varepsilon(\theta)$	9.4,10.0	[41,43]
高频介电常数 $\varepsilon(\infty)$	7.1	[43]
电子有效质量 m_e^*	0.096m_0	[44]
空缺有效质量 m_h^*	0.35m_0	[44]
电子迁移率 μ_e	500~1000cm^2/(V·s)	[44]
空缺迁移率 μ_h	50~80cm^2/(V·s)	[44]
空间点群	F-43m	[45]
晶格参数 a_0(300K)	6.481Å	[45]
Cd-Te 键长	2.806Å	从 a_0 计算
密度	6.2g/cm^3	从结构计算
热熔 $\Delta H_f^{\ominus}$(300K)	−24kcal/mol	[46]
熵 $S^{\ominus}$(300K)	23cal/(℃·mol)	[46]
升华反应	CdTe→Cd+1/2 Te$_2$	[46]
升华压强 p_{sat}	lg(p_{sat}/bar)=−10650/T(K)−2.56lg(T)+15.80	[46]
熔点	1365K	[44]
热膨胀因子(300K)	5.9×10^{-6}/K	[47]

注：1Å=10^{-10}m；1cal=4.2J；1bar=10^{5}Pa。m_0 为电子在真空中的质量。

大的负向生成焓（ΔH_f）和相对低的饱和蒸气压（p_{sat}）促进了 ⅡB-ⅥA 化合物的形成。对 CdTe，ΔH_f=−22.4kcal/mol，p_{sat}（400℃）=10^{-5}Torr；对 CdS，ΔH_f=-30kcal/mol，p_{sat}（400℃）=10^{-7}Torr[46]。CdTe 固体及 Cd 和 Te 蒸气的升华反应可写为：

$$Cd+\frac{1}{2}Te_2 \Longleftrightarrow CdTe$$

Cd-Te 系统在大气压下的相图如图 6.3（a）所示。图 6.3（b）所示为在 100~600℃下，CdTe、CdS、Cd、Te 和 CdCl$_2$ 的单个气态-固态平衡线。CdTe 设备蒸发-沉积工艺相同，Cd 和 Te 相对高的升华压强，保证了温度大于 300℃时真空沉积的单相成分。CdTe 同样是包含 Cd 和 Te 离子的溶液中阴极降解的稳定产物。

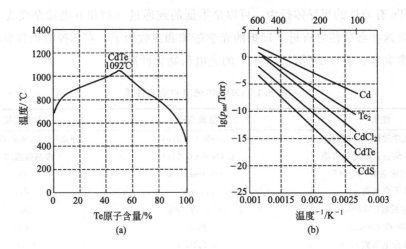

图 6.3　(a) CdTe T-x 相图 (1atm)[48] 以及 (b) CdTe、CdS、CdCl$_2$、Cd 和 Te 的
气态-固态 p_{sat} 与 $1/T$ 关系曲线[46]

(1atm=101325Pa)

CdTe 系统在大气压下的 T-x 相平衡通过 Cd（$x=0$）端点、Te（$x=1$）端点和 CdTe 化合物来表征 [图 6.3 (a)]。CdTe 熔点温度 $T_m=1092℃$，比 Cd（$T_m=321℃$）或 Te（$T_m=450℃$）的熔点温度都高很多[48]。T-x 相图上 CdTe 成分的详细测试表明，在 $T<500℃$，存在非常窄的（摩尔分数约 10^{-6}%）对称区域；在高温出现的区域加宽，但分布不对称，在 $500\sim700℃$ 之间出现在富 Cd 区域，更高温度出现在富 Te 区域[44]。出现的区域和本征缺陷结构与材料制备条件有关，在这方面集中进行了众多研究[49,50]。

CdTe 的固态性质很大部分取决于 CdTe 键的离子特征。在 ⅡB-ⅥA 化合物中，CdTe 有菲利普离子范围的最高值（0.717），低于八面体配位的菲利普临界值 0.785[50]。从几何上说四面体配位被认为是双离子化合物，阳离子/阴离子半径比在 $0.225\sim0.732$ 之间，而八面体配位的比例大于 0.732[51]。在 CdTe 中，阳离子/阴离子半径比是 $r(Cd^{2+})/r(Te^{2-})=0.444$，因此更适合四面体配位。

四面体原子配位有四个最近邻的原子和十二个次近邻的原子，在单质晶体中构成金刚石结构，在双元素固体中构成闪锌矿和纤锌矿结构。固态 CdTe 在大气压下呈现立方面心的闪锌矿结构，单胞尺寸为 6.481Å，CdTe 键长是 2.806Å。图 6.4 所示为 CdTe 闪锌矿结构顺着 (111) 晶面和 (110) 晶面两个方向的视图，每个面有相同数目的阳离子和阴离子。(111) 和 (110) 晶面是 CdTe 薄膜中主要的晶面取向。

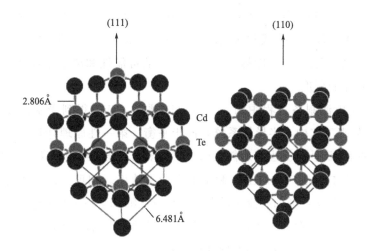

图 6.4 方向沿 (111) 面和 (110) 面的纤锌矿 CdTe 晶体结构

Cd 原子是黑色，Te 原子是灰色，各图都给出了 Cd-Te 键和 fcc 单胞

随着制备压强不同，同样会形成 CdTe 多形体[52]。在真空制备 CdTe 薄膜时，偶尔也会出现六方纤锌矿结构，通常是在以四面体配位占主导的共价结构中。但是没有纯纤锌矿的报道[53]。通过将 CdTe 单晶在大于 35kbar 的高压下处理，可以形成八面体配位的 NaCl 结构。在 Ⅱ-Ⅵ 组化合物中，只有 CdO（电离度为 0.785）可以在标准压力和温度下形成八面体配位盐的结构。

CdTe 材料的光电性质与价带顶（VBM）和导带底（CBM）的电子能带结构有关。对于纤锌矿 CdTe，VBM 和 CBM 出现在第一布里渊区（Brillouin zone）内的相同动量位置 Γ，在 300K 时有直接带隙 $E_g = 1.5\text{eV}$。CdTe 带隙的温度因子约为 -0.4eV/K，表明在光伏电池常规使用温度下变化很小。在极值上的能带弯曲决定了 CBM 的电子有效质量和 VBM 的空穴有效质量，控制载流子传输特性和带间态密度（见表 6.1）。

CdTe 的能带结构可以从其相对高离子性来理解，因为布洛赫函数（Bloch functions）与晶格有同样的周期，晶格周期与 Cd 和 Te 的原子轨道有关。导带起于阳离子第一未占据能级，也就是 Cd 的 5s 能级。最上面的价带包括阴离子最高占据轨道，即 Te 的 5p 轨道。在 20 世纪 60 年代，对立方 CdTe 和其他 Ⅱ-Ⅵ 化合物的 $E\text{-}k$ 能带结构进行了详细计算[54]，最近用线性平面波的方法得到其电子和相关动力学特征[55]。这些计算还被用来确定 CdTe 和其他 Ⅱ-Ⅵ 族化合物界面的基本电学和热动力学特征[56]。

CdTe 的不完美或缺陷打破了内部周期结构，在带隙上形成局部电子态，因此改变了材料的电子和光学特征。缺陷控制的电子特征包括原位缺陷、化学不纯和附属化合物，原位缺陷和不纯可能会形成替位缺陷或间隙缺陷。例如，镉空位 V_{Cd} 形成浅受主态，本征镉 Cd_i 形成相对浅的施主态，而本征 Te_i 形成深能态。尽管浅能态易于形成施主和受主[57]，净掺杂取决于形成的可能性和离子化程度，反过来决定了受主态补充的程度。

CdTe 光伏电池制备过程中的一个重要问题是，已经得到受主浓度大于 10^{14} cm^{-3}。在热处理工艺中，半导体系统趋向于平衡，第一性原理计算表明在 p 型掺杂中存在自补偿机理[58]。当费米能级向 VBM 移动，施主形成的化学可能性增加，补偿进一步的受主形成，本质上牵制了最大受主浓度。相反，深能级可以作为陷阱，降低载流子寿命，增加载流子的复合。CdTe 和 CdZnTe 中深电子态的测量总结见参考文献 [59]。图 6.5 给出了 CdTe 中的浅和深缺陷集团，包含原位、杂质和复合缺陷等。电子性质通过活性处理向 CdTe 和 CdS 层中加入特殊不纯得到，这些沉积后处理可以将 $CdCl_2$、O_2 和 Cu 引入 CdTe 中，反过来活化或钝化了缺陷[60]。CdTe 中 I、II、III 族杂质综述在参考文献 [61] 中给出。

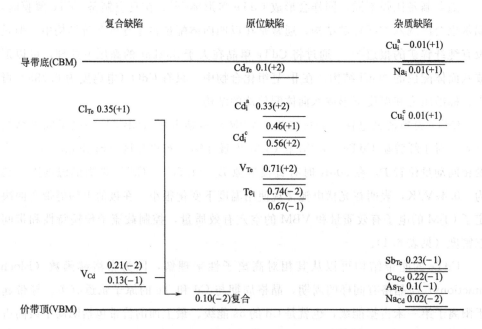

图 6.5 不同掺杂和缺陷能级的 CdTe 能带结构[62]

括号中是电荷态，能量是测量的从施主态导带到受主态价带的电压值。角标 a 和 c 代表取代的空隙点

多晶 CdTe 电子特性适用于所有的 CdTe 电池，但是重点性质各有不同。特别的，晶界缺陷态在带隙中有不同的能量，会有不同的形成能。这是一个合理的假设，各种不同的提高电池性能的沉积后处理工艺，起初转换晶界态，在 CdTe 态上

影响更小。例如，实验通过电沉积 CdTe 薄膜制备器件，形成的晶粒有 $2\mu m$ 长和 $0.15\mu m$ 宽，一个样品在 $CdCl_2$ 处理之前有短暂的氧处理，而另一个没有。尽管这两个样品在 $CdCl_2$ 处理环节相同，得到的电池有相同的 V_{OC}，但光电流不同[63]。有氧化处理工艺的 CdTe 薄膜在电池中保持较好的晶粒结构和 CdS 薄膜厚度，电流收集相当好，IQE>90%，表明光生载流子的寿命提高。而没有氧化处理的样品会出现晶粒合并、CdS 薄膜损失和 IQE<60% 的现象。

结果表明了在 CdTe/CdS 薄膜光伏电池中物理、化学和电子性质的关联性。电池制备关键问题影响薄膜光伏的开发：①从晶界影响中区分内晶粒；②澄清晶界对器件行为的影响；③控制大面积薄膜特性，CdTe 组件中每平方米有>10^{12} 个 $1\mu m$ 宽的晶粒。在 CdTe 光伏电池发展过程中，这些问题通过优化表征工艺、优化薄膜沉积和后处理工艺来解决。探求薄膜 CdTe/CdS 光伏电池的微结构、微化学和电子特性的分析工艺不在本章的阐述范围。但是，有各种有力方法来提供薄膜性质的定量分析，在参考文献 [64~68] 中给出。参考文献 [69,70] 是特别针对 CdTe/CdS 光伏电池的表征方法。这些方法中的一些同样可应用于组件生产中在线工艺控制和反馈，列于下面，这些技术应用于 CdTe/CdS 光伏电池的参考文献列于其后。

形貌和结构：

　　　　扫描电子显微镜（SEM）[70]

　　　　透射电子显微镜（TEM）[71]

　　　　原子力显微镜（AFM）[72]

　　　　X 射线衍射仪（XRD）[73]

化学成分分析：

　　　　能量色散 X 射线光谱仪（EDS）[74]

　　　　X 射线衍射仪（XRD）[75]

　　　　俄歇电子能谱仪（AES）[76]

　　　　二次电子质谱仪（SIMS）[77,78]

表面化学成分：

　　　　X 射线光电子谱（XPS）[79]

　　　　小角 X 射线衍射仪（GIXRD）[80]

光电性质：

　　　　光吸收[81~83]

　　　　椭偏仪[84,85]

　　　　拉曼散射[85]

　　　　光致荧光[86~89]

结分析：

光照下电流-电压-温度测试（J-V-T）[90,91]

光谱响应[24]

电容-电压测试（C-V）[91]

光子束诱导电流（OBIC）[92]

电子束诱导电流（EBIC）[93]

阴极发光（CL）[94]

6.4　碲化镉薄膜沉积

沉积光伏电池中的CdTe薄膜已经开发了许多种方法，这些方法在许多综述性文章中讲述[95,96]。这里重点讲述在商业化生产CdTe光伏电池和组件中占主导型的八种方法。图6.6所示为每种生产过程的示意图，包括常用温度和压力条件、薄膜厚度、生长速率等。这八种方法可以基于三种化学观念：①Cd和Te_2蒸气在表面的冷凝/反应（PVD、VTD、CSS和溅射沉积）；②Cd和Te离子在表面的电化反应（电沉积）；③前驱物表面反应（MOCVD、喷墨沉积、丝网印刷）。

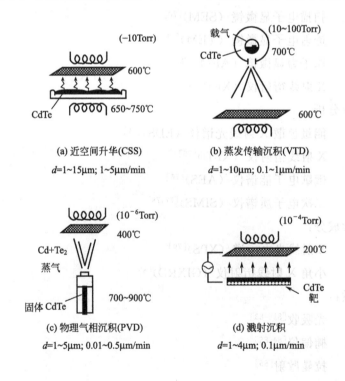

(a) 近空间升华(CSS)

d=1~15μm; 1~5μm/min

(b) 蒸发传输沉积(VTD)

d=1~10μm; 0.1~1μm/min

(c) 物理气相沉积(PVD)

d=1~5μm; 0.01~0.5μm/min

(d) 溅射沉积

d=1~4μm; 0.1μm/min

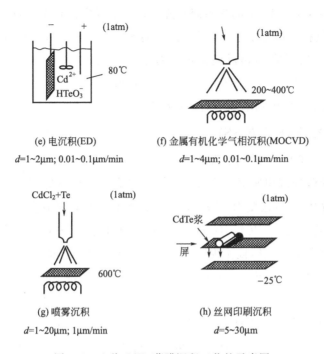

(e) 电沉积(ED)
$d=1\sim2\mu m$; $0.01\sim0.1\mu m/min$

(f) 金属有机化学气相沉积(MOCVD)
$d=1\sim4\mu m$; $0.01\sim0.1\mu m/min$

(g) 喷雾沉积
$d=1\sim20\mu m$; $1\mu m/min$

(h) 丝网印刷沉积
$d=5\sim30\mu m$

图 6.6　八种 CdTe 薄膜沉积工艺的示意图

每幅图中的衬底是黑色四边形，膜厚 d 和生长速率在每幅图下方给出

6.4.1　Cd 和 Te_2 蒸气在表面的冷凝/反应

6.4.1.1　物理气相沉积 (PVD)

气相沉积 CdTe 的基础是 Cd 和 Te_2 蒸气及 CdTe 固体的平衡，Cd＋$1/2\ Te_2 \Longrightarrow CdTe$。CdTe 可以通过单元素源的共蒸、CdTe 源的直接升华或载气从单元素源或 CdTe 源传输 Cd 和 Te_2 蒸气到特定衬底上来沉积。CdTe 化合物的共升华可以符合沉积的气相成分，与从单 Cd 和 Te 源蒸发的设备相比，从 CdTe 源蒸发有相对较低的气相压强，且温度范围变化不大。同样可以考虑多源 II-VI 二元共蒸发来沉积伪二元合金如 $Cd_{1-x}Zn_xTe$ 和 $CdTe_{1-x}S_x$。

蒸发可以用敞开的坩埚或克努森型坩埚进行，后者能更好地控制蒸发束的分布和利用。对于克努森型蒸发，衬底上的沉积速率和元素均匀性取决于源温度、源形状、源和衬底间距及总压强[96,97]。在喷射坩埚内部，发生在喷嘴出口的是过渡流状态，处于自由分子流和扩散流之间。喷射坩埚通常是氮化硼或石墨构成，并可以辐射加热。对于常规真空中的沉积，气压约为 10^{-6} Torr，CdTe 源坩埚的喷射口直径约为 0.5cm，源温度为 800℃，源与衬底的距离为 20cm，商业可行的沉积速率约为 $1\mu m/min$，衬底温度足够低（约 100℃），这样可使 Cd 和 Te 黏附达到均匀。

在高衬底温度下，Cd 和 Te 的黏附因子降低，从而导致沉积温度降低。一些 CdTe 的应用上都限制衬底温度小于 400℃。沉积的薄膜经常显示（111）面的择优取向，平均晶粒直径取决于膜厚和衬底温度：对于 $2\mu m$ 厚的薄膜，平均粒径范围从约 100nm（100℃）到约 $1\mu m$（350℃）。参考文献［98, 99］是用物理气相沉积（PVD）制备 CdTe 薄膜和电池的研究机构及成果。

6.4.1.2　近空间升华（CSS）

向温度大于 400℃的衬底蒸发 CdTe 薄膜时，正在生长的 CdTe 表面再蒸发 Cd 和 Te 限制了薄膜的沉积速率。这可以通过在更高的总压（约 1Torr）下沉积来弥补，但从源到衬底的传输变为扩散控制，因此源和衬底必须很接近。对于近空间升华（CSS），同样是近空间传输（CSVT），CdTe 原材料放置在跟衬底有同样面积的支撑物上，源支撑物和衬底挡板作为感受器，分别向 CdTe 源和衬底辐射和传导热量。源与衬底之间有固体绝热垫圈，这样在沉积过程中可以保持不同区域的不同温度。沉积环境还包括非反应气如 N_2，Ar 或 He。有少量的 O_2 非常重要，可以得到更好的薄膜密度和器件结质量。在 550℃以上沉积的薄膜晶粒取向是任意的，平均粒径分布和平均粒径可以与膜厚相比。CSS 工艺可以同样得到 $>1\mu m/min$ 的沉积速率，文献［100, 101］是对该工艺路径制备器件的集中报道。同样已经有商业化产品[101,102]。

6.4.1.3　蒸发传输沉积（VTD）

VTD 可以在高衬底温度下向运动的衬底上以较高的沉积速率沉积，环境压强约为 0.1atm。CSS 是扩散控制，VTD 是浸透 Cd 和 Te 的蒸气流与衬底间的对流传输。衬底温度（<600℃）与源温度（>800℃）相比较低。Cd 和 Te 蒸气的过饱和导致向衬底的冷凝和反应而形成 CdTe。CdTe 源包括加热的含固态 CdTe 的腔室，载气与 Cd 和 Te 蒸气混合，移动的衬底上方或下方约 1cm 处有一狭缝，气体通过狭缝沉积到衬底上而耗尽。源的几何结构影响蒸气在载气中的均匀性利用率。与 CSS 相似，载气成分可以是 N_2，Ar，He 和 O_2。沉积的 VTD 薄膜也与 CSS 薄膜相似，晶向几乎是杂乱的，晶粒分布和平均粒径可以与膜厚相比[103]。能源研究所（IEC）证明[104]VTD 工艺可以在移动的衬底上实现非常高的沉积速率，在商业开发上取得巨大进展，如 First Solar 公司[105]。

6.4.1.4　溅射沉积

CdTe 薄膜还可以由化合物靶的射频磁控溅射沉积。这种沉积方法与以前的不同，因为所有的薄膜沉积工艺都是远离热平衡的。通过 Ar^+ 消融 CdTe 靶，可使 Cd 和 Te 传输，之后是在衬底上的扩散和冷凝。通常溅射沉积的衬底温度小于 300℃，压强约 10mTorr。在 200℃溅射沉积的薄膜厚有 $2\mu m$，平均粒径约为 300nm，晶体曲线几乎是无序的。溅射沉积工艺由 Toledo 大学[106]和 NREL[107]研究。

6.4.2　Cd 和 Te 离子在表面的电化反应

电沉积 CdTe 包括在酸性电解液中，电降解 Cd^{2+} 和 $HTeO_2^+$ 得到 Cd 和 Te。这些离子的降解可用以下方程表示：

$$HTeO_2{}^+ + 3H^+ + 4e^- \longrightarrow Te^0 + 2H_2O, E_0 = +0.559V$$

$$Cd^{2+} + 2e^- \longrightarrow Cd^0, E_0 = -0.403V$$

$$Cd^0 + Te^0 \longrightarrow CdTe$$

由于还原电位的差异，必须限制溶液中阳离子浓度，以保持沉积薄膜的计量比。通常，由于溶液中 Te 的消耗及随后的传输过程，低 Te 离子浓度（10^{-4} mol/L）限制了 CdTe 的生长速率。为了克服这一点，需要将电解质剧烈搅拌，并采用不同方法适当补充 Te。薄膜厚度和表面沉积区域需要控制，以维持整个表面的持续沉积。沉积的薄膜可以是计量比的 CdTe、富 Te（通过提高溶液中 Te 离子浓度）或富 Cd（通过在低电位下限制 Te 离子浓度）的。在 CdS 薄膜衬底上沉积的 CdTe 薄膜表现出强烈的（111）取向，有柱状晶粒，平均粒径为 100～200nm。电沉积 CdTe 集中研究见参考文献[108，110]。电沉积 CdTe 的商业化开发由 BP Solar 在进行，记录效率是 10.9%，0.48m² 组件。

6.4.3　前驱物表面反应

6.4.3.1　金属有机化学气相沉积 (MOCVD)

MOCVD 是用非真空工艺沉积 CdTe 薄膜，用 Cd 和 Te 的有机前驱物如二甲基镉或二异丙基碲在氢气载气中，低温沉积实现。衬底放置在石墨盒中，可以通过辐射加热或通过耦合到射频发生器来加热。通过热解先驱气体和 Cd 与 Te 元素的反应完成沉积。因此，沉积速率强烈依赖于衬底温度，常用范围为 200～400℃。在 400℃ 沉积的薄膜有 2μm 厚，有柱状晶体结构，粒径约 1μm。MOCVD 工艺的研究见参考文献[109，110]。

6.4.3.2　喷雾沉积

喷雾沉积是一种用于沉积 CdTe 的非真空技术，前驱浆料含有 CdTe、$CdCl_2$ 和载体如丙二醇。浆料可以喷洒到室温或加热的基板上，之后进行反应/再结晶处理。这种方法制备的器件效率＞14%，组件效率为 9%，但是近期商业化开发较少。喷雾沉积工艺是将混合物喷雾在室温衬底上，并在 200℃ 预烘烤以蒸发掉载气，之后在 O_2 存在下在 350～550℃ 继续烘烤，随后是机械致密化工序，最后在

550℃处理。用这种方法生产的薄膜有不同的形貌、晶粒尺寸和孔隙率，用于制备高效率器件的薄膜在近CdTe/CdS界面有厚 $1\sim2\mu m$ 处相对较致密，在背表面区域相对疏松，有无定形的晶向。制备过程中可能会使CdS和CdTe层相互融合，在整个吸收层形成近乎均匀的 $CdTe_{1-x}S_x$ 合金，使带隙降低到约 $1.4eV$。通过喷雾沉积形成的高效率器件，由于CdS的扩散和合金化，消耗了大部分的CdS，导致蓝波光谱响应提高和随后的高短路电流密度。这种方法的研究见参考文献[111，112]。

6.4.3.3 丝网印刷沉积

丝网印刷和相关的用纳米粒子和微晶前驱物的沉积工艺是CdTe技术中最简单的。将Cd、Te和 $CdCl_2$ 或CdTe粒子和合适的黏合剂通过丝网黏合到衬底上形成薄膜。之后是干燥步骤，来去除黏合剂的溶剂，在高达700℃的温度下烘烤使薄膜再结晶。丝网印刷薄膜通常得到的薄膜厚度范围为 $10\sim20\mu m$，横向晶粒尺寸约 $5\mu m$，任意晶向。丝网印刷制备CdTe薄膜和电池的研究见参考文献[113，115]。

6.5 碲化镉薄膜电池结构

至今为止所有高效率CdTe光伏电池都是顶型配置结构。这种结构中TCO和CdS首先沉积到合适的透明材料上，描述见图6.7。另外一种结构是底型配置，CdTe首先沉积到合适的导电衬底上，之后沉积CdS和TCO，但这种结构并没有得到较高的转换效率，主要是因为CdS/CdTe结质量不高和很难维持CdTe的低阻电接触。

CdTe/CdS光电二极管的pn结起初设计在p-CdTe吸收层和n-CdS窗口层之间。但是，其中有一些复杂的因素需要考虑，如当CdS层很薄时需要高阻氧化物层，需要用 $CdCl_2$ 和 O_2 的热处理来提高CdTe层质量、CdS和CdTe的相互扩散以及背接触处的势垒。下面将逐个讨论这些问题。

6.5.1 窗口层

制备顶配置型CdTe光伏电池的第一步是在玻璃上沉积透明导电层，如 SnO_2、氧化铟锡、In_2O_3：Sn（ITO）或锡酸镉 Cd_2SnO_4，作为前接触层。为了得到高电流密度的电池，需要CdS层非常薄来使更多的蓝光透过。在高温处理工序中，CdS层非常难以控制，可能会形成CdTe和TCO的直接接触，产生漏电流或反向电流。当在TCO和CdS之间沉积一层高阻透明氧化物层（HRT），将会大大解决这一问

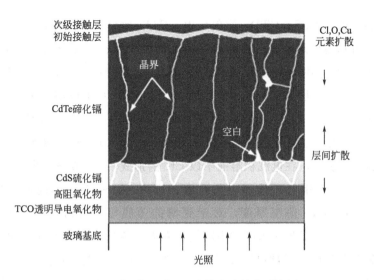

次级接触层
初始接触层
晶界
CdTe碲化镉
空白
CdS硫化镉
高阻氧化物
TCO透明导电氧化物
玻璃基底

Cl,O,Cu
元素扩散

层间扩散

光照

图 6.7 顶配置型 CdTe 光伏电池结构示意图

题，提高结质量和均匀性，这在 CuInSe$_2$/CdS 和 a-Si 薄膜光伏电池中也有报道[114]。高阻层材料包括非掺杂 SnO$_2$[115]，Zn 掺杂 SnO$_2$、In$_2$O$_3$[116,117]、Ga$_2$O$_3$[98]和 Zn$_2$SnO$_4$[118]。对于镀有氧化锡的碱石灰玻璃，HRT 层同样可以作为扩散阻挡层，防止从玻璃中扩散出的杂质原子污染 CdS/CdTe 结[119]。

大多数 CdTe 电池用 n-CdS 作为窗口层，与 CdTe 直接相连。高质量 CdS 薄膜的沉积工艺在图 6.6 中都有显示，包括化学水浴沉积、溅射沉积和物理气相沉积等，通常会选择与其他在线工艺兼容的制备方法。通常会将 CdS 层做得越薄越好，来透过高频短波（<520nm）光子，以提高短波 QE 和 J_{sc}，但过薄的 CdS 层可能也会导致 V_{oc} 降低。省略 CdS 层的 CdTe 薄膜电池效率通常并不高[114]。

在实际中，电池工艺条件会促进 CdTe 和 CdS 的互扩散，由于热动力学的驱动会在界面两端形成合金。结果使 CdS 层中的带隙发生偏转，降低了窗口层透过率和短波量子效率[120,121]。通过在 CdCl$_2$ 中热处理使薄膜再结晶，或谨慎控制器件工艺，降低 CdS 层厚度[121]，可以减少 CdS 的互扩散。

其他减少窗口层吸收的方法是混合 CdS 和 ZnS 以增加层带隙，从而提高光透过率。但是在 CdCl$_2$ 处理过程中，ZnS 比 CdS 化学稳定性更差，因此不能简单混合。迄今为止最高效率的 CdTe 电池在 CdS 和玻璃之间使用双层结构，包括 Cd$_2$SnO$_4$ TCO 和 Zn$_2$SnO$_4$ HRT 层，具有宽光学带隙和导电特性。但是这一方法中 Zn$_2$SnO$_4$ 高阻层可能会导致 CdS 的消耗[122]。

6.5.2 CdTe 吸收层和 CdCl$_2$ 处理

图 6.6 列出了沉积器件质量 CdTe 薄膜的多种成功工艺。然而，在不含氯的沉

积工艺（如 PVD、CSS、VTD、溅射）中，CdTe 薄膜的实际沉积过程没有后处理过程关键。沉积后处理步骤通常需要暴露在高温中，在含氯化合物如 $CdCl_2$ 中进行，通常被称为"$CdCl_2$ 处理"。后处理步骤最关键的环节是氯，可以通过多种方法添加，如将 CdTe 层放于 $CdCl_2：CH_3OH$ 或 $CdCl_2：H_2O$ 溶液中，之后干燥析出 $CdCl_2$ 薄膜[123,124]，或将 CdTe 放于 $CdCl_2$ 蒸气中[126,128]，向 CdTe 层上蒸发 $CdCl_2$ 层[125]，蒸气还可以是 $ZnCl_2$[127]、HCl[128] 或 Cl_2[129]。氯元素还可以在沉积 CdTe 的步骤引入，在电沉积溶液中以 Cl^- 的形式[130]，在丝网印刷工艺中作为浆料的成分[70]。常用的后处理工艺温度范围为 $380 \sim 450℃$，时间范围为 $15 \sim 30min$，取决于 CdTe 薄膜厚度，对于更薄的薄膜可将处理时间缩短，并降低 $CdCl_2$ 的浓度。控制 $CdCl_2$ 浓度的不同气相方法在参考文献[131]中列出。

使用氯和随后的热处理可以在很多方面改善 CdTe 电池性能。例如，处理可以使薄膜再结晶，促进薄膜中晶粒生长，使晶粒达到微米级[132]。表 6.2 列出了几种不同方法沉积 CdTe 薄膜的晶粒和晶向的变化。

表 6.2　不同方法沉积的 CdTe 薄膜经 $CdCl_2$ 处理后结构的变化

沉积方法	膜厚/μm	平均粒径 （初始→$CdCl_2$ 处理后）/μm	晶向 （初始→$CdCl_2$ 处理后）/μm
PVD	4	$0.1 \sim 1$	(111)→(220)
ED	2	$0.1 \sim 0.3$	(111)→(110)
喷雾沉积	10	$10 \sim 10$	任意→任意
丝网印刷沉积	12	约 10	任意→任意
VTD	4	$4 \sim 4$	任意→任意
CSS	8	$8 \sim 8$	任意→任意
溅射沉积	2	$0.3 \sim 0.5$	(111)→?
MOCVD	2	$0.2 \sim 1$	(111)→任意

对于有微米级初始粒径的 CdTe 薄膜，在 $CdCl_2$ 处理时会发生显著的再结晶。这有两种形式：①晶粒内部或初级再结晶，使晶向从（111）变为无序（见图 6.8）；②晶粒间或次级再结晶，使晶粒合并。在高温下沉积的薄膜，或在 $CdCl_2$ 高温热处理之前有氧存在的薄膜，在 $CdCl_2$ 处理后显示了强烈的晶粒生长（次级再结晶）。在这些工艺条件下，薄膜无序化是显著的影响，表明 $CdCl_2$ 仍然对晶格排布有影响。对结晶性质的影响和对 CdTe 缺陷化学和电子特性之间关系的揭示，表明 $CdCl_2$ 处理可以影响缺陷寿命和掺杂效果，进而影响缺陷能级。

$CdCl_2$ 热处理同时优化了 CdTe 薄膜和 CdS/CdTe 界面，提高了化学活性和元素迁移率。结构分析表明处理后 CdTe 薄膜晶向是无序的，并伴随有晶格参数的降低，在结表面的影响最为明显。CdS 薄膜在热处理后晶向也变得无序化，晶格参数增加。$CdCl_2$ 行为体现在作为助溶剂，打破了 Cd-Te 键和 Cd-S 键，形成初级再结

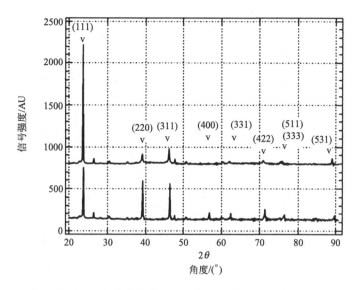

图 6.8　PVD CdTe/CdS 薄膜结构的 CdCl$_2$ 热处理前（上）后（下）的 XRD 谱图

热处理条件为 420℃，20min。最强峰是 1.5μm 厚的 CdTe 薄膜，其他是 CdS 和 ITO 薄膜特征峰

晶和离子的相互扩散。CdCl$_2$ 处理可以优化 Cd/Te 计量比，形成 Cd 空穴（可能涉及氧）和氯间隙元素。CdCl$_2$ 处理降低了 CdTe 晶粒间的片电阻，有高达三个数量级的减小[133]。可能是由于 V_{Cd}-Cl$_i$ 受主化合物，降低了施主态缺陷密度，提高了载流子迁移率和寿命。环境中的氧通过表面反应，形成了 CdO，增加了 V_{Cd} 的形成，降低了 Cd 浓度。氯和氧的结合可以调节电子能级阴离子和阳离子的相对浓度。单施主态和双受主态都推向了离能带边更近，导致单的相对浅的受主态。尽管这些化合物比 Cd 空位更有效掺杂，过量 Cl 可能导致补偿 Cl$_{Te}$ 施主。

CdCl$_2$ 热处理对器件性能的影响体现在显著增加光电流和均匀性，提高开路电压和填充因子。图 6.9 所示为三个 PVD 电池的光照 J-V 曲线，CdTe 厚度为 4μm，CdS 厚度为 0.2μm，背接触层都相同，但是①没有后沉积处理；②550℃空气中热处理；③优化 CdCl$_2$ 的空气中 420℃ 处理 20min。没有处理器件表现出低光电流和高串联电阻，光谱响应总体较低，在 CdTe 吸收边出现峰值，表明载流子寿命较低[134]。对于空气处理或 CdCl$_2$ 蒸气＋空气处理，J-V 曲线和光谱响应行为都表明器件有更高的载流子寿命和浓度。对于其他方法制备的器件，观察到了同样的现象，但在高温和含氧环境中沉积的样品初始条件［图 6.9（a）］会增加。

通过 CSS 沉积的 CdTe 器件，CdCl$_2$ 处理对于光电流和微均匀性的影响见图 6.10。图 6.10（a）所示的量子效率（QE）谱图是测试的 CdCl$_2$ 处理的器件，表明收集的电流很均匀。图 6.10（b）所示为没有 CdCl$_2$ 处理的电池，表现很不均匀[135]。没有 CdCl$_2$ 处理的器件在高晶界密度下表现出高光电流的降低。有 CdCl$_2$ 处理样品在

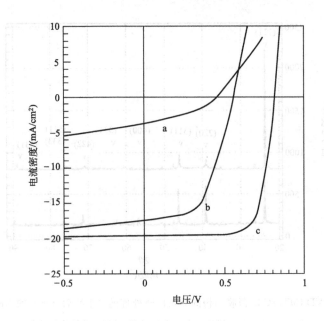

图 6.9 PVD 制备的 Cu_2Te/C 器件在 AM1.5 光照射下的 J-V 曲线

后沉积处理工艺：a—非热处理；b—空气中在 550℃下处理 5min；

c—含 $CdCl_2$ 的空气中 420℃下处理 20min

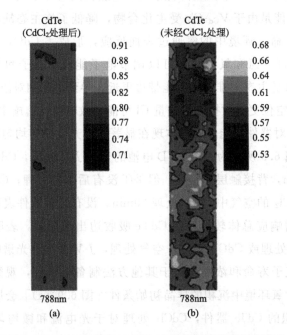

图 6.10 1μm 光束在 λ＝788nm 处的量子效率局部变化

所示面积为 50μm×10μm

95％的区域 QE 约达到 0.82，而没有 $CdCl_2$ 处理的样品范围为 0.50～0.68。

6.5.3 CdS/CdTe 互扩散

所有的 CdS/CdTe 电池在 CdCl$_2$ 处理工艺中都在至少 350℃的温度以上进行。一些沉积工艺，如喷雾，需要更高的温度。因此，可能发生 CdTe 和 CdS 之间的化学反应，这些反应是 CdTe 和 CdS 晶界间的互扩散的驱动力。已经报道了 CdTe 和 CdS 在低于 200℃下共沉积或溶液电沉积的方法，产生 CdTe-CdS 固态合金 CdTe$_{1-x}$S$_x$。这些合金的光学带隙随成分 x 的变化而变化，可用公式 $E_g(x) = 2.40x + 1.51(1-x) - bx(1-x)$ 来表示，$b \approx 1.8$，如图 6.11 所示[136]。合金薄膜在大于 350℃以上含 CdCl$_2$ 的热处理和 500℃以上无 CdCl$_2$ 的热处理导致合金的相分离。

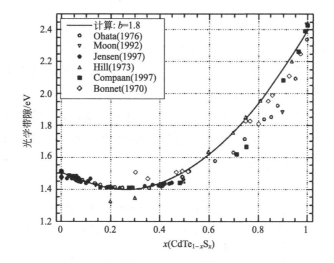

图 6.11 低温沉积 CdTe$_{1-x}$S$_x$ 合金薄膜的光学带隙与成分关系（数据来源于参考文献[137，141]）

对于在温度大于 625℃形成的 CdTe/CdS 混晶，研究建立的 T-x 之间的关系。混溶隙的温度范围扩展到小于 360℃，例如，用于沉积和处理 CdTe 薄膜的温度范围，平衡 CdTe$_{1-x}$S$_x$ 合金薄膜晶格参数确定，列于图 6.12 中[127,138]。使用非理想溶液非平衡相边界热动力学分析显示，将 CdS 引入到 CdTe 中的正向混合焓 $\Delta H^{EX} = 3.5$kcal/mol，将 CdTe 引入到 CdS 中的正向混合焓 $\Delta H^{EX} = 5.6$kcal/mol。对于 CdS 溶解于 CdTe 中，实验得到的混合焓与 CdTe-CdS 系统第一性原理理论计算的值完全相符[139]。

CdTe$_{1-x}$S$_x$ 固态合金的晶体结构通常是闪锌矿（F-43m），CdS$_{1-y}$Te$_y$ 通常是纤锌矿（P6$_3$mc）。在低温沉积的亚稳薄膜中，从闪锌矿到纤锌矿的转变发生在 $x \approx 3$，每个类型中的晶格参数遵从范德华力。亚稳和平衡的 CdTe$_{1-x}$S$_x$ 合金薄膜同样影响 E_g，最小在 1.39eV，随闪锌矿-纤锌矿的转变而不同。CdCl$_2$ 处理增加了

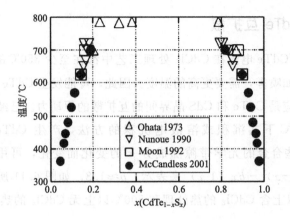

图 6.12　CdTe-CdS 伪二元平衡相图

系统平衡，但不会改变最终成分。

在界面区域形成 $CdTe_{1-x}S_x$ 和 $CdS_{1-y}Te_y$ 合金，通过在含 $CdCl_2$ 的大气中处理 CdS 和 CdTe 合金，提高了晶界扩散[132,140]。扩散机理只限于 Cd 的自扩散。CdTe 向 CdS 中的扩散可以降低窗口层带隙，进而降低 500～650nm 之间的光透过率。但是，CdS 扩散进入到 CdTe 是一个快速过程，更难以控制，尤其是电池中 CdS 层厚度＜100nm 时。扩散提高了薄膜晶格参数和光学常数分布，可以通过 XRD（图 6.13）[141] 和椭偏仪[142] 来分析。

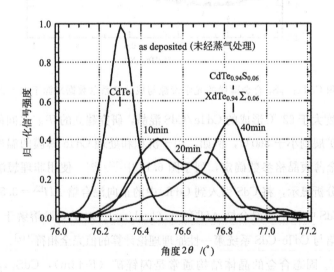

图 6.13　PVD 沉积的 CdTe/CdS 薄膜结构 XRD 扫描的（511）/（333）反射峰

沉积在 250℃进行，在 420℃ $CdCl_2$∶Ar∶O_2 蒸气中后处理。标出了纯 CdTe 和 x＝0.06 的 $CdTe_{1-x}S_x$ 合金

扩散因子与处理时的温度和气体成分有关。对于 CdS 在 CdTe 中的扩散，体扩

光伏电池原理及应用

散因子（D_B）和晶界扩散因子（D_{GB}）随温度的关系可以分别表示如下[141]：

$$D_B = 2.4 \times 10^7 e^{-\left(\frac{2.8eV}{kT}\right)} \, cm^2/s$$

$$D_{GB} = 3.4 \times 10^6 e^{-\left(\frac{2.0eV}{kT}\right)} \, cm^2/s$$

处理是在 9mTorr（1Torr = 133.322Pa）的 $CdCl_2$ 和 150mTorr 的 O_2 中进行的。图 6.14 所示为晶界扩散因子与 $CdCl_2$ 和 O_2 浓度的关系。对于在空气中的处理，晶界扩散与 $CdCl_2$ 分压有关（p_{sat}），在 1～100mTorr 范围内通过气相传输来完成[104]：

$$D_{GB} = 9.0 \times 10^4 \, p_{sat}^{2.73} e^{-\left(\frac{2.0}{kT}\right)} \, cm^2/s$$

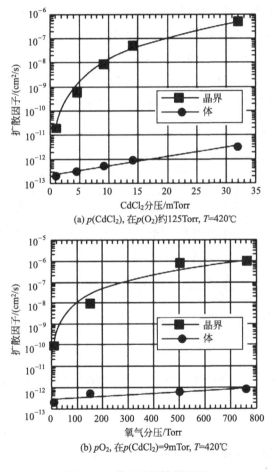

(a) $p(CdCl_2)$, 在 $p(O_2)$ 约125Torr, T=420℃

(b) pO_2, 在 $p(CdCl_2)$=9mTor, T=420℃

图 6.14 体和晶界扩散因子

合金的形成既有好的影响也有不利影响。相互扩散降低了吸收层带隙，导致更高的长波量子效率。尽管会影响内建电场，在喷雾沉积的 CdTe 电池中[143]，合金化的 $CdTe_{1-x}S_x$ 吸收层（$x>0.05$）仍然得到了 820mV 的开路电压。互扩散降低了界面应力[70]，并可能会降低暗态复合电流[80]。CdS 薄膜厚度降低，可以增加窗口层透过率，但是 CdS 的非均匀可能随后会导致结的不连续和高结复合电流。因此，合金形成在低温沉积下（如电沉积）更有利，得到小晶粒和高晶界密度。在这些薄膜中，高分压或高 $CdCl_2$ 浓度及 $CdCl_2$ 处理过程中有 O_2 的参与，会导致最终的合金形成。对于在有 Cl 下的高温 CdTe 沉积生长，如烧结，合金的形成可以显著提高，导致器件有均匀的合金成分，$x=0.05$，薄膜在 550℃ 形成。

图 6.15 所示为吸收层合金形成和长波 QE 的关系。对于 CSS 电池，没有 $CdCl_2$ 的情况下在 600℃ 沉积能得到大晶粒，吸收层有较窄的 XRD 峰，如图 6.15 所示。CdTe 位置表明一定程度的合金形成，因此在 CdCl 处理后有少量 CdS 扩散进入 CdTe 层。长波 QE 边发生在近纯 CdTe 波长处。相反，喷雾法制备的电池，CdTe 薄膜在高温下有 $CdCl_2$ 存在的环境中形成，出现不对称的 XRD 峰，与 $CdTe_{0.96}S_{0.05}$ 相关，在纯 CdTe 处有一带尾扩展。XRD 形状表明吸收层中的非均匀 S 扩散，最终使 QE 上长波相应处有轻微的降低。PVD 沉积的 CdTe 薄膜介于 CSS 和喷雾之间，比 CSS 薄膜晶粒更小。吸收层中不同量的 $CdTe_{1-x}S_x$ 合金有不同的电流收集，但器件行为几乎一致。

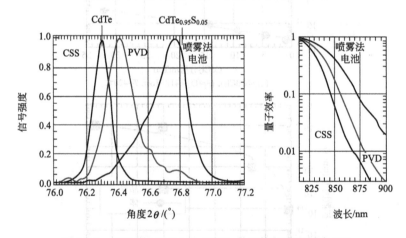

图 6.15　XRD 的（511）/（333）晶面特征峰和长波 QE

6.5.4　背接触

图 6.7 中最上层是背接触层，包括与 CdTe 的初始接触层（通常由富 Te 的 p^+ 表面组成）及收集载流子的次级接触层。与其他宽带隙 p 型半导体一致，可以与几乎所有金属形成肖特基势垒，因此需要制备低阻欧姆接触以避免势垒。最常用的方法是通过选择性化学腐蚀形成富 Te 的表面，之后使用铜或含铜的材料，铜与 Te 反应形成 p^+ 层，可以与金属或石墨接触。使用 GIXRD 方法可以直接检测背表面形成的 Cu_2Te[144]。同样，Cu 作为 CdTe 中的相对浅施主，可以扩散进入 CdTe

中，形成掺杂接触材料，如 ZnTe：Cu[145]。

处理形成铜层以外，还有使用了许多表面处理方法来降低背面势垒。表 6.3 总结了高效率器件所使用的形成背表面低阻接触的方法。尽管在实验室倾向于使用单表面处理和接触材料，但接触工艺并不依赖于 CdTe 沉积方法[146]。

表 6.3　背接触形成方法举例（NP＝硝酸＋磷酸混合物，
BDH＝依次在溴、酸性重铬酸盐和肼中反应）

CdTe 沉积方法	表面处理	初始接触	热处理	附加接触	参考文献
PVD	Te＋H_2	Cu	200℃/Ar	C	[147]
ED	BDH	Cu	无	Ni 或 Au	[148]
喷雾沉积	腐蚀	C＋掺杂	无	无	[149]
丝网印刷沉积	无	C＋Cu 掺杂	400℃/N_2	无	[150]
VTD	BDH	Cu	200℃/Ar	C	[131]
CSS	NP 腐蚀	C＋HgTe＋Cu	200℃/He	Ag	[33]
溅射沉积	Br 腐蚀	ZnTe：N	原位	金属	[151]
MOCVD	Br 腐蚀	ZnTe：Cu	原位	金属	[152]

Cu 在 CdTe 中的扩散因子较高，在 300K 时约为 $3 \times 10^{-12}\,cm^2/s$，加上其多种价态和弱 Cu-Te 键，可能会引起潜在的稳定性问题，降低接触势垒。替代 Cu 的背接触材料研究已经获得广泛突破，如 ZnTe：N[153] 和 Sb_2Te_3[154]，表现出对 CdTe 的相对低阻接触。但是到目前为止，无 Cu 的接触层器件还没有显示性能上的优越性。

图 6.16 所示为保持背接触势垒较小后计算的能带，CdTe 层厚度为 $2\mu m$[153]。背接触基本上是有相反极性的第二二极管，比主二极管的势垒更小。对于厚的吸收层，或有相当大载流子密度（实线），能带在吸收层的大部分区域是平的，初始结有效阻止了适度的正向电流，背面势垒对电流-电压曲线的影响很小。对于典型的 CdTe（虚线和点线之间）的载流子密度，初始和背接触二极管的耗尽区重叠。电

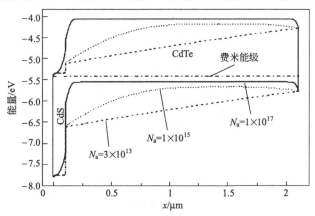

图 6.16　三种 CdTe 受主浓度和背接触势垒的 CdTe/CdS 结能带（V＝0）

子势垒的有效降低意味着正向电流可以更容易地流动，从而降低了开路电压。即便耗尽区不重叠，电子的长寿命可以导致过多的正向电流和降低电压[154]。

6.5.5 碲化镉电池的表征与分析

6.5.5.1 电池表现

CdTe 光伏电池电性能的大量信息可以从测量电流-电压（I-V），量子效率（QE）和电容与频率（C-f）、电压（C-V）关系曲线得到，更详细的信息可以从这些曲线的温度依赖性和时间演化关系得到。

最高效率记录电池的 I-V 曲线（图 6.2）遵循标准二极管方程，同时考虑其他机制，如电路电阻、正向电流等，但不包括热激发：

$$J = J_0 \exp\left(\frac{V-JR}{AkT}\right) - J_{sc} + \frac{V}{r} \tag{6.1}$$

对于最高效率记录 CdTe 电池的 J-V 曲线，前因子 J_0 为 $1 \times 10^{-9}\,\text{A/cm}^2$，串联电阻 R 为 $1.8\,\Omega \cdot \text{cm}^2$，二极管品质因子 A 为 1.9，并联电阻 r 为 $2500\,\Omega \cdot \text{cm}^2$。$R$ 和 A 的值用参考文献[155]的方法计算。

最大效率记录 CdTe 光伏电池的正向电流（$J + J_{sc}$）数据绘制在图 6.17 中，使用对数坐标，图中还给出了类似数据的高效率 GaAs 电池[156]，以便于比较。每个曲线对串联和并联电阻（R 和 r）都有微小改正。由于 CdTe 和 GaAs 电池的吸收层材料有相似的带隙，两个电池应该会有同样的 J-V 曲线。但是 V_{OC} 的不同却大于 200mV，在最大功率（MP）处，电压的不同更多，约为 300mV，这是因为 CdTe 的 A 因子为 1.9，而 GaAs 的 A 因子为 1.0，这种不同是由于 CdTe 结上附加

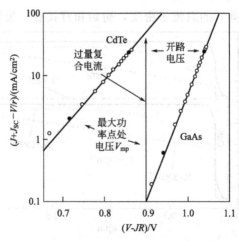

图 6.17 高效率 CdTe 和 GaAs 光照下的 J-V 数据（对数坐标，校正了电阻影响）

的复合电流路径造成的。在正常的操作条件下，CdTe 电池的正向电流比 GaAs 电池的大两个数量级。

图 6.17 的含义是，有很大的空间来提高 CdTe 电池的 V_{OC}，如降低复合或提高少子寿命。少数载流子寿命（τ）和开路电压的关系相当密切。少子寿命可以用时间分辨光致发光谱（TRPL）来测量。最高效率记录的电池光从上部照射，少子寿命约为 2ns。然而，进一步提高 CdTe 少子寿命，是否可以提高电压和效率需要进一步研究。

背接触势垒对器件能带图的影响已经在图 6.16 中给出。背接触对测量的 J-V 曲线影响在图 6.18 中给出。这里两个耗尽区没有重合，两个二极管作为单独的元件给出。对曲线的拟合计算表明背部的二极管势垒，事实上非常好。温度降低时背部势垒影响变大，这种影响在第一象限非常显著，J-V 曲线形状通常描述为"翻转"[158,162]。J-V 曲线翻转的程度与制备背接触层中铜的用量有关[159]。少量的铜在高温下可以得到翻转，表明有大的背接触势垒，很大程度上影响了电池性能。翻转增加会降低 FF，因此铜浓度的增加和背接触通常是反比关系。

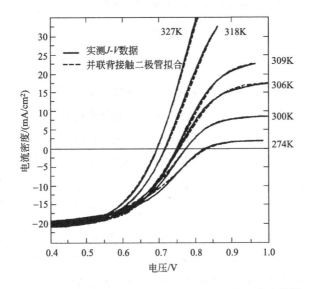

图 6.18 测量和计算的 CdTe 电池与背接触势垒曲线[157]

6.5.5.2 加速寿命："应力"测试

加入铜可以降低背接触势垒，因此抑制翻转，但可同样导致 CdTe 电池稳定性降低。许多研究者看到了当 CdTe 电池在高温（60～110℃）长时间暴露时性能发生明显变化[168,161]。这些研究，通常称为"应力"测试，一般会看到 FF 减少，之后是 V_{OC} 减少，只有在极端的条件下会影响 J_{SC}。图 6.19 所示为 NREL 制备的电池在光照下的 J-V 曲线，在制备后立刻测试，在 100℃和开路的偏压下光浸泡不同的时间周期。其他生产商制备的电池在 60～110℃ 暴露也得到了相同的曲线。这些和其他 CdTe 电池的暗态 J-V 曲线也表明随着温度应力的增加，翻转更大。对于有应力的电池，随着测量温度的降低或 100℃ 时间的增加，应力降低。随着 J-V 测量温度的降低，受主浓度降低，导致背势垒高度受到影响，如图 6.16 所示。有应力器件的翻转可能由于 CdTe 层中载流子密度降低所致。

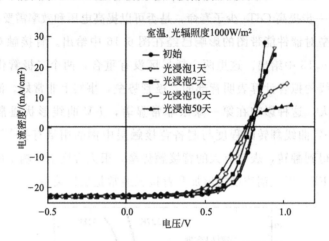

图 6.19　CdTe 电池在 100℃ 下光浸泡不同时间后的 J-V 曲线[160]

CdTe 电池性质随应力温度的变化有不同的结果。研究[160]表明经验活化能近 1eV，预测 J-V 曲线在 100℃ 的变化是电池板于室外的温度下每年变化的 500～1000 倍。因此，除非在室外放置多年，否则不会看到电池性能的显著变化。

附加的"应力"研究表明，当偏置电压被保持在短路或最大功率而非开路时[161,168]，或背接触层中铜的用量较少时[159]，对电池效率的影响较小。同样，没有铜的加入，电池的效率也会降低，与含铜有应力的电池有相似的 J_0、J_L（V）、翻转等特征[162]。当加上正向偏压时，铜移出背接触区域能更快，降低了电池内部的电场[160～164]。铜从背表面的移出至少对电池性能有两个影响：①增加背势垒的高度，这类似于无铜的背接触层例子；②由于铜向前结的移动，增加了 CdTe 的复合态，降低了载流子寿命，因此对电池性能有不好的影响。

6.5.5.3　光子损失

光子损失可以分为两部分，在到达 CdTe 吸收层之前的吸收和散射，以及光子透过吸收层的不完全吸收。光伏电池量子效率（QE），尤其是当与电池及单个窗口层材料的反射和吸收测量结合使用时，是分析这些损失的有效工具。图 6.20 所示为一个有相对较大 J_{sc} 损失的 CdTe 电池 QE 数据。这个电池有 $4\mu m$CdTe 和 $0.2\mu m$CdS 层，特意选择来说明分析过程，而不是目前正在制备的电池。

为了量化图 6.20 中的光损失，测量的 QE 通过光谱放大，单位为光子/（cm²·nm），对波长积分，乘以单位电荷得到 J_{sc}。为了比较，假设到带隙截止波长（820nm）的 QE 均为 100%，则理论最大电流密度 J_{max} 为 30.5mA/cm²。

图 6.20 所示的区域包括电池的反射、顶层玻璃的吸收、SnO₂ 导电层的吸收和 500nm 以下、约厚 250nmCdS 窗口层的吸收。单个吸收项是从每层的反射和透射得到的。剩余的损失区域与带隙有关，假定光子穿透足够深而完全被吸收。通过辐照度谱，集成这些损失光谱，通过电流密度的形式量化损失。这些损失在图 6.20 右边给出，标准 AM1.5 光谱[166]，100mW/cm² 辐照。这些损失的和是最大电流密度和测量值之间的差异。

右边数据可以看出，可以通过使用更薄的 CdS 窗口层、吸收程度更小的玻璃或提高 SnO₂ 透过率来减小光损失、增加电流。采用减反射层或通过光子的深穿透收集来提高 J_{sc} 的可能性相对较小。当然可以降低更多的损失。例如，最高效率记录电池 J_{sc} 为 26mA/cm²。从玻璃、SnO₂ 和 CdS 吸收的损失都没有图 6.20 所示的电池损失大，单一损失因素的贡献不会超过 1mA/cm²。

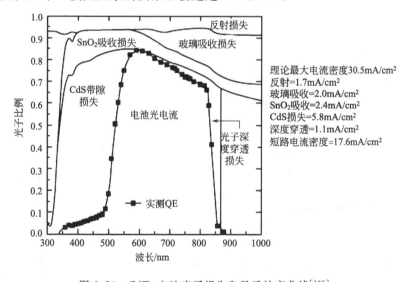

图 6.20　CdTe 电池光子损失和量子效率曲线[165]

6.5.5.4　电容分析

通过光伏电池的电容（C）可以得到带隙内的态信息，因此经常作为吸收层中载流子浓度的确切情况[167]。图 6.21（a）所示为测量的 CdTe 电池电容与频率的函数关系，有 0，−1V 和 −3V 三个偏压。静电电容相对较小，对应小的载流子密度和大的耗尽层宽度。大的耗尽层宽度意味着，大多数光子在一个电池区域内被吸收，因此，光电流不随电压显著变化[168]。事实上，近三十年的电容-频率曲线都较为平稳，表明他们没有受外部条件的显著影响。在高频的好转是由于电路自感应[169]，在低频点关闭是由于装置异常。通常，选择中间平坦区域的频率来进行电容-电压（C-V）曲线测量，在图中为 75kHz。

相同电池在 75kHz 下的电容-电压数据绘制在图 6.21（b）中。常用 C^{-2} 与 V 的形式表示，纵坐标与特定电压下耗尽区宽度 w 的平方成正比，因此 $C/A = \varepsilon/w$。斜率与耗尽区边缘的载流子浓度成反比。这种情况下，有两种不同的区域。在反向偏压下，C^{-2} 和耗尽区宽度变化较小。近零偏压进入正向偏压，但是，耗尽区宽度变得相当窄。

空缺密度与耗尽区宽度的数据绘制于图 6.21（c）中，因为可以认为吸收层都是耗尽的，可以看作是与结的距离。C^{-2}-V 曲线上的两个区域变得更明显。CdTe 表面向下的起始 $3\mu m$ 内，空缺密度非常低（平均 10^{14} 范围），但之后很快增加。可以解释为 $3\mu m$ 是 CdTe 层的厚度，孔隙率的快速提高发生在耗尽区边缘进入到背表面的区域。事实上，这块电池测量的 CdTe 厚度要略高于 $3\mu m$。可能的解释是在晶粒之间有空隙，背接触材料渗透进入 CdTe 中，因此减小了 CdTe 层的厚度。

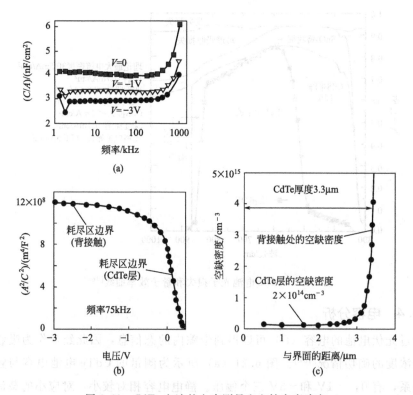

图 6.21　CdTe 电池的电容测量和空缺密度确定

图 6.6 所示的各种工艺制备的 CdTe 光伏电池，电容测量得到的空缺密度在

$10^{14} \sim 10^{13}\,cm^{-3}$ 范围内。相对低的载流子浓度可能是提高电池效率的障碍。CdTe 光伏电池制备时形成补偿施主仍然是一个问题。低空密度的直接影响是费米能级保持在价带顶以上 $250 \sim 350\,mV$，因此限制了结势垒和 V_{OC}。最大的问题是密度低可能导致图 6.17 所示的过量复合态的产生。

6.6 碲化镉组件

CdTe 光伏组件是由多个单 CdTe 电池连接到顶层构成的，顶层结构起机械支撑的作用。组件的电学输出取决于单个电池的输出、互联方案、死区损失和互联电阻损失。组件范围内获得高效率电池取决于小面积批处理步骤向大面积的成功转移，如 $CdCl_2$ 处理工艺，或采用大面积批处理方法，或采用连续生产方法。减小死区面积和电阻损失，以及由于使用低成本玻璃造成的光学损失的减小都非常重要。事实上，制造商的目标是在高吞吐量的生产工艺上得到大面积串联连接的 CdTe/CdS 二极管，具有高空间均匀性和物理电学特性。

不同于晶体电池的串联连接方式，薄膜 CdTe 光伏电池通过单片集成的方式连接，这种技术可以使组件不受部分遮挡的影响。在单个大面积衬底或顶板上的电池通过不同生产步骤薄膜沉积后的划线刻蚀来实现单片集成。划线可以通过机械的方法，更好的是用激光划线，可以通过调节激光的波长和功率密度使不同划刻层停止的点更匹配吸收特性[170]。单片集成组件的示意图如图 6.22 所示。通常用到三条划线：第一条划线隔离 TCO 前接触层，第二条划线通过 CdS 和 CdTe，放置相邻电池从 TCO 到背接触的电流导通，第三条隔离每个电池的背接触层。这些划线在组件上产生一个个死区，死区的面积需要越小越好。每个单个电池产生的光电流从组件的一端流向另一端。组件电压是串联连接的单个电池的电压之和。这种单片集成结构和三条激光划线与许多玻璃上沉积的非晶硅和 CIGS 光伏组件的连接方式非常相似。在非晶硅光伏组件上已经对组件几何结构和横向薄层电阻进行了重要的分析，降低了电阻和死区损失，并适用于 CdTe 光伏组件[171,172]。

图 6.22 使用玻璃作为支撑的顶衬底。选择玻璃是基于玻璃的成本、光学损失和热容忍性。例如，在硼硅玻璃上沉积的 CdTe 电池光生电流为 $2\,mA/cm^2$，比碱石灰玻璃的高，这是由于碱石灰玻璃对 600nm 波长以上的光吸收较强。然而，高透过率的玻璃，如硼硅玻璃、石英玻璃、维克玻璃等，需要更多的熔炼，因此成本上比常用的碱石灰窗玻璃要高很多。参考文献[173]综述了这些玻璃和其他玻璃的光学性质。低成本碱石灰玻璃的问题是它的软化温度较低，限制了其高温工艺的应用。减少碱石灰玻璃中铁离子含量可以增加它对 600nm 以上光的透过率，同时增

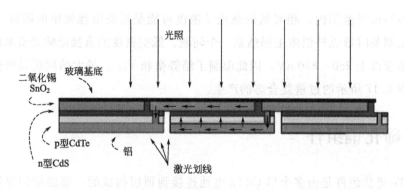

光照

二氧化锡
SnO₂

玻璃基底

p型CdTe

铝

n型CdS

激光划线

图 6.22 用三条激光划线串联连接的集成 CdTe 组件示意图

加了熔点温度，成本比硼硅和其他玻璃的要更低。

  CdTe 光伏组件的商业化依赖于持续的廉价原材料，尤其是镉和碲的供应。1GW/年的生产能力，假设制备的吸收层厚度为 $2\mu m$，100％需要使用 Cd 和 Te，每年约需要 40t 的镉和 60t 的碲。这两种元素都可以从矿石冶金的副产物中得到，镉从锌、铜和铅精炼中得到，而碲主要从电解铜和生产铅的浮渣中得到[174]。尽管如此，碲是稀少和较昂贵的原料，估计每年可用的碲量约为 1600t[175]。目前，95％纯镉和碲的成本分别为 12 美元/lb（24000 美元/t）和 20 美元/lb（40000 美元/t）。因此，每年 1GW 产能的工厂，镉和碲的成本约为 260 万美元，小于 0.03 美元/W。这远小于顶板玻璃/TCO 的成本，1GW 产能需要 $100km^2$ 的 TCO 玻璃，目前价格为 5 美元/m^2[176]，或约 0.5 美元/W。光伏生产的详细成本分析见参考文献[177]。

  目前生产的典型 CdTe 光伏组件面积为 $0.72m^2$，效率大于 10％，峰值功率为 75W。到目前为止，唯一商业化的大面积 CdTe 组件由 First Solar 生产，年产能大于 300MW[178]。其他三个 CdTe 组件生产商已经生产出小面积组件：Matsushita，BP Solar，Antec Solar GmbH。另外已有三家公司建立了自己的生产线，预期产能可与 First Solar 匹配。许多公司在致力于开发其他结构的 CdTe 组件，至少有一家公司在开发卷对卷工艺。

  First Solar 公司组件采用蒸发传输沉积 CdTe 的方法，能够在移动的衬底上得到高沉积速率，同时维持高衬底温度。组件在镀 SnO₂ 的碱石灰 TEC 玻璃上沉积，玻璃由 Pikington 公司提供。报道的生产线前进速率约为 $2.9m^2/min$[179]。First Solar 的成功证明了高产率、大面积观念的正确，是目前市场上成本最低的组件。

  CdTe 薄膜光伏电池制造商面临的问题是维持组件规模的小面积电池效率，控制薄膜沉积过程中的均匀性和重复性，及产品预期寿命的认证。关键问题之一是 CdS 薄膜的厚度，厚的 CdS 薄膜提高了工艺自由度，但降低了光生电流。超薄 CdS 薄膜的使用可以得到最高性能的小面积电池，CdTe 薄膜空间微结构的变化会影响 CdS 在 CdTe 中的扩散和最终的结结构，加重了薄膜形貌上面积控制和 CdCl$_2$ 处理工艺的重要性。向窗口层侧加入缓冲层结构、优化沉积后处理工艺、开发在线监测诊断工具是拓宽工艺容忍度、提高 CdTe 组件电流密度的有效途径。

6.7 碲化镉薄膜电池展望

在过去的 30 年，CdTe 基光伏电池结构的优化已经有了稳定的工艺。当调整带隙的微小不同，可以得到与晶体 GaAs 相似的最高电流密度。开路电压和填充因子受到过多正向电流复合、低少子寿命和低载流子浓度的限制，但是同样通过调节带隙，可以得到 GaAs 电池值的 80%。有一些关于扩散铜原子对稳定性影响的担忧，但是对于已经完成生产的电池，在正常的使用条件下的降解可以忽略。尽管 CdTe 光伏电池的状态足够健康以扩展主流商业化，还没有清晰的工艺路径使效率达到 20%，电池的研究还需要克服一些限制性能的因素。

目前已经建立了 CdTe 薄膜的工业化生产，但未来取决于生产方式的更新、CdTe 器件材料特性的研究、实验室范围器件性能和光伏组件的优化升级。实验室得到的单结效率用于组件，可以降低每瓦的组件成本。达到这些目标，需要更好地理解工艺条件和关键材料性质与高效率和长期稳定性之间的关系。

尽管多晶 CdTe 的基本性质尚未完全理解，开发高效率单结薄膜光伏电池的路径仍然比较明确。另外，许多 CdTe 薄膜沉积工艺通过结合适当的后处理工艺和背接触，可以得到相似的器件效率。达到 20% 效率目标和转移到大面积组件效率，需要确定和克服限制现有电池开路电压和填充因子的机理。薄膜 CdTe 电池的电流密度已经达到 90%，这是 AM1.5 照射的理论最大值，主要的限制来自于玻璃/TCO/CdS 结构的光学损失。

尽管在商业组件开发上也取得了一系列进展，$V_{OC} \approx 850$mV，FF$\approx 75\%$ 的值已经很多年没有变化。CdTe 电池电压提高 200mV 可以使之与 GaAs 的相匹配，可以将效率升高到 20%。将电压提高到这个数值有两种可能性[180]。一是将载流子浓度提高三个数量级，其寿命乘以 10 倍，这种方法需要大幅度提高材料质量，尝试提高这些参数还没有成功。第二种也是最有可能实现的方法是，制备完全耗尽的 n-i-p 结构，载流子密度和寿命与得到的电流可以相比，但需要在吸收层和背接触层之间加入背电流反射层。通过合适的合金拓展带隙，如下面讨论的 Cu$_{1-x}$Zn$_x$Te 或 Cd$_{1-x}$Mg$_x$Te，x 分别为 0.25 或 0.15。需要注意的是 CdTe 吸收层的沉积需要连续进行，这样不会带来界面态。

CdTe 电池另一适宜领域是更薄的吸收层开发。这对材料利用率和沉积时间上有明显好处，并同样可能需要有效的背电极反射。目前已经在 $0.5\mu m$ 厚的 CdTe 吸收层上产生了 10% 的器件效率[181]。这一成功部分在于调整 CdTe 后处理的时间，来适应 CdTe 层厚度。

除了单结光伏器件以外，CdTe 还可以与其他 II-VI 族化合物合金化，改变带隙，使多结电池的制备成为可能[182]。CdTe 基宽带隙电池的多结结构需要面临电池设计、处理温度和化学稳定性的问题。CdTe 和其他 II-VI 族化合物材料需要容许宽范围的光电性质来满足器件设计。这些半导体化合物提供开发可调材料，得到伪二元相图上的不同合金化合物。对于异质结光伏器件，使用 Cd、Zn、Hg 阳离子和 S、Se、Te 阴离子形成的半导体有宽范围的光学带隙，表明它们在优化器件设计上都是可利用的材料（表 6.4）。通常，有高吸收因子（约 $10^5/cm$），直接带隙的诸多 II-VI 族半导体都适合制备薄膜光伏器件。对于两结电池的开发，顶电池的吸收层带隙约 1.7eV，底电池约 1.1eV 是比较适合的[183,184]。其他可能还需要降低 CdTe 厚度来使电流匹配。

表 6.4　适用于 CdTe 电池吸收层的 II-VI 族合金

合金化合物	单晶光学带隙（E_g，300K）/eV
阳离子取代	
$Cd_{1-x}Zn_xTe$	1.49~2.25
$Hg_{1-x}Cd_xSe$	0.1~1.73
$Hg_{1-x}Zn_xTe$	0.15~2.25
阴离子取代	
$CdTe_{1-x}S_x$	1.49~2.42
$CdTe_{1-x}Se_x$	1.49~1.73
$CdSe_{1-x}S_x$	1.73~2.42
$HgTe_{1-x}S_x$	0.15~2.00
$HgSe_{1-x}S_x$	0.10~2.00

表 6.4 所示的合金系统，分别由阳离子和阴离子取代的伪二元化合物，定义了适合地面光伏转换系统吸收层材料的光学带隙范围。$Cd_{1-x}Zn_xTe$ 和 $Hg_{1-x}Zn_xTe$ 的同构系统使带隙在宽范围可调和 p 型电导率可控。$Cd_{1-x}Zn_xTe$ 基薄膜光伏电池的研究从 20 世纪 80 年代中后期就已开始，包括佐治亚理工学院（GIT）和国际太阳能研究中心（ISET）在内的许多实验室都进行了研究。可以用两种方法来沉积 $Cd_{1-x}Zn_xTe$ 薄膜：合成反应序列沉积金属层（ISET 采用）和金属有机化学气相沉积（GIT 采用）。通过反应序列沉积金属形成 $x=1$ 的 $Cd_{1-x}Zn_xTe$ 薄膜，相应带隙约为 1.6eV，进而制备 $CdS/Cd_{1-x}Zn_xTe$ 器件，得到效率为 3.8%，V_{OC} 和 FF 较低[185]。尽管并没有后续工作解释效率低的原因，用 MOCVD 制备的 $CdS/Cd_{1-x}Zn_xTe$ 器件，$CdCl_2$ ＋空气处理步骤中，由于锌合金到挥发性 $CdCl_2$ 的化学转变，将

带隙从 1.7eV 降到 1.55eV。用 1.55eV 带隙吸收层制备的电池最高效率为 4.4%[186]。更近的工作通过控制氧化和界面反应，使用 VTD 和 CSS 制备的 $Cd_{1-x}Zn_xTe$ 吸收层，$ZnCl_2$ 后处理，进而制备的 $Cd_{1-x}Zn_xTe/CdS$ 器件能够得到 12.4% 的效率，$E_g =$ 1.58eV[187]。而 ZnTe/ZnSe 电池的效率为 2%，$E_g = 2.24eV$[188]。

合金系统如在 $Cd_{1-x}Mg_xTe$ 系统中，发现结构转换沿着伪二元连线发生，这可能会限制可利用合金的范围。在 $Cd_{1-x}Mg_xTe$ 系统中，结构转换发生在 $x \approx 0.7$，NREL 团队已经制备了异质结器件，$E_g = 1.6eV$[189]。

CdTe 基薄膜光伏器件同样适合于非地面应用，包括太空功率转换、红外检测器和 γ 辐射检测。使用电流-电压表征最高效率器件，在 60℃ 照射可以校正带隙的温度依赖性和照射光谱的不同。最高效率器件在 25℃ 下用 AM1.5 照射，得到效率为 16.5%，转换成 60℃ AM0 为 13.9%。通常电池在 25℃ 下用 AM1.5 照射，效率为 12%，转换成 60℃ AM0 为 10%。对于厚 0.05mm 多晶衬底在 AM0 条件下，12% 电池的功率质量比为 1500W/kg。空间应用的 CdTe 研究和开发，希望 AM0 的功率质量比大于 1000W/kg，可以有三条路径：①在轻质柔性衬底上沉积 AM1.5 效率为 6%~7% 的电池[190]；②将完成的顶型配置刚性电池使用轻质柔性的底层衬底，AM1.5 效率为 11%[191]；③直接采用顶型配置沉积在 $100\mu m$ 厚的玻璃箔上[98]。

对于镉毒性的担忧和可能对环境造成的影响并没有发现。在电池总使用寿命中通常会产生 GW·h 的电能，但释放的镉比煤炭产生的要小很多，一定程度上也小于核能或硅基光伏产生的量[192]。镉在生产环境中管理取决于结合适当的工程和化学品的卫生习惯。组件对环境是完全密封的，这样既可以保护电池免受环境的破坏，也可以使半导体材料避免发生机械故障。在组件使用寿命完成时，可以通过回收其中金属制品的方式回收组件，据估计，几乎所有组件中的镉都可以被回收，回收的成本只有约 5 美分/W[193]。另外，通过限制工业管理的方法开发组件，可以完全控制镉分布。CdTe 薄膜技术对环境影响可忽略的部分原因是薄膜 CdTe 组件中镉的含量非常少。一个 $1m^2$ 的 CdTe 组件，会产生约 100W 的功率，使用小于 $2\mu m$ 厚的 CdTe 层，其中镉含量小于 10g，仅相当于单个镍-镉手电筒电池的含镉量[194]。

本章阐述了 CdTe 光伏电池和组件的发展与现状。过去 30 年对电池级别的研究成果现在已经转移到大面积快速增长的 CdTe 工业。这种快速增长还会继续，成本还将进一步降低。与所有的光伏技术相同，CdTe 工业的最终胜利取决于薄膜质量、器件结构和大面积生产工艺的进一步开发。

参 考 文 献

[1] Loferski J. J Appl Phys, 1956, 27: 777-784.

[2] Rothwarf A, Boer K. Prog Solid State Chem, É1975, 10: 71-102.

[3] Margottet J. Annals Scientifiques de l'École Normale Supérieure. 2nd ed. 1879, vol 8: 247-298.

[4] Frerichs R. Phys Rev, 1947, 72: 594-601.

[5] Jenny D, Bube R. Phys Rev, 1954, 96: 1190-1191.

[6] Krüger F, de Nobel D. J Electron, 1955, 1: 190-202.

[7] de Nobel D. Philips Re . Rpts, 1959, 14: 361-399, 430-492.

[8] Rappaport P. RCA Rev, 1959, 20: 373-397.

[9] Mimilya-Arroyo J, Marfaing Y, Cohen-Solal G, Triboulet R. Sol Energy Mater, 1979, 1: 171.

[10] Cohen-Solal G, Lincot D, Barbe M. Conf Rec, 4th ECPVSC. Stresa, Italy, 1982: 621-626.

[11] Fahrenbruch A, Bube R. Fundamentals of Solar Cells. New York: Academic Press, 1983, 418-460.

[12] Elliot J. US Air Force ASD Technical Report, 1961, 61-242.

[13] Cusano D. General Electric Res Lab Report. No 4582, 1963.

[14] Bernard J, Lancon R, Paparoditis C, Rodot M. Rev Phys Appl, 1966, 1: 211-217.

[15] Lebrun J. Conf Rec, 8th IEEE Photovoltaic Specialist Conf, 1970, 33-37.

[16] Justi E, Schneider G, Seredynski J. J Energy Conversion, 1973, 13: 53-56.

[17] Ponpon J, Siffert P. Rev Phys Appl, 1977, 12: 427-431.

[18] Fulop G, et al. Appl Phys Lett, 1982, 40: 327-328.

[19] Mitchell K, Fahrenbruch A, Bube R. J Appl Phys, 1977, 48: 829-830.

[20] Nakazawa T, Takamizawa K, Ito K. Appl Phys Lett, 1987, 50: 279-280.

[21] Aranovich J, Golmayo D, Fahrenbruch A, Bube R. J Appl Phys, 1980, 51: 4260-4265.

[22] Muller R, Zuleeg R. J Appl Phys, 1964, 35: 1550-1556.

[23] Dutton R. Phys Rev , 1958, 112: 785-792.

[24] Mitchell K, Fahrenbruch A, Bube R. J Appl Phys, 1977, 48: 4365-4371.

[25] Yamaguchi K, Matsumoto H, Nakayama N, Ikegami S. Jpn J Appl Phys, 1977, 16: 1203-1211.

[26] Adirovich E, Yuabov Y, Yugadaev D. Sov Phys Semicond, 1969, 3: 61-65.

[27] Bonnet D, Rabenhorst H. Conf Rec, 9th IEEE Photovoltaic Specialist Conf. 1972: 129-132.

[28] Suyama N, et al. Conf Rec, 21st IEEE Photovoltaic Specialist Conf, 1990: 498-503.

[29] Basol B. Conf Rec. 21st IEEE Photovoltaic Specialist Conf, 1990: 588-594.

[30] Tyan Y, Perez-Albuerne E. Proc, 16th IEEE Photovoltaic Specialist Conf, 1982: 794-800.

[31] Meyers P, Liu C, Frey T. U S Patent 4710589, 1987.

[32] Birkmire R. Conf. Record NREL ARD Rev Meeting, 1989: 77-80.

[33] Britt J, Ferekides C. Appl Phys Lett, 1993, 62: 2851-2852.

[34] Wu X, et al. J Appl Phys, 2001, 89: 4564-4569.

[35] McCandless B, Hichri H, Hanket G, Birkmire R. Conf Rec. 25th IEEE Photovoltaic Specialist Conf,
1996: 781-785.

光伏电池原理及应用

[36] Wu X, et al. Conf Rec 17th European Photovoltaic Solar Energy Conversion, 2001: 995-1000.

[37] Mitchell K, Fahrenbruch A, Bube R. J Appl Phys, 1977, 48: 829-830.

[38] Rakhshani A. J Appl Lett, 1997, 81: 7988-7993.

[39] Zanio K // Cadmium Telluride, Willardson R, Beer A eds. Semiconductors and Semimetals. Vol 13. New York: Academic Press, 1978.

[40] Xu J, Wang X, Cooper K. Optical Letters, 2005, 30: 3269.

[41] Hartmann H, Mach R, Selle B. Wide Gap Ⅱ-Ⅵ Compounds as Electronic Materials // Kaldis E, e-d. Current Topics in Materials Science. Vol 9. New York: North-Holland Publishing Company. 1982.

[42] Madelung O. Semiconductors Other than Group Ⅳ Elements and Ⅲ-Ⅴ Compounds. New York: Springer-Verlag, 1992.

[43] Aven M, Prener J, Eds. Physics and Chemistry of Ⅱ-Ⅵ Compounds, New York John Wiley and Sons, 1967: 211-212.

[44] Joint Committee on Powder Diffraction Standards. Powder diffraction file: Inorganic volume. Pennsylvania: JCPDS-International Center for Diffraction Data, 2009.

[45] Knacke O, Kubaschewski O, Hesselmann K. Thermochemical Properties of Inorganic Substances. 2nd Edition. New York: Springer-Verlag, 1991.

[46] Fonash S J. Solar Cell Device Physics. New York: Academic Press, 1981: 78-79.

[47] Robert W Cahn. Phase Diagrams for Binary Alloys: A Desk Handbook. Ohio USA: ASM International, Materials Park, 2000.

[48] Hultgren R, et al. Selected Values of the Thermodynamic Properties of Binary Alloys. Ohio: American Society for Metals, 1971: 627-630.

[49] Wei S, Zhang S, Zunger A. J Appl Phys, 2000, 87: 1304-1311.

[50] Phillips J. Bonds and Bands in Semiconductors. New York: Academic Press, 1973: 42.

[51] Huheey J, Keiter E, Keiter R. Inorganic Chemistry. New York: Harper Collins, 1993: 113-126.

[52] Wu W, Gielisse P. Mater Res Bull, 1971, 6: 621-638.

[53] Myers T, Edwards S, Schetzina J. J Appl Phys, 1981, 52: 4231-4237.

[54] Cohen M, Bergstresser T. Phys Rev, 1966, 141: 789-801.

[55] Wei S, Zhang S, Zunger A. J Appl Phys, 2000, 87: 1304-1310.

[56] Wei S, Zunger A. Appl Phys Lett, 1998, 72: 2011-2014.

[57] Mathew X, Arizmendi J R, Campos J, et al, Solar Energy Materials and Solar Cells, 2001, 70: 379-393.

[58] Wei S, Zhang X. Phys Rev, 2002. B66: 155211.

[59] Castaldini A, Cavallini A, Fraboni B. J Appl Phys, 1998, 83 (4): 2121-2126.

[60] Başol B. Int J Sol Energy, 1992, 12: 25-35.

[61] Capper P, Ed. Properties of Narrow Gap Cadmium-Based Compounds. London: INSPEC, 1994: 472-481.

[62] Wei S. Mtg Record National CdTe R&D Team Meeting, 2001, Appendix 9.

[63] Antonio Luque Isntituto, Steven Hegedus. Chapter 14: Cadmium Telluride Solar Cells // Brian E Mc Can-

dless, James R Sites. Handbook of Photovoltaic Science and Engineering. Chichester, West Sussex, England: John Wiley & Sons, 2003.

[64] Kazmerski L. Sol Cells, 1988, 24: 387-418.

[65] Mueller K. Thin Solid Films, 1989, 174: 117-132.

[66] Levi D, et al. Sol Energy Mater Sol Cells, 1996, 41/42: 381-393.

[67] Durose K, Edwards P, Halliday D. J Cryst Growth, 1999, 197: 733-742.

[68] Dobson K, Visoly-Fisher I, Hodes G, Cahen D. Sol Energy Mater Sol Cells, 2000, 62: 295-325.

[69] Durose K, et al. Prog Photovolt: Res Appl, 2004, 12: 177-217.

[70] Nakayama N, et al. Jpn J Appl Phys, 1976, 15: 2281.

[71] McCandless B. Mat Res Soc Symp Proc, 2001, 668: H1.6.1-H1.6.12.

[72] Ballif C, Moutinho H, Al-Jassim M. J Appl Phys, 2001, 89: 1418-1424.

[73] Rogers K, et al. Thin Solid Films, 1999, 339: 299-304.

[74] Yan Y, Albin D, Al-Jassim M. Appl Phys Lett, 2001, 78: 171-173.

[75] Nunoue S, Hemmi T, Kato E. J Electrochem Soc, 1990, 137: 1248-1251.

[76] Martel A, et al. Phys Status Solidi B, 2000, 220: 261-267.

[77] Dobson K, Visoly-Fisher I, Hodes G, Cahen D, Adv Mater, 2001, 13: 1495-1499.

[78] Wu X, et al. J. Appl Phys, 2001, 89: 4564-4569.

[79] Waters D, et al. Conf Rec 2nd WCPVSEC, 1998: 1031-1034.

[80] Oman D, et al. Appl Phys Lett, 1995, 67: 1896-1898.

[81] Rakhshani A. J Appl Phys, 1997, 81: 7988-7993.

[82] Li J, Podraza N J, Collins R W. Phys Stat Sol (a), 2008, 205 (4): 901-904.

[83] Aspnes D, Arwin H. J Vac Sci Technol, 1984, A2: 1309-1323.

[84] Collins R, et al. Conf Rec. 34th IEEE PVSC, 2009: 389-392.

[85] Fisher A, et al. Appl Phys Lett, 1997, 70: 3239-3241.

[86] Grecu D, et al. J Appl Phys, 2000, 88: 2490-2496.

[87] Okamoto T, et al. J Appl Phys, 1998, 57: 3894-3899.

[88] Hegedus S, Shafarman W. Prog Photovolt: Res And Appl, 12 (2-3): 155-176.

[89] Rose D, et al. Prog Photovolt, 1999, 7: 331-340.

[90] Desai D, Hegedus S, McCandless B, Birkmire R, Dobson K, Ryan D. Conf Rec. 32nd IEEE PVSC and WCPEC-4, 2006: 368-371.

[91] Balcioglu A, Ahrenkiel R, Hasoon F. J Appl Phys, 2000, 88: 7175-7178.

[92] Dobson K, et al. Mat Res Soc Symp Proc, 2001, 668: H8.24.1-H8.24.6.

[93] Galloway S, Edwards P, Durose K. Sol Energy Mater Sol Cells, 1999, 57: 61-74.

[94] Durose K, Edwards P, Halliday D. J Cryst Growth. 1999, 197: 733-740.

[95] Bonnet D, Meyers P. J Mater Res, 1998, 10: 2740-2754.

[96] Jackson S, Baron B, Rocheleau R, Russell T. J Vac Sci Technol A, 1985, 3: 1916-1920.

[97] Jackson S, Baron B, Rocheleau R, Russell T. AIChE J, 1987, 33: 711-721.

[98] Takamoto T, Agui T, Kurita H, Ohmori M. Sol Energy Mater Sol Cells, 1997, 49: 219-225.

光
伏
电
池
原
理
及
应
用

[99] Tyan Y, Perez-Albuerne E. Conf Rec. 16th IEEE Photovoltaic Specialist Conf, 1982: 794-800.

[100] Bonnet D. Conf Rec. 14th European Photovoltaic Solar Energy Conversion, 1997: 2688-2693.

[101] Bath K. Conf Rec. 34th IEEE Photovoltaic Specialists Conf, 2009: 3-8.

[102] Seymour F. Proc Mat Rec Soc, 2009: 255-261.

[103] McCandless B E, Buchanan W A, Birkmire R W. Conf Rec. 31st IEEE Photovoltaic Specialist Conf, 2005: 295-298.

[104] McCandless B, Buchanan W. Conf Rec. 33rd IEEE Photovoltaic Specialist Conf, 2008: 295-298.

[105] Powell R, et al. U S Patent5945163, 1999.

[106] Wendt R, Fischer A, Grecu D, Compaan A. J Appl Phys, 1998, 84: 2920-2925.

[107] Abou-Elfoutouh F, Coutts T. Int J Sol Energy, 1992, 12: 223-232.

[108] Bhattacharya R, Rajeshwar K. J Electrochem Soc, 1984, 131: 2032-2041.

[109] Chu T, Chu S. Int J Sol Energy, 1992, 12: 122-132.

[110] Sudharsanan R, Rohatgi A. Sol Cells, 1991, 31: 143-150.

[111] Jordan J. International Patent Application WO93/14524, 1993.

[112] Kester J, et al. AIP Conf Ser, 1996, 394: 196.

[113] Gur I, Fronmer N A, Geier M L, Alivisatos A P. Science, 2005, 310: 462-465.

[114] Bauer G, von Roedern B. Conf Rec. 16th European Photovoltaic Solar Energy Conversion, 2000: 173-176.

[115] Jordan J, Albright S. U S Patent 5279678, 1994.

[116] McCandless B, Birkmire R. Conf Rec. 28th IEEE Photovoltaic Specialist Conf, 2000: 491-494.

[117] Takamoto T, Agui T, Kurita H, Ohmori M. Sol Energy Mater Sol Cells, 1997, 49: 219-225.

[118] Wu X, et al. Conf Rec. 28th IEEE Photovoltaic Specialist Conf, 2000, 470-474.

[119] Romeo N, Bosio A, Tedeschi R, Canvari V. Conf Rec. 2nd WCPEC (Vienna), 1999: 446-447.

[120] McCandless B, Hegedus S. Conf Rec. 22ndEEE Photovoltaic Specialist Conf, 1991: 967-972.

[121] Clemminck I, et al. Conf Rec. 22nd IEEE Photovoltaic Specialist Conf, 1991: 1114.

[122] Wu X. J Appl Phys, 2001, 89: 4564-4569.

[123] Meyers P, Leng C, Frey T. U S Patent 4710589, 1987.

[124] McCandless B, Birkmire R. Sol Cells, 1990, 31: 527-535.

[125] Bath K, Enzenroth R. Sol Cells, 1990, 31: 527-535.

[126] McCandless B. U S Patent 6251701, 2001.

[127] McCandless B E, Buchanan W A, Hanket G M. Conf Rec. 4th WCPEC (New Orleans), 2006: 483-486.

[128] Zhou T, et al. Conf Rec 1st WCPVSEC, 1994: 103-106.

[129] Qu Y, Meyers P, McCandless B. Conf Rec. 25th IEEE Photovoltaic Specialist Conf, 1996: 1013-1016.

[130] Basol B, Tseng E, Lo D. U S Patent 4548681, 1984.

[131] McCandless B, Dobson K. Solar Energy, 2004, 77: 839.

[132] McCandless B, Moulton L, Birkmire R. Prog Photovolt, 1997, 5: 249-260.

[133] Birkmire R, McCandless B, Shafarman W. Sol Cells, 1985, 23: 115-126.

[134] Birkmire R, McCandless B, Hegedus S. Int J Sol Energy, 1992, 12: 145-154.

[135] Hiltner J, Sites J. Mat Res Soc Proc, 2001, 668: H 9: 8: 1-7.

[136] Jensen G. [Ph D Dissertation]. Stanford University Department of Physics, 1997.

[137] Bonnet D. Phys Stat Sol, 1970, A3: 913-919.

[138] McCandless B, Hanket G, Jensen D, Birkmire R. J Vac Sci Technol A, 2002, 20 (4): 1462-1467.

[139] Wei S, Zhang S, Zunger A. J Appl Phys, 2000, 87: 1304-1311.

[140] Herndon M, Gupta A, Kaydanov V, Collins R. Appl Phys Lett, 1999, 75: 3503-3506.

[141] McCandless B, Engelmann M, Birkmire R. J Appl Phys, 2001, 89 (2): 988-995.

[142] Collins R. Conf Rec. 4th WCPEC, 2006: 392-395.

[143] Albright S, et al. AIP Conf Ser, 1992, 268: 17-32.

[144] McCandless B, Phillips J, Titus J. Conf Rec. 2nd WCPVEC, 1998: 448-452.

[145] Gessert T, Duda A, Asher S, Narayanswamy C, Rose D. Conf Rec. 28th IEEE Photovoltaic Specialist Conf, 2000: 654-657.

[146] McCandless B, Qu Y, Birkmire R. Conf Rec. 1st WCPVSEC (Hawaii), 1994: 107-110.

[147] McCandless B, Qu Y, Birkmire R. Conf Rec. 1st WCPVSEC, 1994: 107-110.

[148] Szabo L, Biter W. U S Patent 4735662, 1988.

[149] Albright S, Ackerman B, Jordan J. IEEE Trans Elec Dev, 1990, 37: 434-437.

[150] Matsumoto H, et al. Sol Cells, 1984, 11: 367-373.

[151] Lyubormisky I, Rabinal M, Cahen D. J Appl Phys, 1997, 81: 6684-6691.

[152] Ringel S, Smith A, MacDougal M, Rohatgi A. J Appl Phys, 1991, 70: 881-889.

[153] McMahon T, Fahrenbruch A. Conf Rec 28th IEEE Photovoltaic Specialist Conf, 2001: 539-542.

[154] Pan J, Gloeckler M, Sites J. J Appl Phys, 2006, 100: 125405.

[155] Sites J, Mauk P. Sol Cells, 1989, 27: 411-417.

[156] Kurtz S, Olson J, Kibler A. Conf Rec. 23rd IEEE Photovoltaic Specialist Conf, 1990: 138-141.

[157] Stollwerck G, Sites J. Conf Rec. 13th European Photovoltaic Solar Energy Conversion, 1995: 2020-2022.

[158] McCandless B, Phillips J, Titus J. Conf Rec. 2nd WCPVSEC, 1998: 448-452.

[159] Asher S, et al. Conf Rec. 28th IEEE Photovoltaic Specialist Conf, 2000: 479-482.

[160] Hiltner J, Sites J. AIP Conf Ser, 1998, 462: 170-173.

[161] Hegedus S, McCandless B, Birkmire R. Conf Rec. 28th IEEE Photovoltaic Specialist Conf, 2000: 535-538.

[162] Hegedus S, McCandless B. Sol Energy Mater Sol Cells, 2005, 88: 75-95.

[163] Dobson K, Visoly-Fisher I, Hodes G, Cahen D. Sol Energy Mater Sol. Cells, 2000, 62: 145-154.

[164] Greco D, Compaan A. Appl Phys Lett, 1999, 75: 36-363.

[165] Stollwerck G. MS Thesis. Colorado State University, 1995.

[166] Hulstrom R, Bird R, Riordan C. Sol Cells, 1985, 15: 365.

[167] Mauk P, Tavakolian H, Sites J. IEEE Trans Electron Dev, 1990, 37: 1065-1068.

[168] Liu X, Sites J. J Appl Phys, 1994, 75: 577-581.

[169] Scofield J. Sol Energy Mater Sol Cells, 1995, 37: 217-233.

[170] Matulionis I, Nakada S, Compaan A. Conf Rec. 26th IEEE Photovoltaic Specialist Conf, 1997:

光
伏
电
池
原
理
及
应
用

491-494.

[171] Willing F, et al. Conf Rec. 21st IEEE Photovoltaic Solar Energy Conversion, 1990: 1432-1436.

[172] van den Berg R, et al. Sol Energy Mater Sol Cells, 1993, 31: 253-261.

[173] Kirk-Othmer Encyclopedia of Chemical Technology. Third Edition. New York: John Wiley and Sons Inc, 1980, Vol. 11: 807-880.

[174] Brown R. U S Geological Survey Minerals Yearbook, 2000 U S G S: 67.1-67.4.

[175] Andersson B. Prog Photovolt Res Appl, 2000, 8: 61-76.

[176] Gerhardinger P, McCurdy R. Mat Res Soc Symp Proc, 1996, 426: 399-410.

[177] Zweibel K. Sol Energy Mater Sol Cells, 1999, 59: 1-18.

[178] Maycock P. Photovoltaic News, 2001, 20.

[179] Rose D, et al. Conf Rec. 28th IEEE Photovoltaic Specialist Conf, 2000: 428-431.

[180] Sites J, Pan J. Thin Solid Films, 2007, 515: 6099-6102.

[181] Plotnikov V, Kwon D, Wieland K, Compan A. Conf Rec, 34th IEEE Photovoltaic Specialists Conf, 2009: 1435-1438.

[182] Coutts T, et al. Prog Photovolt: Res Appl, 2003, 11: 359-375.

[183] Fan J, Palm B. Sol Cells, 1984, 11: 247-261.

[184] Nell M, Barnett A. IEEE Trans Elec Dev, 1987, ED-34: 257-265.

[185] Basol B, Kapur V, Kullberg R. Conf Rec. 20th IEEE Photovoltaic Specialist Conf, 1988: 1500-1504.

[186] Rohatgi A, Sudharsanan R, Ringel S, MacDougal M. Sol Cells, 1991, 30: 109-122.

[187] McCandless B, Buchanan W, Hanket G. Conf Rec. 4th WCPEC, 2006: 483-486.

[188] Fang F, McCandless B, Opila R. Conf Rec. 4th IEEE Photovoltaic Specialist Conf, 2009: 547-550.

[189] Dhere R, Ramanathan K, Scharf J. et al. Mat Res Soc Symp Proc, 2007, 1012: Y02-02.

[190] McClure J, et al. Sol Energy Mater Sol Cells, 1998, 55: 141-148.

[191] Romeo A, Batzner D, Zogg H, Tiwari A. Mat Res Soc Symp Proc, 2001, 668: H3.3.1-H3.3.6.

[192] Fthenakis V, Kim H, Alsema E. Environ Sci Technol, 2008, 42: 2168-2174.

[193] Fthenakis V, Eberspacher C, Moskowitz P. Prog Photovolt: Res Appl, 1996, 4: 447-456.

[194] Zweibel K, Moskowitz P, Fthenakis V. NREL Technical Report, 1998: 520-24057.

7 铜铟镓硒光伏电池

7.1 铜铟镓硒光伏电池基本情况介绍

铜铟镓硒光伏电池由于其低成本和高效率，是最有前途的光伏电池之一。在过去的几十年里，铜铟镓硒的制造在世界范围内有井喷式的发展，其中 Solar Frontier 公司最近建立了 1GW 的生产线。铜铟镓硒的优势在于薄膜的低成本，半导体材料的大面积高沉积速率，只需沉积几微米厚的半导体既可生产单片集成组件。最为重要的是，在铜铟镓硒电池和组件级别都能得到较高的转换效率：美国国家可再生能源实验室（NREL）在 $0.5cm^2$ 的面积上制备出效率为 20.0% 的电池[1,2]；一些公司生产出效率为 12%～14% 的大面积、产品规模的组件；在 $3459cm^2$ 的单片集成组件上，已有经过验证的 13.5% 效率[3]；太空用组件在约 $1000cm^2$ 的面积上，效率可达＞15%。最后，CIGS 光伏电池和组件在室外测试时显示了优良的长期稳定性[4]。除了上述在大面积陆地应用上的优点以外，CIGS 电池还可以制作成轻质、柔性的光伏器件，应用于建筑、便携式设备等。与晶硅和 III-V 族光伏电池相比，CIGS 电池显示了高抗辐射性能，同样很适合于空间应用。

铜铟镓硒光伏电池的研究历史可以追溯到 20 世纪 70 年代的贝尔实验室。而CIGS 材料的合成和表征最早由 Hahn 在 1953 年发表[5]，随后多个研究小组表征了他们开发的三元黄铜矿材料[6]。贝尔实验室小组用这些材料在非常宽的范围内制备晶体，表征其结构、电学和光学性质[6~8,10]。最初通过向 p 型单晶材料上蒸发 n型 CdS 制备 $CuInSe_2$ 光伏电池[9]。优化的光伏电池在室外照射时，效率达到了12%（测试在新泽西州一个晴朗的天气进行）[10]。

由于生长高质量晶体较困难[11]，这些早期研究制备的单晶 CuInSe₂ 器件效率相对较低。由于薄膜光伏电池的内在优势，之后几乎所有的研究都集中在了薄膜光伏电池。最初的 CuInSe₂/CdS 薄膜器件由 Kazmerski 等人在过量 Se 氛围下蒸发 CuInSe₂ 粉末得到[12]。但是，直到波音公司验证了第一个 9.4％的高效率薄膜光伏电池[13]，CuInSe₂ 的研究才开始受到关注。与此同时，由于电化学的不稳定性，许多研究者在 Cu₂S/CdS 薄膜光伏电池上的兴趣降低，转而集中到 CuInSe₂ 的研究上。

波音公司制备的器件是采用共蒸来沉积 CuInSe₂，即通过单独的元素源蒸发到镀有 Mo 背电极的陶瓷衬底上[14]，通过蒸发 CdS 或（CdZn）S 来形成器件。CdS 是通过蒸发未掺杂的 CdS 和 In 掺杂的 CdS 两步来实现的，作为主要的电荷收集材料[14]。在整个 20 世纪 80 年代，波音公司和 ARCO 太阳能公司开始通过扩大规模来解决 CuInSe₂ 光伏电池制造困难的问题，对 CuInSe₂ 光伏电池技术有很大的促进。波音公司集中于通过共蒸来沉积 Cu(InGa)Se₂，而 ARCO 太阳能集中于 Cu 和 In 在低温下沉积形成预制层，之后在 H₂Se 氛围中反应退火。共蒸和预制层反应这两种工艺过程，现在依然是制备高效率器件最常见的两种沉积方法。

以波音公司开发的光伏电池结构为基础，后续又进行了一系列改进和优化，最终形成了今天的高效率器件结构和技术。技术上最主要的提升有以下几个方面：

① 通过由 Ga 部分取代 In，吸收层带隙由 CuInSe₂ 的 1.04eV 提高到 1.1～1.2eV，使效率得到了大幅提升[15]。

② 由≤50μm、未掺杂的 CdS 薄层和导电的 ZnO 层替代厚 1～2μm 的掺杂（CdZn）S 层[16]，这通过提高短波（蓝光）相应，提高了器件电流。

③ 由碱石灰玻璃代替陶瓷或硼硅玻璃衬底。这个改变是因为碱石灰玻璃的低成本、热膨胀性与 CuInSe₂ 匹配更好，并且可以从玻璃中扩散 Na 进入器件，提高器件效率和工艺容忍性[17]。

④ 电池在多聚物或金属箔等柔性衬底上沉积。这预示着更有利于卷对卷等工艺过程在生产中的应用，同时可以有轻质柔性组件用于太空和便携式设备[18]。

⑤ 开发了更多优化的吸收层生产过程，以提高带隙和其他优化，提高了开路电压和电流收集[19～21]。

从早期的开发来看，CuInSe₂ 光伏电池由于优异的光电特性、直接带隙的高吸收因子和内在 p 型导电，成为最有潜力的光伏电池之一。随着科学技术的发展，越来越清晰地看到它是一种容忍性非常强的材料：①高效率器件可以在宽范围内容忍 Cu(InGa)Se₂ 的成分变化[21～24]；②晶界是内在消极的，这样薄膜中小于1μm 的晶粒也可以被利用；③器件行为在 Cu(InGa)Se₂ 和 CdS 结上对晶格不匹配或不纯等缺陷不敏感，这样即便在结形成之前将 Cu(InGa)Se$_2$ 暴露到空气中，也能形成高效率器件。

目前全球已经有至少 10 个研究小组制备出了效率为 18% 或更高的 CuInSe$_2$ 基光伏电池。这些研究机构采用不同的制备工艺，但所有的光伏电池都有在镀 Mo 衬底上围绕 Cu(InGa)Se$_2$/CdS 结的基本结构，也有一些电池和组件采用不含 CdS 的缓冲层（见 7.4.4 节）。图 7.1 所示为器件的典型横截面结构。这种结构使用碱石灰玻璃（钠钙玻璃）衬底，溅射镀 Mo 层作为背电极，Cu(InGa)Se$_2$ 材料沉积完毕后，用化学水浴法制备约厚 50nm 的 CdS 来形成 pn 结，之后是通过溅射或化学蒸发法沉积高阻 ZnO 和 TCO 层，TCO 通常是掺杂的 ZnO 或 ITO，采用栅线收集电流，整体作为器件，或串联形成组件。同样结构的 TEM 照片如图 7.2 所示，清晰地显示了多晶 CIGS 材料和上面覆盖的共型 CdS 层。

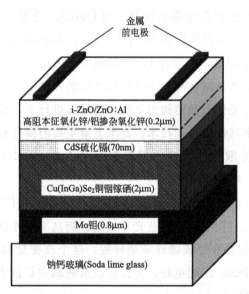

图 7.1　Cu(InGa)Se$_2$ 光伏电池的典型横截面结构

随着全球范围内 Cu(InGa)Se$_2$ 组件生产开发的规模化和多样化，产生了一系列商业性在建公司。大多数公司工艺基于共蒸和预制层反应这两种沉积方法，不同之处在于窗口层材料（如无镉材料）的选择，玻璃基底还是柔性基底，在线连续工艺还是批处理工艺，电池连接成组件的接触方式及包装外形等。

尽管器件的开发制造工艺水平逐步上升，实验室范围、微组件和大面积组件的效率仍然存在较大差异。这部分是因为任何光伏技术都存在随着面积增大而恶化的现象，这需要开发全新的工艺和设备来满足大面积、高产量的薄膜光伏器件制备过程。Cu(InGa)Se$_2$ 材料和器件至今还没有一个完全成熟的科学基础，部分原因是还

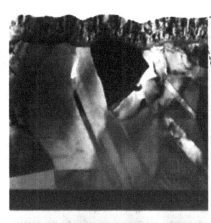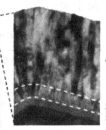

铝掺杂氧化锌(ZnO:Al)

本征氧化锌(i-ZnO)
硫化镉(CdS)

铜铟镓硒(Cu(InGa)Se₂)

钼(Mo)

基底

图 7.2　Cu(InGa)Se₂ 光伏电池横截面的 TEM 照片

没有引起应用上更广泛的兴趣。这种基础的缺乏是 Cu(InGa)Se₂ 光伏电池工艺成熟的最大障碍，因为目前大部分工艺过程是实验性的。但是近年来在 Cu(InGa)Se₂ 光伏电池的许多领域都有深度的理解和突破。

　　本章将从技术的角度总结 Cu(InGa)Se₂ 薄膜光伏电池的目前状态和对其的理解。一些科学方面的深入探讨，将借助于合适的参考文献。本章的内容主要包括：（7.2 节）Cu(InGa)Se₂ 光伏电池的结构、光学和电学特性，Na 和 O 掺杂的影响讨论；（7.3 节）沉积 Cu(InGa)Se₂ 薄膜的方法，介绍比较常见的两种方法，既多源共蒸发法和预制层沉积后硒化法；（7.4 节）结和器件形成，典型的方法是化学水浴法制备 CdS 和沉积导电 ZnO 层；（7.5 节）器件性质，光的捕获、电荷的收集和复合损失机理；（7.6 节）组件制备要点，包括工艺、性能要点及环境问题的讨论；最后是（7.7 节）CuInSe₂ 基光伏电池的展望和未来关键问题的讨论。

7.2　铜铟镓硒的材料性质

　　对 Cu(InGa)Se₂ 薄膜的理解及其在光伏器件中的应用，都是基于对其基本材料纯 CuInSe₂ 的理解和研究上。以前对 CuInSe₂ 的研究工作可在参考文献[25，27]中找到。但是现在用来制备光伏电池的材料是 Cu(InGa)Se₂，不仅含有 Ga，还含有一定量（0.1%）的 Na[26]。尽管 CuInSe₂ 的行为为理解器件材料提供了很好的基础，但当 Ga 和 Na 掺入到膜中后却出现了很大的不同。

　　本节讨论 CuInSe₂ 的结构、光学和电学特性对晶隙、晶界和器件的影响。还讨论了 CuGaSe₂ 对 Cu(InGa)Se₂ 的影响及 O 和 Na 掺入后对材料性能的影响。

CuInSe₂ 材料基本特性总结于表 7.1。

表 7.1 CuInSe₂ 特性参数

性质		数值	单位	参考文献
晶格常数	a	5.78	Å	[27]
	c	11.62	Å	
密度		5.75	g/cm³	[27]
熔点		986	℃	[28]
热膨胀系数(室温)	a 向	11.23×10^{-6}	1/K	[29]
	c 向	7.9×10^{-6}	1/K	
热导率(273K)		0.086	W/(cm·K)	[30]
介电常数	低频	13.6		[31]
	高频	7.3~7.75		[32]
有效质量(m_e)	电子-exp.	0.08	m_{e0}	[33]
	理论(∥c 向) (∥a 向)	0.08 0.09	m_{e0} m_{e0}	[34]
	空穴(重)-exp. 空穴(轻)-exp.	0.72 0.09	m_{e0} m_{e0}	[32] [35]
	理论(∥c 向) (∥a 向)	0.66,0.12 0.14,0.25	m_{e0} m_{e0}	[34]
禁带宽度		1.04	eV	[5]
能带温度系数		-1.1×10^{-4}	eV/K	[36]

注：exp——通过特定实验测量得到的电子或空缺的相关参数（而非理论模拟推导得出的）。

m_{e0}——一个电子在真空中的质量。

7.2.1 结构与成分

CuInSe₂ 和 CuGaSe₂ 都有黄铜矿的晶格结构。这种类金刚石的结构类似于闪锌矿，但是由Ⅰ族（Cu）和Ⅲ族（In 或 Ga）的原子有序替代闪锌矿上的Ⅱ（Zn）原子点。如此得到的四角单胞，结构如图 7.3 所示，四角晶格参数的比 c/a 近似等于 2（见表 7.1）。$c/a=2$ 的偏差称为四角扭曲，其值随 Cu-Se、In-Se 和 Ga-Se 键而不同。

Cu-In-Se 系统中可能出现的相在三元相图（图 7.4）中标出。在过量 Se 环境中制备的 Cu-In-Se 薄膜，通常条件生成 Cu(InGa)Se₂，成分落在或接近 Cu₂Se 和 In₂Se₃ 的连线上。黄铜矿相 CuInSe₂ 正是在这条线上。一些相由于具有黄铜矿晶格结构，并在内部有序插入缺陷，被称为有序缺陷化合物（ODC）。Gödecke 等人广泛地研究了 Cu-In-Se 相图[37]。在 Cu₂Se-In₂Se₃ 连线上 CuInSe₂ 附近的细节用图

7.5 中的伪二元相图标示[37]。这里 α 是黄铜矿 CuInSe₂ 相，δ 是闪锌矿结构的高温相，β 是 ODC 相。需要注意的是低温下形成 CuInSe₂ 单相的区域很窄，并且 Cu 的含量不超过 25%；500℃左右的高温是薄膜的典型生长条件，相区向富 In 的区域偏移。制备器件的薄膜平均成分是 22%～24%（Cu，摩尔分数），落在单相生长温度区域。

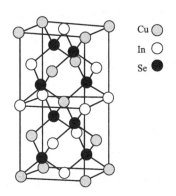

图 7.3 黄铜矿晶格结构单胞

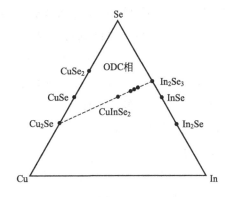

图 7.4 Cu-In-Se 系统三元相图

薄膜成分通常在 Cu₂Se-In₂Se₃ 伪二元相连线上

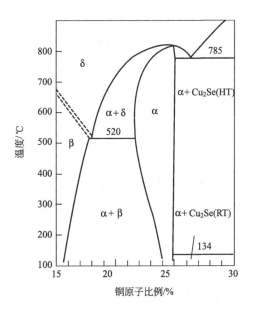

图 7.5 黄铜矿相 CuInSe₂ 周围的伪二元 In₂Se₃-Cu₂Se 平衡相图

黄铜矿相 CuInSe₂ 表示为 α、δ 是高温闪锌矿相，β 是有序缺陷化合物相。

Cu₂Se 作为室温和高温相存在

CuInSe₂ 可以与 CuGaSe₂ 以任意比例混合形成合金，从而形成 Cu(InGa)Se₂。类似的，二元相 In₂Se₃ 在伪二元连线的终点可以合金化形成 (InGa)₂Se₃，尽管在 Ga/(In＋Ga)＝0.6 时会有结构变化[38]。对于高性能器件，Ga/(In＋Ga) 比率约为 0.2～0.3，在本章，如果不是特别说明，Cu(InGa)Se₂ 的成分都是在这一范围内。

Cu(InGa)Se₂ 的突出特性之一是可以适合成分的大范围变化，而不会引起光电性能的变化，这是 Cu(InGa)Se₂ 可以作为低成本光伏器件材料的基础。高性能光伏电池中 Cu/(In＋Ga) 的比例可以从 0.7 到 1.0。这个特性可以从缺陷化合物 $2V_{Cu}＋In_{Cu}$ 的理论计算中获得，$2V_{Cu}＋In_{Cu}$ 是两个 Cu 空位缺陷和一个 Cu 位 In 替位缺陷，有非常低的形成能，并且具有电学惰性[38]。因此，可以在 CuInSe₂ 中允许贫铜/富铟的化合物缺陷，而不会影响光伏性能。此外，还有研究预言了这些缺陷化合物的晶体序列[39]，解释了 ODC 相 Cu₂In₄Se₇，CuIn₃Se₅，CuIn₅Se₈ 等。

可以通过加入 Ga 和 Na 拓宽黄铜矿相的范围[40]。这是因为 Ga_{Cu}（CuGaSe₂ 中）比 In_{Cu}（CuInSe₂ 中）有更高的形成能，故 Ga 的掺入使形成有序缺陷化合物的趋势降低，这导致了 ODC 相中 $2V_{Cu}＋In/Ga_{Cu}$ 缺陷簇的不稳定[41~43]。Wei 等人[43]计算了 CuInSe₂ 中 Na 的影响，结论是 Na 替代了 In_{Cu} 缺陷，降低了补偿施主浓度。测试多晶 Cu(InGa)Se₂ 外延薄膜发现，Na 极大地降低了补偿施主浓度[42]，同时提高了净受主浓度[44]。随着 Na 占据 Cu 空位，形成替位缺陷的趋势降低，同样减少了 ODC 相的形成。理论计算和实验观察都表明 Na 的加入可以提高材料电导率[43,45]。

7.2.2　光学性质和电子结构

CuInSe₂ 的吸收系数 α 非常高，大于 $3×10^4/cm$，有 1.3eV 或更高的光子能[48,50]。在太阳光谱中吸收的总光子分数是膜厚的函数，高吸收系数意味着仅 $1\mu m$ 厚的薄膜吸收了约 95% 的入射太阳光。大量研究表明能量（E）与能带的基础吸收边 E_g 有关，对于直接带隙半导体，可以近似表示为：

$$\alpha = \frac{A\sqrt{E-E_g}}{E} \qquad (7.1)$$

其中比率因子 A 与光子吸收的态密度有关。

参考文献[46]中给出了包括 CuInSe₂、CuGaSe₂ 和其他 Cu 三元黄铜矿相材料光学性质的完整描述，包括能带值和其他关键点。用光谱椭偏仪测量制备的单晶样品，得到不同偏振下的介电常数和复合折射率，从而可以计算出 CuInSe₂ 的禁带宽度值为 1.04eV。在多晶块体 Cu(InGa)Se₂ 上保持成分 $x≡Ga/(In＋Ga)＝0～1$，进行了同样的研究[48]。

Cu(InGa)Se₂ 材料能带随温度的变化关系为：

$$E_g(T) = E_g(0) - \frac{aT^2}{b+T} \tag{7.2}$$

式中，a 和 b 是常数，随测量方法不同而不同。通常 $\dfrac{dE_g}{dT}$ 值约为 -2×10^{-4} eV/K。

半导体合金成分与带隙之间的关系可以用一个公式来表示，自变量为成分 x，对于薄膜样品[48]，可以写成：

$$E_g = 1.04 + 0.65x - 0.26x(1-x) \tag{7.3}$$

其中的斜率因子是 0.264，CuInSe₂ 带隙是 1.04eV，CuGaSe₂ 带隙是 1.68eV。理论计算 $b=0.21$，而在实验中得到的 b 值范围为 0.11~0.26[49]。

通过光学测量和理论计算等方法得到了 CuInSe₂ 和其他黄铜矿半导体的电子结构。在黄铜矿材料中，通常排除价带顶（Γ 点）的降低。在众多常见的半导体材料如 Si、Ⅲ-Ⅴ族或Ⅱ-Ⅵ族化合物中，重和轻空穴带在布里渊区的中心降低，只有第三轨道通过自旋-轨道耦合而发生裂分，黄铜矿相由于四方扭曲有附带的晶体场分裂[6]。这些不同的吸收边表现之一是偏振光平行或垂直于晶体的 c 轴[34,36,50]。

所有 Cu 的黄铜矿相可以作为光伏材料的一个显著特点是它们的带隙比它们初始的二元类似结构（如 ZnSe 等）低很多。这是因为 Cu 的 d 轨道与其 p 轨道发生电子杂化，这可以从对比实验观测到的自旋轨道和价带自旋晶体场值与理论预言的伪立方模型和计算的自旋-轨道晶体场裂分看出。Ab Initio 计算了带隙结构，证明带隙的降低主要是由于 Cu 的 d 轨道态对价带最大值的贡献引起的[51]。

电子结构中的关键参数之一是有效质量，它描述了能带在 Γ 点的弯曲程度。对 CuInSe₂ 的有效质量进行了一系列测量，测量的电子有效质量为 $0.1m_0$[33,52,53]，空穴有效质量为 $0.7m_0$[42,45,47]。这些值是由局部密度评估计算得出的，进一步表明空穴有效质量有非常强的各向异性，在平行 c 轴和垂直 c 轴向有因数为 4 的偏差[44]。CuInSe₂ 的空穴有效质量垂直 c 轴，而 CuGaSe₂ 的空穴有效质量是平行 c 轴的。偏振光致发光表明只有少量的 Ga 即可将类 CuInSe₂ 的价带排布变为类 CuGaSe₂[50]。Cu(InGa)Se₂ 光伏电池中Ⅲ族元素位置上 Ga 的含量约为 30%，因此光伏电池吸收层中有效空穴质量略微平行于 c 轴。

7.2.3　电学性质

富 Cu 的 CuInSe₂ 薄膜通常显示为 p 型，但富 In 的膜可以有 p 型和 n 型两种，取决于 Se 的量[53]。n 型材料在硒过压下退火，可以转换成 p 型，相反 p 型材料在低硒压下退火，可以转换成 n 型[54]。相比之下，$CuGaSe_2$ 通常显示为 p 型[55]。器件质量的 $Cu(InGa)Se_2$ 薄膜通常在过量硒条件下制备，为 p 型，载流子浓度约为 $10^{15} \sim 10^{16}/cm^3$[56]。对 $CuInSe_2$ 的迁移率值有大量的报道，在 $Cu(InGa)Se_2$ 的空穴浓度为 $10^{17}/cm^3$ 时，报道的外延薄膜空穴迁移率最高值为 $200cm^2/(V \cdot s)$[42]，而在纯 $CuGaSe_2$ 中高达 $250cm^2/(V \cdot s)$[57]。块状晶体的空穴迁移率值范围为 $15 \sim 150cm^2/(V \cdot s)$，电子迁移率范围为 $90 \sim 900cm^2/(V \cdot s)$[54]。多晶薄膜样品的电导和霍尔效应测试是在晶粒的横截面进行的，但是对于器件来说通过晶粒会更准确，因为单个晶粒可以从背表面延伸到结区。因此可以用电容技术来测量工作电池的迁移率，得到的值为 $5 \sim 20cm^2/(V \cdot s)$[58]。

在黄铜矿结构中可能存在一系列本征缺陷，相应的，可以通过一系列方法来测试。如光致荧光法、变温霍尔效应测试、光电导法、光电压法、光吸收法和电容测量等。理论上说，可以从缺陷形成能和缺陷能级来计算本征缺陷密度，这表明 $CuInSe_2$ 和 $Cu(InGa)Se_2$ 存在一系列本征缺陷。在 12 个（3 个空位缺陷，3 个间隙原子，6 个替位缺陷）可能存在的缺陷中，Cu 空位，In 或 Ga 空位，Cu_{III} 或 III_{Cu} 替位原子和 Se 空位，哪个有最低形成能取决于材料成分[41,43]。Se 空位最近被认为是两性缺陷[59]，在光伏电池中有亚稳效应（见第 7.5.2 节）。III_{Cu} 替位缺陷在宽带隙 $Cu(InGa)Se_2$ 中与掺杂量有关[60]。

对外延膜的大量光致发光和霍尔效应测试表明，$Cu(InGa)Se_2$ 材料中存在四种主要的浅缺陷，包括三种受主缺陷和一种施主缺陷[62,63,65]，这些缺陷离子能在表 7.2 中给出。光致荧光的缺陷光谱在铜过量的材料生长过程中非常重要，因为贫铜材料的荧光谱由于高补偿度[65]而存在波动[61,64,66]。

表 7.2　$CuInSe_2$ 和 $CuGaSe_2$ 中实验观测的缺陷能级

缺陷	能级位置	材料
受主 1	$E_V + 0.04eV$	$CuInSe_2$
	$E_V + 0.06eV$	$CuGaSe_2$
受主 2	$E_V + 0.06eV$	$CuInSe_2$
	$E_V + 0.10eV$	$CuGaSe_2$
受主 3	$E_V + 0.08 \sim 0.09eV$	$CuInSe_2$
	$E_V + 0.13 \sim 0.15eV$	$CuGaSe_2$
施主 1	$E_C - 0.01eV$	$CuInSe_2$
	$E_C - 0.01eV$	$CuGaSe_2$
深能级 1	$E_V + 0.3eV$	$CuInSe_2$
	$E_V + 0.3eV$	$CuGaSe_2$
深能级 2	$E_V + 0.8eV$	$CuInSe_2$
	$E_V + 0.8eV$	$CuGaSe_2$

对如何利用特定的缺陷结构正确观察缺陷能级进行了很多推测。由于实验能级比计算值偏小，而 $CuInSe_2$ 和 $CuGaSe_2$ 的趋势又有所不同，理论结果不能应用。退火实验也不能应用于三元化合物，因为这需要控制其中的两个参数[66]。有人认为电子自旋震荡测试可以建立电子缺陷能级和缺陷结构的关系，但是实验发现，对 Cu^{2+} 只有一个宽震荡和一个完全方形的单峰，与缺陷结构没有任何联系[67]。

光致荧光和霍尔效应测试只能得到浅掺杂缺陷信息，应用电容测量等各种方法来研究深缺陷，可以深入到能带边缘。在所有的 $Cu(InGa)Se_2$ 样品中都出现了两种占绝对优势的深缺陷，一种标记为 N_2，距价带顶 $250\sim300meV$[68]，另一种为更深的缺陷，距价带顶 $800meV$[69,70]。由于 N_2 缺陷远离能带中间，不会作为复合中心对器件产生影响，但是 $800meV$ 的缺陷由于 Ga 的高浓度掺杂（Ga 浓度高于标准吸收层浓度），变成了能带间缺陷，在材料中作为复合中心存在。

7.2.4　表面和晶界

材料的表面形貌和晶界结构通常用扫描电子显微镜 SEM 表征，但也会用到透射电子显微镜（TEM）和原子力显微镜（AFM）。图 7.6 所示为 $Cu(InGa)Se_2$ 薄膜材料的典型 SEM 照片，图 7.2 所示为材料的横截面 TEM 照片。通常器件用 $Cu(InGa)Se_2$ 薄膜材料的晶粒直径约为 $1\mu m$，但晶粒尺寸和形貌很大程度上取决于制备方法和条件。材料中还观察到一系列结构缺陷，如孪晶、错位、空位和堆积等[73,75]。

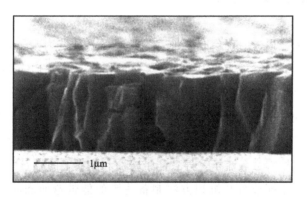

图 7.6　镀 Mo 玻璃衬底上用共蒸法制备的 $Cu(InGa)Se_2$ 薄膜 SEM 照片

$Cu(InGa)Se_2$ 结构趋向于沿（112）面生长[74]。X 射线光电子谱（XPS）研究表明，略微贫铜的 $CuInSe_2$ 膜的自由表面有近似于 $CuIn_3Se_5$ 的成分[75]，相当于有序缺陷相。并且发现材料从内部到表面元素成分逐渐变化。铜的迁移导致与费米能级相关的缺陷形成[76]。由于表面缺陷、吸附和结的形成，使表面费米能级向导带移动。降低铜浓度可以认为形成了铜空位，这在高费米能级中更常见[39]。而表面电荷驱动引起的能带弯曲使铜扩散进入材料内部，导致表面贫铜[40]。这种变化在形成 $CuIn_3Se_5$ 后停止，因为更进一步的贫铜会导致材料结构的变化。$CuInSe_2$ 中铜的电子迁移同样与黄铜矿材料的导电类型反转有关[77]。

当 $Cu(InGa)Se_2$ 材料暴露在空气中一段时间后，会与吸附在表面的氧发生作用，使表面的能带弯曲和 $CuIn_3Se_5$ 成分消失。当有 Na 的存在时表面氧化作用会增加[45]。氧化后形成的表面化合物有 In_2O_3，Ga_2O_3，SeO_x 和 Na_2CO_3 等[78]。

通常会将制备的 $Cu(InGa)Se_2$ 薄膜在空气中 200℃ 下退火处理，以提高器件性能。当用真空蒸发 CdS 或（CdZn）S 法来形成 pn 结制备器件时，退火通常会持续数小时[13,15,79]。氧的主要作用是钝化晶粒表面的硒空位[80]。这种模型假设施主型 V_{Se} 在晶界中作为复合中心，正电荷和这些施主型缺陷降低了有效空穴浓度，同时阻碍了载流子传输，当氧取代了缺失的硒，可以消除这种负面影响。

$Cu(InGa)Se_2$ 薄膜中掺入 Na 的好处和对器件性能的影响没有一个很完整的解释。通常认为 Na 对氧有催化作用，将氧分子转变成了氧原子，使钝化晶粒表面的 V_{Se} 更有效[81]。这个模型与观察到的 Na 和 O 只存在于晶界而不会在晶粒中的现象一致[82]。但也有研究没有发现晶粒中和晶界上元素成分的区别[83,84,87,88]。

$Cu(InGa)Se_2$ 薄膜材料的另一个显著特征是它们晶粒和形貌的连续性，可以认为在晶界上没有太多的复合损失。因为多晶吸收层的光伏电池性能优于单晶光伏电池，有争议认为晶界其实对光伏电池有利。尽管如此，如今仍没有关于晶界行为的确切说法。

晶界上没有电子损失的现象有两种基本解释。一种认为，晶界其实是钝化的，在能带上没有电子缺陷，可能是因为 Na 或 O 的作用，或由于 $CuInSe_2$ 三元化合物本身可以通过晶界弯曲将缺陷校正[85]。另一种说法认为，价带或导带边的弯曲使至少一种类型的载流子传输受阻，而没有复合。理论计算表明由于铜空位使价带最大值降低[86]。但是在晶界上测量成分变化的尝试[89]得出了其他的结论。总之，晶界上的缺陷可以阻挡多数载流子，导致能带弯曲和晶粒上的空间电荷区[90,91]。

许多实验研究不同成分和沉积方法制备薄膜的能带弯曲和晶界，在参考文献[90]中进行了总结。这包括变温电导和霍尔效应的传输测量，表明横向晶粒空穴传输活化能与势垒有关；扫描隧道技术如开尔文探针力学显微镜等，可以测量单晶粒横向的功函数；及扫描隧道荧光和阴极射线致发光等。这些测量都显示出了相对小的势垒，在 $20\sim100meV$ 范围内[92]。因此高效器件同时需要晶界上的低传输势垒和晶粒表面低浓度的电子活性缺陷。

7.2.5 衬底效果

衬底对 Cu(InGa)Se₂ 多晶薄膜的影响可以分为三类：①热膨胀性；②化学影响；③表面对成核的影响。这些都取决于衬底材料：玻璃或柔性金属箔或塑料衬底。

当薄膜生长完毕后，若衬底和薄膜仍在生长或反应温度，Cu(InGa)Se₂ 膜上的应力非常小，但当生长完毕冷却时，约有 500℃ 的温度变化，如果衬底和 Cu(InGa)Se₂ 的热膨胀系数不同，膜中就会产生应力。Cu(InGa)Se₂ 的热膨胀因子约为 $9 \times 10^{-6}/K$，与碱石灰玻璃的相同。低热膨胀系数的衬底，如硼硅玻璃衬底上沉积的 CuInSe₂ 膜，在冷却过程中可能产生拉应力。通常这种膜会有孔洞或微裂纹[71]。当衬底的热膨胀因子比薄膜材料的高，如多聚物衬底，可能在薄膜材料中产生压应力，导致黏附剥落。

碱石灰玻璃衬底对 Cu(InGa)Se₂ 薄膜生长的最大影响是为黄铜矿材料的生长提供钠源，这不同于碱石灰玻璃的热膨胀匹配[93]。钠通过 Mo 背接触层扩散，意味着控制 Mo 层的性能也非常重要[94]。Na 的加入影响 Cu(InGa)Se₂ 薄膜微结构，使晶粒尺寸增大，平行于衬底 (112) 的晶面取向增加。高浓度 Na 的加入会引起此效应的原因解释见参考文献[43]。

不同的衬底和生长工艺可以使 Cu(InGa)Se₂ 的择优取向发生很大变化。报道的最高效率器件具有 (220)/(204) 的择优取向[95]。实验通过选择不同的黄铜矿材料成核表面，希望得到晶向和器件行为之间的关系，但并没有明显的结果。Cu(InGa)Se₂ 薄膜生长在普通镀 Mo 衬底和直接碱石灰玻璃衬底上的对比实验发现，在玻璃衬底上生长的薄膜有更显著的 (112) 取向，但这两个衬底上得到的薄膜 Na 浓度没有明显区别[17]。另外，实验发现 Cu(InGa)Se₂ 薄膜的择优取向与 Mo 膜的取向有直接关系[96]。

7.3 铜铟镓硒的沉积方法

可以通过一系列的方法制备 Cu(InGa)Se₂ 薄膜。商业生产组件工艺最重要的标准是，沉积可以以低成本、高沉积速率或产率、高稳定性进行，大面积上的均匀性是高产率的保证。器件要求 Cu(InGa)Se₂ 层厚至少有 $1\mu m$，可以完全吸收入射光，元素的相对成分保持在相图上的相关区域内，在 7.2.1 节已讨论过。对于光伏电池或组件生产，需要 Cu(InGa)Se₂ 薄膜沉积在镀 Mo 的玻璃或柔性衬底上。

生产商业组件最有效的沉积方法有两种，这两种都经过验证可以制备高效率器件且在生产中有应用。第一种工艺是蒸发法，Cu、In、Ga、Se 等所有成分同时输运到加热至 $450 \sim 600℃$ 的衬底上，单步生长形成 $Cu(InGa)Se_2$ 薄膜。这通常通过温度大于 $1000℃$ 的元素源共蒸发 Cu、In、Ga 来实现。

第二种工艺是两步法，将金属沉积和反应分开来得到器件质量的薄膜。通常采用低成本和低温的方法均匀沉积包括 Cu、Ga、In 的预制层，之后在 Se 和/或 S 的氛围中，$450 \sim 600℃$ 下退火。反应和退火时间要比共蒸成膜长，但是可以批量退火，通过连续处理或批处理工艺来得到高工艺速率。对于长时间的沉积或反应过程，可以通过将一定量衬底平行放置、批处理的方式实现。

7.3.1 衬底和钠加入

传统玻璃上常用的碱石灰玻璃由于其成本低，产量大，可以用来制备高效率器件，是 $Cu(InGa)Se_2$ 薄膜沉积常用的衬底材料。$Cu(InGa)Se_2$ 沉积要求衬底温度 T_{SS} 至少为 $350℃$，最高效率器件的薄膜沉积在 $T_{SS} \approx 550℃$ 时进行，这个温度可以维持玻璃衬底不会过多软化[83]。碱石灰玻璃的热膨胀系数是 $9 \times 10^{-6}/K$[83]，与 $Cu(InGa)Se_2$ 薄膜匹配非常好。玻璃的成分通常包括各种氧化物如 Na_2O、K_2O 和 CaO 等，这些可以提供碱源，在工艺过程中扩散进入 Mo 和 $Cu(InGa)Se_2$ 薄膜[17]，如 7.2 节所述使效率提高。

$Cu(InGa)Se_2$ 薄膜同样可以沉积在柔性衬底上，为连续卷对卷工艺提供便利，并可以生产柔性、轻便的光伏器件[84,97,98]。高温聚合物是一种较好的柔性衬底选择[18]，具有轻便和电绝缘的优点，适合于单电池连接成组件（见 7.6.2 节）。目前应用的聚合物衬底可以承受 $425℃$ 的高温，因此器件效率比玻璃衬底的要低。金属箔可以耐高温，但会导电，并且有时在沉积 $Cu(InGa)Se_2$ 层时可与 Se 发生反应。在众多已经应用的金属箔中[84]，不锈钢是最普通的一种，生产出了最高效率的柔性 $Cu(InGa)Se_2$ 薄膜电池[95]。

由于没有 Na 从衬底的扩散进入 $Cu(InGa)Se_2$ 层，所有的柔性衬底都需要有活性 Na 的掺入。即便对于碱石灰玻璃，提供更可控的 Na 源，而不是从衬底扩散，对于提高薄膜的均匀性和产率都更有效。这可以通过引入 SiO_x、Al_2O_3 或 SiN 等阻挡层阻止从衬底扩散出的 Na[98~100]，之后在含有阻挡层的玻璃或柔性衬底上沉积含 Na 预制层，通常为 10nm 厚的 NaF，来向 $Cu(InGa)Se_2$ 层中提供 Na 源[100]。另外，Na 还可以与 $Cu(InGa)Se_2$ 共沉积[101]。沉积后用 Na 处理与在沉积过程中提供 Na 一样[102]，可以使器件效率提高，表面 Na 的好处与材料和表面状态有关，与沉积过程无关。

7.3.2 背接触

高效率器件中 Mo 背接触层通常是用直流溅射方式沉积。Mo 层的厚度由不同结构的电池或组件所需电阻率决定。$1\mu m$ 厚的 Mo 膜电阻率通常为 $0.1\sim0.2\Omega/\square$，比块状 Mo 的电阻率多 $2\sim4$ 个量级。溅射沉积 Mo 层需要仔细控制过程气压以控制膜层应力[103]，防止应力可能造成的黏附性不好的问题。在 $Cu(InGa)Se_2$ 沉积过程中，$Cu(InGa)Se_2/Mo$ 界面上形成了 $MoSe_2$ 层[104]。$MoSe_2$ 的性质受 Mo 层影响：在低气压下溅射的 Mo 层致密[72]，$MoSe_2$ 的形成会少。$MoSe_2$ 界面层不会影响器件性能，并且会形成界面的欧姆接触。除 Mo 之外，对其他金属如 Ta 和 W 等作为背接触层也有所研究，并比较了器件效率[105]。

7.3.3 共蒸发 $Cu(InGa)Se_2$

最高效率器件是通过四元素源的共蒸发法沉积的。实验室共蒸发 $Cu(InGa)Se_2$ 薄膜的装置如图 7.7 所示。用克努森型蒸发舟或敞开的蒸发舟作为 Cu、In、Ga、Se 的源，加热后气态元素沉积到热的衬底上[106]。每个金属的熔点决定了源的设计，通常 Cu 源的温度在 $1300\sim1400℃$，In 源的温度在 $1000\sim1100℃$，Ga 源温度为 $1150\sim1250℃$，Se 源的温度为 $250\sim350℃$。

Cu、In 和 Ga 的附着系数非常高，故薄膜的沉积和生长速率只取决于每个源中的液化速率和喷射速率。由于有足够的 Se，最终薄膜中的成分会落在伪二元相图中（$(In-Ga)_2Se_3$ 和 Cu_2Se 的连线上（见图 7.4），取决于 Cu 与（In+Ga）的相对比例。In 和 Ga 的相对浓度决定了薄膜的带隙，用公式

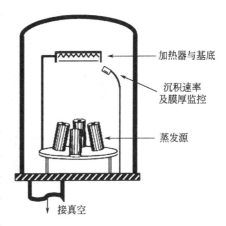

图 7.7 实验室规模的
多元素共蒸发装置结构

（7.3）表示。在沉积过程中可以改变喷射速率，来调节薄膜成分和厚度。Se 有相对更高的蒸气压和低附着系数，因此在蒸发过程中需要的量往往要比最终薄膜中的量更多。若硒量不足可能会使 In 和 Ga 以 In_2Se 或 Ga_2Se 的形式流失[107]。

共蒸发工艺的不同沉积过程中，元素蒸发速率随时间的变化也不同。图 7.8 给出了制备效率大于 16% 的器件所采用的四种不同方式。在每个过程中，目标的最终成分是 $Cu/(In+Ga)=0.8\sim0.9$。典型的沉积速率是 $20\sim200nm/min$，取决于源的喷发速率。因此，对于厚度为 $2\mu m$ 的薄膜，总沉积时间可能

图中标注：加热器与基底；沉积速率及膜厚监控；蒸发源；接真空

会是 10~90min。

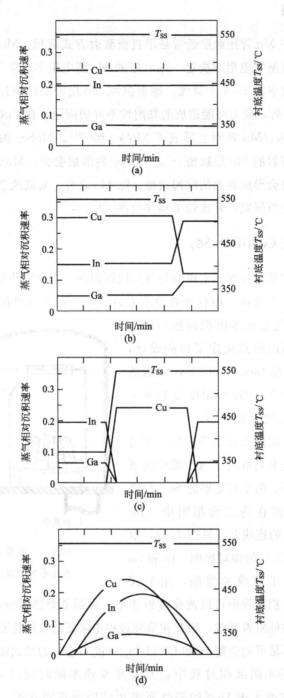

图 7.8　不同共蒸发过程中的相对金属流量和衬底温度

在所有例子中 Se 流量都是恒定的

第一种方式是最简单的匀速过程，在整个沉积过程中所有元素的蒸发速率都是恒定的[108]。第二种采用不同蒸发速率，初始时 Cu 蒸发源的蒸发速率较大，这样薄膜整体是富铜的，Cu(InGa)Se$_2$ 薄膜中包含 Cu$_x$Se 相[14]，最后调整蒸发源使气流富 In 和 Ga，在这种情况下结束沉积，这样最终薄膜成分略微贫铜。图 7.8 中给出了第二种方式的一个例子，这个例子中开始在不含 Na 的衬底上在 $T_{SS}=450℃$ 下沉积 CuInSe$_2$ 薄膜，可以提高粒径和器件效率。Klenk 等人已经证明了在高 T_{SS} 下 Cu$_x$Se 的存在可以促进晶粒生长[109]。尽管如此，$T_{SS}>500℃$，含 Na 和 Ga 的器件，与富铜、均匀生长过程得到的器件相比没有发现性能上的区别[108]。

图 7.8 中显示的第三种方式是一个 In 和 Ga 与 Cu 隔离开单独沉积的序列过程。Kessler 等人[110]最先开发的工艺是先沉积 (InGa)$_x$Se$_y$ 化合物，再沉积 Cu 和 Se，直到生长的薄膜达到预定的成分，层间相互扩散以形成 Cu(InGa)Se$_2$ 薄膜。Gabor 等人[111]对此工艺进行了改进，在薄膜总体达到富铜的成分后加入第三步，继续在富 Se 的条件下蒸发 In 和 Ga，使薄膜成分重新回到贫铜，通过金属的互扩散最终形成黄铜矿的薄膜。用这个工艺制备的器件具有最高的转换效率[1]。器件性能的提高是由于 Ga 浓度从 Mo 背接触层到膜的自由表面逐渐降低，之后在距顶部几十纳米的区域内又逐渐升高，形成带隙的渐变[19]。器件性能的提高还可以归因为薄膜的大晶粒尺寸[112]。

图 7.8 中的最后一种方式是在线沉积过程，由于衬底在 Cu、Ga 和 In 源上的连续移动导致蒸发气流如图中的状态分布。这种沉积方式可以在多家公司的生产系统实现。

在特定的沉积条件下，对蒸发过程进行调整有许多好处，如通过低浓度 Ga 修饰薄膜表面[1]，在沉积过程中加入水蒸气[113]或优化控制 Se 量[114]。

一个可重复的共蒸工艺需要很好地控制每个源中蒸发出的气体流量，开发可靠的监测工艺很重要[115]。若每个源的蒸发速率简单地通过源温度来控制，可能不能得到很好的重复性，尤其是最高温度的 Cu 源。敞开的蒸发舟不能得到重复性较好的蒸发速率，因为这很大程度上与填充的程度有关，但不能与沉积系统的其他部分隔绝。因此通常直接在线测量流量来控制蒸发源。电子碰撞光谱[14]、质谱[116]和原子吸收光谱[117]都可以成功运用。直接流量测量在生产工艺中更有价值，尤其是当蒸发源需要长时间消耗，源温度和喷射速率一直随时间变化的情况。另外，可以用石英晶振片、光谱仪或 X 射线荧光光谱仪来进行膜厚的在线测量[118]。X 射线荧光光谱仪同样可以用来测量成分。当接近沉积结束，发生从富铜到贫铜的成分转换时，可以用激光光散射仪测试散射率的变化[119]或薄膜温度的变化[120]或红外透射率的变化[121]来监控薄膜结构的变化。

多源共蒸发沉积 $Cu(InGa)Se_2$ 薄膜的好处在于它有更好的可调节性来选择工艺控制薄膜成分和带隙。由于蒸发工艺特别是铜蒸发源难控制的缺点，需要对沉积、监测和控制过程进行改进。现在还缺乏商业的大面积热蒸发设备，尤其 Cu、In 和 Ga 作为蒸发源的设备，但是近期有许多设备公司开始单独为 $Cu(InGa)Se_2$ 薄膜的沉积设计开发设备。

7.3.4 预制层反应工艺

形成 $Cu(InGa)Se_2$ 薄膜的第二种常见工艺是两步过程，先通过各种方法沉积 Cu、In、Ga 预制层，之后在高温下与 Se 反应形成 $Cu(InGa)Se_2$ 薄膜，这个过程称为硒化，下面所述的很多情况都会加入 S。这种方法首先是由 Grindle 等人开发的[122]，先溅射 Cu/In 层，之后在硫化氢中反应形成 $CuInS_2$。Chu 等人[123]将这个过程改为 $CuInSe_2$。用预制层反应法制备的 $Cu(InGa)Se_2$ 薄膜光伏电池报道的最高效率为 16.5%[124]。对于实验室级电池这种工艺的优化方式要远少于共蒸发法，但是报道的 $Cu(InGa)Se_2$ 大面积组件最高效率是由昭和壳牌公司[125]用溅射预制层反应法制备的。

预制层包括 Cu、In 和 Ga，有时也有 Se 或 S，决定了薄膜的最终成分。可以选择不同的工艺过程来降低预制层成本，包括设备成本和材料使用率、空间均匀性和沉积速率等。溅射可以使用商业化的大面积沉积设备，是一种比较优选的工艺。它可以提供较好的大面积均匀性，溅射速率也较高，但是原材料成本较大。电沉积可以提供低成本的高材料使用率，使用墨水粒子或喷墨同样可以得到高原料利用率和均匀性。所有这些方法都正在商业化开发。

预制层膜反应形成 $Cu(InGa)Se_2$ 的过程可以在 $400\sim500°C$ 的温度下，H_2Se 气氛中反应 60min 得到。在 $Mo/Cu(InGa)Se_2$ 界面结合力差[126]和 $MoSe_2$ 的形成[127]会影响反应的时间和温度。在 H_2Se 中反应的优点是可以在大气压（101325Pa）下进行，并可以精确控制，缺点是气体的高毒性，使用需要特殊的预防措施。预制层膜同样可以在 Se 蒸气中反应形成 $Cu(InGa)Se_2$ 薄膜，Se 通过热蒸发汽化[128]。第三种选择是含 Se 的元素层[129,130,132]，或蒸发的非晶态 Cu-In-Ga-Se 层[131]快速热处理（RTP）工艺。还有在乙二硒中反应的报道[132]，优点是可在常压下反应，气体比 H_2Se 毒性小。

Cu-In 预制层到 $CuInSe_2$ 的反应化学和动力学变化用实时 XRD 表征[133]和在线

量热扫描测定[134]。在 H_2Se 和 Se 中 Cu/In 层的反应路径是相同的[135]。

用在线 XRD 测量研究了 RTP 过程中堆积的 Cu-In-Se 层的反应化学和动力学变化[136]。在这些实验中，反应首先形成 $CuIn_2$ 和 $Cu_{11}In_9$ 中间化合物，之后再形成 $CuInSe_2$。与 Se 的反应随着温度的升高形成一系列二元硒化合物。形成 $CuInSe_2$ 的过程依照以下两个反应进行：

$$CuSe + InSe \longrightarrow CuInSe_2$$

$$\frac{1}{2}Cu_2Se + InSe + \frac{1}{2}Se \longrightarrow CuInSe_2$$

反应在 400℃进行 10min 结束，反应速率取决于 Se 浓度和是否有 Na。当金属预制层中有 Ga 时，会发生第三个反应形成黄铜矿相：

$$\frac{1}{2}Cu_2Se + \frac{1}{2}Ga_2Se_3 \longrightarrow CuGaSe_2$$

$CuGaSe_2$ 的形成比 $CuInSe_2$ 要慢。最后通过 $CuInSe_2$ 和 $CuGaSe_2$ 的混合形成 $Cu(InGa)Se_2$。

$CuGaSe_2$ 更慢的形成速率，使镓硒化合物的稳定性要比铟硒化合物的稳定性更高[137]，导致膜层中成分渐变的形成。Ga 通常在 Mo 层附近聚集，形成 $CuInSe_2/CuGaSe_2$ 结构，最终器件表现为 $CuInSe_2$ 的性能[138]，没有 7.5.4 中所述的开路电压升高和其他宽带隙化合物的优势。尽管如此，Ga 的存在提高了 $CuInSe_2$ 薄膜与 Mo 背电极的结合力，和更好的器件性能，这可能是由于 $CuGaSe_2$ 结构缺陷更少。通过在 600℃下大气氛围中退火 1h[139]，可以使 Ga 和 In 有效互扩散，使薄膜能带更均匀，并可以提高器件开路电压，但是这种退火在商业化生产过程中不太实际。

预制层反应得到的器件可以通过在前表面加入 S 提高带隙，形成成分渐变的 $Cu(InGa)(SeS)_2$ 层[20,22,140]，提高开路电压 V_{OC}。昭和壳牌公司报道的两步反应过程为：Cu-Ga-In 预制层在 450℃ H_2Se 气氛中反应约 20min，之后在 480℃ H_2S 气氛中反应约 15min[140]。将第二步的温度提高到大于 480℃，可以使 Ga 在薄膜中均匀扩散[141]。这个工艺的关键点是在 H_2Se 反应阶段并没有将薄膜完全转化为黄铜矿相，膜中依然包括富 Ga 的金属过渡相[142]。若 H_2Se 反应时间足够长，预制层几乎完全反应，Ga 渗透到了薄膜背面（接近 Mo）；对于短时间、H_2Se 中不完全反应的样品，Ga 在高温 H_2S 反应处理后分布透过了整个薄膜。H_2S 反应步骤的高温同样会加快反应的完成，得到高质量薄膜，但不会有高温 H_2Se 反应时发生的吸附力差问题。但是在昭和壳牌公司和其他公司，生产上制备大面积薄膜会控制反应温度。

用预制层反应工艺沉积 $Cu(InGa)Se_2$ 薄膜的优点是可以用标准和成熟的工艺进行金属沉积、反应和退火过程，通过批处理或带 Se 预制层的 RTP 处理缩短反应时间。通过预制层沉积可以控制总体成分和均匀性，并在两步中间测量，进行过程控制，极大地克服了控制薄膜成分和低黏附性问题。在薄膜的前表面控制 S 的掺入，可以拓宽带隙提高 V_{OC}。但是这些过程中使用的 H_2Se 和少量 H_2S 是有毒气体，操作起来成本较高。

7.3.5　其他沉积方法

除了以上讨论的方法之外，$CuInSe_2$ 基薄膜还可以用一系列具有潜在成本优势的其他沉积方法制备。这些方法包括反应溅射[143]，Cu、In、Ga 混合溅射同时蒸发 Se[144]，封闭空间升华[145]，化学水浴沉积（CBD)[146]，激光蒸发[147]，喷雾热解[148]等。在上面提到的共蒸和两步反应法成为主导之前，薄膜沉积工艺开发了许多种方法，这些早期的方法收录在文献[25]中。

7.4　铜铟镓硒电池器件制备

最初实验认为高效率 $CuInSe_2$ 光伏电池是 p 型 $CuInSe_2$ 单晶和 n 型 CdS 薄膜组成的异质结[9~11]。因此，最初的薄膜电池是在 $CuInSe_2$ 薄膜上沉积 CdS 形成的[149]。进一步开发的器件包括未掺杂的 CdS 和 In 掺杂的 CdS，都通过真空蒸发法制备[13]。In 掺杂的 CdS 层是透明导电层，其结构与图 7.1 基本相同。CdS 层吸收的光不能被收集，会有很大的电流损失，通过 ZnS 与 CdS 的合金化，拓宽了带隙，解决了这一问题[14]。进一步用掺杂 ZnO 代替掺杂 CdS，提高了器件效率[150,151,154]。为了光能最大传输，减少了与 $Cu(InGa)Se_2$ 形成结的未掺杂 CdS 层的厚度。由于 ZnO 的带隙比 CdS 更宽，可以允许更多的光透过进入电池的活性区域，提高了光电流。CdS 通过化学水浴法沉积，得到与 $Cu(InGa)Se_2$ 共型的、无针孔的 CdS 缓冲层。

7.4.1　化学水浴沉积（CBD)

化学水浴沉积（CBD）薄膜材料，也叫做溶液生长，通常用来制备硫族化合物材料如 PbS[152]、CdS[153] 和 $CdSe$[154]。可以用许多种前驱物和粒子沉积得到特定的化合物。Cu(InGa)Se$_2$ 薄膜上的 CdS 缓冲层通常是在碱溶液中（pH＞9）用以下三种原料制备的：

① 镉盐，例如 CdSO$_4$，CdCl$_2$，CdI$_2$，Cd（CH$_3$COO）$_2$；

② 络合物，通常是 NH$_3$（氨水）；

③ 硫源，通常是 SC（NH$_2$）$_2$（硫脲）。

溶液中各种成分的浓度可以有不同的变化，每个实验室都有自己的配方。生产工艺中用到的一个例子为：

① 1.4×10^{-3}mol/L CdI$_2$ 或 CdSO$_4$；

② 1mol/L NH$_3$；

③ 0.14mol/L SC（NH$_2$）$_2$。

将带有衬底的 Cu(InGa)Se$_2$ 薄膜浸入到上述溶液的水浴中，保温 60～80℃，几分钟后发生沉积。将薄膜浸入到室温水浴中后逐渐升温到所需温度，或预加热溶液到特定温度后浸入薄膜，这两种方法都是可行的。反应过程通过以下方程式进行：

$$Cd(NH_3)_4^{2+}+SC(NH_2)_2+2OH^-=CdS+H_2NCN+4NH_3+2H_2O$$

特别的，实验室的化学水浴沉积通常由带磁旋转的加热盘、盛溶液的烧杯、测量水浴温度的热电偶等一系列简单装置组成。图 7.9 给出了化学水浴沉积 CdS 的典型实验室装置，水浴加热可以得到更均匀的温度。生产放大的 CBD 工艺在 7.6.1 节中讨论。

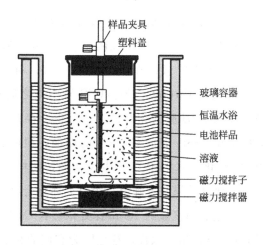

图 7.9　化学水浴沉积 CdS 的典型实验室装置

CBD 法制备 CdS 薄膜的生长是通过粒子与粒子之间的反应或通过胶体粒子的

团簇实现的。水浴沉积的 CdS 晶格结构可能是立方、六方或两者混合[155]。在制备 Cu(InGa)Se₂ 光伏电池所用的典型沉积条件下，相对较薄的 CdS 层通过粒子-粒子生长，形成密度均匀的薄膜[156]，有立方/六方混合结构，或以六方晶格结构占主导[71,74,157,158,161]。薄膜由微晶组成，晶粒大小约为几十纳米[157]。

经常观察到 CdS 薄膜成分偏离计量比的情况，膜中倾向于硫缺失，并包含一定数量的氧[159,160,163]。另外，在器件质量的薄膜中还测出了不同浓度的氧、碳和氮[161]。这些掺杂元素会降低带隙，并降低立方 CdS 在六方 CdS 中的比例[162]。

7.4.2 界面效应

认为在 Cu(InGa)Se₂ 与 CdS 之间的界面上存在 CdS 的伪外延生长和化合物的相互混合。能带排布将会在 7.5.3 节讨论。透射电子显微镜显示在 Cu(InGa)Se₂ 薄膜上化学水浴法沉积的 CdS 是外延生长的，与黄铜矿相 Cu(InGa)Se₂ 的（112）晶面平行，产生立方 CdS 的（111）平面或六方 CdS 的（002）平面[71,74,158]。对于有（112）晶面的纯 CuInSe₂，晶格常数为 0.334nm，CdS 的立方（111）晶面和六方（002）晶面，晶格常数为 0.336nm，晶格失配非常小。Cu(InGa)Se₂ 薄膜中晶格失配随 Ga 浓度的增大而提高，CuIn₀.₇Ga₀.₃Se₂ 和 CuIn₀.₅Ga₀.₅Se₂ 薄膜的（112）晶面晶格常数分别为 0.331nm 和 0.328nm。

当 Cu(InGa)Se₂ 薄膜浸入到化学水浴中来沉积 CdS 时，表面也会受到化学腐蚀，特别是氨水可以清洗和去除薄膜表面的氧化物[163]。因此，CBD 过程可以清洗 Cu(InGa)Se₂ 表面，使 CdS 缓冲层外延生长。

在早期单晶工作中，p-n 同质结器件可以通过在 200～450℃ 下，向 p 型 CuInSe₂ 中扩散 Cd 或 Zn 得到[164,165,168]。CuInSe₂/CdS 界面的研究表明，在大于 150℃ 时，有 S 和 Se 的相互扩散；在大于 350℃ 时，有 Cd 快速扩散进入 CuInSe₂[166]。近来，研究发现 Cu(InGa)Se₂/CdS 异质结之间存在成分的相互扩散，即便在 CBD 工艺沉积 CdS 薄膜的相对低温过程也会存在[167]。对没有硫脲的 CBD 过程研究发现，Cu(InGa)Se₂ 表面 Cd 浓度的增加，很可能是以 CdSe 的形式出现[163]。在有硫脲的完整化学水浴中 CdS 生长初期，同样看到了 Cd 在 Cu(InGa)Se₂ 表面的聚集[168]。研究结果并不确定是否有界面化合物的形成，但 TEM 研究表明 Cu(InGa)Se₂ 的贫铜表面区域约 10nm 深处依然有 Cd 的存在[158]，同时 Cu 的浓度减小表明界面上 Cu⁺ 被 Cd²⁺ 取代，这是因为它们的粒子半径非常接近，分别为 0.96Å 和 0.97Å。XPS 和二次离子质谱（SIMS）研究表明，将 Cu(InGa)Se₂ 薄膜和 CuInSe₂ 单晶放入没有硫脲的化学水浴中，同样观察到了 Cd 的向内扩散或电子转移[169]。

7.4.3 其他沉积方法

在早期开发中经常用真空蒸发 $2 \sim 3 \mu m$ 厚的 CdS，但是不易成核和长成目前 $Cu(InGa)Se_2$ 器件中常用的薄而连续的 CdS 膜层。蒸发 CdS 薄膜常用 $150 \sim 200 ℃$ 的衬底温度，以得到较好的光学和电学特征。

溅射沉积与蒸发法相比，可以在相对粗糙的 $Cu(InGa)Se_2$ 薄膜上得到更共型的 CdS 薄膜。溅射法在工业大面积薄膜沉积上的成功促进了溅射法沉积 CdS 缓冲层工艺的开发。使用激发光谱来控制溅射工艺，制备了效率可达 12.1% 的 $Cu(InGa)Se_2$ 器件，与之相比，用 CBD 法制备的参考电池的效率为 12.9%[170]。共蒸和溅射都是真空工艺，可以与其他真空工艺过程在线集成起来，不会制造任何液态污染。但是 CBD 仍然是优选的工艺，因为它制备的薄膜与 $Cu(InGa)Se_2$ 共型性匹配更好。

原子层沉积（ALD）是化学气相沉积（CVD）的演变方法，同样要求生长的精确控制来得到共型的薄膜层[171]。这种方法在工业上经常用来沉积另一种 II-VI 族化合物 ZnS。替代环境不友好的 Cd 材料的强烈驱动力使 ALD 工艺开发无 Cd 材料得到发展。尽管报道了一些金属有机 CVD（MOCVD）的工作，传统的 CVD 方式会更有利一些。可以用电沉积法来沉积 CdS 薄膜，但是这种方法在 $Cu(InGa)Se_2$ 器件中没有报道。

7.4.4 其他缓冲层

CBD 法沉积 CdS 缓冲层得到的 $Cu(InGa)Se_2$ 光伏组件中 Cd 的浓度是非常低的。测试表明 $Cu(InGa)Se_2$ 组件中 Cd 的含量不管是从使用环境方面还是从生产方面都是安全的（见 7.6.5 节）。尽管如此，电子产品中 Cd 的使用限制变得越来越严格，因此，无镉器件越来越多。使用替换缓冲层的其他原因还有提高短路电流，这可以从带隙比 CdS 更宽的缓冲层得到。对于制备无 Cd 器件有两种方式：①寻找替代 CdS 的缓冲层材料和②去掉 CdS 层，直接向 $Cu(InGa)Se_2$ 上沉积 ZnO 层。通常，简单省略缓冲层也可以得到较高的效率，但是重复性不能保证[169,172,173]。

曾经试过一系列工艺和材料来制备替代缓冲层，表 7.3 列出了较好的结果。制备 CdS 的 CBD 方法，也用来制备许多其他材料。其他基于化学反应的方法，包括 ALD、MOCVD 和离子层气相反应（ILGAR）等，可以制备非常薄的薄膜。对于一些含 In 的化合物，物理气相沉积方法如蒸发或溅射同样能得到较好的结果。选用的材料通常带隙比 CdS 大，因此可以允许更多的光透过进入吸收层。需注意选择的材料电子亲和能必须比吸收层的小，以避免在导带上形成悬崖（例如，缓冲层的导带比吸收层导带更低）（见 7.5.3 节）。

表 7.3 替代 CBD 法制备 CdS 的不同缓冲层和结形成方法
得到的 Cu(InGa)Se₂ 薄膜光伏电池特性

材料	E_g/eV	沉积方法	η/%	J_{SC}/(mA/cm²)	V_{OC}/V	FF/%	A/cm²	参考文献
CdS	2.4	CBD	20.0	35.5	0.690	81	<1	[1]
Zn(S,O,H)	3.0~3.8	CBD	18.6	36.1	0.661	78	<1	[95]
			15.2	36.2	0.601①	70	900	[125]组件
		ILGAR	14.2	35.9	0.559	71	<1	[173]
		ALD	16.0	32.0	0.684	73	<1	[174]
Zn(Se,O,OH)	2.0~2.7	CBD	14.4	33.9	0.583	73	<1	[175]
			11.7	36.5	0.508①	63	20	[176]微组件
		MOCVD	13.4	34.3	0.551	71	<1	[177]
		ALD	11.6	35.2	0.502	65	<1	[178]
(Zn,In)Se	2.0	蒸发	15.1	30.4	0.652	76	<1	[179]
In(OH)₃	5.1	CBD	14.0	32.1	0.575	76	<1	[180]
In(OH,S)	2.0~3.7	CBD	15.7	35.5	0.594	75	<1	[181]
In₂S₃	2.7	ALD	16.4	31.5	0.665	78	<1	[182]
			10.8	29.5	0.592①	62	900	[183]组件
		ILGAR	14.7	37.4	0.574	68	<1	[184]
		蒸发	14.8	31.3	0.665	71	<1	[185]
		溅射	12.2	27.6	0.620	71	<1	[186]
ZnMgO	3.6	ALD	13.7	30.8	0.610	73	<1	[187]
无缓冲层		部分电解	15.7	34.6	0.636	72	<1	[188]
ILGAR-i-ZnO			14.5	34.9	0.581	71	<1	[189]
Zn-i-ZnMgO			16.2	40.2	0.587	69	<1	[190]
i-ZnMgO			12.5	33.2	0.544	69	<1	[191]

① 组件中单电池的 V_{OC}。

当评估表 7.3 中的值时，必须明白 Cu(InGa)Se₂ 层的质量在不同的实验下变化很大，一些是有 CdS 缓冲层的，其他的是从工业试验线得来的；并且评估方法也是不同的，一些是室内测量的，一些是经过权威机构验证的。为了精确评估各种无镉结形成方法，进行了一系列实验，得到的效率如图 7.10 所示。通常无镉器件与 CBD-CdS 器件是可以相比的。

总之，有多种途径可以得到无镉高效率器件。列出的方法都用到了 Zn、In 和 S

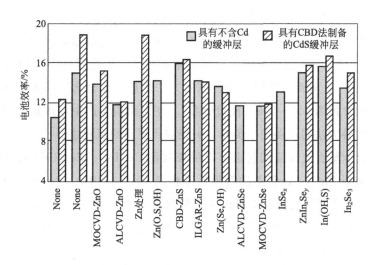

图 7.10   具有不含 Cd 缓冲层的 Cu(InGa)Se$_2$ 光伏电池效率

以具有 CBD-CdS 缓冲层的 Cu(InGa)Se$_2$ 器件作为参考，None—不含缓冲层

元素中的一种或多种。许多替代缓冲层材料中都直接包括了 Zn 元素，或以 ZnO 过渡层的形式与 In$_x$Se$_y$，In(OH，S)$_x$，和 In$_2$Se$_3$ 一起存在。可以通过 Cu(InGa)Se$_2$ 在与 Cd 相似的 Zn 溶液中处理[169]，形成 ZnO 的 n 型掺杂，通过固态扩散进薄膜中形成结[165]。

图 7.10 中无镉器件和 CdS 参考电池的比较，表明 Cu(InGa)Se$_2$ 和 ZnO 之间的缓冲层是有益的，这样的层可以帮助吸收层表面载流子类型的反转（见 7.5.3 节），同样可以在沉积透明导电层时保护结和近表面区域。

7.4.5   透明导电层

早期的 Cu(InGa)Se$_2$ 器件使用双层 CdS，掺杂 In 或 Ga 的 CdS 作为前接触层，未掺杂的 CdS 连接 Cu(InGa)Se$_2$ 层，近表面的厚 CdS 层吸收了短波光(<520nm)而不产生光电流。化学水浴沉积可以得到足够薄的 CdS 缓冲层，不再限制 Cu(In-Ga)Se$_2$ 中短波光的吸收，提高接触层的带隙可以增大光电流。由于前接触层必须同时为电流收集提供高电导，最好的选择是透明导电材料（TCO），主要有掺杂 SnO$_2$、In$_2$O$_3$：Sn(ITO) 和掺杂 ZnO 三种。由于沉积 CdS 以后器件温度不能高于 200~250℃，而 SnO$_2$ 的沉积温度相对较高，在 Cu(InGa)Se$_2$ 器件上的应用受到限制。ITO 和 ZnO 都可以使用，由于 ZnO 材料的低成本，是 Cu(InGa)Se$_2$ 器件制备中最常用的材料。

低温沉积 TCO 薄膜最普遍的方法是溅射。工业大面积的 ITO 薄膜通常用直流溅射来制备，ITO 陶瓷靶在 Ar：O$_2$ 混合气体中溅射，典型的溅射速率范围是

0.1～10nm/s，取决于具体应用[192]。

溅射沉积掺杂 ZnO 薄膜没有溅射 ITO 普遍，但是溅射却是实验室沉积透明导电层制备 Cu(InGa)Se₂ 器件前接触层的最主要方法，无论器件中有没有 CBD-CdS 层。常用 ZnO：Al 薄膜通过射频磁控溅射方法沉积，靶材选用 ZnO：Al₂O₃ 陶瓷靶，Al₂O₃ 的含量为 1%～2%（质量分数）。在大面积生产中，陶瓷靶直流溅射更普遍，因为这种方法对设备要求简单，并能提供更高的沉积速率[193]。

Al/Zn 合金靶直流反应溅射也可以用来制备 Cu(InGa)Se₂/CdS 器件的前接触层，与射频溅射 ZnO：Al 制备的薄膜性能相同[194]。使用 Al/Zn 合金靶的成本比 ZnO：Al₂O₃ 陶瓷靶的要低，但是由于所谓的磁滞效应[195]，反应溅射需要精确的工艺过程控制，使在一个非常窄的工艺窗口内制备的薄膜光电特性满足要求。沉积速率约在 5～10nm/s 的范围。

化学气相沉积的另一应用是沉积 Cu(InGa)Se₂ 中的 ZnO 层，已经被至少一家 Cu(InGa)Se₂ 组件制造商采用。反应在大气压下，有水蒸气和氟化氢的气氛中进行，薄膜掺杂了氟或硼。

对透明导电层的薄层电阻率要求取决于电池或组件的设计，通常取决于薄膜厚度。通常，小面积电池薄层电阻为 20～50Ω/□，厚度为 100～500nm。商业组件由于电流传输需要更长的距离，会产生更大的串联电阻，需要 5～10Ω/□ 的薄层电阻和相对更高的厚度。随着厚度的提高和薄层电阻的降低，传输损失增大，这是因为透明导电膜中的自由载流子吸收了部分可以被 Cu(InGa)Se₂ 层吸收的光。其他有高掺杂效率的 TCO 材料，可以在低自由载流子浓度下得到同样的导电性质，降低了自由载流子对光的吸收，提高了迁移率[196]。

7.4.6　高阻窗口层

在溅射沉积 TCO 层之前，通常会制备一层本征的高阻（HR）ZnO。根据沉积方法不同，这一层的电阻率在 1～100Ω·cm 的范围（相比之下，透明导电层的电阻率为 10^{-4}～10^{-3}Ω·cm）。通常高阻 ZnO 厚度为 50nm，由氧化物靶的射频磁控溅射得到。

使用 ZnO 高阻层对器件性能的贡献与 CdS 层的厚度有关[194,197~201]。高阻 ZnO 的作用在参考文献[201]中有所说明，由于 CdS 层可能的针孔等原因，导致二极管性能的降低，而 ZnO 的加入可以在这些区域产生 Cu(InGa)Se₂/ZnO 平行结，提高了二极管的质量，从而提高了整体的性能。这也是基于观察到当 CBD-CdS 层足够厚的话，高阻 ZnO 层的贡献，尤其是 V_{OC} 的提高变得不明显的原因[198]。

另一个加入高阻 ZnO 可能的原因是保护界面区域不被溅射沉积 TCO 时的粒子

轰击破坏，这对于一些无镉缓冲层或用直流磁控溅射 TCO 层来说是非常重要的[199]。

7.4.7　器件完成

为了进行实验室电池的测试，需在 TCO 层上沉积金属电极，它类似于栅格，有很小的阴影面积，这样可以使尽可能多的光照射到器件上。光伏电池测试标准推荐最小电池面积是 $1cm^2$，但是许多实验室通常使用 $0.5cm^2$ 的标准。金属栅线电极的制备可以先沉积几十纳米的 Ni 以保护形成的氧化物层，之后再沉积几微米厚的 Al。通过掩膜板装置蒸发是比较合适的沉积方法，尽管有研究认为用印刷法制备高效率器件的栅线更适合[200]。

沉积完金属栅线后，电池总面积的计算要去除掉 Mo 上机械刻划或激光刻线后留下的死区面积。或者只有 $Cu(InGa)Se_2$ 层以上刻划或腐蚀的面积需要去除，因为 $Cu(InGa)Se_2$ 的电阻阻止了从电池其他区域收集电荷。若通过掩膜板装置沉积 TCO 层，这样就设定好了电池面积。

最后，高效率器件可能要沉积减反射层来降低光损失。通常是蒸发厚度约 100nm 的 MgF_2 层。但是，对于需要盖板玻璃或封装材料的组件来说，这一层不太相关。

实验室电池和组件在器件上最大的不同在于 TCO 层。集成组件（见 7.6.2 节）通常不使用栅线进行电流的辅助收集，因此需要 TCO 层更厚，即需要更高的电导率来降低电阻损失。有高薄层电导率的 TCO 层可能会降低红外光的透过率，并由于自由载流子吸收的增加会降低光电流。

7.5　铜铟镓硒电池的性能评价

实验室制备的 $Cu(InGa)Se_2$ 光伏电池已经有超过 20％ 的器件效率，在实验经验上有很大的提高，尽管对于器件深层机制和控制器件行为的电子缺陷还没有深入全面的理解。最近几年在开发界面模型、晶界、点缺陷等方面做了巨大的努力，可以更好地理解器件行为并找出下一步优化的方向。

$Cu(InGa)Se_2/CdS$ 光伏电池的性能可以通过量子效率和短路电流表征。开路电压随吸收层禁带宽度的提高而提高，很大程度上受 $Cu(InGa)Se_2/CdS$ 界面的晶界和缺陷的影响。器件性能可以通过损失机理来描述，损失机理可分为三类：第一类是光损失，限制产生的载流子和短路电流 J_{sc}；第二类是复合损失，限制开路电压 V_{OC} 和填充因子 FF，最后一类是寄生损失，如串联电阻、并联电导和与电压有关的电流收集，对 FF 的影响较明显，同样会降低 J_{SC} 和 V_{OC}。

20 年前出现的基本器件模型中，由于 Cu(InGa)Se₂ 吸收层空间电荷区的陷阱态复合，使电压受到限制。Cu(InGa)Se₂/CdS 界面的复合由于 Cu(InGa)Se₂ 表面载流子类型的反转而降低，与制备工艺有关。光谱响应或结内电流的测量进一步帮助了对器件物理的理解。

7.5.1　光生电流

在 AM1.5 标准条件下测得最高效率 Cu(InGa)Se₂ 器件的短路电流密度为 $36mA/cm^{2[1]}$，比器件带隙为 1.12eV 时的可能值 $42.8mA/cm^2$ 低。造成这种电流损失的可能原因可以用量子效率测试来有效表征。光生电流是器件外量子效率（QE_{ext}）和光谱响应不可或缺的参数。QE_{ext} 由 Cu(InGa)Se₂ 吸收层的带隙、CdS 和 ZnO 窗口层及一系列损失机理控制。这些损失在图 7.11 中列出，并列出了在 0V 和 −1V 两个不同的偏压时得到的曲线。−1V 的 QE 曲线在长波处稍微偏高，因为在反向偏压下有更大的空间电荷区，提高了有效收集长度。在 $100mW/cm^2$ 照射下造成的电流损失的原因列于表 7.4。其中 1~5 是光学损失，6 是电学损失，每种损失的重要性取决于器件设计的细节和每一层的光学特性。这些损失包括：

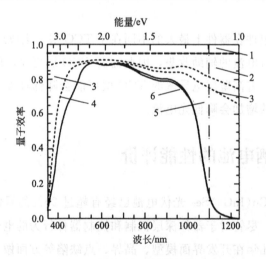

图 7.11　在 0V 和 −1V 偏压下的量子效率曲线（实线）和
Cu(InGa)Se₂/CdS/ZnO 光伏电池的光损失
其中 Cu(InGa)Se₂ 的 $E_g = 1.12eV$

① 栅线收集电荷时的遮挡。在集成组件中这一条会被用于互联的面积取代，在第 7.6.2 节中有讨论。

② 前表面反射。在最高效率器件中，由于加了减反射层而使反射降到最小。

图 7.11 中的区域	光损失机理	ΔJ/(mA/cm^2)
1	4% 覆盖面积上的栅线遮挡	1.7
2	Cu(InGa)Se$_2$/CdS/ZnO 的反射	3.8
3	ZnO 层的吸收	1.8
4	CdS 层的吸收	0.8
5	Cu(InGa)Se$_2$ 中的不完全吸收	1.9
6	Cu(InGa)Se$_2$ 中的不完全收集	0.4

③ ZnO 层的吸收。通常 ZnO 对可见光波长有 1%～3% 的吸收，在 $\lambda>900$nm 的近红外区域有所提高，而在 $\lambda<400$nm 接近 ZnO 带隙的自由载流子吸收区域增强。

④ CdS 层的吸收。在波长小于约 520nm 对应 CdS 的带隙 2.42eV 时增加，QE 曲线上 $\lambda<500$nm 的损失可能是 CdS 过厚引起的，因为通常观察到 CdS 中产生的电子-空穴对无法被收集。图 7.11 显示的器件有约 30nm 厚的 CdS 层，实际 CdS 层会更厚，吸收损失也会更多。

⑤ Cu(InGa)Se$_2$ 层在能带边缘附近的不完全吸收。Cu(InGa)Se$_2$ 薄膜中的成分渐变导致的能带渐变，同样影响 QE 长波部分的斜率。

⑥ Cu(InGa)Se$_2$ 中光生载流子的不完全收集，在下面讨论。

QE_{ext} 通过以下公式计算：

$$QE_{ext}(\lambda,V)=[1-R(\lambda)][1-A_{ZnO}(\lambda)][1-A_{CdS}(\lambda)]QE_{int}(\lambda,V) \quad (7.4)$$

式中，R 是总反射，包括栅线遮挡；A_{ZnO} 是 ZnO 层的吸收；A_{CdS} 是 CdS 层的吸收。QE_{int} 是内量子效率，是收集到的光生载流子与到达吸收层的光子流之比，可以用下式估算[201]：

$$QE_{int}(\lambda,V)=1-\exp\{-\alpha(\lambda)[W(V)+L_{diff}]\} \quad (7.5)$$

式中，α 是 Cu(InGa)Se$_2$ 的吸收因子；W 是 Cu(InGa)Se$_2$ 空间电荷区的宽度；L_{diff} 是少数载流子扩散长度。这个近似是基于空间电荷区产生的所有载流子都被收集，没有复合损失。W 是所施加电压的函数，在施加电压为 0V 时 W 值在 0.1～0.5μm 范围内。QE_{int} 是总光生电流，通常与电压有关，因此可以写为 $J_L(V)$。

从式(7.4) 和式(7.5) 可推算图 7.11 中电池的内量子效率与总有效收集长度 $L_{eff}\equiv W(V)+L_{diff}$。这个计算假设在 $E<E_g$ 时，没有光生载流子产生。如果 L_{eff} 小于 1μm，由于吸收系数的降低，Cu(InGa)Se$_2$ 层中比收集长度更深的区域产生的

电子重要性会增强。由于载流子不能被收集，长波处的 QE 降低。载流子的不完全收集是 Cu(InGa)Se₂ 器件中最重要的损失机理[151,155,202]。J_L (V) 对电流-电压行为的影响随着收集长度的减少（偏压的影响）而增加，因此对填充因子和 V_{oc} 的影响有最大值[203,204,207]。这种电压决定的电流收集可以降低 J_{sc}，如图 7.11 所示，QE 在 −1V 偏压和在 0V 偏压下测试的结果不同。

电流收集的分析是基于 Cu(InGa)Se₂ 层足够厚，所有的光都可以被吸收情况，而实验室典型器件的 Cu(InGa)Se₂ 吸收层厚度约 $2\mu m$，商业组件为 $1.2\sim1.5\mu m$。厚度 d 需要降低得越多越好，这样可以提高产率，降低原料成本。但是如果 Cu(InGa)Se₂ 层厚度小于 $1\mu m$，由于长波处的不完全吸收而导致的电流损失会加重。降低厚度的影响与降低收集长度的影响类似，如果忽略背表面的反射，$d = L_{eff}$ 可以作为期望的 QE_{int} 与薄膜吸收的边界状态。对共蒸制备的微米厚吸收层器件特性进行了表征[205,206,209]。器件模拟显示，厚度小于 $1\mu m$ 的器件 J_{sc} 的降低比预期值要大，这是由于光的不完全吸收和其他原因[207]。对更薄的吸收层，背接触可能会影响器件行为，光穿过吸收层达到背电极意味着在 Mo/Cu(InGa)Se₂ 界面的光反射开始对器件行为产生影响[208]。将背接触层换为高反射材料的尝试已经有报道[105,107,208,209,212]。例如，有报道在 Cu(InGa)Se₂ 层厚度为 $0.45\mu m$，TiN 作为背电极，可以将 J_{sc} 提高 $0.8mA/cm^2$，模型结果验证了反射的作用[207]。

对于 V_{oc} 和 FF 来说，无论是厚 $2\mu m$，还是厚度少于 $0.5\mu m$ 的吸收层薄膜，都可以维持在同一值[205,206,209]。这是比较奇怪的现象，因为随着厚度的减小更多的少数载流子到达背接触层并复合掉，从而使 V_{oc} 降低。在 Mo/Cu(InGa)Se₂ 界面上形成的 MoSe₂ 中间层[104] 可以作为背表面场反射少数载流子，因此可以阻止背表面的复合。这一结论被不同的背电极实验结果验证，例如，当吸收层 Cu(InGa)Se₂ 的厚度为 $0.6\mu m$，以 ZrN/Cu(InGa)Se₂ 接触时，V_{oc} 降低，但当界面上形成了 MoSe₂ 时 V_{oc} 不变[208]。由于 Ga 的浓度渐变造成的背面场，通过降低背接触面上与吸收层的复合，同样可以阻止 V_{oc} 的损失[205]。

尽管只有一小部分 J_{sc} 损失可以解释为光的不完全吸收，提高光电流的一种可能途径还是要使用光陷阱，来延长光在吸收层中的路径，这在非晶硅基光伏电池中应用很普遍。在 Cu(InGa)Se₂ 光伏电池中光陷阱通过织构的 TCO 层来散射入射光，或织构的背接触层来散射反射光。背电极反射的光依次通过吸收层和缓冲层，顶部的 TCO 层还可以再次散射。另外，Cu(InGa)Se₂ 粗糙表面的光散射也应该考虑进去。

7.5.2 复合

Cu(InGa)Se₂/CdS 器件的电流-电压行为可以用通用的二极管方程来描述：

$$J = J_D - J_L = J_O \exp\left[\frac{q}{AkT}(V - R_S J)\right] + G(V - R_S J) - J_L \tag{7.6}$$

其中二极管电流 J_O 用下式表示：

$$J_O = J_{OO} \exp\left(-\frac{\phi_b}{AkT}\right) \tag{7.7}$$

理想因子 A、势垒高度 ϕ_b 和前置因子 J_{OO} 取决于特定的复合机理，决定了 J_o，同时串联电阻 R_S 和旁路电导 G 是与初始二极管串联或并联时发生的损失。界面、空间电荷区或吸收层体内复合时对 A，ϕ_b 和 J_{OO} 的描述，可以在许多书中找到。

为了理解 Cu(InGa)Se₂/CdS 光伏电池特殊二极管行为，考察 Cu(InGa)Se₂ 的 E_g 随 $x \equiv Ga/(In+Ga)$ 和温度的变化而变化的规律非常重要。图 7.12 和图 7.13 是 $x=0$，0.24 和 0.61，相应 $E_g=1.04eV$，$1.14eV$ 和 $1.36eV$ 时器件的 $J\text{-}V$ 曲线和 QE 曲线[206]。随着 E_g 的提高，V_{OC} 提高，QE 长波边向短波方向移动。图 7.14 所示为这些器件的 V_{OC} 随温度变化情况。在这些例子中，由于 $T \to 0$，$V_{OC} \to E_g/q$，因此势垒高度 $\phi_b = E_g$。假设 $G \ll J_L/V_{OC}$，开路电压变为：

$$V_{OC} = \frac{E_g}{q} - \frac{AkT}{q} \ln\left(\frac{J_{OO}}{J_L}\right) \tag{7.8}$$

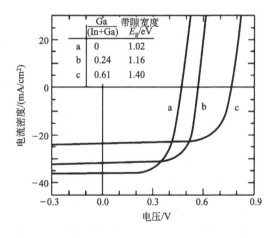

图 7.12　不同 Ga 含量的 Cu(InGa)Se₂/CdS 光伏电池 $J\text{-}V$ 曲线

A 和 ϕ_b 的值可以用来区分体复合、空间电荷区复合还是界面复合[212,217]。图 7.12 中的任何一条曲线都可以用公式（7.6）来拟合，A 的值为 1.5 ± 0.3。对于薄膜光伏电池，V_{OC} $(T \to 0) = E_g/q$，$1 < A < 2$，与上面数据相似。对于 CuInSe₂ 和

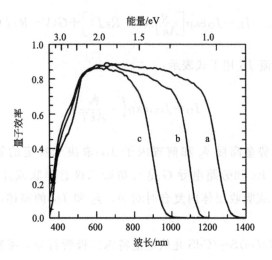

图 7.13　图 7.12 中器件的量子效率曲线

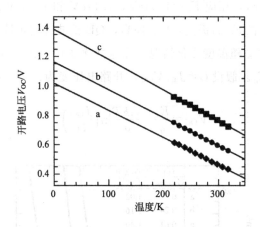

图 7.14　图 7.12 中器件的 V_{OC} 随温度变化曲线

许多 Cu(InGa)(SeS)$_2$ 器件[151,155,213]，不同的吸收层沉积过程[214]都测到了 $\phi_b =$ E_g，与 (CdZn)S 缓冲层的带隙无关[213]。ϕ_b 和 A 的这些结果表明 Cu(InGa)Se$_2$/CdS 光伏电池二极管电流是由 Cu(InGa)Se$_2$ 层中的肖特基-里德-霍尔型复合决定的。这些复合在 Cu(InGa)Se$_2$ 空间电荷区的深陷阱态最多，这里有相当的电子和空穴对，既 $p \approx n$。A 在 1～2 之间的变化取决于作为永久缺陷态的深缺陷态能级[215]。如果这些态向带边移动，$A \to 1$，复合更倾向于带-带间的体复合。高效率器件的特征是有相对较低的 A 值，约为 1.1～1.3[1]。

　　Cu(InGa)Se$_2$/CdS 界面的复合不会限制 V_{OC}，这是由于在 Cu(InGa)Se$_2$ 光伏电池制备过程中，没有对晶格匹配或降低晶格缺陷做特殊的处理，在 Cu(InGa)Se$_2$ 层和 CdS 层沉积之间，器件直接裸露在空气中。这可以从 Cu(InGa)Se$_2$ 近结区域导电类型的转化[216,217,221]、导致能带弯曲和界面费米能级定扎来解释[210,212,215,217,218]。图7.15的Cu(InGa)Se$_2$/CdS能带图显示了界面处费米能级靠近导带，这样Cu(InGa)Se$_2$近表面区域的电子是主要载流子，而空穴的供应不足，限制了界面复合的发生。Turcu等[211]解释，在贫铜的Cu(InGa)Se$_2$表面形成的有序缺陷化合物对防止界面复合起着重要作用，这个表面有宽禁带[75,77,219]，低价带能，如图7.15所示，为吸收层/缓冲层界面空穴的复合提供了势垒。这个解释被一个特殊现象强烈支持：对于宽禁带器件，尤其是Cu(InGa)Se$_2$吸收层，经常没有铜空位（见第7.2.4节）。除了能带，这些器件有更低的V_{OC}和$\phi_b < E_g$，表明没有载流子到空穴的转换也可以发生界面复合[211,220,226]。

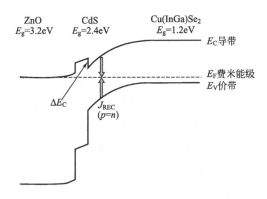

图7.15 ZnO/CdS/Cu(InGa)Se$_2$器件暗态下的能带

在Cu(InGa)Se$_2$层空间电荷区，$p=n$时复合电流J_{REC}最大

钠对器件特性的影响主要是V_{OC}[221]，原因是可以钝化界面复合。有扩散阻挡层的Cu(InGa)Se$_2$器件限制了Na从玻璃衬底的扩散，V_{OC}降低了120mV，ϕ_b比吸收层E_g更低[222]。电容测量显示在Cu(InGa)Se$_2$/CdS结上有高缺陷密度[223]。

其他可能降低V_{OC}的复合源是Mo/Cu(InGa)Se$_2$背表面的复合。由于少数载流子扩散长度与Cu(InGa)Se$_2$层的总厚度相比较小，背表面复合的影响可以忽略。

在实际Cu(InGa)Se$_2$材料中，由于结构不纯，捕获缺陷不是在关联的能级，而是形成缺陷能级或在价带或导带的带尾，于是总复合电流可以通过缺陷光谱集成得到。由于造成复合陷阱的特殊点缺陷不明确，但通过瞬时光电容测量明确了在$E_V + 0.8eV$处的缺陷[69]。指数带尾态的复合通常可以解释在一些器件中观察到的A随温度变化的情况[224]。对A受温度影响的分析，特别是在低温下的分析，由隧道增强复合电流进一步解释[225]。导纳谱是表征Cu(InGa)Se$_2$/CdS光伏电池中电子缺陷分布的有效工具[226]，受主态分布在从价带起约0.3eV处，并与V_{OC}相关[227]。少子寿命是表征 $Cu(InGa)Se_2/CdS$ 器件的另一个有效参数。瞬态光谱[228] 和时间光致荧光[204,208,229]测量都表明了对于高效率器件少子寿命在 $10\sim250ns$ 范围内。

对亚稳态缺陷进行了详细的研究，并指出了亚稳缺陷对器件行为的影响。例如，可以引起光伏电池行为的可逆变化，被认为是光浸泡效应，在光照射下可以提高开路电压和填充因子[230]。近期的研究证明这些亚稳行为是由硒空位和铜空位形成的化合物产生的[231]，会导致光电导的增加，产生光浸泡效应。硒双空位模型预言，通过光生或注入电子的陷阱，使硒的双空位由类施主型向类受主型变化。在各种光浸泡和注入条件下，观察到了提高深受主和空穴载流子密度之间的——对应关系[232]。实验观测到的活化能与双空位模型预言的过渡势垒匹配得很好[233]。由于各种亚稳缺陷，在白光下的光浸泡已经引入到了效率测量标准环节。

需要注意的是大部分描述传输和复合的时候都忽略了晶界的影响，认为晶粒是圆柱形的，所有的传输都可以进行，没有跨晶粒的晶界。但是这不是严格正确的，对 $Cu(InGa)Se_2$ 光伏电池的综合分析需要考虑到晶界复合和由此带来的电流或电压的降低。不同器件模型的数值模拟表明价带势垒大于 $200eV$，符合 7.2.4 节的测量结果，可以更好地阻止晶界损失，得到高效率器件[234,235,243]。通过沿晶界的传输可以提高电流收集，同时电压降低。

7.5.3　$Cu(InGa)Se_2/CdS$ 界面

图 7.15 所示的 $Cu(InGa)Se_2/CdS$ 能带表示出了由于 $Cu(InGa)Se_2$ 表面的 Cu 空位引起的禁带拓宽。实验证明只有表面是贫铜的，且没有 ODC 相的形成[236,237]。能带图表明在 CdS 和 $Cu(InGa)Se_2$ 之间的导带断裂 ΔE_C 同样对 $Cu(InGa)Se_2$ 的类型反转很重要。在这个图中，$Cu(InGa)Se_2$ 主体是 p 型的，禁带宽度 E_g 取决于实际的 Ga 浓度；CdS 层是 n 型，$E_g = 2.4eV$；ZnO 是 n^+ 层，$E_g = 3.2eV$。在 n^+-ZnO 和 CdS 层之间的高阻 ZnO 层是耗尽的。正向的 ΔE_C 表明 CdS 的导带最小值比 $Cu(InGa)Se_2$ 的导带最小值能量更大。图 7.15 所示为 $\Delta E_C = 0.3eV$ 的情况，在 ZnO 和 CdS 之间有 $-0.3eV$ 的导带断裂[75]。模拟载流子输运和复合时考虑了 ΔE_C 的影响[238,239]，表明如果 ΔE_C 大于 $0.5eV$，$Cu(InGa)Se_2$ 中的光生载流子收集将受阻，J_{sc} 或 FF 将快速衰减。对于更小的尖峰，电子可以在热扩散的辅助下通过界面传输[238]。另一方面，对于足够的负向 ΔE_C，$Cu(InGa)Se_2$ 吸收层表面的类型反转将会削弱，界面电子浓度将会在缓冲层一边增加，界面态复合限制了 V_{OC}。

由于 Cu(InGa)Se₂/CdS 器件电子行为的重要性，在计算或测量 ΔE_C 上进行了许多努力，并得到了多种结果。纯 CuInSe₂ 能带结构的计算得到 $\Delta E_C = 0.3eV^{[240]}$，由于 CuGaSe₂ 导带最小值在能量上更高[241]，Cu(InGa)Se₂ 与 CdS 界面的导带断裂将比纯 CuInSe₂ 的更小。另一方面，ODC 化合物计算的导带最小值比黄铜矿相的更低[242]。

通过光电子发射光谱（XPS，UPS 或同步加速器基）可从实验上得到价带断裂值。对于非氧化的 Cu(InGa)Se₂/CdS 界面，发现了 $-0.9eV$ 的价带断裂，在黄铜矿和 ODC 相的理论值之间[243]。同样的价带断裂在纯 CuInSe₂ 多晶相或外延薄膜[244]或单晶[245]中发现，不受 CdS 薄膜的表面取向和沉积方法影响[172]。在带隙为 1.4eV 的 ODC 表面，测量得到 0.3eV 的导带断裂。所有这些测试在沉积的 Cu(InGa)Se₂ 吸收层表面进行，在光伏电池制备过程中，吸收层在沉积 CdS 之前是暴露在空气中的。吸收层和缓冲层之间的相互扩散可能导致能带的改变，从这点上，是不能从价带断裂推断出导带断裂值的。导带断裂可以直接从光发射谱（IPES）得到，并发现在纯 CuInSe₂/CdS 界面导带断裂值为零[246]，这是由于界面的相互混合。对于抑制界面复合，没有断裂是必须的，因此导带的零断裂与 J-V 测量兼容，此时空间电荷区的复合是占主导的路径。

7.5.4 宽带隙和渐变带隙器件

由于最高效率器件 Ga/（In+Ga）$\approx 0.1\sim 0.3$，得到 $E_g \approx 1.1\sim 1.2eV$，在开发宽带隙材料制备高效率光伏电池上做了巨大的努力。最初发现高效率材料可以产生更高的组件效率，这是由于最大功率处高电压和低电流，降低了功率损失，比率为 I^2R。宽带隙材料有低温度因子和组件输出功率[247]，可以在许多陆地应用中提高组件耐温程度，还可以作为叠层或多结电池结构中的顶电池。

关注最多的宽带隙材料是 Cu(InGa)Se₂ 和 CuInS₂。CuGaSe₂ 的 $E_g = 1.68eV$，很适合作为叠层结构中的宽带隙电池。CuInS₂ 的 $E_g = 1.53eV$，可以被近似优化为单结器件。基于 CuInS₂ 的最高效率器中铜是过量的，过量 Cu 以 Cu_xS 第二相的形式存在，在 CdS 沉积前腐蚀掉[248]。在这些器件中界面更为重要，通过仔细控制界面如 Ga 的含量，提高了 V_{OC}[249]。

Cu(InAl)Se₂ 光伏电池同样有 17％ 的器件效率，$E_g = 1.15eV^{[250]}$。由于 CuAlSe₂ 的 $E_g = 2.7eV$，需要元素成分浓度变化较小。宽带隙器件 (AgCu)(InGa)Se₂[251,252,254]，用 Ag 部分代替 Cu，可以降低合金熔点温度，使薄膜的缺陷态密度更低。用不同吸收层合金得到的最高总面积效率宽带隙器件列于表 7.5。

表 7.5　不同吸收层合金得到的最高总面积效率宽带隙器件
[CuInSe₂ 和 Cu(InGa)Se₂ 光伏电池的记录效率也作为参考]

材料	E_g/eV	效率/%	V_{OC}/%	J_{SC}/(mA/cm²)	FF/%	参考文献
CuInSe₂	1.02	14.5	491	41.1	71.9	[253]
Cu(InGa)Se₂	1.12	20.0	692	35.7	81.0	[255]
CuGaSe₂	1.68	9.5	905	14.9	70.8	[256]
Cu(InGa)Se₂	1.53	12.9	832	22.9	67.0	[249]
Cu(InAl)Se₂	1.51	9.9	750	20.1	65.8	[256]
(AgCu)(InGa)Se₂	1.6	13.0	890	20.5	71.3	[252]
Ag(InGa)Se₂	1.7	9.3	949	17.0	58	[251]

　　Ga 掺入到材料中，引起带隙的增加，从而带来薄膜性质和器件行为的变化。向 CuInSe₂ 中加入少量的 Ga 提高了开路电压，尽管确定 Ga 是在吸收层的背表面，不会提高空间电荷区的带隙[138]。Ga 的加入提高了黏附，这同样在 S[257] 和 Al[250] 的合金中观察到。Cu(InGa)Se₂/CdS 光伏电池中提高带隙对 V_{OC} 和效率的影响，已经由许多研究组通过各种途径观测到，在图 7.16 中显示。对于 E_g<1.3eV 或 Ga/(In+Ga)<0.4，效率是不随带隙变化的[202]，而 V_{OC} 随 E_g 线性增加。即便对于宽带隙吸收层，V_{OC} 提高到大于 0.8V，但是效率由于两方面的原因反而降低：复合的增加使 V_{OC} 降低到公式 (7.8) 的预期之下[210,214]，和电压决定的电流收集[202] 使填充因子降低。图 7.16 所示的虚线表明斜率 $\Delta V_{OC}/\Delta E_g = 1$。理想状况下，基于公式 (7.8)，由于 V_{OC} 与 J_L 有关，V_{OC} 的提高很有限。从价带向上 0.8eV 处的缺陷带隙中心是有效的复合陷阱[69]，不随 Ga 浓度的变化而变化，带隙增加使缺陷更接近于能带中心。随着 Ga 浓度的增加，品质因子 A 提高[258]，复合陷阱向能带中心移动[215]。吸收层和 CdS 缓冲层间的能带排布从尖峰到悬崖变化[259]，可能会影响复合机理[212]。另外，随着 E_g 的提高，Cu(InGa)Se₂ 表现了更高的载流子浓度，使空间电荷区宽度变窄，因此缩短了收集长度[260]。最后，有报道说提高 Ga 浓度会使共蒸 Cu(InGa)Se₂ 的晶粒直径减小[261,262]，但是这是否影响器件行为没有证明，纯 CuGaSe₂ 吸收层和低 Ga 的 Cu(InGa)Se₂ 吸收层有同样的晶粒大小[256]。

　　通过掺入 Ga 或 S 的量来形成渐变带隙，以通过降低复合和收集损失来提高器件效率[19,21,264,272]。导带从 Cu(InGa)Se₂/Mo 界面到空间电荷区逐渐降低，形成渐变结构，可以有效收集少数载流子[264,265,272]，当少子扩散长度可与膜厚相比时，还可以降低背表面的复合[266]。相反，从空间电荷区边缘到 Cu(InGa)Se₂/CdS 界面带隙逐渐变宽的正向渐变，可以降低复合，提高 V_{OC}。器件吸收层大范围内更小的带隙可以提高光的吸收和 J_{SC}[19,21,264]。但需要保证带隙的最小值是在空间电荷区，否则会形成势垒，影响载流子的传输[263]。形成带隙渐变最有效

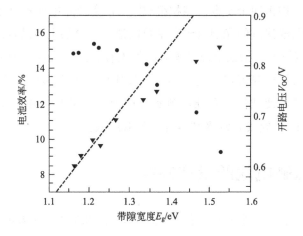

图 7.16　效率（●）和 V_{OC}（▼）作为 Cu(InGa)Se$_2$ 带隙的函数

通过提高 Ga 浓度而变化[265]虚线是斜率 $\Delta V_{OC}/\Delta E_g = 1$

的方法是在表面掺入 S，通过降低价带而非 Ga 的提高导带，对收集光生电子的影响更小。

　　开发宽带隙合金的另一个原因是它可以用于叠层电池，产生高效率薄膜组件。单叠层的宽能带 I - III - VI$_2$ 基电池（$E_g > 1.5eV$）可以直接连接到窄带隙电池上，如图 7.17 所示。$E_g = 1.04eV$ 的 CuInSe$_2$ 非常适合做底电池，可以理想地匹配 $E_g = 1.65eV$ 的 CuGaSe$_2$ 顶电池。即便是顶电池的高带隙，也会带来光损失，可以通过优化的叠层结构来弥补，例如降低顶电池的厚度或面积[267]。

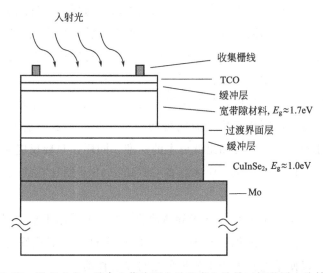

图 7.17　用 CuInSe$_2$ 基合金作为顶电池和底电池的二级叠层电池结构

其他的两级结构由四个子电池堆积组成[268]，宽带隙电池被整个太阳光谱的光照射，经宽带隙电池滤过的光照射到窄带隙电池上。叠层电池结构的实现还需要解决一系列其他问题[269]：①顶电池必须对红外光有好的透过性，使能量小于带隙的光透过；②用吸收层薄膜沉积温度下不与硒反应的过渡金属层替代 Mo 背接触层；③需要开发短的结，使载流子在顶电池和底电池之间的传输不会引起其他附加效应。这些需要从Ⅲ-Ⅴ族或 a-Si 多结器件中吸取经验。

7.6　铜铟镓硒电池的量产问题

光伏技术的竞争力主要源于产品的性能、可信度和成本。最好的 $Cu(InGa)Se_2$ 电池和组件与许多市售的晶硅电池产品保持同一价位。组件的室外测试表明长期稳定性不是主要问题，但是低成本大面积生产仍然是实践中的最大问题。薄膜有低成本生产的潜力，由薄膜材料制备的光伏组件可能会有非常低的生产成本。$Cu(InGa)Se_2$ 组件生产是否有低成本的可能性，取决于工艺过程与材料成本、产量和产率的匹配程度。

7.6.1　工艺和设备

薄膜沉积工艺可以是批处理，也可以是在线处理方式。在批处理工艺中，前一步的工艺步骤完全结束之后，开始进入下一工艺步骤；而在线生产是在前一衬底还未结束流程之前，后一衬底就进入工艺流程，整个工艺过程连续进行。

通常认为在大面积生产中，在线连续工艺可以降低成本。理想状态下，组件生产过程的所有步骤都可以同步进行，这样组件可以在整个生产线上连续移动。这需要每步的工艺时间保持一致，对于一些较慢的步骤，可以通过多设备平行运行来调节。用物理气相沉积法生产大面积薄膜产品通常会在连续或类连续的在线系统上进行，但批处理的成本相对较低，且有足够大的产量。例如，在用预制层反应法制备 $Cu(InGa)Se_2$ 组件时，硒化反应的时间可能会比较长，这意味着 CdS 的化学水浴沉积可以用批处理的方式，且满足低成本的标准。同样，只要反应时间足够短或处理面积足够大，用批处理硒化反应来制备 $Cu(InGa)Se_2$ 层比在线共蒸制备 $Cu(InGa)Se_2$ 成本更低。

卷对卷工艺起初用于蒸发 CdS 半导体薄膜[270]，可以用于整个器件的生产。单工艺步骤可以连续操作来沉积一卷 1000m 长的衬底材料，沉积好的卷可以移到下一步骤，同样可以使单卷在多个工艺步骤之间连续移动。

溅射是较成熟的大面积沉积工艺，广泛应用于生产各种类型的大面积薄膜。溅

光伏电池原理及应用

射工艺可以用来生产 Cu(InGa)Se$_2$ 组件中的多数材料，如 Mo 背接触层、TCO 前接触层，故可以使用同样类型的设备，可以从多家设备供应商处买到。生产大面积卷对卷溅射沉积设备同样可以商业化。在预制层反应工艺中，金属预制层的沉积也首选溅射工艺。其他工艺如电沉积或墨水印刷，由于潜在的低成本优势，也正在商业化开发中。硒化工艺需客户定制的特殊设备，这可以是硒化炉，批量的预制层放置于含硒气氛中反应；也可以是在线反应腔，衬底在硒环境中连续传输，衬底温度精确控制[271]。

Cu(InGa)Se$_2$ 薄膜的元素共蒸发沉积需要客户定制的设备，包括特殊设计的蒸发源，精确控制蒸发时间来保证大面积衬底的均匀沉积。许多实验室和公司都采用线性源的在线蒸发，设备结构列于图 7.18。这个结构中源是向下蒸发的，源的设计比向上蒸发更复杂，但向下蒸发更适合玻璃衬底，因为玻璃在底部移动比在顶部移动能更好地控制衬底温度。

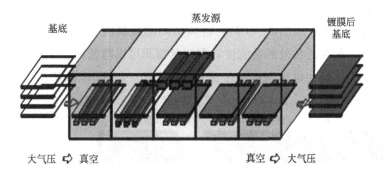

图 7.18　线性蒸发源在衬底上部，加热器在衬底
下部的 Cu(InGa)Se$_2$ 在线共蒸发系统

化学水浴沉积 CdS 或无 Cd 缓冲层更适合低成本批处理。浸泡带有 Cu(InGa)Se$_2$ 薄膜的衬底所用设备相对简单，但面积较大，因为溶液需要一定的体积。目前已有商业化的设备可以定制。但是这一步骤产生的液相有害废弃物的处理较为复杂昂贵。可以为化学水浴沉积开发高利用率的连续工艺[272]，或循环工艺[273]。其他的缓冲层工艺如 ALD 和 ILGAR 由于避免了湿法过程，有潜在的工艺优势，目前大面积、高产出生产设备还在进一步开发。

化学气相沉积（CVD）掺杂 ZnO 是替代溅射 ZnO 的另一种选择，通常用批处理方式生产，每次处理的衬底片数相对较小，产出可能是最大问题。但是，在线 CVD 工艺也已开发，例如在生产非晶硅光伏电池组件线上开发在线CVD 工艺。

7.6.2 组件制造

工业上主要有两种方式来生产组件：①单片集成，薄膜沉积在大面积衬底上形成组件，通过划线或互联分成单个电池；②制备小面积电池（通常几百平方米），各电池通过栅线连接，形成串联接结构的组件，多用于硅片工艺。

迄今为止，伏法碱石灰玻璃在性能和重复性上是最好的衬底材料，它符合低成本标准（大面积约 $2\sim4$ 美元/m^2）、光滑、稳定，非常适合商业生产。唯一的限制是碱石灰玻璃在大于 500℃ 以上开始软化，而 $Cu(InGa)Se_2$ 最好的光伏性能在 500℃ 以上得到。由于玻璃软化导致的塑性形变在组件生产过程中是不容许的，需要通过仔细优化时间-温度特性来降低。开发高软化温度的玻璃，与 $Cu(InGa)Se_2$ 工艺、热延展性、Na 和成本等相匹配，可以为 $Cu(InGa)Se_2$ 的制造提供最大好处。

薄膜光伏组件与硅片相比最大的优势在于低成本，因为薄膜组件可以单片连接，极大简化了组件生产过程。典型的单互联结构如图 7.19 所示，最常用的办法是用激光刻蚀形成 Mo 层图样（P1），机械划刻随后的两个图样步骤（P2 和 P3）。通过仔细优化，相互连接处的总宽度，即死区面积可以降低到小于 $200\mu m^{[125\sim128]}$。电池宽度取决于电池的电流密度（带隙和 Ga 浓度）和 TCO 层的薄层电阻（因为 Mo 的方阻一般小很多）。划线的电池宽度决定了电流、串联电池的数目（由总组

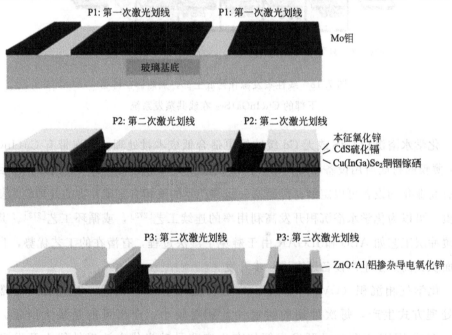

图 7.19　薄膜 $Cu(InGa)Se_2$ 光伏组件单片集成生产过程示意图

件尺寸限制），进而决定了组件电压。

典型的组件生产工艺序列如图7.20所示，在实际沉积和互联时可能会有不同的差别。最后的生产步骤包括添加汇流条，这是一种可以焊接和黏合的金属带，来连接衬底近边缘部分。在与前板玻璃层压之前，会除掉衬底外边缘的薄膜层，这样可以提高与层压材料（通常为EVA）的黏合性。边缘封口、安装接线盒和边框，即完成产品。在一些应用中没有边框。

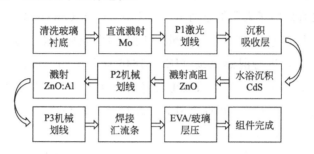

图7.20 生产Cu(InGa)Se₂组件的工艺序列

柔性衬底既可以用来制备有特殊应用的轻便柔性产品，还可以使用具有潜在成本优势的卷对卷工艺沉积薄膜材料，因此非常有吸引力。柔性衬底如聚合物、Ti和不锈钢等都有很好的结果[84]。聚合物的缺点是只能耐低温和高热膨胀性，目前最好的聚合物薄膜只能承受400～450℃的温度。Ti和金属的缺点是它们的导电性很好，这意味着需要在衬底和Mo背接触层[98]之间加一电绝缘层，使单个电池相互接触实现串联。因此需要高温聚合物或绝缘箔衬底的商业化开发。

对于导电的柔性衬底，因为不可能进行单片集成，需要将衬底切割成单个的电池，每个上都有收集栅线，这与硅片类似。单电池的背部边缘覆盖到下一电池的顶部，通过焊带、导电的环氧树脂或导电胶相连，实现电池的串联连接。单电池的处理增加了工艺步骤和生产成本，但这样可以先测量每个电池的效率，根据数据分级，从而提高了产率。

柔性组件不会用前板玻璃，而是需要特殊的封装层材料，这种材料必须是柔性、透明、耐紫外辐射、在组件整个使用寿命中可将湿气的进入限制在非常低的范围里。因为寿命需要20～30年，目前还没有这种材料。

7.6.3 组件行为和稳定性

单电池的效率最高，微组件和大面积生产的组件效率随面积增加而降低。从电池到组件效率衰减的内在原因有串联电阻的损失和非活性区域的损失两种。通过用金属栅线互联优化结构设计，可以降低串联损失[274]。Cu(InGa)Se₂组件性能同样取决于材料和器件在大面积上的均匀性，包括成分的均匀性。组件需要更厚的 TCO 层来避免过多的串联损失，但这会导致更高的自由载流子吸收，在上面已经讨论论过（见7.4.5 节）。组件和电池的另一个性能在于沉积速率，实验室工艺可能会用很低的沉积速率达到优化的电池性能，而生产工艺需要高产率，因此必须有高沉积速率。因此小面积电池不能与商业组件生产相关联，但是可以显示材料的性能。

产品如果在使用一段时间后会衰减的话，其初始效率并不重要。由 ARCO 太阳能公司，后又有西门子太阳能公司生产的 Cu(InGa)(SeS)$_2$ 组件在室外测试 12年[4]，之后又延长到超过 20 年[275]，测试数据表明组件有很好的稳定性。另一方面，未封装的电池在进行湿热测试（IEC-61646 规程中的标准测试，85％相对湿度，85℃下测试 1000h[276]）时，发现电池降解。功率的损失是由于串联电阻提高导致填充因子的降低造成的，串联电阻的提高归因于 ZnO 的降解和小范围内 pn 结的降解，这降低了 V_{OC} 和 FF。

湿热实验对电池来说是较为恶劣的条件，表明电池需要封装技术来保护薄膜材料不在湿气中暴露。组件在湿热实验后的输出损失可以在光照下完全修复，因此对 Cu(InGa)Se$_2$ 组件进行了包含光照的修定湿热测试[277]。

图 7.21 所示的室外组件性能测试表明 Cu(InGa)Se$_2$ 光伏组件具有很好的稳定性，不管是单片的还是栅线连接的。对于小功率应用，薄膜组件比硅片有更好的使用优势。功率为 80Wp 或更高的大面积衬底，可以简单切成小块，来满足任何功率应用。这比制造小面积晶硅组件的成本更低，因为小面积晶硅组件需要在组装成组件之前将每个硅片切开。另外，互联结构可以进行多种设计来满足不同的电压需求。从美学上说，当与建筑集成应用时，Cu(InGa)Se$_2$ 和其他薄膜组件的黑色外观比硅片组件的蓝色非均匀外观更美观。

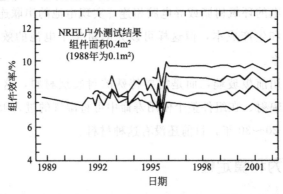

图 7.21　NREL 对 Cu(InGa)Se$_2$ 组件的室外测试事例

该测试事例表明组件可以稳定超过 12 年。1992～1996 年的波动是由于测试条件变化引起的

（数据来源于壳牌太阳能公司）

最后，在空间应用上，由于 $Cu(InGa)Se_2$ 薄膜电池比晶硅电池的耐辐射性更强，应用上更有优势[5,278,279]。使用轻质塑料或箔衬底可以使光伏电池有更高的质量功率，即单位质量下的功率更大，这在空间应用中是十分重要的。尽管如此，$Cu(InGa)Se_2$ 空间光伏电池工艺还没有达到商业化阶段。

7.6.4 生产成本

材料成本有直接和间接之分。直接材料成本，即原材料成本，不会随着生产规模的扩大而降低，只取决于原材料市场价格和薄膜沉积需要的原材料量。间接成本，包括制备溅射靶或其他原材料，当生产规模足够大时，这一部分的成本会降低。材料产率，或原材料成为薄膜的比率，可以随工艺不同从少于 50% 到大于 90% 之间变化。总体上，直接材料成本非常小，一些材料如 In 和 Se 在供给上的不确定性，可能使成本提高。但是，最大的材料成本可能不是在光伏器件上，而是衬底、封装材料、焊线等[280]。

除了原材料，在薄膜组件中其他主要的生产成本是设备资金。任何大面积沉积设备都价格不菲，因此产量或产能在判断主要成本方面就非常重要。商业用大面积沉积系统需要与特殊的工艺结合，尽管一些设备开发商开发和提供生产规模的大面积沉积设备，甚至特别为薄膜光伏提供生产线。一旦设备研发、优化和制造完成后，可以复制设备工艺，甚至整条生产线[280]。

产品沉积需保持约 20 美元/m^2 的生产成本，但大面积生产成本可以达到 1～5 美元/m^2。产率对成本有直接的影响，在线工艺中，取决于衬底宽度和线前进速度，最终取决于沉积速率和设计的膜层厚度。如果沉积速率相对较低，可以延长沉积区域来弥补，如在溅射系统中进行多靶沉积，不会过多增加成本。

若产品产率不高，所有的成本优势都是无效的。总产率可以分为点产率和机械产率两部分。点产率反映了组件重复性，是满足最小性能标准的组件在总产出中所占比例。机械产率是下线的产品占进入生产线的衬底数之比，反映了玻璃的破裂程度或设备的故障率。总体上说，总产率要大于 90%。

生产成本的另一指标是能量利用率，衡量标准是能量回收时间，定义为组件产出平衡了其消耗的能量时所需的时间。最新系统对比数据显示，效率为 11% 的 $Cu(InGa)Se_2$ 组件能量回收期为 1.6 年，与其他光伏产品持平或更好[281]。

生产成本与过程工艺有关。预测表明 $Cu(InGa)Se_2$ 组件的生产成本可以低于 1 美元/Wp，对于面积足够大的产品，甚至可以是 0.4～0.6 美元/Wp（>100MW 规模)[280]。

7.6.5 环境问题

与 Cu(InGa)Se₂ 组件材料相关的环境问题之一是稀有元素消耗量。若组件效率为 12%，表 7.6 列出了组件每年消耗的主要元素量[282]，其中材料含量是以 g/kWp 的单位计算的，第 4 列列出了每年的消耗可以产生多少组件功率，最后一列列出了现有各种元素的储量，从中可以清楚看到 In 的供给是最大的瓶颈。In 最初是炼 Zn 的副产物，因为 In 的开发潜力较小，故需知道 Zn 矿藏的量。基于开采速率、回收周期、生产用量和组件厚度等的优化，已探明 In 的储量可以以 100GW/y 的 Cu(InGa)Se₂ 组件生产速率维持到 2050 年[283]。但是 In 最终将限制 Cu(InGa)Se₂ 组件的生产，这可以通过开发同族材料的无 In 合金来代替，如 Cu₂ZnSnS₄ 和 Cu₂ZnSnSe₄ 效率可达到 10%[284]。

在老鼠身上进行了 CuInSe₂ 的毒性实验[285]，发现即便用很高的剂量也不会产生影响。研究开发了对人体有害的最低标准是 8.3μg/（kg·天）。

除 Cd 之外，构成 Cu(InGa)Se₂ 组件的材料都是无毒的。化学水浴沉积 CdS 工艺由于使用了 Cd 和硫脲，并产生废水溶液，是对人体最有害的一步。电沉积 CdTe 也是一个有含 Cd 预制层的湿法工艺，由于在给料过程中有粉尘产生，对健康的危害最大[286]。生产过程监控表明只要维持在一定水平，对工人健康不会产生影响。硫脲是一种有毒的致癌物，同样有潜在危险。废弃的酸及含 Cd 溶液通过两步沉淀或交换过程处理，可以将 Cd 的量降至 1~10ppb（1ppb=10⁻⁹）量级，并循环利用[286]。

许多 Cu(InGa)Se₂ 工艺使用元素 Se，但是都会做成固态颗粒或小球，不会释放出可吸入的粉尘。通常认为元素硒有相对较低的活性，但它的许多化合物非常活泼和高毒性。特别是许多硒化工艺中用到的硒化氢，毒性非常大，2ppm（1ppm=10⁻⁶）的量即可快速影响生命和健康（IDLH）[286]。

表 7.6 Cu(InGa)Se₂ 组件中关键材料供应（数据来源于参考文献[282]）

元素	材料含量 /(g/kWp)	提炼后的量		储量 /TWp
		/(kt/y)	/(GWp/y)	
Mo	42	110	2600	130
Cu	17	9000	529000	30000
In	23	0.13	5.7	0.1
Ga	5	0.06	12	2.2
Se	43	2	46	1.9
Cd	1.6	20	12500	330
Zn	37	7400	200000	4100

光伏电池原理及应用

在 Cu(InGa)Se₂ 组件操作过程中同样存在环境影响，当组件破坏或碎掉时，封装好的活性材料层会暴露出来，关键材料可能会有被雨水滤去的危险。实验发现当压碎的 CuInSe₂ 组件中的有毒元素排放到土壤水中，不会对人类或环境带来严重危险[287]。CuInSe₂ 组件使用时主要的危险是火灾。一个研究光伏发电火灾的可能性报告指出，火灾的发生是非常有限的[288]。如果所有的 CuInSe₂ 材料都释放的话，商业规模的系统可能导致下风口 300m 范围内受影响，如果释放 10% 的 CuInSe₂ 材料，即便在最坏的气相条件下也不会有害。因此 CuInSe₂ 组件不会对环境造成直接的影响。

对 Cu(InGa)Se₂ 组件还进行了流失性测试。Zn，Mo 和 Se 流出的量最高。Cu(InGa)Se₂ 组件可以通过德国和美国的废弃物填埋标准要求[285]。由于 CuInSe₂ 组件的体积小、关键元素比率低，许多美国规程不把它们归为有害废弃物的范围[289]。

环境制度的演变、放置问题和经济问题等都使组件的循环利用变得非常重要。大范围使用 Cu(InGa)Se₂ 组件，稀有元素特别是铟及硒和镓的供给紧张，进一步促进了组件的循环利用。循环利用的成本可以用组件材料的回收来补偿，特别的，如果玻璃衬底可以回收和重复利用，可以有回收的净增益。因此，循环利用可能是封装方法和材料选择的重要考虑因素，双玻璃结构最为实用，可以降低火灾中 CuInSe₂ 材料的释放。但是再生材料和重复利用的玻璃板可能会增加成本[289]。

7.7 铜铟镓硒电池技术展望

在 Cu(InGa)Se₂ 光伏电池研究上有明显的进步，各个研究组和公司制备了许多高效率电池和组件，在沉积工艺和器件优化方面也有许多开发，材料和工艺的理论知识也有很大提高。乐观认为电池效率和组件性能及产率都会持续提高。但也有一些关键的工艺问题需要投入时间和精力，来优化工艺和提高器件效率，这无论是在实验室范围（解决基本问题）还是在生产线上（解决设备和大面积问题）。

CuInSe₂ 基光伏电池从发展早期，就与其他薄膜光伏材料如 CdTe、非晶硅等一起引起注意，这是由于它们可以比硅片基光伏电池有更低的成本优势。但是 Cu(InGa)Se₂ 光伏电池在超过 30 年的研究和开发以后，至今才刚刚进入大面积生产阶段。近几年最重要的进步是为薄膜光伏和 Cu(InGa)Se₂ 行业开发沉积设备、检测工具和新材料如衬底和封装材料等辅助和支持工业。这些公司明显意识到了在薄膜光伏行业的巨大商机。

当前面临的关键问题之一是：为保证 Cu(InGa)Se₂ 光伏电池技术达到大面积

商业化生产，还需要做些什么？

答案部分是积累发展成熟的生产技术、标准化的沉积设备和开发完善的模型工艺。另外，还需要发展新的检测和过程控制工具。这需要基本的材料和器件知识，来确定电池或组件生产过程中的哪些性质可以被测量，变成最终性能的可靠预言者。更好的工艺、设备和基于巩固知识体系的控制，可以直接转化成更高的产量、产率和性能。

尽管已有许多进步，仍需要提高材料和器件的基础科学。效率的提高来自于 V_{OC} 的提高，缺陷的化学和电子本质限制了 V_{OC} 的提高，必须理解它们的原理。这可以归因于 $Cu(InGa)Se_2$ 生长模型，涉及缺陷形成、结形成和器件限制参数。另外，对 Na 作用机理的理解、晶界的作用本质和自由表面的机理都尚不清晰。CdS 层的作用和化学水浴工艺的理解可以使一些不含镉的替代材料得以应用，进一步拓宽了带隙，提高了效率和重复性。

最后，$Cu(InGa)Se_2$ 光伏电池的潜力可以在有单独优势的应用领域更好体现，例如在柔性、轻便和抗辐射方面有突出的优势，可以尽快开发应用。无论是柔性还是刚性 $Cu(InGa)Se_2$ 光伏电池都可以与建筑集成应用[290]，这可以促进商业开发，加快大面积产品的低成本生产。

面临的第二个重要的问题是：引领下一代 $Cu(InGa)Se_2$ 基薄膜光伏电池的突破点可能是什么？

深度开发的宽带隙合金可以使电池 $E_g \geqslant 1.5eV$，不会对性能造成任何降低，并对组件生产和性能有很大的好处，见 7.5.4 节的讨论。开发叠层电池，在工艺上非常有挑战性，但潜在的效率可以达到 25% 或更高。开发 $E_g \approx 1.7eV$ 的宽带隙电池是叠层电池开发的先决条件。

开发低温工艺的 $Cu(InGa)Se_2$ 层而不损失最终效率是非常有益的，这可以选用多种材料的低温衬底，如柔性多聚物箔等。另外，低 T_{ss} 可以降低衬底上温度带来的应力，允许快速加热和冷却，降低了全部沉积系统的热负荷和应力。另外，如果电池结构允许使用厚度小于 $1\mu m$ 的 $Cu(InGa)Se_2$ 层，可以明显降低材料用量，提高产出速率。开发无 In 合金同样有明显优势。

提高 $Cu(InGa)Se_2$ 材料和器件的知识背景，开发和优化生产工艺，研究和开发 $Cu(InGa)Se_2$ 及相关材料，所有这些都是激动人心和鼓舞性的。$Cu(InGa)Se_2$ 薄膜电池的高效率、稳定性、材料容忍性和工艺多样性等巨大潜力，为太阳能发电的未来带来重大希望。

参 考 文 献

[1] Repins. I, et al. Prog. Photovolt, 2008, 16：235-239.

[2] Repins I, et al. Proc SPIE 2009 Solar Energy ＋Technology Conf, 2009.

[3] Tanaka T, et al. Proc 17th Euro Conf Photovoltaic Solar Energy Conversion, 2001: 989-994.

[4] Wieting R. AIP Conf Proc, 1999, 462: 3-8.

[5] Hahn H, et al. Z Anorg Allg Chem, 1953, 271: 153-170.

[6] Shay J, Wernick J. Ternary Chalcopyrite Semiconductors: Growth, Electronic Properties, and Application. Oxford: Pergamon Press, 1974.

[7] Tell B, Shay J, Kasper H. Phys Rev, 1971, B4: 4455-4459.

[8] Tell B, Shay J, Kasper H. J Appl Phys, 1972, 43: 2469-2470.

[9] Wagner S, Shay J, Migliorato P, Kasper H. Appl Phys Lett, 1974, 25: 434-435.

[10] Shay J, Wagner S, Kasper H. Appl Phys Lett, 1975, 27: 89-90.

[11] Meakin J. Proc SPIE Conf 543: Photovoltaics, 1985: 108-118.

[12] Kazmerski L, White F, Morgan G. Appl Phys Lett, 1976, 29: 268-269.

[13] Mickelsen R, Chen W. Proc 15th IEEE Photovoltaic Specialist Conf, 1981: 800-804.

[14] Mickelsen R, Chen W. Proc 16th IEEE Photovoltaic Specialist Conf, 1982: 781-785.

[15] Chen W, et al. Proc 19th IEEE Photovoltaic Specialist Conf, 1987: 1445-1447.

[16] Potter R. Sol Cells, 1986, 16: 521-527.

[17] Hedström J, et al. Proc 23rd IEEE Photovoltaic Specialist Conf, 1993, 372-375.

[18] Basol B, et al. Sol Energy Mater Sol Cells, 1996, 43: 93-98.

[19] Gabor A, et al. Sol Energy Mater Sol Cells, 1996, 4: 247-260.

[20] Tarrant D, Ermer J. Proc 23rd IEEE Photovoltaic Specialist Conf, 1993, 372-375.

[21] Rocheleau R, Meakin J, Birkmire R. Proc 19th IEEE Photovoltaic Specialist Conf, 1987: 972-976.

[22] Mitchell K, et al. IEEE Trans Electron Devices, 1990, 37: 410-417.

[23] Kazmerski L, Wagner S. Cu-Ternary Chalcopyrite Solar Cells // Coutts T, Meakin J eds. Current Topics in Photovoltaics. London: Academic Press, 1985: 41-109.

[24] Haneman D. Crit Rev Solid State Mater Sci, 1988, 14: 377-413.

[25] Rockett A, Birkmire R. J Appl Phys, 1991, 70: R81-R97.

[26] Rockett A, Bodegard M, Granath K, Stolt L. Proc 25th IEEE Photovoltaic Specialist Conf, 1996: 985-987.

[27] Suri D, Nagpal K, Chadha G. J Appl Cystallogr, 1989, 22: 578-583 (JCPDS 40-1487).

[28] Ciszek T. J Cryst Growth, 1984, 70: 405-410.

[29] Bondar I, Orlova N. Inorg Mater, 1985, 21: 967-970.

[30] Neumann H. Sol Cells, 1986, 16: 317-333.

[31] Li P, Anderson R, Plovnick R. J Phys Chem Solids, 1979, 40: 333-334.

[32] Chattopadhyay K, Sanyal I, Chaudhuri S. Pal A. Vaccum, 1991, 42: 915-918.

[33] Arushanov E, et al. Physica B, 1993, 184: 229-231.

[34] Persson C. Appl Phys Lett, 2008, 93: 072106 1-3.

[35] Neumann H, et al. Phys Stat Sol B, 1981, 108: 483-487.

[36] Nakanishi H Y, Endo S, Irie T, Chang B H. Proc Int Conf Ternary and Multinary Compounds, 1987:

99-104.

[37] Gödecke T, Haalboom T, Ernst F. Z Metallkd, 2000, 91: 622-634.

[38] Ye J, Yoshida T, Nakamura Y, Nittono O. Jpn J Appl Phys, 1996, 35: 395-400.

[39] Zhang S, Wei S, Zunger A. Phys Rev Lett, 1997, 78: 4059-4062.

[40] Herberholz R, et al. Eur Phys J, 1999, 6: 131-139.

[41] Wei S, Zhang S, Zunger A. Appl Phys Lett, 1998, 72: 3199-3201.

[42] Schroeder D, Rockett A. J Appl Phys, 1997, 82: 4982-4985.

[43] Wei S, Zhang S, Zunger A. J Appl Phys, 1999, 85: 7214-7218.

[44] Schuler S, et al. Phys Rev B, 2004, 69: 045210.

[45] Ruckh M, et al. Sol Energy Mater Sol Cells, 1996, 41/42: 335-343.

[46] Alonso M, et al. Phys Rev B, 2001, 63: 075203 1-13.

[47] Alonso M, et al. Appl Phys A, 2002, 74: 659-664.

[48] Paulson P, Birkmire R, Shafarman W. J Appl Phys, 2003, 94: 879-888.

[49] Wei S, Zunger A. Appl Phys Lett, 1998, 72: 2011-2013.

[50] Hönes K, Eickenberg M, Siebentritt S, Persson C. Appl Phys Lett, 2008, 93: 092102 1-3.

[51] Jaffe J, Zunger A. Phys Rev B, 1984, 29: 1882-1906.

[52] Weinert H, et al. Phys Stat Sol B, 1977, 81: K59-61.

[53] Noufi R, Axton R, Herrington C, Deb S. Appl Phys Lett, 1984, 45: 668-670.

[54] Neumann H, Tomlinson R. Sol Cells, 1990, 28: 301-313.

[55] Siebentritt S. Thin Solid Films, 2002, 403-404: 1-8.

[56] Heath J, Cohen J, Shafarman W. J Appl Phys, 2004, 95: 1000-1010.

[57] Siebentritt S. Thin Solid Films, 2005, 480-481: 312-317.

[58] Lee J, Cohen J, Shafarman W. Thin Solid Films, 2005, 480-481: 336-340.

[59] Lany S, Zunger A. Phys Rev Lett, 2004, 93: 156404 1-4.

[60] Lany S, Zunger A. Phys Rev Lett, 2008, 100: 016401 1-4.

[61] Bauknecht A, Siebentritt S, Albert J, Lux-Steiner M. J Appl Phys, 2001, 89: 4391-4400.

[62] Siebentritt S, Rega N, Zajogin A, Lux-Steiner M. Phys Stat Sol C, 2004, 1: 2304-2310.

[63] Siebentritt S, et al. Appl Phys Lett, 2005, 86: 091909 1-3.

[64] Dirnstorfer I, et al. Phys Stat Sol A, 1998, 168: 163-175.

[65] Shklovskii B, Efros A. Electronic Properties of Doped Semiconductors. Berlin: Springer-Verlag, 1984.

[66] Bardeleben H J V. Solar Cells, 1986, 16: 381-390.

[67] Aubin V. Binet L, Guillemoles J F. Thin Solid Films, 2003, 431-432: 167-171.

[68] Turcu M, Kötschau I, Rau U. J Appl Phys, 2002, 91: 1391-1399.

[69] Heath J, et al. Appl Phys Lett, 2002, 80: 4540.

[70] Kiely C, Pond R, Kenshole G, Rochett A. Philos Mag A, 1991, 63: 2149-2173.

[71] Chen J, et al. Thin Solid Films, 1992, 219: 183-192.

[72] Wada T. Sol Energy Mater Sol Cells, 1997, 49: 249-260.

[73] Lei C, et al. J Appl Phys, 2006, 100: 073518.

光伏电池原理及应用

[74] Liao D, Rochett A. J Appl Phys, 2002, 91: 1978-1983.

[75] Schmid D, Ruckh M, Grunwald F, Schock H. J Appl Phys, 1993, 73: 2902-2909.

[76] Klein A, Jaegermann W. Appl Phys Lett, 1999, 74: 2283-2285.

[77] Gartsman K, et al. J Appl Phys, 1997, 82: 4282-4285.

[78] Kylner A. J Electrochem Soc, 1999, 146: 1816-1823.

[79] Damaskinos S, Meakin J, Phillips J. Proc 19th IEEE Photovoltaic Specialist Conf, 1987: 1299-1304.

[80] Cahen D, Noufi R. Appl Phys Lett, 1989, 54: 558-560.

[81] Kronik L, Cahen D, Schock H. Adv Mater, 1998, 10: 31-36.

[82] Niles D, Al-Jassim M, Ramanathan K. J Vac Sci Technol A, 1999, 17: 291-196.

[83] Boyd D, Thompson D. Kirk-Othmer Encyclopaedia of Chemical Technology. Vol 11. 3rd Edition. New York: John Wiley & Sons Inc, 1980: 807-880.

[84] Kessler F, Herrmann D, Powalla M. Thin Solid Films, 2005, 480-481: 491-498.

[85] Yan Y, et al. Phys Rev Lett, 2007, 99: 235504.

[86] Persson C, Zunger A. Phys Rev Lett, 2003, 91: 266401 1-4.

[87] Hetzer M, et al. Appl Phys Lett, 2005, 86: 162105 1-3.

[88] Lei C, et al, J Appl Phys, 2007, 101: 024909 1-5.

[89] Yan Y, Noufi R, Al-Jassim M. Phys Rev Lett, 2006, 96: 205501 1-4.

[90] Seto J. J Appl Phys, 1975, 46: 5247-5254.

[91] Siebentritt S, Schuler S. J Phys Chem Solids, 2003, 64: 1621-1626.

[92] Rau U, Taretto K, Siebentritt S. Appl Phys A, 2009, 96: 221-234.

[93] Bodegärd M, Stolt L, Hedström J. Proc 12th Euro Conf Photovoltaic Solar Energy Conversion, 1994: 1743-1746.

[94] Bodegärd M, Granath K, Rockett A, Stolt L. Sol Energy Mater Sol Cells, 1999, 58: 199-208.

[95] Contreras M, et al. Prog Photovolt, 1999, 7: 311-316.

[96] Schlenker T, Laptev V, Schock H, Werner J. Thin Solid Films, 2005, 480-481: 29-32.

[97] Birkmire R, Eser E, Fields S, Shafarman W. Prog Photovolt, 2005, 13: 141-148.

[98] Herz K, et al. Thin Solid Films, 2003, 431-432: 392-397.

[99] Palm J, et al. Thin Solid Films, 2003, 431-432: 514-522.

[100] Probst V, et al. Proc 1st World Conf Photovoltaic Solar Energy Conversion, 1994: 144-147.

[101] Bodegärd M, Granath K, Stolt L. Thin Solid Films, 2000, 361-362: 9-16.

[102] Rudmann D, Brémaud D, Zogg H, Tiwari A. J Appl Phys, 2005, 97: 084903 1-5.

[103] Vink T, Somers M, Daams J, Dirks A. J Appl Phys, 1991, 70: 4301-4308.

[104] Wada T, Kohara N, Nishiwaki S, Negami T. Thin Solid Films, 2001, 387: 118-122.

[105] Orgassa K, Schock H, Werner J. Thin Solid Films, 2003, 431-432: 387-391.

[106] Mattox D. Handbook of Physical Vapor Deposition (PVD) Processing. Park Ridge, NJ: Noyes Publ, 1998.

[107] Jackson S, Baron B, Rocheleau R, Russell T. Am Inst Chem Eng J, 1987, 33: 711-720.

[108] Shafarman W, Zhu J. Thin Solid Films, 2000, 361-362: 473-477.

[109] Klenk R, Walter T, Schock H, Cahen D. Adv Mater, 1993, 5: 114-119.

[110] Kessler J, et al. Proc 12th Euro Conf Photovoltaic Solar Energy Conversion, 1994: 648-652.

[111] Gabor A, et al. Appl Phys Lett, 1994, 65: 198-200.

[112] Hasoon F, et al. Thin Solid Films, 2001, 387: 1-5.

[113] Ishizuka S, et al. J Appl Phys, 2006, 100: 096106 1-3.

[114] Hanna G, et al. Thin Solid Films, 2003, 431-432: 31-36.

[115] Sakurai K, et al. Prog Photovolt: Res Appl, 2004, 12: 219-234.

[116] Stolt L, Hedström J, Sigurd D. J Vac Sci Technol A, 1985, 3: 403-407.

[117] Powalla M, Voorwinden G, Dimmler B. Proc 14th Euro Conf Photovoltaic Solar Energy Conversion, 1997: 1270-1273.

[118] Eisgruber I, et al. Thin Solid Films, 2002, 408: 64-72.

[119] Scheer R, et al. Appl Phys Lett, 2003, 82: 2091-2093.

[120] Nishitani M, Negami T, Wada T. Thin Solid Films, 1995, 258: 313-316.

[121] Negami T, et al. Mater Res Soc Symp, 1996, 426: 267-278.

[122] Grindle S, Smith C, Mittleman S. Appl Phys Lett, 1979, 35: 24-26.

[123] Chu T, Chu S, Lin S, Yue J. J Electrochem Soc, 1984, 131: 2182-2185.

[124] Alberts V. Semicond Sci Technol, 2007, 22: 585-592.

[125] Kushiya K, et al. Thin Solid Films, 2009, 517: 2108-2110.

[126] Kapur V, Basol B, Tseng E. Sol Cells, 1987, 21: 65-70.

[127] Sato H, et al. Proc 23rd IEEE Photovoltaic Specialist Conf, 1993: 521-526.

[128] Kessler J, Dittrich H, Grunwald F, Schock H. Proc 10th Euro Conf Photovoltaic Solar Energy Conversion, 1991: 879-882.

[129] Oumous H, et al. Proc 9th Euro Conf Photovoltaic Solar Energy Conversion, 1992: 153-156.

[130] Palm J, Probst V, Karg F. Solar Energy, 2004, 77: 757-765.

[131] Mooney G, et al. Appl Phys Lett, 1991, 58: 2678-2680.

[132] Sugiyama M, et al. J Crystal Growth, 2006, 294: 214-217.

[133] Verma S, Orbey N, Birkmire R, Russell T. Prog Photovolt, 1996, 4: 341-453.

[134] Wolf D, Müller G. Thin Solid Films, 2000, 361-362: 155-161.

[135] Orbey N, Norsworthy G, Birkmire R, Russell T. Prog Photovolt, 1998, 6: 79-86.

[136] Hergert F, et al. Journal of Physics and Chemistry of Solids, 2005, 66: 1903-1907.

[137] Dittrich H, Prinz U, Szot J, Schock H. Proc 9th Euro Conf Photovoltaic Solar Energy Conversion, 1989: 163-166.

[138] Jensen C, Tarrant D, Ermer J, Pollock G. Proc 23rd IEEE Photovoltaic Specialist Conf, 1993: 577-580.

[139] Marudachalam M, et al. Appl Phys Lett, 1995, 67: 3978-3980.

[140] Nagoya Y, Kushiya K, Tachiyuki M, Yamase O. Solar En Mat Solar Cells, 2001, 67: 247-253.

[141] Alberts V. Mat Science Eng B, 2004, 107: 139-147.

[142] Hanket G, Shafarman W, McCandless B, Birkmire R. J Appl Phys, 2007, 102: 074922.

[143] Thornton J, Lomasson T, Talieh H, Tseng B. Sol Cells, 1988, 24: 1-9.

[144] Talieh H, Rockett A. Sol Cells, 1989, 27: 321-329.

[145] Guenoun K, Djessas K, Massé G. J Appl Phys, 1998, 84: 589-595.

[146] Murali K. Thin Solid Films, 1988, 167: L19-L22.

[147] Galindo H, et al. Thin Solid Films, 1989, 170: 227-234.

[148] Abernathy C, et al. Appl Phys Lett, 1984, 45: 890.

[149] Kazmerski L, Ireland P, White F, Cooper R. Proc 13th IEEE Photovoltaic Specialist Conf, 1978: 184-189.

[150] Potter R, Eberspacher C, Fabick L. Proc 18th IEEE Photovoltaic Specialist Conf, 1985: 1659-1664.

[151] Mitchell K, Liu H. Proc 20th IEEE Photovoltaic Specialist Conf, 1988: 1461-1468.

[152] Cashman R. J Opt Soc Am, 1946, 36: 356.

[153] Kitaev G, Uritskaya A, Mokrushin S. Sov J Phys Chem, 1965, 39: 1101.

[154] Kainthla R, Pandya D, Chopra K. J Electrochem Soc, 1980, 127: 277-283.

[155] Kaur I, Pandya D, Chopra K. J Electrochem Soc, 1980, 127: 943-948.

[156] Lincot D, Ortega-Borges R. J Electrochem Soc, 1992, 139: 1880-1889.

[157] Lincot D, Ortega-Borges R, Froment M. Philos Mag B, 1993, 68: 185-194.

[158] Nakada T, Kunioka A. Appl Phys Lett, 1999, 74: 2444-2446.

[159] Kylner A, Rockett A, Stolt L. Solid State Phen, 1996, 51-52: 533-539.

[160] Hashimoto Y, et al. Sol Energy Mater Sol Cells, 1998, 50: 71-77.

[161] Kylner A, Lindgren J, Stolt L. J Electrochem Soc, 1996, 143: 2662-2669.

[162] Kylner A, Niemi E. Proc 14th Euro Conf Photovoltaic Solar Energy Conversion, 1997: 1321-1326.

[163] Kessler J, et al. Tech Digest PVSEC-6, 1992: 1005-1010.

[164] Yu P, Faile S, Park Y. Appl Phys Lett, 1975, 26: 384, 385.

[165] Tell B, Wagner S, Bridenbaugh P. Appl Phys Lett, 1976, 28: 454-455.

[166] Kazmerski L, Jamjoum O, Ireland P. J Vac Sci Technol, 1982, 21: 486-490.

[167] Heske C, et al. Appl Phys Lett, 1999, 74: 1451-1453.

[168] Kylner A. J Electrochem Soc, 1999, 143: 1816-1823.

[169] Ramanathan K, et al. Proc 2nd World Conf. Photovoltaic Solar Energy Conversion, 1998: 477-482.

[170] Wang L, et al. MRS Symp, 1999, 569: 127-132.

[171] Leskelä M, Ritala M. Thin Solid Films, 2002, 409: 138-146.

[172] Hunger R, et al. Thin Solid Films, 2007, 515: 6112-6118.

[173] Muffler M, et al. Proc 28th IEEE Photovoltaic Specialist Conf, 2000: 610-613.

[174] Platzer-Björkman C, Kessler J, Stolt L. Proc 3rd World Conf Photovoltaic Energy Conversion, 2003: 461-464.

[175] Eisele W, et al. Sol Energy Mater Sol Cells, 2003, 75: 17-26.

[176] Ennaoui A, et al. Sol Energy Mater Sol Cells, 2001, 67: 31-40.

[177] Siebentritt S, et al. Prog Photovolt, 2004, 12: 333-338.

[178] Ohtake Y, et al. Japanese J. Appl Phys, 1995, 34: 5949-5955.

[179] Yamada A, Chaisitsak S, Ohtake Y, Konagai M. Proc 2nd World Conf Photovoltaic Solar Energy Conversion, 1998: 1177-1180.

[180] Tokita Y, Chaisitsak S, Yamada A, Konagai M. Sol Energy Mater Sol Cells, 2003, 75: 9-15.

[181] Hariskos D, et al. Sol Energy Mater Sol Cells, 1996, 41/42: 345-353.

[182] Naghavi N, et al. Mat Res Soc Symp Proc, 2003, 763: 465-470.

[183] Spiering S, et al. Thin Solid Films, 2003, 431-432: 359-363.

[184] Allsop N, et al. Prog Photovolt, 2005, 13: 607-616.

[185] Strohm A, et al. Thin Solid Films, 2005, 480: 162-167.

[186] Hariskos D, et al. Proc 19th Euro Conf Photovoltaic Solar Energy Conversion, 2004: 1894-1897.

[187] Törndahl T, Platzer-Björkman C, Kessler J, Edoff M. Prog Photovolt, 2007, 15: 225-235.

[188] Ramanathan K, et al. Proc 29th IEEE Photovoltaic Specialist Conf, 2003: 523-526.

[189] Bär M, et al. Sol Energy Mater Sol Cells, 2003, 75: 101-107.

[190] Negami T, et al. Proc 29th IEEE Photovoltaic Specialist Conf, 2002: 656-659.

[191] Glatzel T, et al. Proc 14th Int Photovoltaic Science Engineering Conf, 2004.

[192] Lewis B, Paine D. MRS Bull, 2000, 25: 22-27.

[193] Menner R, Schäffler R, Sprecher B, Dimmler B. Proc 2nd World Conf Photovoltaic Solar Energy Conversion, 1998: 660-663.

[194] Ruckh M, et al. Proc 25th IEEE Photovoltaic Specialist Conf, 1996: 825-828.

[195] Westwood W. Reactive Sputter Deposition // Rossnagel S, Cuomo J, Westwood W eds. Handbook of Plasma Processing Technology. Chap 9. Park Ridge, NJ: Noyes Publ, 1990.

[196] Hagiwara Y, Nakada T, Kunioka A. Solar Energy Mat Solar Cells, 2001, 67: 267-271.

[197] Rau U, Schmidt M. Thin Solid Films, 2001, 387: 141-146.

[198] Kessler J, er al. Proc 16th Euro Conf Photovoltaic Solar Energy Conversion, 2000: 775-778.

[199] Cooray N, Kushiya K, Fujimaki A, Okumura D. Jpn J Appl Phys, 1999, 38: 6213-6218.

[200] Jackson P, et al. Photovolt, 2007, 15: 507-519.

[201] Klenk R, Schock H, Bloss W. 12th Euro Conf Photovoltaic Solar Energy Conversion, 1994: 1588-1591.

[202] Shafarman W, Klenk R, McCandless B. J Appl Phys, 1996, 79: 7324-7328.

[203] Eron M, Rothwarf A. Appl Phys Lett, 1984, 44: 131.

[204] Ohnesorge B, et al. Appl Phys Lett, 1998, 73: 1224-1227.

[205] Lundberg O, Bodegard M, Malmstrom J, Stolt L. Prog Photovolt, 2003, 11: 77-88.

[206] Shafarman W, Huang R, Stephens S. Proc 4th World Conf Photovoltaic Solar Energy Conversion, 2006: 420-423.

[207] Gloeckler M, Sites J. J Appl Phys, 2005, 98: 103713 1-7.

[208] Malmstrom J, Schleussner S, Stolt L. App Phys Lett, 2004, 85: 2635-2637.

[209] Guo S, Shafarman W, Delahoy A. J Vac Sci Tech, 2006, 24: 1524-1529.

[210] Phillips J, et al. Phys Staus Solidi B, 1996, 194: 31-39.

[211] Turcu M, Pakma O, Rau U. Appl Phys Lett, 2002, 80: 2598-2600.

[212] Klenk R. Thin Solid Films, 2001, 387: 135-140.

[213] Roy M, Damaskinos S, Phillips J. Proc 20th IEEE Photovoltaic Specialist Conf, 1988: 1618-1623.

[214] Shafarman W, Phillips J. Proc 23rd IEEE Photovoltaic Specialist Conf, 1993: 364-369.

[215] Sah C, Noyce R, Shockley W. Proc Inst Radio Engrs, 1957, 45: 1228-1243.

[216] Turner G, Schwartz R, Gray J. Proc 20th IEEE Photovoltaic Specialist Conf, 1988: 1457-1460.

[217] Schwartz R, Gray J, Lee Y. Proc 22nd IEEE Photovoltaic Specialist Conf, 1991: 920-923.

[218] Turcu M, Rau U. J Phys Chem Solids, 2003, 64: 1591-1595.

[219] Kashiwabara H, et al. Mater Res Soc Symp Proc, 2007, 1012: 89-95.

[220] Eron M, Rothwarf A. J Appl Phys, 1985, 57: 2275-2279.

[221] Rudmann D, et al. Appl Phys Lett, 2004, 84: 1129-1131.

[222] Thompson C, Hegedus S, Shafarman W, Desai D. Proc 33rd IEEE Photovoltaic Specialist Conf, 2008.

[223] Erslev P, Halverson A, Shafarman W. Cohen J. Mater Res Soc Symp Proc, 2007, 1012: 12-30.

[224] Walter T, Herberholz R, Schock H. Solid State Phen, 1996, 51: 301-316.

[225] Rau U. Appl Phys Lett, 1999, 74: 111-113.

[226] Walter T, Herberholz R, Müller C, Schock H. J Appl Phys, 1996, 80: 4411-4420.

[227] Herberholz R, et al. Proc 14th Euro Conf Photovoltaic Solar Energy Conversion, 1997: 1246-1249.

[228] Nishitani M, Negami T, Kohara N, Wada T. J Appl Phys, 1997, 82: 3572-3575.

[229] Metzger W, Repins I, Contreras M. Appl Phys Lett, 2008, 93: 022110.

[230] Ruberto M, Rothwarf A. J Appl Phys, 1987, 61: 4662-4669.

[231] Lany S, Zunger A. J Appl Phys, 2006, 100: 113725.

[232] Lee J, Heath J, Cohen J, Shafarman W. Mat Res Soc Symp Proc, 2005, 865: 373-378.

[233] Igalson M. Mat Res Soc Symp Proc, 2007, 1012: 211-216.

[234] Gloeckler M, Sites J, Metzger W. J Appl Phys, 2005, 98: 113704.

[235] Taretto K, Rau U. J Appl Phys, 2008, 103: 094523.

[236] Rockett A, et al. Thin Solid Films, 2003, 431-432: 301-306.

[237] Niemegeers A, Burgelman M, De Vos A. Appl Phys Lett, 1995, 67: 843-845.

[238] Liu X, Sites J. AIP Conf Proc, 1996, 353: 444-453.

[239] Minemoto T, et al. Thin Solid Films, 2001, 67: 83-88.

[240] Wei S, Zunger A. Appl Phys Lett, 1993, 63: 2549-2551.

[241] Wei S, Zunger A. J Appl Phys, 1995, 78: 3846-3856.

[242] Zhang S, Wei S, Zunger A. J Appl Phys, 1998, 83: 3192-3196.

[243] Schulmeyer T, et al. Proc 3rd World Conference on Photovoltaic Energy Conversion, 2003: 364-367.

[244] Schulmeyer T, et al. Appl Phys Lett, 2004, 84: 3067-3069.

[245] Löher T, Jaegermann W, Pettenkofer C. J Appl Phys, 1995, 77: 731-738.

[246] Morkel M, et al. Appl Phys Lett, 2001, 79: 4482-4485.

[247] Kniese R, et al // S Siebentritt U Rau eds. Wide-Gap Chalcopyrites Berlin Heidelberg: Springer, 2006: 235-254.

[248] Scheer R, et al. Appl Phys Lett, 1993, 63: 3294-3296.

［249］Merdes S, et al. Appl Phys Lett, 2009, 95: 213502.

［250］Marsillac S, et al. Appl Phys Lett, 2002, 81: 1350-1352.

［251］Nakada, et al. Mater Res Soc Symp Proc, 2005, 865: 327-334.

［252］Hanket G, Boyle J, Shafarman W. Proc 34th IEEE Photovoltaic Specialist Conf, 2009.

［253］AbuShama J, et al. Prog Photovolt, 2004, 12: 39-45.

［254］Green M, Enery K, Hishikawa Y. Wartr W. Prog Photovolt, 2009, 17: 320-326.

［255］Young, et al. Prog Photovolt, 2003, 11: 535-541.

［256］Shafarman W, et al. Proc 29th IEEE Photovoltaic Specialist Conf, 2002: 519-522.

［257］Ohashi T, Hashimoto Y, Ito K. Sol Energy Mater Sol Cells, 2001, 67: 225-230.

［258］Hanna G, Jasenek A, Rau U, Schock H. Thin Solid Films, 2001, 387: 71-73.

［259］Schulmeyer T, et al. Thin Solid Films 2004, 451-452: 420-423.

［260］Schuler S, et al. Mat Res Soc Symp Porc, 2001, 668: H5.14.1.

［261］Abou-Ras D, et al. Phys Sta Sol (RRL), 2008, 2: 135-137.

［262］Gray J, Lee Y. Proc 1st World Conf. Photovoltaic Solar Energy Conversion, 1994: 123-126.

［263］Topic M, Smole F, Furlan J. J Appl Phys, 1996, 79: 8537-8540.

［264］Dullweber T, Hanna G, Rau U, Schock H. Sol Energy Mater Sol Cells, 2001, 67: 145-150.

［265］Shafarman W, Klenk R, McCandless B. Proc 25th IEEE Photovoltaic Specialist Conf, 1996: 763-768.

［266］Dullweber T, et al. Thin Solid Films, 2001, 387: 11-13.

［267］Schmid M, Klenk R, Lux-Steiner M. Sol Energy Mater Sol Cells, 2009. 93: 874-878.

［268］Nishiwaki S, Siebentritt S, Walk P, Lux-Steiner M. Prog Photovolt, 2003, 11: 243-248.

［269］Shafarman W, Paulson P. Proc 31st IEEE Photovoltaic Specoalist Conf., 2005: 231-235.

［270］Russell T, et al. Proc 15th IEEE Photovoltaic Specialist Conf, 1982: 743-748.

［271］Probst V, et al. Thin Solid Films, 2001. 387: 262-267.

［272］McCandless B, Shafarman W. Proc 3rd World Conf. Photovoltaic Solar Energy Conversion, 2003: 562-565.

［273］Malinowska B, Rakib M, Durand G. Prog Photovolt, 2002, 10: 215.

［274］Kessler J, Wennerberg J, Bodegard M, Stolt L. Sol Energy Mater Sol Cells, 2001, 67: 59-65.

［275］Del Cueto J, et al. Proc 33rd IEEE Photovoltaic Specialist Conf, 2008.

［276］Wennerberg J, Kessler J, Stolt L. Sol Energy Mater Sol Cells, 2003, 75: 47-55.

［277］Kushiya K, et al. Proc 4th World Conf Photovoltaic Solar Energy Conversion, 2006: 348-351.

［278］Burgess R, et al. Proc 20th IEEE Photovoltaic Specialist Conf, 1988: 909-912.

［279］Jasenek A, et al. Thin Solid Films, 2001, 387: 228-230.

［280］Hegedus S, Prog. Photovolt, 2006, 14: 393-411.

［281］Ito M, et al. Prog Photovolt, 2008, 16: 17-30.

［282］Andersson B, Azar C, Holmberg J, Karlsson S. Energy, 1998, 23: 407-411.

［283］Fthenakis V. Ren Sust Energy Reviews, 2009. 13: 2746-2750.

［284］Todorov T, Reuter K, Mitzi D. Adv Mater, 2010, 22.

［285］Thumm W, et al. Proc 1st World Conf Photovoltaic Solar Energy Conversion, 1994: 262-265.

[286] Fthenakis V, Moskowitz P. Prog Photovolt, 1995, 3: 295-306.

[287] Steinberger H. Prog Photovolt, 1998, 6: 99-103.

[288] Moskowitz P, Fthenakis V. Sol Cells, 1990, 29: 63-71.

[289] Eberspacher C, Fthenakis V. Proc 26th IEEE Photovoltaic Specialist Conf, 1997: 1067-1072.

[290] Pagliaro M, Ciriminna R, Palmisano G. Prog Photovolt, 2010, 18: 61-72.

7

铜铟镓硒光伏电池

8 有机光伏电池

8.1 有机和高分子光伏效应的原理

使用无机晶体半导体材料的光伏电池技术已相对成熟，其中商业化晶体硅光伏组件已能稳定实现 $10\%\sim30\%$ 的光电转换效率（AM1.5）[1~4]，碲化镉组件效率已接近 12%，铜铟镓硒组件效率达到 $10\%\sim16\%$，以砷化镓为基础的多结电池报道的效率则可达 40% 以上[4]，其理论转换效率则更高[3]。然而这些无机晶体半导体材料受到制备工艺复杂、成本偏高、毒性或储量匮乏等因素的制约，因此具有更低成本下限且原材料丰富的新材料和新技术受到更多关注。目前已经发展了多种使用无定形（非结晶）材料的光伏电池，其中的有机及高分子光伏材料是一种极具吸引力的选择[5~7]。

与无机光伏材料相比，新兴的有机及高分子基半导体材料在光伏领域的潜在应用具有如下优势：

质量轻，原材料消耗低，形状多样，材料合成与器件制备的选择丰富，大规模工业生产的成本低；

通过对新分子的设计及合成，可实现有机材料能级和带宽的近连续调控；

易于实现与其他产品的整合，例如纺织品、软包装系统、轻量消费品以及未来与生物组织相容的"全塑"光电器件[8,9]。

8.1.1 有机材料的光电响应过程

有机半导体一般是具有 π 电子共轭特征的有机分子材料，其电性能和光电性能

一般取决于 π 电子。当材料处于能量基态时，π 电子占据分子中的全部成键轨道，其中能级最高且被全部占据的电子成键轨道被称为最高占据分子轨道（Highest Occupied Molecular Orbital，HOMO）；而能级最低且全空（未被占据）的反键轨道称为最低全空分子轨道（Lowest Unoccupied Molecular Orbital，LUMO）；被单个电子占据的未充满分子轨道则称为 SOMO（Single Occupied Molecular Orbital，SOMO）。以上 HOMO、LUMO 及 SOMO 都属于前线轨道。一般来说 LOMO 与 HOMO 分别对应通常半导体理论中的导带（Conduction Band，CB）和价带（Valence Band，VB）。

典型无机晶体半导体分子内轨道的耦合（也称为能量交叠，或简称为交叠）发生于原子能级，大范围内的周期性原子结构就形成了具有一定带宽的导带和价带；而有机半导体都属于分子或非晶共轭材料，分子间距大且取向随机，轨道交叠和耦合大部分发生于分子能级，分子的形状和组合形式会直接制约或限制分子间的轨道耦合和能带形成[7~9]，因此有机分子中轨道耦合一般都比无机半导体材料弱很多，结果导致导带（LUMO）和价带（HOMO）之间没有显著的能量带隙（E_g），目前已发现的具有明确带宽（$E_g > 0.1\text{eV}$）的有机半导体非常少见。当一个与禁带宽度 E_g 匹配的光子激发一个有机分子时，首先发生电子从 HOMO 到 LUMO 的转移（即如轨道间的电子转移[5,7,8,17,18]），之后电子迅速与空穴发生弛豫形成紧密结合的电子-空穴对，即夫伦克尔激子（Frenkel Exciton）[11]。夫伦克尔激子可在分子内或分子间转移或"跳跃"[10]。图 8.1 所示为有机半导体中夫伦克尔激子与无机半导体中常见的瓦尼尔激子（Wannier Exciton）的对比示意图。

无论是哪一种激子，必须要离解为自由电子或自由空穴才可能生成光电流。一般以激子结合能 E_B 代表激子离解所需要的能量，即 E_B 的物理意义是将一个电中性的激子离解成一个自由空穴和一个自由电子的最小能量。自由电子和自由空穴统称为荷电载流子，或简称为载流子。在有机或分子材料中，由于荷电载流子导致它们周边晶格明显的电极化或畸变，因此又被称为极化子。自由或无关联的空穴称为正极化子，自由或无关联的电子则称为负极化子。

公式（8.1）显示了激子结合能 E_B 与激子的库仑势 E_C 及激子半径 r 之间的关系：

$$E_B = E_C + \lambda - e^2/(4\pi r \varepsilon \varepsilon_0) + \lambda \tag{8.1}$$

式中，库仑势 E_C 的物理意义为激子中"电子-空穴"对的电场势能；λ 指激子离解的重组能；ε 是半导体材料的介电常数；ε_0 为真空的介电常数。从公式中可以看出，E_B 随 E_C 增大，而 E_C 则反比于激子半径 r 和材料的介电常数。无机半导体材料（例如晶体硅）的介电常数比较大（约 15），而且其中产生的瓦尼尔激子的半

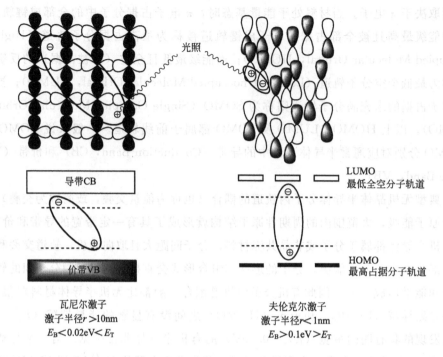

光照

导带CB

价带VB

LUMO
最低全空分子轨道

HOMO
最高占据分子轨道

瓦尼尔激子
激子半径 $r > 10$nm
$E_B < 0.02$eV $< E_T$

夫伦克尔激子
激子半径 $r < 1$nm
$E_B > 0.1$eV $> E_T$

图 8.1　瓦尼尔激子与夫伦克尔激子

径也大（>10nm，见图 8.1），因此瓦尼尔激子的库仑势 E_C 也比较小；反之，有机半导体材料介电常数小（约 4），其内产生的夫伦克尔激子半径也小（<1nm，见图 8.1），因此夫伦克尔激子的库仑势 E_C 远大于瓦尼尔激子。两种激子的库仑势随激子半径变化的曲线如图 8.2 所示。

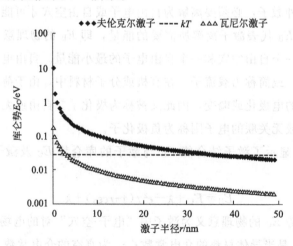

图 8.2　库仑势与激子半径的关系（水平虚线表示室温下的热能 kT）

在公式(8.1) 中，激子离解的重组能 λ 是指处于激发态的电子在 LUMO 能级

（导带）内不同振动能级间跃迁的能量需求，一般远远小于 E_C，因此激子结合能 E_B 近似等于库仑势 E_C。图 8.3 表示了激子离解所需能量（E_B）与激子中电子-空穴间距的关系：瓦尼尔激子中电子和空穴结合较弱，因此其半径通常大于 10nm，结合能则小于 0.03eV[12]，也就是说，室温下的热能 E_T（$E_T = kT \approx 0.03\text{eV}$）就可以使激子发生离解，产生自由载流子；相反，夫伦克尔激子中电子与空穴形成紧密的库仑电对，半径通常小于 1nm，结合能一般高于 0.1eV[7,11]，因此室温下的热能 E_T 不足以使夫伦克尔激子发生离解。由此产生的结果就是在无机半导体中自由载流子都直接来自于光激发，也就是说，瓦尼尔激子不需其他能量，在常温下直接离解为自由电子和空穴；而这种机制在有机半导体中则非常少见[7~9]，夫伦克尔激子离解必须有其他能量帮助。这也是瓦尼尔激子与夫伦克尔激子的本质区别。

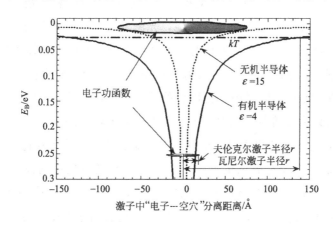

图 8.3　激子离解所需能量（E_B）与激子中电子-空穴间距的关系

　　在一特定半导体材料中，产生夫伦克尔激子还是瓦尼尔激子取决于前线轨道耦合、结构周期性以及材料的介电常数。传统能带模型（布洛赫理论）的基础是完美的周期性势能结构，且体系具有强烈的原子间轨道耦合[7,8]。然而，即使在完美的有机晶体中，由于较大的分子间距，分子间轨道耦合也是很弱的[10]。因此绝大部分有机半导体在光激发下只能产生夫伦克尔激子。有机光伏电池中有机施主和受主间前线轨道能量的差会在施主/受主界面形成电场，从而为夫伦克尔激子离解提供驱动力。这就是区别于无机半导体的另一类光生载流子的产生机制[7]，事实上大多数天然植物的光合作用就是利用了这个机制[13]。

8.1.2　有机/高分子材料的光伏过程

　　有机/高分子光伏电池的光电转换过程至少可以分为以下五个关键步骤：
　　① 吸收光子产生激子；

② 激子扩散至施主/受主界面；

③ 激子离解，产生荷电载流子；

④ 载流子向电极输运；

⑤ 载流子在电极处收集。

上述五个步骤在目前报道的有机/高分子光伏材料和器件中并未得到完全优化，因此，有机光伏电池的能量转换效率（小于 7%）相比于无机光伏电池（大于 10%）要低很多，这一点也并不奇怪。

8.1.2.1　光子吸收和激子生成

有机物利用太阳能的基本前提是材料的光激发能隙 E_g 必须与入射光子能量匹配，植物的光合作用也是如此。前文提到，有机材料的能隙是指 HOMO 和 LUMO 之间最小的能量差。在有机半导体中，光激发通常会产生夫伦克尔激子（即电子从 HOMO 跃迁至 LUMO），因此光学能隙就相当于无机半导体中导带底和价带顶之间的电子能隙。如果定义价带具有自由空穴，导带具有自由电子，那么在施主/受主构成的二元有机体系中，自耦合的受主 LUMO 可认为是导带，自耦合的施主 HOMO 可认为是价带。然而，由于有机物分子轨道的耦合作用非常弱，因此能带很难形成，电荷迁移也由跳跃机制产生，而非类能带输运机制。

太阳光辐射具有较宽的能量范围，其中光子通量最集中的波长范围为 600～1000nm（地表空气质量为 1.5 时对应的能量为 1.3～1.8eV）或 400～700nm（空气质量为 0 时能量为 1.8～3.0eV）[1~4]。因此，适合陆地上使用的光伏电池最佳的带隙为 1.3～1.8eV。这可通过能带渐变的串联电池结构来实现，将在下一节中讨论。目前，多种能隙大于 1.8eV 的共轭半导体高分子已被广泛用于有机光伏电池中[5~7]。比如，几种常见烷氧基取代聚对苯乙炔衍生物（RO-PPV）的典型能隙为 2.3～2.5eV，聚噻吩（包括 P3HT）的典型能隙为 1.8～2.0eV，$1/\alpha$ 的值为（1～2）$\times 10^5 \, cm^{-1}$，都高于太阳光子通量最大值对应的能量 1.3～1.8eV。在某些有机光伏材料中，由于俄歇机制[14]，一个高能光子可能产生多个激子。目前，俄歇机制在有机光伏体系中还未见报道。此外，由于无定形有机物的电荷迁移率较低，电阻较大，因此需要制备成厚度很小的薄膜。这样，部分能量匹配的光子才能通过材料而不被捕获。这就是 PPV 基高分子光伏电池光子吸收效率（激子产率）远低于 AM1.5 条件下最优值的原因。事实上，"光子损耗"问题在目前报道的有机/高分子光伏材料和器件中非常普遍。目前，串联的电池结构是提高光子利用率并保持光伏效率的最佳办法，这将在下一节中讨论。另外，有机材料的优势之一是通过分子设计和合成[7~9]可实现能级可调，因此具有巨大的优化空间。低能隙共轭高分子材料上的进展就是很好的例证[15]。

8.1.2.2 激子扩散至施主/受主界面

施主和受主相中，光生夫伦克尔激子一旦产生，就会扩散（如通过分子间或分子内的能量传递，或"跳跃"过程，包括 Forster 和 Dexter 能量转变）至相邻或较远的位置[13]。同时激子会通过辐射或非辐射的方式衰减至基态（即电子从 LUMO 返回至 HOMO），其特征寿命在 ps～ns 之间[5～9]。或者，在固态中，一些激子可能被缺陷或杂质捕获从而成为稳定的电荷对，然后缓慢衰减。激子衰减或被捕都会造成激子损失。一个有机激子在其寿命时间内运动的平均距离称为平均激子扩散长度（AEDL）[7]。对于非晶或无定形材料，AEDL 很大程度上取决于材料的空间性能（如形貌）。大部分共轭高分子材料的 AEDL 一般为 5～50nm[5～9]。例如，PPV 的 AEDL 约为 5～10nm[9,16]。光伏过程理想的第二步骤是每一个光生夫伦克尔激子都能到达受主/施主界面，并发生离解（电荷分离），因此，降低激子损失的一个办法是通过降低缺陷密度和增加施主/受主接触面积以增加 AEDL。

8.1.2.3 施主/受主界面上的激子离解和荷电载流子产生

施主和受主前线轨道的能级差（如图 8.4 中的 δE）导致界面处形成势场。当激子到达界面时，只要界面势场能使激子的电荷分离符合 Marcus 理论定义的最佳电子转移规则，且对应的电子耦合矩阵元足够强[7,17,18]，那么势场就会造成激子离解，同时在受主 LUMO 中形成一个自由电子，在施主 HOMO 中形成一个自由空穴。由于这个过程相当于受主和施主之间发生了光致氧化还原反应[7～9]，因此这种光致界面电荷的分离又被称为"光掺杂"。在实验中已经观察到在 PPV/富勒烯界面上，这种光致电荷分离的发生速率比 PPV 激子衰减或电荷的复合速率快几个数量级[19,20]。这就意味着这个界面上的量子效率接近 1，因此，通过其他因素的优化，这个有机光伏体系可以获得很高的能量转化效率。图 8.4 中，过程 1 表示施主光子激发，即激子形成过程，过程 2 表示施主激子衰减，过程 3 表示施主/受主界面上施主激子离解（或电荷转移），过程 4 表示分离后的电荷复合，过程 5 表示受主激发，过程 6 表示受主激子衰减，过程 7 表示受主激发后施主/受主界面上的电子转移，过程 8 与过程 7 相对应，表示界面上的空穴转移。

其中，过程 1 和 5 是典型的光子激发过程，对于密度和厚度足够大的物质，如果光子的能量全部匹配，光子激发的效率可接近 1。过程 3 和 7（或 8）是施主/受主界面上的电荷转移过程，其效率（关于激子衰减）在最优条件下也可接近 100%，比如在最佳的能量差及足够大的电子耦合作用下[7,17,18,20]。过程 2 和 6 为激子衰减过程，其效率（关于激子离解）很大程度上取决于材料的表面形貌，例如

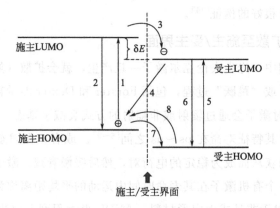

图 8.4　施主/受主二元光伏体系中，分子前线轨道、
光生电子和 Dexter 能量转移过程的示意图

畴的尺寸越大，或激子越难达到界面，激子的衰减就越严重。过程 4 是分离电荷的复合，该过程的效率对电子耦合以及复合过程的能量因素特别敏感，电荷的复合可以比激子离散过程慢几个数量级[20]。当界面上的电子和空穴被同时从施主转移至受主时，就发生了 Dexter 能量转移而非电荷转移[13]。

8.1.2.4　载流子向电极输运

　　当载流子在施主/受主界面产生时，空穴会向高功函数极（LWFE，收集空穴的正电极）输运，电子则向低功函数极（SWFE，收集电子的负电极）输运。引起载流子输运的驱动力主要包括正负电极由于功函数不同而产生的电场、高能跳跃点以及"化学势"梯度[21]。"化学势"梯度可认为是一种粒子密度势，即从热动力学上说，粒子总是从高密度区向低密度区扩散。有机施主/受主二元光伏电池中，在近界面处，受主 LUMO 上高密度区域的电子会向受主相内密度较低的区域扩散，而施主 HOMO 上高密度区域的空穴也会向施主相内密度较低的区域扩散。以下节中会讲到的施主/受主 Tang 式双层光伏电池[22]为例，如果一个激子在界面处离解，就会在受主侧产生一个电子，在施主侧产生一个空穴，产生的电子会在"化学势"和电极间电场的共同作用下被推离界面，向负电极输运，产生的空穴也会在同样的作用力下离开界面，向正电极输运。由于化学势的存在，即使两个电极完全一样，仍然可以获得不对称的光电压（即施主 HOMO 产生正电极，受主 LUMO 产生负电极)[22]。高能跳跃点，诸如很多带隙中间的能级态，包括杂质、缺陷或掺杂的氧化还原物质，能提供"浅"跳跃轨道位置，从而方便电子或空穴跳跃[7~9]。当电子-空穴对在界面分离之后，由于库仑引力，它们可以复合。幸运的是，在大部分情况下，电荷的复合速率远远低于（相差达几个数量级）分离速率（一般在 fs 或 ps 量级)[5~9,19,20]，因此电荷在复合之前达到电极的概率非常大。然而，由于报道的大部分有机光伏电池的表面形貌较差或载流子输运途径并非双连续，因此电子或空穴到达各自电极的过程并不顺畅。如果受主和施主相在电极间都保持良好的双连续，且所有的 LUMO 和 HOMO 轨道都像高度自组装薄膜或晶体中那样排列整齐且相互交叠，那么载流子就能顺利到达对应的电极，光伏电池就能获得高的转换效率[7]。目前认为，在绝大多数报道的有机光伏体系中，载流子热力学运动引起的跳跃是主要的电导机制。因此，"载流子损耗"被认为是导致较低的能量转换效率的另一个关键因素。

8.1.2.5　电极处载流子收集

若受主 LUMO 能级与低功函数极的费米能级匹配，施主 HOMO 能级与高功函数极费米能级匹配，电极处就能形成理想的欧姆接触，这样就能获得较高的载流子收集效率[23]。目前，受材料以及电极的限制，欧姆接触尚未在有机/高分子光伏电池中实现。此外，由于涉及重组能，理想欧姆接触是否为最佳状态也尚无定论[7,17,18]。目前，已有很多研究关注 LUMO/HOMO 能级、电极费米能级以及化学势梯度对电池开路电压（V_{OC}）的影响。而电极对载流子的收集机制则研究相对较少，理解也不充分。因此，研究者认为载流子收集损耗（包括电极处的载流子复合）可能是造成目前有机光伏电池转换效率低下的另外一些原因。

8.2　有机和高分子光伏电池的演化和类型

8.2.1　有机单层光伏电池 (肖特基电池)

第一个无机单层光伏电池由 Charles Fritts 于 1885 年开发[25]。如图 8.5（a）所示，Fritts 电池由半导的硒薄膜和上下两个金属电极构成，其中收集光生正电荷（空穴）的 LWFE 是非常薄的半透明金电极，而收集光生负电荷（电子）的 SWFE 则为铜电极。

当一能量合适的光子撞击硒时，首先产生一个松散的瓦尼尔激子，在室温热能的作用下，瓦尼尔激子离解，形成一个电子和一个空穴。自由电子向 Se 的导带输运，空穴则向价带输运，见图 8.6（a）。电子和空穴向各自电极输运的驱动力是电极功函数不同形成的电场。Fritts 电池的总体能量转换效率约为 1%[25]。

图 8.5（b）和图 8.6（b）则为早期的有机单层光伏电池，如 Pochettino 电池[26]。当一个能量匹配的光子撞击有机层时，只能产生结合紧密的夫伦克尔激子。夫伦克尔激子衰减至基态的时间一般在纳秒或皮秒量级。在这个时间范围内，大部

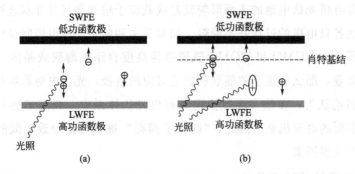

图 8.5 经典（a）无机单层光伏电池和（b）有机单层光伏电池的对比

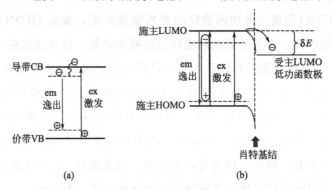

图 8.6 （a）无机单层光伏电池（孤立单层，无能带弯曲）和
（b）带低功函数金属电极（如 Al 的有机单层光伏电池）中光子
激发（ex）和逸出（em）的能级示意图

分共轭高分子中的夫伦克尔激子只能运动 5~50nm（激子平均扩散长度或 AEDL），远低于其 100nm 以上的典型膜厚，因此会损失大部分激子。但是，那些产生或扩散至有机物/SWFE 界面附近肖特基结上的激子，能在肖特基结轨道弯曲所形成的电场作用下离解，产生一个自由电子和一个自由空穴[1,5]。研究者认为，这种能级弯曲主要由有机物/金属界面附近的杂质和缺陷引起，因为即使是仅仅暴露在氧气中都可以提高光电相应。这些单层有机光伏电池的能量转换效率非常低（一般小于0.01%）。由于载流子主要在肖特基结上产生，这些电池又被称为肖特基电池。这些单层光伏电池或肖特基电池是第一代有机光伏电池。

8.2.2 双层施主/受主异有机质结光伏电池（唐氏电池）

从几何结构上看，第二代光伏电池具有 pn 结或施主/受主双层结构。无机光伏电池由双层 pn 结构成，最早于 1954 年由 Bell 实验室的 Pearson 等提出[1~4]。如图 8.7（a）和图 8.8（a）所示，在 pn 结无机光伏电池中，光生自由电子和空穴在

pn 结电场作用下有效分离，自由电子进入 n 侧，而自由空穴进入 p 侧。最重要的是，分离的电子和空穴在不同的区域中（空穴是 p 区的主要载流子，而电子是 n 区的主要载流子）运动，使载流子复合的概率降低很多。

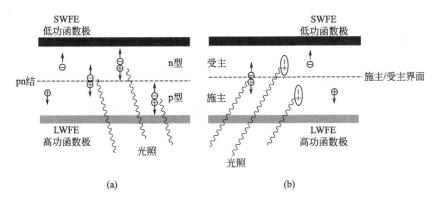

(a)   (b)

图 8.7　（a）具有自由空穴和电子的经典无机 pn 结双层光伏电池和
（b）具有激子的有机 D/A 结双层光伏电池

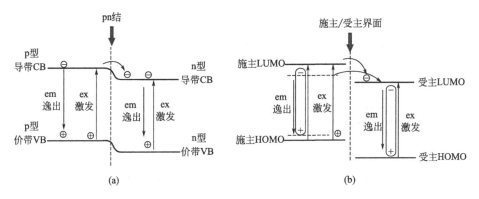

(a)   (b)

图 8.8　开路模式下（a）无机 pn 结双层光伏电池和
（b）有机 D/A 双层光伏电池的能级示意图

此外，又由于 pn 结附近的荷电载流子密度远高于体内部，因此，不对称的化学势也会促使载流子向各自电极扩散。类似的，有机光伏电池发展的一个主要里程碑是 20 世纪 80 年代早期，由柯达公司的 C. W. Tang 提出的有机电子施主/受主双层结构[22]。如图 8.7（b）和图 8.8（b）所示，一旦施主或受主侧的光生夫伦克尔激子扩散至施主/受主界面，就会发生电荷分离，电子转移至或停留在受主 LUMO，而空穴则转移至或停留在 HOMO。与单层电池相比，双层电池中电极产生的内建电场及化学势的共同作用大大加快和方便了电子和空穴跳跃至对应的电极。同时，由于电子和空穴在各自分开的区域内运动，因此电荷复合的概率也大大降低。自唐氏电池获得成功之后，随着新的有机/高分子受主和施主受到广泛研究，有机和高分子光伏领域也得到了迅速发展。

图 8.9 和图 8.10 分别显示了一些代表性的有机/高分子施主和受主的化学结构，图 8.11 展示的是一些典型有机/高分子电子施主和受主的前线轨道能级[7,8]，同时也给出了一些关键电极材料的功函数。需要注意的是，施主和受主是相对的。例如，酞菁对 Me-PTC 而言是施主，对 MEH-PPV 而言就是受主。

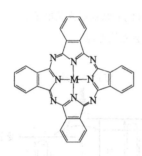

PCPDTBT

Poly(*p*-phenylene vinylene) (PPV)
聚对苯乙烯

MEH-PPV
聚[2-甲氧基-5-(2′-乙基-己氧基)-1,4-苯乙烯]

Phthalocyanines(MPc)
酞菁(MPc, M=H$_2$或金属原子)

Polythiophene(PT)
聚噻吩(当R=*n*-C$_6$H$_{13}$, 简称P3HT)

图 8.9　典型有机/高分子电子施主（p 型半导体）

然而，双层电池的一个主要的制约因素仍然是材料层的厚度（一般大于100nm）相对激子的平均扩散长度（AEDL，一般小于 50nm）而言过大，这就造成光生激子在达到施主/受主界面之前被浪费。同时，减小薄膜厚度优惠造成光子吸收的减少。

8.2.3　体异质结有机光伏电池

第三代有机/高分子光伏电池称为"体异质结"或 BHJ 电池，见图 8.12（空间分布）和图 8.13（能量分布）[23]。这些电池在制作时将施主（如施主型共轭高分子）和受主（如富勒烯）充分混合。这种方式使施主/受主界面（及相应的电荷分离点）在体材料各处随机分布，从而使激子能更方便地到达界面，离解成载流子（尽管有一些区域的尺寸仍大于 AEDL）。

例如，研究发现在相同的情况下，D-i-A 三层结构光伏电池的能量转换效率几

Fullerene(C_{60})
富勒烯

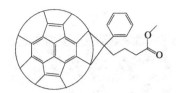

[6,6]-phenyl-C_{61}-butyric acid methylester(PCBM)

CN-PPV

SF-PPV

Perylene Red 2G
(当R=Me, 简称Me-PTC)

SF-PTV

图 8.10　典型有机/高分子电子受主（n型半导体）

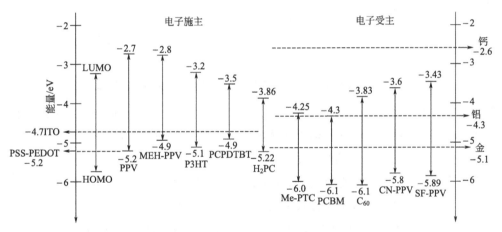

图 8.11　典型有机/高分子电子施主和受主的前线轨道能级
（右侧为一些关键电极材料的功函数）

乎可达相应 D-A 双层结构电池的两倍，其中 D 表示施主层，A 表示受主层，i 表示施主受主混合层[27]。很多用共轭高分子（如 MEH-PPV，P3HT）作为施主，富勒烯衍生物（如 PCBM）作为受主的光伏电池已经被广泛研究。这些电池在 D/A 界面上的光生电荷分离效率接近 1 （内量子效率），在不同辐照条件下，报道的总体能量转换效率在 1％～6％之间[5,6,19,20,23,24,28,29]，其中 P3HT/PCBM 电池的性能最佳，效率可达 5％左右。与二代双层光伏电池相比，体异质结光伏电池转换效率的提高是由于光生激子和邻近 D/A 界面的距离较短，因此可以通过增加薄厚提高光子的利用率。然而，与唐氏双层电池相比，尽管荷电载流子的产生更为高效，

SWFE
低功函数极

A受主

D施主

LWFE
高功函数极

图 8.12　施主/受主混合型体异质结（BHJ）光伏电池的示意图

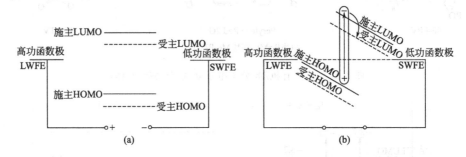

施主LUMO　　　　受主LUMO

高功函数极　　　　　　低功函数极
LWFE　　　　　　　　SWFE

施主HOMO

受主HOMO

+　　　-

(a)

施主LUMO
受主LUMO

高功函数极　施主HOMO　低功函数极
LWFE　　　　　　　　SWFE

受主HOMO

(b)

图 8.13　（a）开路模式和（b）短路模式下体异质结光伏电池的能级示意图

但是由于施主和受主区在电极间并非真正的双连续，因此载流子向电极的输运过程反而表现出更大的问题。在任何小区域内载流子都可能被阻拦或捕获，或由于多缺陷且随机取向的相表面（见图 8.12）而频繁复合。此外，如果施主和受主都与两个电极直接接触，那么在有机物/电极界面，载流子的复合会严重影响电极对载流子的收集效率。其中一种解决方式是首先制备 D/A 双层结构，然后使施主和受主部分相互扩散，形成 D-(D/A)-A 的成分梯度结构。这种结构有望在增加 D/A 界面的同时，保持电极间 D/A 的空间不对称性[30]。

8.2.4　N 型纳米颗粒/纳米棒与 p 型高分子复合型光伏电池

　　这里的复合型光伏电池（hybrid cell）一般由 n 型纳米颗粒或纳米棒混合 p 型共轭高分子，如 PPV 或聚噻吩组成[5,31]。与 PPV 相比，聚噻吩具有更好的化学稳定性，更低的能隙等优点。n 型纳米颗粒/纳米棒包括一系列有机半导体，如 CdSe，CdTe，PbS，ZnO 及碳纳米管（SWNT）[5]。这种光伏电池的优点如下：高分子或纳米颗粒/纳米棒都可以吸收光子；纳米颗粒/纳米棒的能隙可以通过尺寸调节；纳米颗粒/纳米棒具有很强的化学活性[5]。此外，与晶体硅电池相比，这种柔性薄膜光伏电池的质量更轻且价格较低。复合型光伏电池的缺点包括：荷电载流子的输运途径不连续，相形貌的控制性较差，使用重金属材料，例如 Pb、Cd 等对环境有不利影响。

8.2.5 双连续有序纳米结构有机光伏电池 (BONS)

图 8.14 所示为施主/受主（或 p/n 型）双连续有序纳米结构光伏电池的空间结构示意图[32~36]。图 8.15 所示为该种光伏电池在开路和短路状态下的能级示意图。在 BONS 电池中，施主/受主双连续且相分离的纳米结构具有有序柱状或圆柱状形貌，夹于上下两电极之间，且沿与电极垂直方向分布。每个纳米柱或纳米圆柱的直径小于大部分有机半导体的平均激子扩散长度（5~50nm）。与 BHJ 体系相比，激子很容易到达施主/受主界面（至少在沿纳米柱界面的方向上），且两种荷电载流子到电极的输运途径都连续且无障碍。

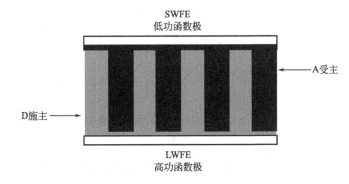

图 8.14 施主/受主（或 p/n 型）双连续有序纳米结构光伏电池的空间结构示意图

因此，薄膜的厚度可以大于平移激子扩散长度（与 BHJ 电池一样），但是 BONS 中电荷的输运比 BHJ 电池中要好很多。自从 BONS 结构出现之后[32~36]，已有多种制备 BONS 电池的尝试。这些尝试包括，利用嵌段共聚物[32~40]、n 型 TiO$_2$ 或其他无机多孔或隧道模板填充 p 型共轭高分子[31]、n 型取向 ZnO 或其他半导体纳米杆混合 p 型共轭高分子[41]、有序碳纳米管配合 p 型共轭高分子[42] 以及在 p/n 双连续柱状结构中堆放液态盘状晶体分子等[43,44]。由于这些 BONS 结构具有两个普遍特性，即纳米尺度的界面使激子离解以及纳米隧道为每种载流子提供顺畅的输运途径，因此可用于所有有机 D/A、无机 p/n 或任何复合型有机/无机 p/n 二元光伏电池中。

8.2.6 串联结构的有机光伏电池

对于上文提到的单个光伏电池，除了需要合适的形貌特征外，电池光激发所需能量要与吸收光子能量相匹配。此外，施主和受主的前线轨道能量差需满足一定条

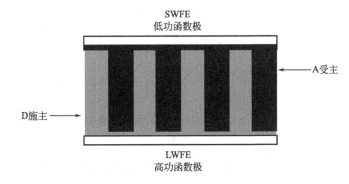

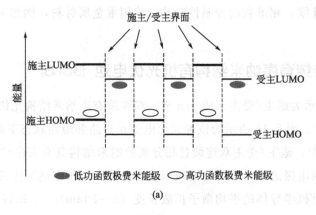

(a)

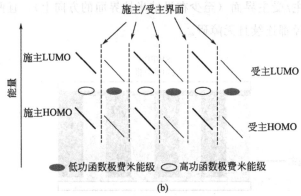

(b)

图 8.15　施主/受主（或 p/n 型）双连续有序纳米结构光伏电池在

（a）开路模式和（b）短路模式下的能级示意图

（虚线之间的每个柱状区域直径都小于激子特征扩散长度 5~50nm）

件，即使电荷分离符合 Marcus 理论所定义的最佳电子转移规则，这样才能更有效地分离电荷，同时使电荷复合概率降至最低[5,7,17,18,37]。正是由于此，能量方面的优化同样至关重要。由于在单个电池（亚电池）中，施主或受主只有一个能隙，因而能利用的光子能量范围非常窄。然而，太阳辐射却具有从紫外到红外很宽的能量范围，因此就需要将一系列电池连接起来，形成串联结构[1~4,7,45~48]。理想的多结串联光伏电池的各个亚电池具有能隙梯度，能够包含整个太阳辐射的能量范围，因而大部分光子都能被捕获（因此电池应该呈现黑色！）[7]。这些能隙各不相同的电池在空间上可以按能隙大小在光传播方向上平行排列。这样，最上面能隙最大的电池吸收能量最高的光子，并让能量较低的光子通过，这些光子在下面能隙较小的电池中被吸收，如此往复。此外，即使激子在前面能隙较大的电池中未发生离解，弛豫而产生能量较低的光子，这个光子仍可以被下一个能隙较小的电池利用[7]。

　　由于每个电池的开路电压与施主 HOMO 和施主 LUMO 相关[24]，将电池以特定的方式连接从而使每个电池的光电压叠加，这一点至关重要。光电压的叠加能使串联电池获得较大的电压和较高的能量转换效率。例如，报道的无机串联光伏电池组的总体能量转换效率可高达40％以上[4]，而有机串联光伏电池组也能获得6％以上的效率[46~48]。图8.16显示了两种有机施主（PCPDTBT和P3HT），两种有机受主（PCBM和PC₇₀BM）的紫外-可见（UV-VIS）光谱，它们组成的串联电池组可获得6.5％的能量转换效率。图8.17所示为这些电池的入射光子产生电子的效率（IPCE）以及电流密度-电压曲线[47]。

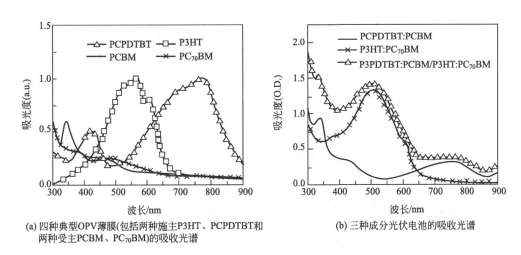

(a) 四种典型OPV薄膜(包括两种施主P3HT、PCPDTBT和两种受主PCBM、PC₇₀BM)的吸收光谱

(b) 三种成分光伏电池的吸收光谱

图 8.16　典型 OPV 薄膜及其组成光伏电池的吸收光谱[47]

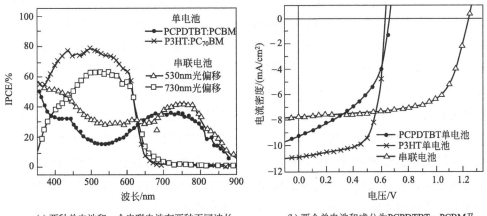

(a) 两种单电池和一个串联电池在两种不同波长偏光下的IPCE谱图，IPCE数据通过调制谱获取，单个电池测试运用锁相放大器，串联电池测试使用能量密度约为2mW/cm²的非调制单色光

(b) 两个单电池和成分为PCPDTBT：PCBM及P3HT: PC₇₀BM的串联电池的J-V特征曲线光照条件AM1.5通过校准的光照模拟器获得，其辐射能量密度为100mW/cm²

图 8.17　单电池和串联电池的入射光子产生电子的效率及电流密度-电压曲线[47]

器件的最佳性能总结如下：单个 PCPDTBT：PCBM 电池的短路电流 $J_{SC}=$ 9.2 mA/cm^2，开路电压 $V_{OC}=0.66$V，填充因子 FF$=0.50$，能量转换效率 $\eta_e=$ 3.0%；单个 P3HT：PC$_{70}$BM 电池的短路电流 $J_{SC}=10.8$mA/cm^2，开路电压 $V_{OC}=1.24$V，填充因子 FF$=0.67$，能量转换效率 $\eta_e=6.5$%。$J\text{-}V$ 曲线显示，串联电池的光电压近似等于各个亚电池电压的加和。

8.2.7 "理想"高效有机光伏电池

正如上文讨论的，一个理想高能有机光伏电池可能需要串联或系列多结构，能隙渐变的多层电池（亚电池）平行排列以覆盖整个太阳能光谱，且每个亚电池都具有前面提到的施主/受主（或 p/n）BONS 结构[7]。通过分子和形貌的控制和优化可进一步提高电荷迁移率，比如"黑色串联塑料光伏电池"可具有相当的光电能量转换效率，成本低廉且质量比已知的高能无机光伏电池都要小。

8.3 有机和高分子光伏电池的制备和表征

8.3.1 有机和高分子光伏电池的制备和稳定性

图 8.18 所示为有机/高分子光伏电池的横截面示意图，其中，有机或高分子半导体层是光电功能层（称为活性层），两边分别是透明导电电极（TCE）（如以镀 ITO 的玻璃或高分子薄膜作为 LWFE，下电极）和金属电极（如 Al 作为 SWFE，上电极），活性层和上下电极构成三明治结构。最近的研究发现，聚乙烯二氧噻吩：聚苯乙烯磺酸层（PEDOT-PSS 或 PSS-PEDOT[5]，化学结构如图 8.19 所示）以及其他类似的功能缓冲层都会极大地提高空穴在活性层和 ITO 电极之间的输运[49]。另一方面，很薄的 LiF 层会提高电子在活性层和金属电极之间的输运，这一点之后将详细介绍。有机小分子光伏电池的制备一般采用高真空（至少 10^{-6} Torr）气相沉积，偶尔也用溶液结晶法在 TCE 基片上生长有机薄膜，之后用真空蒸发法在光电活性层上制备金属电极。为了研究方便，可以在制备金属电极时在有机活性层上覆盖掩膜板，ITO 玻璃片上电池的尺寸一般为 2.5cm×7.6cm。早期，大部分有机光伏电池都做得非常小（如 2mm×2mm）。现在业界已普遍认为电池的尺寸至少要达到 10mm×10mm 才能得到可靠的测试结果。

高分子基光伏电池的活性层制备一般采用溶液旋涂法（小型器件），喷墨印刷法（中型器件）或工业级卷对卷薄膜生产线（大尺寸片）。大规模工业生产中溶液法具有成本低，使用简单的优势[5,6,57]。

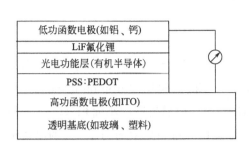

图 8.18 有机/高分子光伏电池的横截面示意图　　图 8.19 PSS-PEDOT 的化学结构

透明导电层（TCO，如 ITO 玻璃）的表面处理非常重要。ITO 表面的清洁已有多种方法[49]。实验证实，用水溶液法在活性层和 ITO 电极层上镀一层 PSS-PE-DOT 后，空穴在活性层和 ITO 电极之间的输运得到了优化。通过电化学沉积得到的 PSS-PEDOT 的电导率为 80S/cm，而用化学沉积法制备的薄膜电导率则可低至 0.03S/cm。这种电导率的差异被认为是由不同制备方法导致的高分子的成分不同引起的[50]。也有报道称，PSS-PEDOT 薄膜的片电阻可低至 $350 \sim 500\Omega/\square$[51]。将这种材料作为缓冲层加入活性层和 ITO 玻璃之间[52,53]，可以提高高分子发光二极管（LEDs）的性能和稳定性，因此 PSS-PEDO 已成为一种非常有吸引力的材料。PSS-PEDOT 可用水分散，通过溶液旋涂可形成均匀的透明导电膜。对于器件应用而言，这种材料最重要的物理性能是高功函数（−5.2eV）和平整的表面。增加的 PSS-PEDOT 层对电池性能的改善源自它在电池结构和能量方面多个因素的影响。比如，在空间分布上，商用 ITO 玻璃表面非常粗糙且电导率分布不均[54]。而 PSS-PEDOT 层则能在不同点同时改善粗糙度和电导性能。同时 PSS-PEDOT 会阻挡电子到达 ITO 电极，从而有效防止了 ITO 表面电子和空穴的复合。在能量方面，PSS-PEDOT 的功函数介于 ITO（−4.7eV）和大部分有机施主材料的 HOMO 能级之间。这种适中的能级能够方便或优化空穴在高分子和 ITO 电极之间的输运。但是，PSS-PEDOT 层的厚度需要优化，因为薄膜厚度太小会产生很多针孔，而膜厚过大则会导致串联电阻升高[54]。

惰性气体环境对有机光伏电池的制备/测试过程非常关键，因为很多有机/高分子材料容易与氧气或水发生反应，尤其在光辐射条件下。这种光致氧化现象是由于光生电子会从有机材料的 LUMO 能级转移至氧（尤其是单线态氧）或水的 LUMO 能级。因此，选用氧气/水阻隔性良好的材料封装有机光伏电池，在目前看来非常重要[55]。比如，Konarka 公司宣称，封装后的有机光伏电池能在数千个小时内维持良好的稳定性。或者，对材料前线轨道能级的微调（如降低材料前线轨道以减弱电子向氧和水的转移）也能改善"材料"的环境稳定性。

8.3.2　OPV产业的现状和挑战

目前，至少有两家公司已经具有量产OPV组件的能力，Konarka公司和Plextronics公司。这两家公司都在美国，其中Konarka公司用"drop-on-demand"喷墨技术在移动的卷对卷网络上印刷不同的膜层[56]。他们生产的小面积（0.75cm²）电池效率为6.4%，并能为消费者和远程能源提供一系列效率约为1.6%的串联组件。他们正在波士顿建造数百兆瓦的组件生产工厂。Plextronics公司用传统旋涂法制备小面积P3HT/PCBM电池（1cm×2cm），然后将54个小电池串联起来组成15cm×15cm组件[57]。其总面积的能量转换效率为1.1%，活性面积的转换效率为3.4%（面积分别为233cm×108cm）。他们制备的小面积电池的最佳效率为5.4%（经NREL确认）。但是Plextronics公司的业主重点似乎是销售高分子油墨，而非组件。

高分子：富勒烯混合体异质结光伏电池的性能取决于溶剂、退火和干化的条件、施主的化学组成以及空穴注入层的选择。高产量和高效率组件的生产对干燥时间、厚度和成分的均匀性有格外的限制。此外，活性高分子层可在大气压力下的惰性气氛中形成。无需真空制备的薄膜可降低设备成本，但会增加膜层对气氛和颗粒污染的敏感度。

由于喷墨印刷技术适合大面积、高产量镀膜，因此接下来简单讨论与之相关的问题。与标准旋涂镀膜或流延应用不同，Konarka公司的喷墨印刷过程需要对不同条件进行优化[56]。其中一个特点是通过仔细匹配相邻层印刷来实现单片串联连接，而不是用其他薄膜组件常用的沉积后激光划线技术。由于这种连续匹配方式要求相邻电池条之间的"死空间"更宽，因此会减少活性面积，但是简化了生产过程。卷对卷印刷OPV会遇到两类问题：一类是在所有高质量，高精度涂覆和包装过程中普遍存在的问题，而另一类则是生产OPV组件会遇到的特有问题。挑战是多方面的，列举如下。

高质量涂覆成膜过程中一个普遍存在的重要问题是网络路径是否结晶。为了将空气造成的缺陷降至最低，需要1000（ISO 6）甚至更高级的净室。对于OPV生产来说，空气中的污染物会将一些小问题转变成为灾难性的失败。

涂布液的不均匀性，如凝胶、凝结剂、杂质和气泡等会使膜层产生空洞或堆积物，这些会造成电池失效。不均匀性问题在所有高质量涂覆成膜中都会出现，但是同样，OPV体系对此特别敏感。在基片运行方向上的涂料异常，如出现条纹和螺

光伏电池原理及应用

纹，会造成涂覆不均，最终影响电池性能。

OPV 涂覆的特点是电池涂覆在水平方向上需要匹配，从而实现电池与电池的串联连接。任何一层即使发生几毫米的错位也会导致对应区域内电池堆叠不完整，产生短路和分流现象。同样，性能良好的电池对透明导电基底层的刻痕也有要求。不充分或不匹配的刻痕同样会破坏电池性能。

在涂覆之前，OPV 材料本身需要一些保护，以隔绝一些特定的环境和极限温度。涂覆之后，需要对其进行干燥和退火处理，以保证高的转换效率。对于特定涂覆产线而言，选择和控制这些条件需要理论知识、有计划的实验和严格的过程控制。

众所周知，OPV 电池对湿度和氧气特别敏感[55,58]，因此涂覆电池的封装也称为眼下另一个挑战性的问题。未封装的 OPV 电池对湿度和氧气尤为敏感。封装网络非常脆弱，在最终产品一体化之前，应力需要降至最低。

8.3.3　小结和展望

目前有机和多聚物光伏器件光电功率转换效率相对较小（大部分小于 6%），原因可归为三种严重损失[5,34]，即“光子损失”“激发损失”和“载流子损失”。这些归因于材料不恰当的边界轨道能级、带隙、施主和受主之间的能量抵消、材料形貌不当以及未优化的电池结构和制备方法，因此仍有大量的提升空间。在空间和能量领域同时进行系统的优化，可以得到高效率有机和多聚物光伏器件。

参 考 文 献

[1] Archer MD Hill R. Clean Electricity From Photovoltaics，London：Imperial College Press，2011.

[2] Luque A，Hegedus S. Handbook of Photovoltaic Science and Engineering. Chichester：John Wiley & Sons Ltd，2003.

[3] Green MA. Third Generation Photovoltaics：Advanced Solar Energy Conversion. Berlin：Springer，2003.

[4] Lazmerski L. J Elect Spec，2006，150：105-135.

[5] Sun S，Sariciftci NS. Organic Photovoltaics：Mechanisms，Materials and Devices. Boca Raton，Florida：CRC Press，2005.

[6] Brabec C，Dyakonov V，Scherf U. Organic Photovoltaics：Materials，Devices Physcis，and Manufacturing Technologies. Berlin：Wiley-VCH，2008.

[7] Sun S. Organic and Polymeric Solar Cells // Nalwa HS ed. Handbook of Organic Electronics and Photonics. Los Angeles，California：American Scientific Publishers，2008，Vol 3：Chapter 7：313-350.

[8] Sun S，Dalton L eds. Introduction to Organic Electronic and Optoelectronic Materials and Devices. Boca Raton，Florida：CRC Press/Taylor Francis，2008.

[9] Skotheim TA，Reynolds JR eds. Handook of Conducting Polymers. 3rd eds. Boca Raton，Florida：CRC

Press, 2007.

[10] Podzorov V, Menard E, Rogers JA, Gershenson ME. Phys Rev Lett, 2005, 95: 226601.

[11] Frenkel YI. Phys Rev, 1931, 37: 1276.

[12] Wannier NF. Phys Rev, 1937, 52: 191.

[13] Blankenship R//Sun S, Sariciftci NS eds. Organic Photovoltaics: Mechanisms, Materials and Devices. Boca Raton, Florida: CRC Press, 2005: 37.

[14] Kolodinski S, Werner J, Queisser H. Sol Energy Mater Sol Cells, 1994, 33: 275-285.

[15] Kumar A, Ner Y, Sotzing G//Sun S, Dalton L eds. Introduction to Organic Electronic and Optoelectronic Materials and Devies. Boca Raton, Florida: CRC Press, 2008, Chapter 7: 211.

[16] Knupfer M. Appl Phys A, 2003, 77: 623-626.

[17] Sun S. Sol Energy Mat Sol Cells, 2005, 85: 261-267.

[18] Sun S. Mater Sci Eng B, 2005, 116 (3): 251-256.

[19] Sariciftci NS, Smilowitz L, Heeger AJ, Wudl F. J Chem Phys, 1996, 104: 4267-4273.

[20] Kraabel B, Hummelen J, Vacar D, Moses D, Sariciftci N, Heeger A, Wudl F. J Chem Phys, 1996, 104: 4267-4273.

[21] Gregg B//Sun S, Sariciftci NS eds. Organic Photovoltaics: Mechanisms, Materials and Devices. Boca Raton, Floria: CRC Press, 2005: 139.

[22] Tang CW. Appl Phys Lett, 1986, 48: 183-185.

[23] Yu G, Gao J, Hummelen J, Wudl F, Heeger A. Science, 1995, 270: 1789-1791.

[24] Brabec CJ, Cravino A, Meissner D, Sariciftci NS, Fromherz T, Minse M, Sanchez L, Hummelen JC. Adv Funct Mater, 2001, 11: 374-380.

[25] Perlin J. From Space to Earth-The story of Solar Electricity. Ann Arbor, Michigan: AATEC Publications, 1999.

[26] Pochettino. Acad Lincei Rendiconti, 1906, 15: 355-363.

[27] Hiramoto M, Fujiwara H, Yokoyama M. Appl Phys Lett, 1991, 58: 1062-1064.

[28] Ma W, Yang C, Gong X, Lee K, Heeger A. Adv Funct Mater, 2005, 15: 1617-1622.

[29] Li G, Shrotriya V, Huang J, Yao Y, Moriarty T, Emery K, Yang Y. Nature Materials, 2005, 4: 864-868.

[30] Drees M, Davis R, Heflin R//Sun S, Sariciftci NS eds. Organic Photovoltaics: Mechanisms, Materials and Devices. Boca Raton, Florida: CRC Press, 2005: 559.

[31] Coakley K, McGehee M. Chem Mater, 2004, 16: 4533-4542.

[32] Fan Z, Wang Y, Haliburton J, Maaref S, Sun S. NASA Tech Report NONP-NASA-CD-2002153469, NASA/STI Accession number: 20030016552: 2001.

[33] Sun S. Photovoltaic Devices Based on a Novel Block Copolymer. US Patent 20040099307, 2002.

[34] Sun S. Sol Energy Mat Sol Cells, 2003, 79: 257-264.

[35] Sun S. Poly Mater Sci Eng, 2003, 88: 158.

[36] Sun S, Fan Z, Wang Y, Haliburton J, Taft C, Seo K, Bonner C. Syn Met, 2003, 137: 883-884.

[37] Sun S, Fan Z, Wang Y, Haliburton J. J Mater Sci, 2005, 40: 1429-1443.

[38] de Boer B, Stalmach U, van Hutten PF, Melzer C, Krasnikov VV, Hadziioannou G. Polymer, 2001, 42: 9097.

[39] Zhang C, Choi S, Haliburton J, Li R, Cleveland T, Sun S, Ledbetter A, Bonner C. Macromolecules, 2006, 39: 4317.

[40] Sun S, Zhang C, Choi S, Ledbetter A, Bonner C, Drees M, Sariciftci S. Appl Phys Lett, 2007, 90: 043117.

[41] Kang Y, Park N, Kim D. Appl Phys Lett, 2005, 86: 113101.

[42] Jin M, Dai L // Sun S, Sariciftci NS eds. Organic Photovoltaics: Mechanisms, Materials and Devices. Boca Raton, Florida: CRC Press, 2005: 579.

[43] Schmidt-Mende L, Fechtenkötter A, Müllen K, Moons E, Friend RH, MacKenzie JD. Science, 2001, 293: 1119.

[44] Kippelen B, Yoo S, Haddock J, Daomercq B, Barlow S, Minch B, Xia W, Marder S, Armstrong N // Sun S, Sariciftci NS eds. Organic Photovoltaics: Mechanisms, Materials and Devices. Boca Raton, Florida: CRC Press, 2005: 271.

[45] Tsarenkov GV. Sov Phys Semicond, 1975, 9 (2): 166-171.

[46] Xue J, Uchida S, Rand B, Forrest SR. Appl Phys Lett, 2005, 86: 5757.

[47] Kim J, Lee K, Coates NE, Moses D, Nguyen T, Dante M, Heeger AJ. Science, 2007, 317: 222.

[48] Dennler G, Prall H, Koeppe R, Eggineer M, Autengruber R, Sariciftci NS. Appl Phys Lett, 2006, 89: 073502.

[49] Djuristic A, Kwong CY // Sun S, Sariciftci NS eds. Organic Photovoltaics: Mechanisms, Materials and Devices. Boca Raton, Florida: CRC Press, 2005: 453.

[50] Karg S, Riess W, Dyakonov V, Schwoerer M. Synth Metals, 1993, 54: 427.

[51] Marks R, Halls J, Bradley D, Friend R, Holmes A. J Phys: Cond Matter, 1994, 6: 1379.

[52] Antoniadis H, Hsieh B, Abkowitz M, Jenekhe S, Stolka M. Synth Metals, 1994, 62: 265.

[53] Frankeviach E, et al. Phys Rev B, 1992, 46: 9320.

[54] Rothberg L, et al. Synth Metals, 1996, 80: 41.

[55] Hauch JA, Schilinsky P, Choulis SA, Childers R, Biele M, Brabec CJ. Solar Energy Matl and Solar Cell, 2008, 92: 727-731.

[56] Hoth C, Schilinsky P, Choulis S, Brabec C. Nano-letters, 2008, 8: 2806-2813.

[57] Tipnis R, Bernkopf J, Jia S, Krieg J Li S, Storch M Laird D. Solar Energy Materials and Solar Cells, 2009, 93: 442-446.

[58] Dennler G, Lungenschmied, Neugebauer H, Sariciftic N. J Material Research, 2005, 20: 3224-3232.

9 染料敏化太阳能电池

9.1 染料敏化太阳能电池基本原理

9.1.1 染料敏化太阳能电池背景介绍

1991年，瑞士科学家O'Regan和Grätzel在《Nature》杂志上发表文章[1]，报告了其所开发的染料敏化太阳能电池（Dye-Sensitized Solar Cell，DSSC）取得了高达到了7%的光电转化效率，从那以后染料敏化太阳能电池（DSSC）成为光伏研究领域的热门课题。实质上DSSC是一种光电化学电池（Photo-Electrochemical Solar Cell，PESC）。光电化学电池（PESC）采用半导体材料为光电极，配合适当的氧化还原（Redox）电解质和对电极达到将光能转化为电能的目的。很多已知的吸收可见光的传统半导体材料都曾做为PESC中的光电极被广泛地研究过（包括晶体硅、砷化镓、磷化铟等），其光电转化效率可达10%[2]，但是这些与电解质溶液共存的半导体材料在光照下极易发生氧化（腐蚀），因此这种电池非常不稳定。如果光电极使用具有较宽带隙（Wide Band-gap）的金属氧化物半导体材料，则可以有效解决光腐蚀的问题。但同时较宽的带隙使金属氧化物不吸收在AM1.5中占主要比例的可见光，因此一般采用吸收可见光的染料分子对宽带隙半导体材料进行"敏化"，即附着在半导体表面的染料分子吸收可见光后，产生的激发态电子转移到宽带隙半导体的导带（Conduction Band）从而产生光电流，染料敏化太阳能电池（DSSC）也由此得名。早期的DSSC研究中通常采用结晶半导体材料和自然界已有的有机染料，如孟加拉玫瑰红（Rose Bengal）、罗丹明B（Rhodamine B）[3]，但是晶体半导体材料表面积小，附着的染料分子少，无法吸收大量的可见光，而且有机染料分子往往吸收光谱比较窄，不能利用全部的太阳可见光谱，这些因素导致 DSSC 的光电转化效率很低。因此接下来的研究主要从两方面提高效率：①增大光电极的表面积，例如采用多孔状半导体材料[4]；②合成具有较宽可见光吸收谱带并且易附着在半导体表面的染料分子[5]。O'Regan 在 1991 年得到 7% 效率的 DSSC 就是因为在这两方面取得了突破性进展：一方面发明了基于纳米二氧化钛（TiO_2）的大表面积电极，另一方面使用了可吸收 $400\sim800nm$ 可见光的基于二价金属钌离子（Ru^{2+}）的配位化合物染料。最近二十年的研究在这两个方面做了进一步改进，目前 DSSC 的效率已经提高到 11% 以上[6]。

9.1.2 染料敏化太阳能电池工作机理

图 9.1 展示了 DSSC 的主要组成部分和工作机制。DSSC 主要由以下几部分组成。

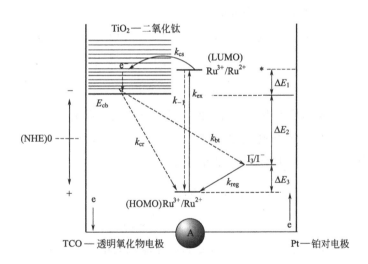

图 9.1 DSSC 的主要组成部分和工作机制

① 光电极：由沉积在某种基底（例如玻璃）上的透明导电氧化物（TCO）、纳米氧化物薄膜（例如 TiO_2）及附着其上的染料分子（以 Ru^{2+} 的配合物为例）组成。

② 氧化还原（Redox）电解质：可以是固态或液态电解质，以 I_3^-/I^- 做为氧化还原电对最为普遍。

③ 对电极：一般采用金属铂（Pt）电极。

以图 9.1 为例，DSSC 的光电转化过程分以下四个步骤完成。

① 染料分子 Ru^{2+} 配合物吸收入射的光子（$h\nu$）后，处于最高被占据轨道

（HUMO）的电子（e^-）跃迁至最低未被占据轨道（LUMO），即染料分子由基态（Ru^{2+}）变为激发态（Ru^{2+*}）；随后处于激发态的电子转移至纳米 TiO_2 薄膜的导带，而染料分子则因失去电子变为氧化态（Ru^{3+}）。此过程可以用式（9.1）表述：

$$Ru^{2+} + h\nu \underset{k_{-1}}{\overset{k_{ex}}{\rightleftharpoons}} Ru^{2+*} \xrightarrow{k_{cs}} Ru^{3+} + e^-(TiO_2) \tag{9.1}$$

式中，k_{ex}、k_{-1}、k_{cs} 分别代表电子跃迁至激发态、电子由激发态衰减回落至基态、电子由激发态转移至 TiO_2 等过程的速率常数。若要得到一个高效率的 DSSC，k_{cs} 必须远远大于 k_{-1}，即激发态电子转移至 TiO_2 的过程必须远远快于其衰减回落至基态的过程，这样才能保证绝大多数的激发电子能够被外电路收集，形成光电流。实际上对于 Ru^{2+} 配合物染料及 TiO_2 的组合来说，k_{cs} 往往是一个超快过程（在 $10^{-15} \sim 10^{-12}$ s 内完成），因此 k_{cs} 往往也被称为电子"注入（Injection）"过程。从半导体物理的角度来说，k_{cs} 实质上是电子（e^-）与空缺（Ru^{3+}）的分离过程，但与传统半导体相比，DSSC 中的这一过程并不需要电动势（内建电场）的帮助，而是通过化学势的驱动完成的。

② 注入纳米 TiO_2 薄膜的电子通过扩散到达 TCO 并通过外电路到达 Pt 对电极，此过程可通过式（9.2）表述，其中 k_d 为电子扩散速率常数：

$$e^-(TiO_2) \xrightarrow{k_d} e^-(TCO) \longrightarrow e^-(Pt) \tag{9.2}$$

处于 TiO_2 薄膜的注入电子也有可能与染料分子发生重聚（Recombination）或回传（Back Transfer）给氧化还原电对，这两个过程可分别表述为式（9.3）和式（9.4），其中 k_{cr} 和 k_{bt} 分别为两个过程的速率常数：

$$e^-(TiO_2) + Ru^{3+} \xrightarrow{k_{cr}} Ru^{2+} \tag{9.3}$$

$$2e^-(TiO_2) + I_3^- \xrightarrow{k_{bt}} 3I^- \tag{9.4}$$

很明显 k_d 必须显著大于 k_{cr} 与 k_{bt} 之和，才能提高电子收集效率，保证大部分注入电子到达 TCO，从而形成光电流。电子的收集效率可采用电子在 TiO_2 薄膜中的扩散长度（L）来代表，L 可采用式（9.5）得到：

$$L = \sqrt{\frac{k_d}{k_{cr} + k_{bt}}} \tag{9.5}$$

若 L 大于 TiO_2 薄膜的厚度，则代表电子可以有效穿过薄膜到达 TCO，电子收集效率高。通常使用液态电解质的 DSSC 中 L 可达几十微米，远大于 TiO_2 薄膜的厚度（$10\mu m$），即几乎 100% 的注入电子可被收集。

③ 失去电子的染料分子（Ru^{3+}）通过被电解质的还原态（I^-）还原而再生，同时产生的电解质氧化态（I_3^-）在 Pt 对电极表面得到电子而重新变为还原态，这

个过程可用式（9.6）和式（9.7）表达，其中 k_{reg} 和 k_{re} 分别为这两个过程的速率常数：

$$2Ru^{3+}+3I^- \xrightarrow{\ k_{reg}\ } I_3^-+2Ru^{2+} \tag{9.6}$$

$$2e^-(Pt)+I_3^- \xrightarrow{\ k_{re}\ } 3I^- \tag{9.7}$$

最近也有科学论文认为[7]在式（9.6）与式（9.7）过程中 I^- 被氧化后成为碘原子 I，随后碘原子 I 与 I^- 反应生成 I_2^-，而非 I_3^-。但不论具体哪个反应发生，此步骤的纯效果是吸光染料分子得到再生，而电解质总浓度未发生变化。

④ ①～③的步骤被附着在 TiO_2 薄膜表面的染料分子循环重复，其净效益就是在外电路产生的光电流，从而达到将光能转化为电能的目的。

与其他光伏电池一样，DSSC 的效率（η）可用式（9.8）表征：

$$\eta = \frac{V_{OC} \times J_{SC} \times FF}{1000W/m^2} \tag{9.8}$$

式中，$1000W/m^2$ 为 AM1.5 标准测试光辐照强度；V_{OC} 为电池开路电压，J_{SC} 为短路电流密度，FF 为填充因子。

在 DSSC 中，V_{OC} 等于光电极氧化物半导体膜中导带费米能级（Fermi Level）与电解质氧化还原电位的差值（ΔE_2，见图 9.1）。对于宽带隙氧化物半导体来说，导带费米能级与导带底的能级（E_{cb}，见图 9.1）非常接近。与标准氢电极（NHE）相比，TiO_2 导带底 E_{cb} 约为 $-0.5V$，I_3^-/I^- 氧化还原电位约 $0.4V$[5b]，因此对于使用 TiO_2 和 I_3^-/I^- 的 DSSC 来说，V_{OC} 最高可达 $0.9V$。TiO_2 的 E_{cb} 是可以改变的，例如 TiO_2 表面吸附 H^+ 或 Li^+ 后，能级可向正方向移动[8]，使 V_{OC} 减小；若吸附碱性物质如 4-叔丁基吡啶（4-*tert*-butylpyridine），则能级向负方向移动[9]，V_{OC} 增大。同样若采用不同于 I_3^-/I^- 的电解质，V_{OC} 也会发生变化。目前效率比较高的 DSSC 通常 V_{OC} 在 $0.8V$ 左右。

短路电流密度 J_{SC} 取决于光电极的光吸收效率及染料——TiO_2 的电子注入效率。其中光吸收效率与以下几个因素有关：①染料分子的吸光系数（Extinction Coefficient）越高代表单个染料分子的光吸收能力越强；②染料分子的吸收光谱越宽则更多波长范围的光可被利用。吸收光谱决定于染料分子 HOMO 与 LUMO 能量差值（即 $\Delta E_1+\Delta E_2+\Delta E_3$，见图 9.1），一般来说较小的能量差值吸收光谱会比较宽；③TiO_2 薄膜的表面积越大则吸附的染料分子就越多，光吸收效率就越高。电子注入效率则由前面提到的 DSSC 工作机制中第一个步骤决定，即 k_{cs} 相比 k_{-1} 越快，注入效率就越高。从根本上来说，电子注入的过程由染料分子的 LUMO 与 TiO_2 导带 E_{cb} 的差值（ΔE_1，见图 9.1）驱动，ΔE_1 较大，k_{cs} 也会比较高，即电子注入速率更快。大部分高效率 DSSC 的 ΔE_1 大约为 0.2V[10]。电子注入 TiO_2 后，被氧化的染料（Ru^{3+}）分子必须快速再生才能继续吸光，再生速度即 k_{reg} 的大小决定于染料分子 HOMO 与电解质氧化还原电位的差值（ΔE_3，见图 9.1），即 HO-MO 必须比 I_3^-/I^- 的电位足够高（更正的方向）才能将染料再生。高效率 DSSC 的 ΔE_3 大约为 0.5V[11]。

FF 的大小部分取决于电池并联电阻（Shunt Resistance）和串联电阻（Serial Resistance）。并联电阻决定于前文提到的 DSSC 工作机制第二步骤中的电子重聚（k_{cr}）与回传（k_{bt}）过程，k_{cr} 与 k_{bt} 越小，并联电阻就越大，FF 就越高；降低串联电阻也可提高 FF，可通过减小电解液厚度和增大 Pt 对电极表面积实现[12]。也有结果显示，FF 也受光照下电子迁移速率变化的影响[13]。

9.2　染料敏化太阳能电池的结构与材料

图 9.2 显示了典型的 DSSC 结构。其中 TCO 沉积在基底（Substrate）上，做为 TCO 电极。最常用的基底为玻璃，即导电玻璃就是最常见的 TCO 电极。纳米 TiO_2 薄膜附着在 TCO 电极表面并吸附染料分子后成为工作光电极。金属 Pt 经过溅射（Sputtering）镀在导电玻璃表面成为对电极。在工作光电极与对电极之间填充电解质后形成完整的 DSSC。

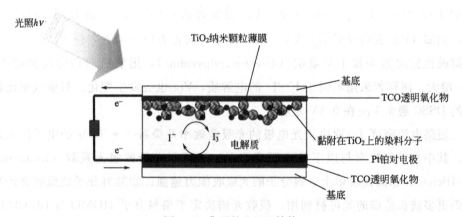

图 9.2　典型的 DSSC 结构

9.2.1 TCO 电极

如上所述，导电玻璃是 DSSC 中最普遍采用的 TCO 电极，而导电玻璃一般使用的 TCO 种类主要包括 ITO（Indium-tin Oxide）和 FTO（Fluorine-doped Tin

Oxide)。不论采用哪一种 TCO，都需要其具有较低的薄层电阻（Sheet Resistance，8～10Ω/□）和高透光率（Transmittance，>80%），这是保证光伏电池具有较高光电转化效率的必要条件之一。在制备 DSSC 的过程中需要将涂覆于 TCO 电极表面的 TiO_2 薄膜在 500℃下进行烧结（Sintering），因此也要求 TCO 的电阻和透光率具有较高的热稳定性，即在经过此高温过程后不会发生明显变化。除使用玻璃基底外，TCO 亦可镀膜于高分子材料上，如聚对苯二甲酸乙二醇酯［Poly（ethylene terephthalate），PET］。在制造柔性可弯折的 DSSC 时需要使用此种以高分子材料为基底的 TCO 电极，但在后序对 TiO_2 膜进行烧结时则只能在低温下进行（<200℃）。

9.2.2 金属氧化物半导体

涂覆在 TCO 电极表面的宽带隙金属氧化物膜承担吸附染料分子的功能，同时从染料注入的电子在此膜层中扩散至 TCO。为了确保染料分子的激发态电子能够有效注入，金属氧化物不应吸收可见光，即带隙宽度（$E_{band-gap}$）较大；而且导带底 E_{cb} 必须低于染料分子的激发态（LUMO），即 E_{cb} 能级在 LUMO 更正的方向（见图 9.1）。常见金属氧化物的 $E_{band-gap}$ 及在不同酸碱度（pH 值）下的 E_{cb} 能级列于表 9.1。从表中可以看出，二氧化锆（ZrO_2）由于带隙宽度过大，E_{cb} 达到 −1.78eV，在大多数染料分子 LUMO 能级的负方向，电子无法注入其导带，因此在 DSSC 中使用 ZrO_2 不会产生光电流，科学家一般用 ZrO_2 仅做为研究其他氧化物的参照物。反之，三氧化二铁（Fe_2O_3）的带隙宽度过小，能够吸收可见光，也无法保证电子从染料分子的有效注入，不适于在 DSSC 中使用。

表 9.1 常见金属氧化物的带隙宽度与导带能级

金属氧化物	$E_{band-gap}$/eV	E_{cb}（对比于标准氢电极 NHE）/eV
ZrO_2	5.0	−1.78(pH = 13)[14]
TiO_2（锐钛矿型）	3.2	−0.28(pH = 2)[15]
TiO_2（金红石型）	3.0	−0.08(pH = 2)，−0.66(pH = 12)[16]
ZnO	3.0～3.2	−0.2(pH = 1)，−0.4(pH = 4.8)[17]
SnO_2	3.5～3.8	+0.5(pH = 1)，−0.1(pH = 7)[18]
Nb_2O_5	3.4	−0.6(pH = 7)[19]
WO_3	2.4～2.8	+0.3(pH = 1)，−0.15～+0.05(pH = 9)[20]
$\alpha-Fe_2O_3$	2.0～2.2	−0.1(pH = 13.6)，+0.15(pH = 9)[21]

9.2.2.1 纳米 TiO_2 薄膜的优势

在所有适用氧化物中，TiO_2 由于其以下特点，成为 DSSC 中最常被采用的宽带隙氧化物。

① 能级与大多数染料分子的匹配度最好：TiO₂ 共有锐钛矿型（Anatase）、金红石型（Rutile）、板钛矿型（Brookite）等三种晶型，其中 Anatase 与 Rutile 的带隙宽度及 E_{cb} 适用于 DSSC（表 9.1）。高效率的 DSSC 往往使用 Anatase 晶型的 TiO₂ 颗粒。TiO₂ 的导带底能级 E_{cb} 随表面的 pH 值变化，两者的关系可用式（9.9）和式（9.10）表达：

$$E_{cb}(eV)（对比于标准氢电极 NHE, Anatase）＝-0.158-0.059×pH \quad (9.9)$$

$$E_{cb}(eV)（对比于标准氢电极 NHE, Rutile）＝0.042-0.059×pH \quad (9.10)$$

通过改变 pH 值可调节 E_{cb}，在保证 E_{cb} 低于（更正的方向）染料分子 LUMO 的前提下，提高 pH 值可将 E_{cb} 向负方向移动，从而提高 DSSC 的开路电压 V_{OC}（即 ΔE_2 增大，见图 9.1）。由于染料分子通过黏合基团（Binding Group）附着在 TiO₂ 表面，因此 TiO₂ 表面酸碱度的变化也会影响染料分子在其表面的吸附能力。有时增大 pH 值尽管可以提高 V_{OC}，但同时会降低 TiO₂ 表面的染料分子数目，导致吸光效率降低，光电流变小。

② 易于制备大比表面积的纳米颗粒薄膜：TiO₂ 的纳米颗粒可通过溶胶法（Sol-gel）进行大批量制造，并已有商业产品出售，例如 P25（Degussa）和 ST-21（Ishihara Sango Kaisha Ltd）等。纳米颗粒的胶体溶液通过喷涂、旋涂等方式涂覆在 TCO 电极表面后，经过阴干、烧结等步骤形成 介孔状（Mesoporous）薄膜。整个过程简单易行，不需真空条件及复杂设备。

③ 成本低、供应量大、无毒、性质稳定：TiO₂ 是白色涂料钛白粉的主要成分，仅中国国内年产量 2011 年就超过 175 万吨，每吨价格 1.8 万元左右。TiO₂ 不受水气影响，耐酸且耐碱腐蚀，与其他氧化物相比化学性质更稳定。

9.2.2.2 纳米 TiO₂ 薄膜电极的制备

溶胶法（Sol-gel）[22] 是制备 TiO₂ 纳米颗粒的通行方法，详细步骤在文献中已有广泛报道[5b,23]。其基本过程是：钛醇盐（Titanium Alkoxide）经过水解（Hydrolysis）与缩聚（Condensation）反应后形成胶体（Colloid）溶液，得到的 TiO₂ 颗粒粒径可通过改变反应过程中的 pH 值与温度进行调解，在大部分文献报道的反应条件下可得到的粒径约 5～7nm [5c,24]，表面积达 200 m²/g 以上，但此时的纳米颗粒多以附聚物（Agglomerate）的形式存在，即多个颗粒团聚在一起；胶体经过凝胶分散（Peptization）与过滤（Filtration）后，附聚物被分离（Segregation）为单个纳米颗粒；随后胶体通过高压加热（Autoclave）的过程（约 200℃），其中的纳米颗粒生长至粒径 10～25nm，Anatase 晶型的比例占大多数，若温度提高到 240℃，则 Rutile 晶型的比例占主导。一般来说 Anatase 由于带隙宽度更高，比

Rutile 更适用于 DSSC 电池[25]。在胶体溶液中随后加入表面活性剂，例如聚乙二醇（Polyethylene Glycol，PEG），在稳定纳米颗粒、防止聚集沉淀的同时，也有助于后道工序中多孔状结构的形成[26]，满足染料分子自由进入及电解质离子扩散通行的要求。

随即 TiO_2 的胶体溶液通过喷涂、旋涂、丝网印刷、刮涂等方式涂覆在 TCO 基底表面，并经过 $450 \sim 550℃$ 下的烧结（Sintering）过程得到透明的薄膜电极。TiO_2 薄膜的厚度可通过改变胶体溶液浓度、涂覆次数及涂覆过程中的工艺条件进行调节，并且应小于电子在 TiO_2 薄膜中的扩散长度 [见式（9.5）]，一般 DSSC 电池中 TiO_2 薄膜厚度为 $10\mu m$。图 9.3 所示为在玻璃上制备的 TiO_2 薄膜的照片 [图 9.3（a）] 及其在原子力显微镜（AFM）下的照片 [图 9.3（b）]。由此方法得到的 TiO_2 薄膜对有机溶剂、水溶液、空气、电解质、酸、碱等都表现出很强的稳定性，纳米颗粒在膜中结成类似于海绵状的多孔网络结构，孔隙大小与 TiO_2 颗粒粒径大小相当，因此也常被称为介孔状（Mesoporous）薄膜。这样的 TiO_2 介孔状薄膜具有巨大的表面积，粗糙度系数（Roughness Factor）约为 $10^3 \sim 10^4$，即 $1cm^2$（$10\mu m$ 厚度）TiO_2 薄膜的实际表面积高达 $1000 \sim 10000cm^2$，为吸附大量染料分子（即有效吸收可见光）提供了可能。

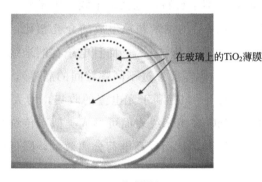
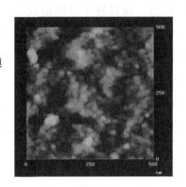

(a) TiO_2 薄膜样品   (b) TiO_2 薄膜样品AFM照片

图 9.3　TiO_2 薄膜样品及其 AFM 照片（TiO_2 颗粒平均直径：$22 \sim 25nm$）

在染料分子吸光系数（Extinction Coefficient）比较低的情况下，也可适当增加 TiO_2 薄膜的厚度以增加表面积，从而增加染料分子的吸附量，但 TiO_2 薄膜厚度不应大于电子在 TiO_2 薄膜中的扩散长度；另外一个增大光能吸收的方法是在制备好的 TiO_2 薄膜表面再涂覆一层具有较大粒径的 TiO_2 颗粒，称为散射层（Scattering Layer）。根据模型计算，在合适的配比下与小粒径 TiO_2 颗粒（20nm）混合的较大粒径 TiO_2（$250 \sim 300nm$）颗粒能够发挥散射中心的作用，使光子"陷（Trap）"在 TiO_2 薄膜中，从而显著提高光吸收效率[27]，在实验中也证实了散射层

（此处为侧边栏文字）

9

染料敏化太阳能电池

的这一作用[5c,24,28]，最近文献报道的 DSSC 中 TiO_2 薄膜电极往往采用 $8\mu m$ 厚介孔膜加 $4\mu m$ 厚散射层的复合结构；此外，还发现 TiO_2 薄膜表面在烧结前以 $0.1\sim0.5mol/L$ 的四氯化钛（$TiCl_4$）溶液处理会增加 DSSC 的光电流[5a]，此现象一般解释为 $TiCl_4$ 处理提高了电子在 TiO_2 中的扩散速率 [式（9.2）]，并且使 TiO_2 的 E_{cb} 向正方向移动[29]。

9.2.2.3 其他氧化物材料

除 TiO_2 外，二氧化锡（SnO_2）、三氧化二铟（In_2O_3）、氧化锌（ZnO）也常被用在 DSSC 中。In_2O_3 和 SnO_2 的 E_{cb} 比 TiO_2 低，相应的 DSSC 的开路电压 V_{OC} 也会比较小。如果染料分子 LUMO 低于 TiO_2 的 E_{cb}[30]，就必须使用 In_2O_3 或 SnO_2 以保证染料电子的有效注入。在构建 DSSC 的叠层电池（Tandem Cell）时可能会发生这种情况，因为具有不同吸收光谱的多种染料分子需要不同的氧化物半导体进行匹配。

电子在 SnO_2 中的迁移率高于 TiO_2，因此发生电子重聚（k_{cr}，见图 9.1）的速率也就更快[31]，导致使用 SnO_2 的 DSSC 往往具有较小的短路电流 J_{SC}[32]。

ZnO 是两性化合物，虽然化学性质不如其他氧化物稳定，但 $E_{band\text{-}gap}$、E_{cb} 与 TiO_2 相似，而且易于被制备成不同形态的纳米材料，包括纳米线、纳米管、纳米棒等[33]，因此也经常应用于 DSSC。与烧结后的纳米颗粒形成的介孔相比，染料分子更容易进入垂直于基底生长的 ZnO 纳米线丛林[34]，而且电子在纳米线上的扩散不需穿越晶界（在纳米颗粒薄膜中传输则需要穿过不同颗粒间的晶界），因此速度更快，相应的电子重聚速率也会降低[33d]，有利于光电流的收集，增大 J_{SC}。最近也有人指出，具有较低介电常数的 ZnO 在纳米线表面可形成类似于传统半导体 pn 结处的耗尽层（Depletion Layer）[33a,35]，从而提高电荷分离效率，降低电子重聚的概率。

绝大多数的金属氧化物都是 n 型半导体材料，实际上 p 型半导体也可以用于 DSSC，近期发现在 DSSC 中染料分子的空缺（Hole）可注入 p 型半导体氧化镍（NiO）[36]。由于缺少合适的染料分子及相应的电解质，以 NiO 为基础的 DSSC 效率还很低，但是若以这种电池取代传统 DSSC 中的 Pt 对电极，即使用 n 型氧化物的 DSSC 与使用 p 型氧化物的 DSSC 形成叠层电池，则光电转化效率会有很大的提升空间[37]。

9.2.3 染料（光敏剂）

染料分子的选择对 DSSC 的效率具有决定性影响，适用的染料分子应具备以下几个条件：

① 对可见光谱（400～1000nm）有较宽且较强的吸收；

② 合适的光物理性质与电化学性质，例如 HOMO/LUMO 能级与 TiO_2 导带的匹配（k_{cr}，k_{cs}）、激发态电子的衰减速度（k_{-1}）、HOMO/LUMO 能级与电解质氧化还原电位的匹配（k_{reg}）等；

③ 较强的稳定性，特别是在光照下染料激发态的化学稳定性，以确保电子尽可能不发生与产生光电流无关的其他转移过程，防止电池效率快速衰减；

④ 具有合适的电荷性质与黏合基团（Binding Group），使染料分子容易且稳定地附着在 TiO_2 表面。

高效 DSSC 中最常用的染料分子是金属钌（Ru/Ruthenium）与联吡啶的配合物，图 9.4 所示为几种最具代表性的钌配合物染料的化学结构式。在钌配合物染料分子中，HOMO 与 LUMO 分别由钌原子的 d 轨道和联吡啶配体的 π^* 轨道演变而来，因此染料吸收光子使电子由 HOMO 跃迁至 LUMO 的过程也被称为"金属→配体电荷转移（Metal-to-Ligand Charge Transfer，MLCT）"。通过改变配体结构、种类及数目可以改变 π^* 轨道能级，从而调节 MLCT，因此相当一部分 DSSC 的研究工作注重于新型钌配合物染料分子的开发。每一阶段 DSSC 效率的显著提高往往也是由新染料分子带动的，例如 1991 年开发的 N3 染料具有较宽的 MLCT 光谱吸收（400～700nm），它的使用使 DSSC 效率达到 7%[1,5a]；2001 年新合成的黑染料（Black Dye）分子吸收光谱更宽达 400～800nm[38]，DSSC 效率也随之达到 10% 以上。钌的配合物除了具有显著 MLCT 吸收峰外，一般在 300～400nm 紫外区域内也有有机配体本身的 $\pi \longrightarrow \pi^*$ 吸收，这个吸收峰往往会与玻璃基底及 TiO_2 薄膜的吸收峰部分重合。图 9.5 显示了 N3 染料与黑染料在溶液中的吸收光谱。

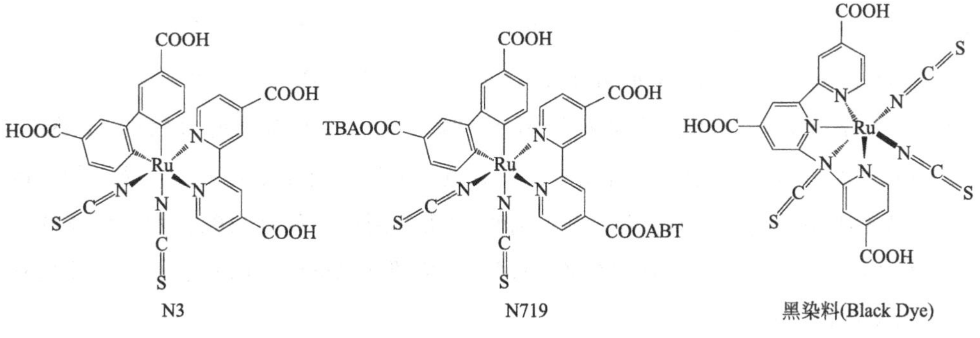

图 9.4　几种最具代表性的钌配合物染料的化学结构式

钌配合物染料通常配制成 0.1～0.5mol/L 的乙醇或乙腈溶液，将 TiO_2 工作电极在室温下（20～25℃）浸泡在其中 10～14h，即可完成染料分子在 TiO_2 薄膜上

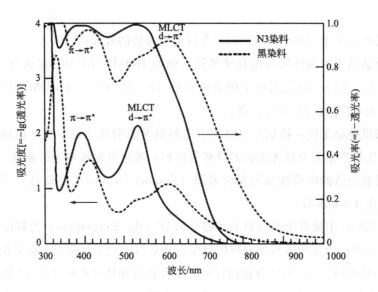

图 9.5　N3 染料与黑染料在溶液中的吸收光谱

的吸附过程。DSSC 中染料不能简单地物理吸附在 TiO_2 表面，必须是染料通过分子中的黏合基团与 TiO_2 表面形成化学键的不可逆的化学吸附，以保证 DSSC 效率的稳定性。有很多种黏合基团[39]可在 TiO_2 表面形成化学键，最经常采用的是羧基（Carboxyl Group），即羧酸（Carboxylic Acid）或羧酸酯（Carboxyl Ester）。染料分子中带有羧酸酯基团往往比带有羧酸基团具有更好的溶解性，易于配制浓度较大的溶液。染料分子在 TiO_2 表面化学吸附的动力学与热力学过程可通过红外光谱（FT-IR）等手段进行研究，并已有广泛报道[40]。一般认为羧基主要通过三种成键方式附着在 TiO_2 表面，如图 9.6 所示。根据计算，N3 染料中羧基的这三种成键方式在 Anatase 晶型的 TiO_2 表面比在 Rutile 晶型表面具有更稳定的热力学状态[41]，说明与 N3 结构类似的染料分子在 Anatase 二氧化钛表面可能具有更大的吸附量。

　　除钌之外，其他金属元素如铁（Fe）[42]、铂（Pt）[43]、铼（Re）[44]、锇（Os）[45]等的配合物也被作为染料使用在 DSSC 中。这些金属配合物的 HOMO/LUMO 轨道与 TiO_2 导带及电解质氧化还原电位的匹配度不如钌的配合物，相应的 DSSC 效率也不高，但有时会显示出特殊的性质，例如一种锇的配合物有极宽的吸收光谱（400～1100nm），对应的在 AM1.5 光照下 DSSC 短路电流密度可高达 18.5 mA/cm^2[45c]。

　　也有研究者将卟啉（Porphyrin）[46]与酞菁（Phthalocyanine）[47]的衍生物应用在 DSSC 中，其中使用锌卟啉（图 9.7）作为染料的 DSSC 效率最高已达 7.1%[46e]，使用锌酞菁（图 9.7）的 DSSC 效率可达 4.6%[47e]。有研究发现，卟

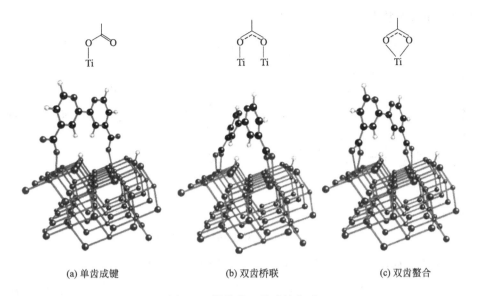

(a) 单齿成键   (b) 双齿桥联   (c) 双齿螯合

图 9.6　羧基的三种成键方式

啉或酞菁分子容易聚集，使激发态电子因分子间作用发生湮灭而无法注入 TiO_2，在卟啉或酞菁染料溶液中加入胆酸（Cholic Acid）作为共吸附剂，可有效防止其在 TiO_2 表面的聚集，提高 DSSC 的效率[46a,47b]；另外共吸附剂也可降低电子从 TiO_2 导带回传给电解质（k_{bt}）的概率，从而提高效率[48]。

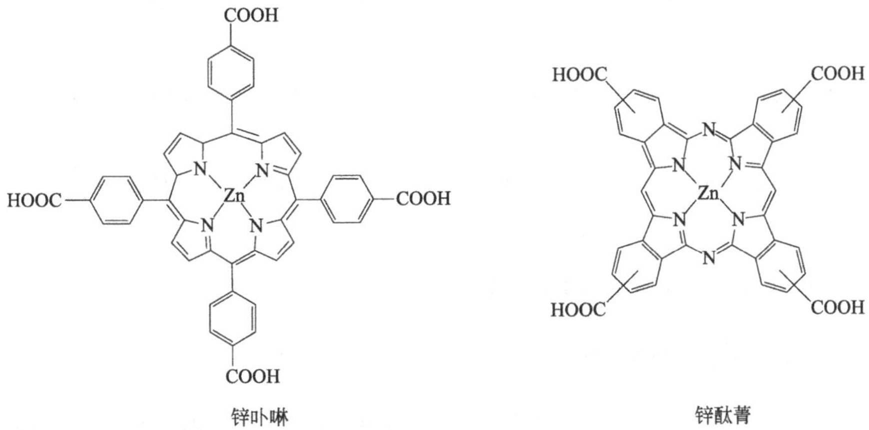

锌卟啉   锌酞菁

图 9.7　锌卟啉和锌酞菁的化学结构式

不含金属元素的有机染料分子也可被应用于 DSSC[49]。早在百年前就有科学家发现以银的卤素化合物为工作电极的光伏电池使用四碘荧光素（Erythrosine）后，光响应有了明显的提高[50]。近期在 DSSC 中使用 D205[51] 及 C217[52] 有机染料（图 9.8）取得了 > 9% 的光电转化效率，这两种分子的结构见图 9.8。有机染料分子具有以下几个特点：

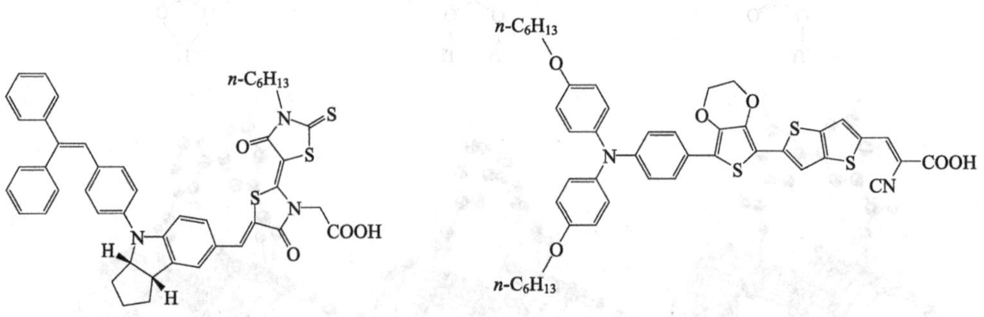

图 9.8　D205 及 C217 的化学结构式

① 种类多样，容易通过合成的方法进行结构上的改进；

② 适用于 DSSC 的有机染料分子往往具有"电子供体-连接桥-电子受体"的结构：电子供体部分可包含苯胺（Aniline）、二萘嵌苯（Perylene）、香豆素（Coumarin）、嵌二萘（Pyrene）、蒽（Anthracene）、苯噻唑（Benzothiozol）等基团；电子受体部分可包含羧酸、磷酸、丙烯酸（Acrylic Acid）等结构，同时又能作为黏合基团与 TiO_2 表面成键；供体与受体之间通过共轭结构（例如聚乙烯或聚噻吩）连接在一起；

③ 对可见光谱的吸收来源于分子内 π→π* 电子跃迁，吸光系数一般高于钌金属配合物，可达 $3 \times 10^4 \sim 1 \times 10^5 L/(mol \cdot cm)$；

④ 与金属配合物相比，成本更低，有利于大规模商业化应用，而且供应量不受金属储量的限制。

与钌金属配合物相比，大部分使用有机染料的 DSSC 具有较低的开路电压[53]，原因是有机分子在 TiO_2 表面的吸附影响了 TiO_2 的 E_{cb} 能级和被激发电子的寿命，一些研究者对其作用机理已做了深入的探讨[54]。

9.2.4　氧化还原电解质

DSSC 中最常用的氧化还原电解质是由 0.02mol/L 单质碘（I_2），0.04mol/L 碘化锂（LiI），0.5mol/L TBP（4-*tert*-butylpyridine）和 0.5mol/L DMHImI（1,2-dimethyl-3-hexylimidazolium iodide）组成的乙腈溶液[24]。碘与碘化锂是氧化还原电对 I_3^-/I^- 的来源，是电解质核心部分，承担了再生染料分子（还原染料分子氧化态）和接受对电极电子的作用。碘化锂也可用其他碘盐取代，如碘化钠（NaI），碘化钾（KI），碘化铵（R_4NI）等。碘盐中的阳离子对电池效率也有影响，一方面不同离子的扩散速率不同，导致电解质的离子导电性也不同；另一方面，TiO$_2$ 表面吸附的阳离子会使 E_{cb} 向正方向移动[8,55]。作为碱性化合物，加入电解质溶液的 TBP[5a,9a,56]可使 E_{cb} 向负方向移动，抵消阳离子的作用，提高电池的开路电压。电解质中加入 DMHImI 的作用是降低溶液的电阻[57]。溶剂除乙腈外也可采用其他低黏度非质子性有机腈类（Nitrile）溶剂，如丙腈、甲氧基乙腈等。较低的溶剂黏度有利于 I_3^-/I^- 的扩散，可增加电解质的离子导电性，有助于提高电池效率[58]。但低黏度溶剂往往具有较高的蒸气压，易于挥发，不利于电池的长期使用。

为了避免使用挥发性有机溶剂，提高 DSSC 长期稳定性，电解质溶剂也可用室温离子液体（熔融盐）代替。在储能电池领域，室温离子液体因其高导电性、电化学稳定性及不挥发性已经被广泛地研究和应用。这样的离子液体在 DSSC 中应用已有实例[59]，主要为咪唑嗡（Imidazolium）类衍生物。已有研究报道，使用由 0.2mol/L I$_2$、0.5mol/L NBB（n-butyl-benzimidazole）、0.1mol/L GuNCS（Guadinium Thioisocyanate）溶解在 EMIB（CN）$_4$（1-ethyl-3-methylimidazolium tetracyanoborate）和 MPImI（1-methyl-3-n-propylimidazolium）的混合离子液体溶剂中所形成的电解质，DSSC 效率可达 7％以上[59a,60]。如果室温离子液体的黏度可以降低至与有机溶剂类似，则电解质的离子导电性可得到进一步改善，有利于电池效率的提高。

尽管 I_3^-/I^- 是 DSSC 中最经常采用的氧化还原电对，但它的缺点也很明显：①I_3^-/I^- 溶液呈棕红色，在可见光区 400～500nm 附近有显著的吸收；②为了避免已注入 TiO$_2$ 的电子与染料氧化态发生重聚（k_{cr}），染料氧化态被 I_3^-/I^- 还原的速率必须远大于 k_{cr}，这就要求 I_3^-/I^- 的过电动势达到 0.5V（即氧化还原电位必须至少比染料氧化态低 0.5V，$\Delta E_3 >= 0.5$V）。这两种情况都会浪费吸收的光子能量。最近有研究使用金属钴（Cobalt）[61]的配合物代替 I_3^-/I^- 以便降低电解质溶液在可见光区的吸收，还有的使用铜（Copper）[62]的配合物以降低过电动势。

不论是采用有机溶剂还是室温离子液体，电解质仍为液态，不利于 DSSC 的封装和长期质量保证。特别是在较高温度下或室外使用的 DSSC，封装工艺必须完全避免电解质的泄漏与蒸发，这对于大批量工业生产来说具有极大的挑战性。因此开发适用的全固态电解质成为 DSSC 大规模商业化应用的必经之路。Tennakone 等人[63]将 p 型无机半导体碘化亚铜（CuI）的乙腈溶液滴覆在 N3 染料敏化后的 TiO$_2$ 表面，溶剂在 60℃下挥发后 CuI 薄层沉积在染料分子层表面，随后将镀金（Au）的 TCO 对电极与这个具有 CuI 涂层的敏化 TiO$_2$ 电极挤压在一起形成完整 DSSC。在这个"TCO/TiO$_2$/N3/CuI/Au/TCO"电池中，CuI 充当了固态电解质，效率达到 4.5%[63b]。研究者认为 CuI 与 TiO_2 的表面有部分直接接触，增大了注入到 TiO_2 的激发态电子的复合（k_{cr}）与回传（k_{bt}）的概率，如能解决这个问题还可以进一步提高效率。其他使用在 DSSC 中的固态电解质还包括聚 3,4-亚乙基二氧噻吩（PEDOT）[64]、p 型硫氰酸亚铜（CuSCN）[65]、聚 3-己基噻吩（P3HT）[33e]、聚吡咯（Polypyrrole）[66]、OMeTAD [2,2′,7,7′-tetrakis（N,N-di-p-methoxy-phenyl-amine）9,9′-spirobifluorene][67] 等。

如果不使用前面提到的全固态电解质，在不改变组分的情况下，向 DSSC 液态电解质中加入凝胶剂（Gelator），凝胶剂发生聚合反应后也可形成半固态凝胶状电解质。Yanagida 等研究者利用一种缬氨酸（L-Valine）的衍生物使液态电解质固化，发现 DSSC 的光电转换效率并没有受影响[68]，电池封装后的长期稳定性也优于封装后的采用液态电解质的电池。Hayase 等人使用 N3 染料和半固态电解质得到了效率达 7.3% 的 DSSC 电池[69]，并发现电解质半固化后填充因子（Fill Factor）没有变化，而且光电流随入射光强的增加而线性增加，与采用液态电解质没有区别，这意味着凝胶化并不会增加电解质的电阻，从而压制 I_3^-/I^- 的扩散。

9.2.5 对电极

在 DSSC 的对电极 I_3^- 离子接受电子被还原为 I^- 离子 [见式（9.7）]，对电极材料应对此反应具有较高的电催化性能。一般采用表面镀铂的 TCO 电极作为对电极，铂的厚度约 200nm（$5\sim10\mu g/cm^2$），通过溅射的方法得到。将少量氯铂酸（H_2PtCl_6）的醇溶液滴覆在溅射得到的铂层表面，然后在 385℃ 下加热 10min，可在铂层表面形成铂的一些胶体颗粒，有证据显示这些铂胶体颗粒可以提高对电极对 I_3^- 离子还原反应的催化能力[70]。也有研究者用碳材料和导电高分子（如 PEDOT）作为对电极[71]，以代替昂贵的铂金属。

9.2.6 封装材料

为了防止电解质泄漏与挥发，同时隔绝水汽和空气，DSSC 必须用具备较强光稳定性和化学稳定性的材料封装后才可实际应用。一般采用高分子封装材料，如 Surlyn（杜邦公司）和共聚乙烯丙烯酸。

9.3 染料敏化太阳能电池的发展与应用

构成 DSSC 的原材料易于获取且价格相对便宜，制备工艺也简单易行，可使用目前工业化生产中许多的模块化流程，如卷对卷（Roll-to-Roll）生产设备、液相涂膜设备等，是一种潜在的低成本光伏电池。自 1991 年 DSSC 的实验室效率突破 7%[1] 以来，其大规模商业化应用一直是受到广泛关注的课题。

9.3.1 染料敏化太阳能电池的稳定性

光伏电池的长期稳定性是在实际应用中必须解决的问题。从材料的角度，研究者们探讨了 DSSC 各个组成部分的稳定性：

① 作为染料的金属钌配合物是 DSSC 的核心，它的光稳定性与热稳定性已经被深入研究[5a,72]，例如 N3 染料被发现硫氰根（NCS）配体在甲醇溶液中经光照[72a]会被氧化为氰基（CN）；N719 中的硫氰根在高温下（80～110℃）可被乙腈溶剂分子或 TBP 取代[72c]等。在 I^- 存在的情况下，染料分子表现出较高的稳定性，原因是染料激发态电子可以超快（$< 10^{-12}$ s）的方式注入 TiO_2，随后产生的染料氧化态（Ru^{3+}）及时的被 I^- 还原，即染料处于激发态和氧化态的时间极其短暂，降低了发生副反应的概率。例如硫氰根配体降解为氰基，同时使染料氧化态（Ru^{3+}）回到还原态（Ru^{2+}）的过程约需 0.1～1s[72a]，而通过 I^- 将染料氧化态（Ru^{3+}）再生为还原态（Ru^{2+}）的过程只需 10^{-9}s[73]，这就意味着 I^- 的存在避免了染料发生的降解反应，保证了染料的有效再生及下一个光电子的产生。根据估算，DSSC 中一个染料分子的转化数（Turnover Number）至少可达 10^7～10^8，即一个染料分子在生命周期内可产生一亿以上的光电子[72a]。

② 不含金属的有机染料往往比金属配合物更容易发生分解反应，特别是在紫外光照与高温条件下。有实验表明香豆素染料在较高温度下会分解，羧基脱落，质量丢失[74]。与钌配合物类似，在 I^- 存在情况下有机染料稳定性会改善很多。

③ 传统 DSSC 中使用的氧化还原电对 I_3^-/I^- 来源于碘化锂（LiI）与碘分子（I_2）的混合溶液，但碘分子极容易挥发，无法在实际中长期使用。然而目前研究发现的其他更稳定电解质（包括固态电解质）的性能仍无法与 I_3^-/I^- 媲美。有科学家也研究了多种电解质溶剂的稳定，发现在光照下碳酸酯（Carbonate）可分解为二氧化碳，在 DSSC 中产生气泡；甲氧基乙腈可与其内含有的痕量水分发生反应产生导电性较差的酰胺[75]；乙腈与丙腈相对稳定，可在 60℃ 无光照下保存 2000h[75]；离子液体比有机溶剂更稳定，但黏度相对较大，效率比使用有机溶剂低，而且毕竟是液态化合物，对于电池封装工艺的要求也很高。总的来说，开发不含碘分子的固态电解质同时又能保证较高的效率是 DSSC 规模化利用中必须解决的关键问题。

④ 通过真空溅射法得到的铂对电极比较稳定，不会被水气或空气中的组分腐蚀。但有报告显示，铂电极在碘化锂和碘分子的甲氧基丙腈溶液中

并不稳定[76]。

　　已经有不少的研究者开始评估 DSSC 大面积组件（Module）的长期稳定性[60,72a,75,77]。Kern 等人报告 DSSC 组件在 2500 W/m² 光强下照射 10000h 无明显衰减[75]；Grätzel 研究组发现在 1000 W/m² 光强下照射 7000h，使用 N3 和 N719 染料的 DSSC 表现稳定[72a]；Hara 等使用香豆素作为染料，在 1000 W/m²、55℃ 的条件下 DSSC 可至少保持 1000h 无明显效率衰减[78]。但是以上研究所使用的光辐照都屏蔽了对各种材料光稳定性影响最大的紫外光，与 AM1.5 标准日照或真实户外条件并不完全相符，因此 DSSC 的稳定性还需要长时间实际应用进行检验。

9.3.2　染料敏化太阳能电池的商业使用

　　由于 DSSC 的长期稳定性仍在不断研究和改进中，而且大面积电池的效率与晶体硅电池和其他薄膜电池（如铜铟镓硒和碲化镉）相差甚远，因此尚未利用在规模化光伏发电站项目中。但其各组成部分原料多样、颜色可变、形式不拘一格的特点使 DSSC 在特殊应用领域有其他电池无可取代的优势。如图 9.9 所示，DSSC 采用非铂的透明对电极可使整个电池处于半透明状态，颜色均一且与染料颜色一致，透明度和颜色可通过改变染料的附着量和种类进行调节，适用于与建筑结合的窗户、玻璃幕墙等，既保证美观又可发电，即通常所说的建筑光伏一体化（BIPV）组件；将具有不同吸收光谱的多种染料组合成图案，DSSC 可制成多彩的可发电装饰品；传统 DSSC 的玻璃基底亦可用柔软的透明材料替代，得到的轻便光伏电池可满足移动离网电源的需求。这些商业化产品可从 Aisin Seiki Co Ltd、Toyota Central R&D Labs Inc 等公司买到。

图 9.9　染料敏化太阳能电池的商业使用

9.3.3　染料敏化太阳能电池组件的工业生产

DSSC 的工业化生产需要考虑两个问题：①在保证工艺稳定、各道涂膜工序质量与厚度均一的情况下，尽可能增大单位时间产出单个 DSSC 电池的面积，以提高产能降低成本；②最终生产出的产品需要将多个 DSSC 电池经过串联后形成组件以达到特定的电压，来满足实际应用中的用电需求。在工业化生产中往往采取以下三种途径之一以实现这两个要求。

① 将多个较小面积的完整 DSSC 通过导线外连接的方式串联成较大面积的组件，这种模块化组装方式已经有了广泛的研究[77,79]，与传统的晶体硅电池组装方式类似。有结果显示，以此种方式由 12 片玻璃 DSSC 连接而成的总面积 112cm² 的组件效率可达 7%[79b]，而采用同样材料的 1cm² 电池效率为 8%[79b]。若使用柔性基底代替玻璃，则可利用传统的卷对卷工艺生产大面积 DSSC 电池，随后切割成小片并经过模块化组装后得到组件。Miyasaka 等在塑料基底上以 N719 为染料制备的 DSSC 取得 5.5% 的效率，并提出了一个卷对卷生产工艺流程[80]。Ito 等人制备以金属钛箔片为基底的 DSSC 达到了 7.2% 的效率[81]。

② 预先将分别作为 TiO₂ 薄膜工作电极和对电极载体的两片大面积 TCO 导电玻璃基底按照特定图案格式化（Pattern）[82]，在分别涂膜及染料吸附结束后，将两片电极面对面挤压在一起（中间留有隔断物）并注入电解质即可得到多个 DSSC 串联起来的组件。

③ 在每个膜层（包括 TCO）镀膜结束后，通过激光划线的方式分割电池，同时使各个电池实现内连接（Monolithic）[83]，这个流程与硅基薄膜组件、铜铟镓硒组件、碲化镉组件的内连接制备模式是一致的。

9.3.4　纤维状染料敏化太阳能电池

邹德春等研究者发明了基于 DSSC 的一维线形结构光伏电池[84]，并取得了＞1% 的效率。在这种线形纤维状电池中，以金属丝（如不锈钢丝）为基底，涂覆 TiO₂ 薄膜、吸附染料后与铂丝相互缠绕（见图 9.10），这样的卷绕结构随后套装在透明塑料管（或细玻璃管）中并注入电解质而构成线状 DSSC 电池。

其他研究者也对线形电池作了进一步改进。最近张森等人采用电化学氧化后的金属钛丝代替不锈钢丝与 TiO₂、铂纳米颗粒掺杂的碳纳米管搓纺线代替昂贵的铂丝对电极，制备得到的线状 DSSC 电池效率可达 4.9%[85]。图 9.11 显示了这一电池的扫描隧道显微镜（SEM）照片 [图 9.11 (a)～图 9.11 (c)] 及 AM1.5 光强下的电流-电压曲线 [图 9.11 (d)]。如基底材料选用金属网状结构[86]，则也可直

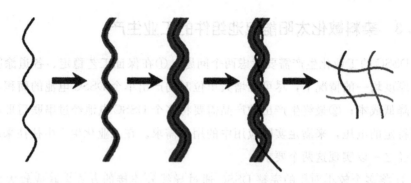

| 工作电极基底制备 | 功能层复合 | 传输材料层复合 | 组装电池 | 编织模块 |

图 9.10　DSSC-维线形结构光伏电池组装

接得到二维的 DSSC 电池。

(a) 通过搓纺碳纳米管薄膜得到的
碳纳米管线的SEM照片

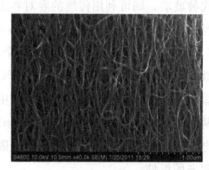

(b) 碳纳米管线表面SEM放大照片

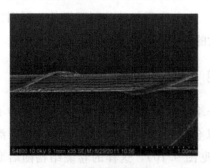

(c) 线状电池SEM照片

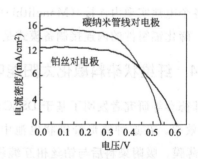

(d) 线状电池采用铂丝对电极和碳纳米管
线对电极的电流密度-电压曲线对比

图 9.11　线状 DSSC 电池的扫描隧道显微镜照片及 AM1.5 光强下的电流-电压曲线

　　一维线形纤维状电池的开发对于 DSSC 的应用推广具有重要的意义，一方面制备线形 DSSC 工艺更简单、金属基底原料更廉价，并可通过成熟的纺织工艺实现组件编织；另一方面，通过一维结构可构建形式多样的二维及三维结构，满足不同应用的需求。另外，类似的一维结构还可以推广到其他光伏电池，例如已有关于线状有机光伏电池的报道，并且效率达到 3.9%[87]。

参 考 文 献

[1] O'Regan B, Grätzel M. Nature, 1991, 353: 737.

[2] Gibbons J F, Cogan G W, Gronet C M, Lewis N S. Appl Phys Lett, 1984, 45: 1095-1097.

[3] Gerischer H, Michel-Beyerle M E, Rebentrost F, Tributsch H. Electrochimica Acta, 1968, 13: 1509-1515.

[4] Tsubomura H, Matsumura M, Nomura T. Nature, 1976, 261: 402-403.

[5] a. Nazeeruddin M K, et al. J. Am Chem Soc, 1993, 115: 6382-6390; b. Hagfeld A, Grätzel M. Chem Rev, 1995, 95: 49-68; c. Kalyanasundaram K, Grätzel M. Coord Chem Rev, 1998, 177: 347-414; d. Grätzel M, J Photochem Photobiol A, 2004, 164: 3.

[6] Chiba Y, et al. Appl Phys, 2006, 45: L638-L640.

[7] Gardner J M, Meyer G J. J Am Chem Soc, 2008, 130: 17252-17253.

[8] Liu Y, Hagfeldt A, Xiao X R, Lindquist S E. Sol Energy Mater Sol Cells, 1998, 55: 267-281.

[9] a. Nakade S, et al. J Phys Chem B, 2005, 109: 3480-3487; b. Katoh R, et al. J Mater Chem B, 2007, 17: 3190-3196.

[10] Hara R, et al. J Phys Chem B, 2003, 107: 597-606.

[11] Oskam G, Bergeron B V, Meyer G J, Searson P C. J Phys Chem B, 2001, 105: 6867-6873.

[12] Han L, et al. Appl Phys Lett, 2005, 86: 213501.

[13] Tachibana Y, et al. Chem Phys Lett, 2002, 364: 297-302.

[14] a. Kay A, Humphry-Baker R, Grätzel M. J Phys Chem, 1994: 98: 952, b. Connor P A, Dobson K D, McQuillan A J. Langmuir, 1995, 11: 4193; c. Dobson K D, McQuillan A J. Langmuir, 1997, 13: 3392.

[15] Kay A, Grätzel M. Sol Energy Mat Sol Cells, 1996, 39: 1494.

[16] Bacsa R R, Grätzel M. J Am Ceram Soc, 1996, 79: 2185.

[17] a. Redmond G, O'Keefe A, Burgess C, MacHale C, Fitzmaurice D. J Phys Chem, 1993, 97: 11081; b. Spanhel L, Anderson M A. J Am Chem Soc, 1991, 113: 2826; c. Rensmo H, Keis K, Lindström S, et al. J Phys Chem, 1997, 101: 2598; d. Martinez M A, Herraro J, Gutierrez M T. Sol Energy Mater Sol Cells, 1997, 45: 75.

[18] a. Bedja I, Hotchandani S, Kamat P V. J Phys Chem, 1994, 98: 4133; b. Bedja I, Hotchandani S, Carpentier R, Fessenden R W, Kamat P V. J Appl Phys, 1994, 75: 5444; c. Kamat P V, Bedja I, Hotchandani S, Patterson L K. J Phys Chem, 1996, 100: 4900; d. Ferrere S, Zaban A, Gregg B A. J Phys Chem, 1997, 101: 4490.

[19] Hu L, Wolf M, Grätzel M, Jiang Z. J Sol-Gel Sci, 1995, 5: 219.

[20] Bedja I, Hotchandani S, Carpentier R, Vinodgopal K, Kamat P V. Thin Solid Films, 1994, 247: 195.

[21] Björksten U, Moser J, Grätzel M. Chem Mater, 1994, 6: 858.

[22] a. Matijevic E. Langmuir, 1994, 10: 8; b. Gesser H D, Goswami P C. Chem Rev, 1989, 89: 765.

[23] a. Heimer T A, D'Arcangelis S T, Farzad F, Stipkala J M, Meyer G. J Inorg Chem, 1996, 35: 5319-5324; b. Stipkala J M, Castellano F N, Heimer T A, Kelly C A, Livi K J T, Meyer G J. Chem Mater, 1997, 9: 2341; c. O'Regan B, Moser J, Anderson M, Grätzel M. J Phys Chem, 1990, 94: 8720-8726.

[24] Barbe C J, et al. J Ceram Soc, 1997, 80: 3157-3171.

[25] Park N G, van de Lagemaat J, Frank A J. J Phys Chem B, 2000, 104: 8989-8994.

[26] Saito Y, et al. Sol Energy Mater Sol Cells, 2004, 83: 1-13.

[27] Ferber J, Luther J. Sol Energy Mater Sol Cells, 1988, 54: 265-275.

[28] a. Usami A. Chem Phys Lett, 1997, 277: 105-108; b. Rothenberger G, Comte P, Grätzel M. Sol Energy Mater Sol Cells, 1999, 58: 321-336.

[29] O'Regan B C, Durrant J R, Sommeling P M, Bakker N J. J Phys Chem C, 2007, 111: 14001-14010.

[30] Islam A, et al. Inorganica Chimica Acta, 2001. 322: 7-16.

[31] Green A N M, et al. J Phys Chem B, 2005, 109: 12525-12533.

[32] Kay A, Grätzel M. Chem Mater, 2002, 14: 2930-2935.

[33] a. Law M, et al. Nature Materials, 2005, 4: 455-459; b. Uchida S, et al. Electrochemistry, 2002, 70: 418-420; c. Adachi M, et al. Electrochemistry, 2002, 70: 449-452; d. Martinson A B F, Mcgarrah J E, Parpia M O K, Hupp J T. Chem Phys, 2006, 8: 4655-4659; e. Ravirajan P, et al. J Phys Chem B, 2006, 110: 7635-7639.

[34] Hamann T W, et al. Energy & Enviromental Science, 2008: 66-78.

[35] Quintana M, Edvinsson T, Hagfeldt A, Boschloo G. J Phys Chem C, 2007, 111: 1035-1041.

[36] a. He J, Lindström H, Hagfeldt A, Lindquist S E. J Phys Chem B, 1999, 103: 8940-8943; b. Mori S, et al. J Phys Chem C, 2008, 112: 16134-16139.

[37] He J, Lindström H, Hagfeldt A, Lindquist S E. Sol Energy Mater Sol Cells, 2000, 62: 265-273.

[38] Nazeeruddin M K, et al. J Am Chem Soc, 2001, 123: 1613-1624.

[39] Taratula Olena, Wang Dong, Chu Dorothy, Galoppini Elena, Zhang Zheng, Chen Hanhong, Saraf Gaurav, Lu Yicheng. Journal of Physical Chemistry B, 2006, 110 (13): 6506-6515.

[40] a. Hara K, et al. Sol Energy Mater Sol Cells, 2005, 85: 21-30; b. Murakoshi K, et al. Journal of Electroanalytical Chemistry, 1995, 396: 27-34; c. Zhang Q L, et al. J Phys Chem B, 2004, 108: 15077-15038; d. Hara K, et al. Langmuir, 2001, 17: 5992-5999; e. Bauer C, Boschloo G, Mukhtar E, Hagfeldt A. J Phys Chem B, 2002, 106: 12693-12704.

[41] a. Persson P, Lunell S. Sol En Mat & Sol Cells, 2000, 63: 139; b. Vittadini A, et al. J Phys Chem B, 2000, 104: 1300.

[42] a. Ferrere S, Gregg B A. J Am Chem Soc, 1998, 120: 843-844; b. Yang M, Thompson D W, Meyer G J. Inorg Chem, 2000, 39: 3738.

[43] a. Islam A, et al. New J Chem, 2000, 24: 343-345; b. Islam A, et al. Inorg Chem, 2001, 40: 5371-5380.

[44] Hasselmann G M, Meyer G J. Zeitschrift Fur Physikalische Chemie-International Journal of Research in Physical Chemistry & Chemical Physics, 1999, 212: 39-44.

光伏电池原理及应用

[45] a. Alebbi M, et al. J Phys Chem B, 1998, 102: 7577-7581; b. Kuciauskas D, et al. J Phys Chem B, 2001, 105: 392-403; c. Aitobello S. J Am Chem Soc, 2005, 127: 15342-15343.

[46] a. Kay A, Grätzel M. J Phys Chem, 1993, 97: 6272-6277; b. Campbell W M, Burrell A K, Officer D L, Jolley K W. Coord Chem Rev, 2004, 248: 1363-1379; c. Imahori H, et al. Langmuir, 2006, 22: 11405-11411; d. Hayashi S, et al. J Phys Chem C, 2008, 112: 15576-15585; e. Campbell W M, et al. J Phys Chem C, 2007, 111: 11760-11762.

[47] a. Nazeeruddin M K, Humphry-Baker R, Grätzel M, Murrer B A. Chem Commun, 1998: 719-720; b. He J, et al. J Am Chem Soc, 2002, 124: 4922-4932; c. Cid J J, et al. Angew Chem Int Ed, 2007, 46: 8358-8362; d. Li X Y, et al. New J Chem, 2002, 26: 1076-1080; e. Mori S, et al. J Am Chem Soc, 2010, 132: 4045-4046.

[48] a. Neale N R, et al. J Phys Chem B, 2005, 109: 23183-23189; b. Yum J H, et al. Langmuir, 2008, 24: 5636-5640.

[49] Mishra A, Fisher M K R, Bauerle P. Angew Chem Int Ed, 2009, 48: 2474-2499.

[50] Moser. J Monatsh Chem, 1887, 8: 373.

[51] Ito S, et al. Chem Commun, 2008: 5194-5196.

[52] Zhang G L, et al. Chem Commun, 2009, 2198-2200.

[53] a. Hare K, Miyamoto K, Abe Y, Yanagida M. J Phys Chem B, 2007, 109: 23776-23778; b. O' Regan B C, et al. J Am Chem Soc, 2008, 130: 2906-2907; c. Mozer A J, et al. Chem Commun, 2008, 4741-4743.

[54] a. Miyashita M, et al. J Am Chem Soc, 2008, 130: 17874-17881. b. Kitamura T, et al. Chem Mater, 2004, 16: 1806-1802; c. Hagberg D P, et al. Journal of Organic Chemistry, 2007, 72: 9550-9556; d. Marinado T, et al. Langmuir, 2010, 26: 2592-2598.

[55] Hara K, et al. Sol Energy Mater Sol Cells, 2001, 70: 151-161.

[56] Schichthörl G, Huang S Y, Sprague J, Frank A J. J Phys Chem B, 1997, 101: 8141-8155.

[57] a. Bonhote P, et al. Inorg Chem, 1996, 35: 1168-1178; b. Kim S, et al. J Am Chem Soc, 2006, 128: 16701-16707.

[58] Nakade S, Kanzaki T, Wada Y, Yanagida S. Langmuir, 2005, 21: 10803-10807.

[59] a. Kuang D, et al. Angew Chem Int Ed, 2007, 47: 1923-1927; b. Papageorgiou N, et al. J Electro-chem Soc, 1996, 143: 3099-3108; c. Matsumoto H, et al. Chem Lett, 2001, 26-27; d. Kubo W, et al. J Phys Chem B. 2003, 107: 4374-4381; e. Kawano R, et al. J Photochem Photobiol, A: Chem, 2004, 164: 87-92.

[60] Kuang D, et al. J Am Chem Soc, 2006, 128: 4146-4154.

[61] Nusbaumer H, et al. J Phys Chem B, 2001, 105: 10461-10464.

[62] Hattori S, WadaY, Yanagida S, Fukuzumi S. J Am Chem Soc, 2005, 127: 9648-9654.

[63] a. Tennakone K, et al. J Photochem Photobiol, 1998, A: Chem, 117: 137-142; b. Tennakone K, et al. Journal of Physics D-Applied Physics, 1998, 31: 1492-1496; c. Tennakone K, Perera V P S, Kottegoda I R M, Kumara G. Journal of Physics D-Applied Physics, 1999, 32: 374-379.

[64] a. Satio Y, Kitamura T, Wada Y, Yanagida S. Synthetic Metals, 2002, 131: 185-187. b. Mozer A J,

et al. Appl Phys Lett, 2006, 89: 043509-043511.

[65] a. Oregan B, Schwartz D T. Journal of Applied Physics, 1996, 80: 4749-4754; b. Kumara G R A, et al. Sol Energy Mater Sol Cells, 2001, 69: 195-199.

[66] Murakoshi K, Kogure R, Wada Y, Yanagida S. Sol Energy Mater Sol Cells, 1998, 55: 113-125.

[67] a. Bach U, et al. Nature, 1998, 395: 583-585; b. Bach U, et al. J Am Chem Soc, 1999, 121: 7445-7446; c. Schmidt-Mende L, et al. Adv Mater, 2005: 17: 813-815; d. Kruger J, Plass R, Grätzel M, Matthieu H J. Appl Phys Lett, 2002, 81: 367-369.

[68] Kubo W, et al. Chem Lett, 1998, 1241-1242.

[69] Sakaguci S, et al. J Photochem Photobiol, A: Chem, 2004, 164: 117-122.

[70] Papageorgiou N. Coord Chem Rev, 2004, 248: 1421-1446.

[71] a. Murakami T N. J Electrochem Soc, 2006, 153: A2255-A2261; b. Ikeda N, Miyasaka T. Chem Lett, 2007, 36: 466-467; c. Saito Y, Kitamura T. Chem Lett, 2002: 1060-1061.

[72] a. Kohle O, Grätzel M, Meyer A F, Meyer T B. Adv Mater, 1997, 9: 904; b. Grunwald R, Tributsch H. J Phys Chem B, 1997, 101: 2564-2575; c. Nguyen H T, Ta H M, Lund T. Sol Energy Mater Sol Cells, 2007. 91: 1934-1942.

[73] Tachibana Y, et al. J Phys Chem, 1996, 100: 20056-20062.

[74] a. Hara K, et al. J Phys Chem B, 2005, 109: 15476-15482; b. Hara K, et al. Sol Energy Mater Sol Cells, 2003, 77: 89-103.

[75] Kern R, et al. Opto-Electron Rev, 2000, 8: 284-288.

[76] Olsen E, Hagen G, Eric Lindquist S. Sol Energy Mater Sol Cells, 2000. 63: 267-273.

[77] a. Sommeling P M, et al. J Photochem Photobiol A Chem, 2004, 164: 137-144; b. Toyoda T, et al. J Photochem Photobiol A Chem, 2004, 164: 203-207.

[78] Wang Z S, et al. Adv Mater, 2007, 19: 1138-1141.

[79] a. Okada K, et al. J Photochem Photobiol, A: Chem, 2004, 164: 193-198; b. Hanke K P. Upscaling of the dye sensitized solar cell. 12th International Conference on Photochemical Conversion and Storage of Solar Energy. Berlin, Germany 1998, 1-9.

[80] Kijitori Y, Ikegami M, Miyasaka T. Chem Lett, 2007, 36: 190-191.

[81] Ito S, et al. Chem Commun, 2006: 4004-4006.

[82] J. Kroon A H. Dye-sensitized Solar Cells Springer: Heidelberg, 2003: 273-290.

[83] Smestad G P. Sol Energy Mater Sol Cells, 1998, 55: 157-178.

[84] X. Fan et al. Adv Mater, 2008, 20: 592.

[85] Sen Zhang et al. Porous, Pt Nanoparticle-adsorbed Carbon Nanotube Yarns for Efficient Fiber Solar Cells. ACS Nano, 2012, 6 (8): 7191-7198.

[86] Dechun Zou et al. Appl Phys Lett, 2007: 90 (7): 073501.

[87] Michael R Lee, et al. Science, 2009, 324 (5924): 232-235.

10　高效新概念太阳能电池

10.1　太阳能电池效率分析

　　太阳能电池是将入射的光能转化为电能的光电器件，可以首先不具体考虑太阳能电池的结构，通过热力学定律首先计算出其理想的最大热力学效率，然后再通过与实际太阳能电池结构计算出的效率相比较，分析引起实际太阳能电池效率损失的因素。在计算理想太阳能电池效率时，可以把太阳能电池理想地当做一个黑体。根据斯忒藩-玻耳兹曼定律，黑体辐射总的能量流密度与黑体温度的四次方成正比，也即 σT^4，其中 σ 为斯忒藩-玻耳兹曼常数，$\sigma = 5.67 \times 10^{-8}\,\mathrm{W/(m^2 \cdot K^4)}$。假设入射太阳能电池的入射光处于全聚焦情况，那么入射太阳能电池的入射光的能流密度为 σT_s^4；与此同时，由于太阳能电池本身具有一定的温度 T_c，其本身还会辐射出能量，其辐射的能量为 σT_c^4。由此可以得到太阳能电池所获得的最大能流密度为：

$$J = \sigma T_s^4 - \sigma T_c^4 \tag{10.1}$$

　　如果把太阳能电池看做一种形式的卡诺热机，则其卡诺效率为：

$$1 - \frac{T_a}{T_c} \tag{10.2}$$

　　其中 T_a 为太阳能电池所处的环境温度。那么，可以得到太阳能电池的功率密度为：

$$W = (\sigma T_s^4 - \sigma T_c^4)\left(1 - \frac{T_a}{T_c}\right) \tag{10.3}$$

　　由此便可以得到太阳能电池的效率，它等于太阳能电池的功率密度比上入射光的能流密度：

$$\eta = \frac{(\sigma T_s^4 - \sigma T_c^4)\left(1 - \dfrac{T_a}{T_c}\right)}{\sigma T_s^4} = \left[1 - \left(\frac{T_c}{T_s}\right)^4\right]\left(1 - \frac{T_a}{T_c}\right) \tag{10.4}$$

太阳的温度和环境的温度基本保持不变，分别为 5760K 和 300K，太阳能电池的效率随着太阳能电池的温度而变化，当太阳能电池的温度约为 2470K 时，太阳能电池的效率达到最大值，约为 85%。而对于实际结构的单节太阳能电池，其效率远远要低得多，其理论计算的效率最大值在 30% 左右。下面就将简单分析实际太阳能电池中造成效率或能量损失的因素。考虑一个理想的太阳能电池，也即电子和空穴对只存在辐射复合而不存在非辐射复合，载流子能够被有效地分离和收集。首先，对于吸收入射光的半导体材料，由于其存在一定的带隙 E_g，其只能吸收能量大于 E_g 的光子，而能量小于 E_g 的光子则透射出半导体材料而不被吸收（图 10.1），造成能量损失，材料存在能量吸收效率 η_{abs}。假设能量大于 E_g 的光子的粒子流密度为 j_{abs}，而这一部分光子的平均能量为 $\langle \hbar\omega_{abs} \rangle$，则太阳能电池最初所吸收的能流密度为 $J_{abs} = j_{abs}\langle \hbar\omega_{abs} \rangle$。理想情况下假设且每一个被吸收的入射光子产生一个电子空穴对，则有 $j_{abs} = -j_{sc}/e$。假设入射光的能流密度表示为 J_{inc}，那么材料的吸收效率可以表示为：

$$\eta_{abs} = \frac{J_{abs}}{J_{inc}} = \frac{j_{abs}\langle \hbar\omega_{abs} \rangle}{J_{inc}} = -\frac{1}{q}\frac{j_{sc}\langle \hbar\omega_{abs} \rangle}{J_{inc}} \tag{10.5}$$

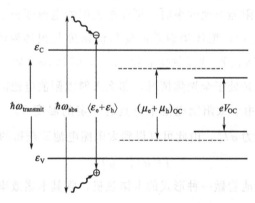

图 10.1　光生载流子能量损失过程[1]

第二个能量损失的过程发生在光生电子空穴对的热化过程。电子被入射光子激发，从低能态跃迁至高能态，两个能态之间的能量差应等于入射光子的能量，但是当电子被激发到高能态后，会由于与晶格声子相互作用而迅速损失能量，而最后到达导带底，从而损失一部分能量。对于空穴来说也一样，会最终落入价带顶。这会使得最初电子空穴对的平均能量 $\langle \varepsilon_e + \varepsilon_h \rangle$ 从 $\langle \hbar\omega_{abs} \rangle$ 降低至 $\varepsilon_G + 3kT$。热化过程的效率可以表示为：

$$\eta_{\text{thermalization}} = \frac{\langle \varepsilon_e + \varepsilon_h \rangle}{\langle \hbar \omega_{\text{abs}} \rangle} \tag{10.6}$$

第三个效率损失源自于热力学因素，使得太阳能电池只能利用上述平均能量为 $\langle \varepsilon_e + \varepsilon_h \rangle$ 的电子空穴对的部分能量。处于导带和价带的电子和空穴会达到准热平衡态，会形成各自的准费米能级，而电子和空穴准费米能级之间的能量差就是电子和空穴对所获得的化学势，也即太阳能电池形成的电势差，$(\mu_e + \mu_h)_{\text{OC}} = eV_{\text{OC}}$，此为太阳能电池能输出的单对电子空穴对的最大能量。对应的热力学效率为：

$$\eta_{\text{thermodynamic}} = \frac{eV_{\text{OC}}}{\langle \varepsilon_e + \varepsilon_h \rangle} \tag{10.7}$$

前面三步都没有考虑电子空穴对流出太阳能电池的过程，实际上当电子和空穴输运出太阳能电池时，电子和空穴的化学势会降低，输出的电流越大，化学势降低越多；当某一时刻所有的光生载流子均输出太阳能电池时，也即太阳能电池短路时，电子空穴对的化学势为零，对应输出电压为零。在这一步中会产生效率的损失。为了获得最大的输出功率，必须找到合适的电流电压输出值 j_{mp} 和 V_{mp}，这一步的效率也即填充因子 FF：

$$FF = \frac{j_{\text{mp}} V_{\text{mp}}}{j_{\text{SC}} V_{\text{OC}}} \tag{10.8}$$

将上述各个过程综合起来，可以得到太阳能电池最终可以达到的效率：

$$\eta = -\frac{1}{q} \frac{j_{\text{SC}} \langle \hbar \omega_{\text{abs}} \rangle}{J_{\text{inc}}} \frac{\langle \varepsilon_e + \varepsilon_h \rangle}{\langle \hbar \omega_{\text{abs}} \rangle} \frac{eV_{\text{OC}}}{\langle \varepsilon_e + \varepsilon_h \rangle} \frac{j_{\text{mp}} V_{\text{mp}}}{j_{\text{SC}} V_{\text{OC}}} = -\frac{j_{\text{mp}} V_{\text{mp}}}{J_{\text{inc}}} \tag{10.9}$$

Würfel 曾给出了在 AM1.5 入射光下，经过陷光工艺处理的 $20\mu m$ 的硅太阳能电池各个环节的效率：$\eta_{\text{abs}} = 0.74$，$\eta_{\text{thermalization}} = 0.67$，$\eta_{\text{thermodynamic}} = 0.64$，FF $= 0.89$，可以看出热化过程和热力学因素相关过程的效率相对最低，最有待提高[1]。

10.2　叠层太阳能电池

上面讨论了太阳能电池效率损失的各种因素，其中热化过程效率相对较低，它是由于电子被激发后，虽然其最初的激发态能量在导带底之上，但是最终还是会被冷却到导带低，从而使得能量损失。一个减少能量损失的方法就是使得入射光子的能量与吸收材料的带宽相匹配。入射太阳能为黑体辐射，并非单色光，为了实现上述目的，可以将带隙不同的材料共同组合起来作为光吸收材料，形成叠层太阳能电池。

当太阳光入射时，对于能隙宽度为 E_g 的太阳能电池，假设其对能量大于 E_g

的光子的光吸收系数为 1，且入射的能量大于 E_g 的每一个光子都产生一对电子空穴对，那么其短路电流可以表示为：

$$j_{SC} = -q\frac{\Omega_s}{4\pi^3\hbar^3 c^2}\int_{E_g}^{\infty}\frac{(\hbar\omega)^2}{\exp\left(\frac{\hbar\omega}{kT_s}\right)-1}\mathrm{d}\hbar\omega \qquad (10.10)$$

而此时所产生的每个电子空穴对的能量均等于该能隙宽度 E_g，太阳能电池所俘获的能流密度为：

$$J = E_g\frac{\Omega_s}{4\pi^3\hbar^3 c^2}\int_{E_g}^{\infty}\frac{(\hbar\omega)^2}{\exp\left(\frac{\hbar\omega}{kT_s}\right)-1}\mathrm{d}\hbar\omega \qquad (10.11)$$

但是，如果采用能隙 E_g 不同的半导体材料共同作为光吸收层，并且能隙为 E_g 的半导体材料只吸收能量在 $E_g \sim E_g + \mathrm{d}E_g$ 之间的光子，那么带隙为 E_g 的半导体材料所产生的电流密度和所俘获的能流密度分别为：

$$j_{SC} = -q\frac{\Omega_s}{4\pi^3\hbar^3 c^2}\frac{E_g^2}{\exp\left(\frac{E_g}{kT_s}\right)-1}\mathrm{d}E_g, \quad J = -q\frac{\Omega_s}{4\pi^3\hbar^3 c^2}\frac{E_g^3}{\exp\left(\frac{E_g}{kT_s}\right)-1}\mathrm{d}E_g$$

$$(10.12)$$

假设在理想情况下，组成太阳能电池的各层材料能隙宽度从 0eV 连续变化至 $+\infty$，那么该太阳能电池产生的短路电流的电流密度为：

$$j_{SC} = -q\frac{\Omega_s}{4\pi^3\hbar^3 c^2}\int_0^{\infty}\frac{E_g^2}{\exp\left(\frac{E_g}{kT_s}\right)-1}\mathrm{d}E_g \qquad (10.13)$$

其所俘获的能流密度为：

$$J = -q\frac{\Omega_s}{4\pi^3\hbar^3 c^2}\int_0^{\infty}\frac{E_g^3}{\exp\left(\frac{E_g}{kT_s}\right)-1}\mathrm{d}E_g \qquad (10.14)$$

不难发现此时太阳能电池俘获的能流密度就等于入射太阳光的能流密度，也就是说不存在能量吸收的损失以及热化过程造成的能量损失，此时 $\eta_{abs}=1$ 且 $\eta_{thermalization}=1$。当然，在实际中要制备这样的太阳能电池是几乎不可能的。但是，仍可以使用有限层不同带隙的材料来组合制备多结太阳能电池，提高太阳能电池的效率。图 10.2 分别给出了采用单结、双结和三结结构制备的太阳能电池的光吸收示意图[2]。

对于多结太阳能电池，不同的带隙组合可以获得的太阳能电池效率会不同，下面就作简要的讨论。为了表述方便，先分别对粒子流密度 N 和能流密度 J 作如下符号的定义：

$$N(E_{\min}, E_{\max}, T, \Delta\mu) = \frac{2\pi}{h^3 c^2}\int_{E_{\min}}^{E_{\max}}\frac{E^2}{\exp\left(\frac{E-\Delta\mu}{kT}\right)-1}\mathrm{d}E \qquad (10.15)$$

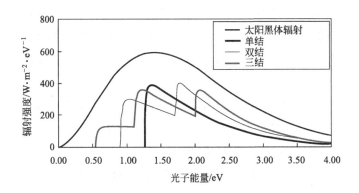

图 10.2　单结、双结和三结太阳能电池的光吸收[2]

$$J(E_{\min}, E_{\max}, T, \Delta\mu) = \frac{2\pi}{h^3 c^2} \int_{E_{\min}}^{E_{\max}} \frac{E^3}{\exp\left(\dfrac{E - \Delta\mu}{kT}\right) - 1} \mathrm{d}E \qquad (10.16)$$

　　下面讨论双结太阳能电池的效率，双结太阳能电池由两个带隙不同的光吸收层组成，置于上层的材料（也即光最先入射的一层），为带隙宽度较大的一层，能带宽度设为 E_{g1}；而下层材料带隙宽度相对较窄，为 E_{g2}。上层材料将吸收能量范围为 $(E_{g1}, +\infty)$ 的光子，而下层材料将吸收能量范围在 (E_{g2}, E_{g1}) 的光子。为了便于理解，分别讨论两类双结太阳能电池，分别为如图 10.3 所示的四电极双结太阳能电池和双电极双结太阳能电池。对于四电极太阳能电池，相当于将两个太阳能电池在物理空间上叠放在一起，其功率等于两个太阳能电池的功率之和；而对于双电极太阳能电池，是将两个太阳能电池串联在一起，其功率等于两个太阳能电池光生电压之和乘以串联电路的电流。

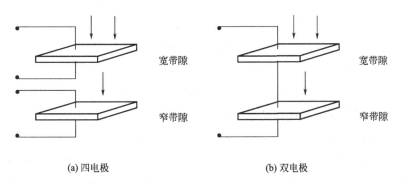

(a) 四电极　　　　　　　　　　　　　(b) 双电极

图 10.3　四电极双结太阳能电池和双电极双结太阳能电池

　　对于四电极太阳能电池，当入射光处于全聚焦情形时，假设太阳能电池温度为环境温度，那么置于底层的能带宽度为 E_{g1} 的光吸收层所产生的可利用的自由电子空穴对粒子流密度为 $N(E_{g1}, E_{g2}, T_s, 0) - N(E_{g1}, E_{g2}, T_a, qV_1)$，其中 $N(E_{g1}, E_{g2},$

T_s, 0)来自于对入射光的吸收，$N(E_{g1}, E_{g2}, T_a, qV_1)$产生于太阳能电池本身的黑体辐射。置于顶层的能带宽度为 E_{g2} 的光吸收层所产生的可利用的自由电子空穴对粒子流密度为 $N(E_{g2}, \infty, T_s, 0) - N(E_{g2}, \infty, T_a, qV_2)$。由此可以得到太阳能电池的最大功率为：

$$P_{\max} = qV_{1m}[N(E_{g1}, E_{g2}, T_s, 0) - N(E_{g1}, E_{g2}, T_a, qV_{1m})] +$$
$$qV_{2m}[N(E_{g2}, \infty, T_s, 0) - N(E_{g2}, \infty, T_a, qV_{2m})] \qquad (10.17)$$

式中，V_{1m}、V_{2m} 表示功率最大时的电压。

图 10.4 给出了计算得到的不同带隙组合的四电极双节太阳能电池的效率，其中可以看出，当两吸收层的带隙分别为 0.75eV 和 1.65eV 时，太阳能电池获得最大效率，大于 55%[2]。

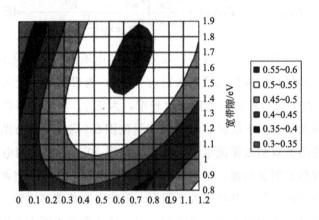

图 10.4　不同带隙组合下的四电极双节太阳能电池的效率[2]

对于双电极双结太阳能电池，假设两吸收层互相之间的光电压得到合理的匹配，使得两吸收层产生的光电流大小相等，也即：

$$N(E_{g1}, E_{g2}, T_s, 0) - N(E_{g1}, E_{g2}, T_a, qV_1)$$
$$= N(E_{g2}, \infty, T_s, 0) - N(E_{g2}, \infty, T_a, qV_2) \qquad (10.18)$$

那么可以得到太阳能电池的最大功率为：

$$P_{\max} = q(V_1 + V_2)[N(E_{g1}, E_{g2}, T_s, 0) - N(E_{g1}, E_{g2}, T_a, qV_{1m})] \qquad (10.19)$$

对于双电极双节太阳能电池，Würfel 曾给出其计算结果，在入射光 AM0 下，当两吸收层的半导体带隙分别为 1.0eV 和 1.9eV 时，太阳能电池获得大于 44% 的最大效率[1]。

在实际应用中，多结太阳能电池几乎都采用双电极结构，这样更容易实现器件的集成，两个吸收层形成的 pn 结之间通过隧道结实现串联连接。目前制备多结太阳能电池多采用Ⅲ-Ⅴ族材料，一方面是因为Ⅲ-Ⅴ族材料的光吸收系数较大，对于很薄的吸收层也能实现充足的光吸收；另一方面可以通过调节Ⅲ-Ⅴ族材料的组分而改变材料的带隙宽度，同时不同层材料之间仍能保持较好的晶格匹配，减少界面处的复合。采用 GaInP/GaInAs/Ge 材料体系制备的三节太阳能电池，其效率可到达 40.7％[3]。此外，对于硅材料，也可以通过采用 Si/SiGe 材料体系实现多结太阳能电池[4]。

10.3 中间带太阳能电池

前面提到多结太阳能电池能够有效地增加太阳能电池的转换效率，但是多结太阳能电池工艺相对较为复杂，成本较高。虽然结的数量越多，太阳能电池能达到的效率越大，但仅是三结太阳能电池所需要生长的材料就达到 10 层以上，不仅工艺过程要求较高，而且其效率的增加往往难以覆盖成本的增加。因此，如果能采用更简单的结构实现类似多结太阳能电池的功能，那将很有价值。对于多结太阳能电池，实际上是通过在整个太阳能电池系统中引入了两个以上的准费米能级从而实现的对光吸收的增强和热化过程能量损失的减少。因此，可以把目标设定为在材料内引入多个准费米能级。

采用中间带结构，便可以实现上述要求。通过在半导体材料的禁带内引入一个中间带，中间带与导带和价带之间都有一定的能量差，使得他们之间不会发生热耦合，那么除了导带和价带的准费米能级外，中间带也可以形成自己的准费米能级。如图 10.5 所示，在禁带宽度为 E_g 的半导体内引入一个中间带，中间带与导带之间的带隙宽度为 E_{g2}，中间带与价带之间的带隙宽度为 E_{g1}，且 $E_{g2} > E_{g1}$。中间带的形成可以通过在材料中掺入杂质，从而在禁带中间形成杂质带来实现，也可以通过量子结构例如掺入量子点等来实现中间带。

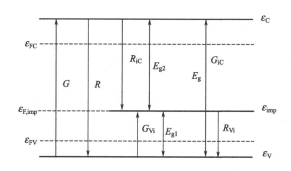

图 10.5 中间带太阳能电池中的电子跃迁

中间带最主要的作用是使得太阳能电池能够吸收能量较低的光子，通过两次跃迁而达到能量较高的状态，也就是使得能量较小的入射光子，可以先激发电子跃迁至中间带 i 带，然后再由另一个能量较小的光子将其从 i 带激发至 C 带，从而增加太阳能电池对光谱的吸收范围。理想情况下，为了减少热化过程的损失，希望能量大于 E_g 的光子主要通过电子从价带跃迁至导带的过程 V-C 来吸收，而能量在 $E_{g2} \sim E_g$ 范围内的光子主要被中间带跃迁至导带的过程 i-C 吸收，而能量范围在 $E_{g1} \sim E_{g2}$ 范围内的光子主要被价带跃迁至中间带的过程 V-i 吸收，而这可以通过使 V-C 吸收过程的吸收系数远大于 i-C 吸收过程的吸收系数，且 i-C 吸收过程的吸收系数远大于 V-i 吸收过程的吸收系数来实现。

要使得中间带在太阳能电池中发挥很好的作用，其必须满足几个基本的条件。首先，引入中间带的目的是能引入新的准费米能级，这就要求中间带与导带和价带之间都具有一定的能量差，这个能量差应该大于晶格声子能量的最大值，否则电子通过与晶格声子相互作用就可以在中间带与导带或价带之间跃迁，也即发生了热耦合，而不能拥有独立的准费米能级；第二，中间带应该周期性地完整地分布在材料中，从而形成扩展态，有利于中间态的载流子在材料内的输运，同时周期性的结构可以有助于抑制中间带和其他带之间通过声子的跃迁，这是由于通过声子的跃迁过程需要符合动量守恒定律，在中间带的周期性结构下，中间带的波函数将不再像孤立的中间带那样允许所有的声子态的存在，从而起到了抑制带间热耦合的作用；第三，在收集光生载流子的过程中，应该采用选择性接触电极，电极仅收集来自导带的电子和来自价带的空穴，而不收集来自中间带的载流子；第四，中间带应该为一个半填满带。中间带应该有足够多的未被电子占据的态，使得价带中的电子可以跃迁至中间带；同时中间带中也应该存在一定数量的电子，使得其可以吸收低能光子，从中间带跃迁至导带。

为了获得合适的能带匹配方案，需要计算确定材料的带隙宽度以及中间带在带隙中的位置。Würfel 曾主要根据连续性方程以及电荷守恒定律作出中间带太阳能电池的效率计算，下面就对其计算思路作简单的介绍[1]。粒子在材料内遵循连续性方程，可以分别列出导带内电子和价带内空穴以及中间带内电子的连续性方程。当材料处于稳态时，粒子的分布随时间不再变化，因此有：

$$\frac{\partial n_e}{\partial t} = G_{VC} + G_{iC} - R_{CV} - R_{iC} - \mathrm{div} j_e = 0 \tag{10.20}$$

$$\frac{\partial n_h}{\partial t} = G_{VC} + G_{Vi} - R_{CV} - R_{Vi} - \mathrm{div} j_h = 0 \tag{10.21}$$

$$\frac{\partial n_{e,imp}}{\partial t} = G_{Vi} - G_{iC} - R_{Vi} + R_{iC} = 0 \tag{10.22}$$

式中，n 为粒子密度；j 为粒子流面密度。其中，由于采用选择性接触电极，对于中间带，不存在与电流相关的项。很明显的是，上述三个方程并不是独立的，它们之间存在着相互关联。不过可以通过电荷守恒引入另一个方程。在引入电荷守恒方程前，需要首先假设中间带的能态状态。前面提到，中间带既需要一定数量的空态，也需要一定数量的电子，为了使太阳能电池的效率达到最大，可以假设中间态由一半施主杂质和一半受主杂质组成，或者中间带完全由施主杂质组成，并且通过在材料中掺入浅能级杂质，使得施主杂质有一半发生电离。因此中间态中的电荷由 $n_{\mathrm{imp}}/2$ 个空穴和跃迁至中间带的 $n_{\mathrm{e,imp}}$ 个自由电子组成，也即中间带的电荷量为 $n_{\mathrm{imp}}/2 - n_{\mathrm{e,imp}}$，其中 n_{imp} 为中间带的掺杂浓度。由此，整个太阳能电池的电荷守恒表达式为：

$$\rho_Q = q\left(n_{\mathrm{h}} - n_{\mathrm{e}} + \frac{n_{\mathrm{imp}}}{2} - n_{\mathrm{e,imp}}\right) = 0 \tag{10.23}$$

式中，ρ_Q 为电荷密度。要通过上述诸式求解，还需要给出各粒子的产生率和复合率的表达式，其如下述诸式所示：

$$G_{\mathrm{CV}} = \frac{1}{d}\int_{E_{\mathrm{g}}}^{+\infty} a_{\mathrm{CV}}\, \mathrm{d}j_{\mathrm{inc}}(\hbar\omega) \tag{10.24}$$

$$G_{\mathrm{iC}} = \frac{1}{d}\int_{E_{\mathrm{g2}}}^{E_{\mathrm{g}}} a_{\mathrm{iC}}\, \mathrm{d}j_{\mathrm{inc}}(\hbar\omega) \tag{10.25}$$

$$G_{\mathrm{Vi}} = \frac{1}{d}\int_{E_{\mathrm{g1}}}^{E_{\mathrm{g2}}} a_{\mathrm{Vi}}\, \mathrm{d}j_{\mathrm{inc}}(\hbar\omega) \tag{10.26}$$

式中，假设 $a_{\mathrm{CV}}=1$；d 为太阳能电池吸收层材料的厚度，j_{inc} 为入射光的粒子流面密度；a 为各个吸收过程材料的吸收率，其表达式为：

$$a_{\mathrm{iC}} = 1 - \exp(-\alpha_{\mathrm{iC}}d), \quad a_{\mathrm{Vi}} = 1 - \exp(-\alpha_{\mathrm{Vi}}d) \tag{10.27}$$

式中，α 为光吸收各个过程的吸收系数，可以通过量子力学计算得出。对于复合过程，假设此处为理想的太阳能电池，其中只存在辐射复合，载流子的复合速率有如下表达式：

$$\frac{\mathrm{d}R_{i,j}}{\mathrm{d}\hbar\omega} = \frac{1}{d}a_{ij}\frac{1}{4\pi^2\hbar^3 c_0^2}\frac{(\hbar\omega)^2}{\exp\left[\dfrac{\hbar\omega - (\varepsilon_{\mathrm{F}j} - \varepsilon_{\mathrm{F}i})}{kT} - 1\right]} \tag{10.28}$$

式中，$\varepsilon_{\mathrm{F}i}$，$\varepsilon_{\mathrm{F}j}$ 为复合过程中各能带相应的准费米能级。通过上述诸式求得载流子的粒子流面密度后，便可以得到太阳能电池的电流密度。假设整个材料是均匀一致的，在稳态下可以得到电流密度为：

$$j_Q = -q\,\mathrm{div}j_{\mathrm{e}}d = -q\,\mathrm{div}j_{\mathrm{h}}d \tag{10.29}$$

同时，由于采用选择性接触电极，输出的电压由导带和价带的准费米能级决定，也即：

$$V = \frac{\varepsilon_{\mathrm{FC}} - \varepsilon_{\mathrm{FV}}}{q} \tag{10.30}$$

求得上述电流和电压的表达式以后，便可以得到电流电压的关系式，同时求得太阳能电池的最大功率和效率。图 10.6 给出了在入射光为 AM0 时 Würfel 的计算结果，在计算过程中，假设杂质浓度很高，使得 a_{iC} 和 a_{Vi} 均为 1，它给出了在不同材料带隙宽度下，中间带太阳能电池所能达到的最大效率以及相应的中间带的位置，其计算结果显示，当 $E_g = 2.4\text{eV}$ 且 $E_{g2} = 0.93\text{eV}$ 时，太阳能电池的效率达到最大，约为 46%[1]。

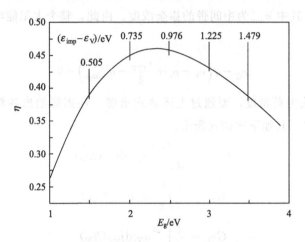

图 10.6　不同材料带隙宽度下，中间带太阳能电池
所能达到的最大效率以及相应的中间带的位置[1]

　　可以发现，中间带太阳能电池能达到的最大效率略大于之前介绍的双结太阳能电池，这是由于首先，虽然它们是通过串联以及并联的方式组合在一起，中间带太阳能电池实际相当于一个三结太阳能电池。图 10.7 给出了中间带太阳能电池的等效电路。由于其相当于三结太阳能电池，其更能减小热化过程引起的能量损失。其次，对于双结太阳能电池来说，外电路中一个电子的产生需要消耗至少两个光子，而对于中间带太阳能电池，外电路中的一个电子既可以通过一个光子产生，也可以通过两个光子产生，因此中间带太阳能电池的量子效率会大于双结太阳能电池。上述两个原因使得中间带太阳能电池的效率略大于双结太阳能电池。不过，中间带太阳能电池对材料和工艺的要求更高更复杂，相比之下，双结太阳能电池要容易实现得多。

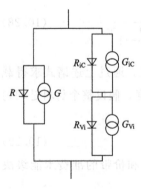

图 10.7　中间带太阳能
电池的等效电路

　　中间带太阳能电池的制备可以通过在材料中掺入杂质形成杂质带实现，杂质的类型和占据状态应尽量符合上述计算过程中提到的要求，也即中间带既有足够的空态来接

收来自价带的电子，也拥有足够的电子可以跃迁至导带。虽然通过掺杂来实现中间带太阳能电池看起来很容易，但是实际上在上述讨论中始终没有考虑载流子的非辐射复合，虽然上述计算结果显示中间带的位置并没有在非辐射复合最强烈的禁带中间处，但其在禁带中仍然处于较深的位置，从而有可能成为非辐射复合中心，而很难形成独立的准费米能级。

　　另一个实现中间带太阳能电池的方法就是在材料中掺入周期分布的量子点。尺寸为纳米级的量子点掺入材料以后会形成势阱。对于孤立的量子点，载流子被束缚在量子点中，由于量子效应，量子点内形成一系列分离的能级。当这些量子点在材料中周期分布，且相邻距离很小时，各个量子点中的波函数就会发生交叠，各量子点中的孤立能级就可以形成如图 10.8 所示的分立能带，载流子在能带中可以实现共有化运动，这些能带就可作为材料的中间带。通过调节量子点的

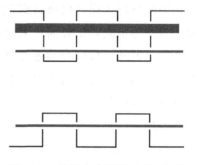

图 10.8　量子点阵列所形成的能带

空间尺寸以及量子点之间的距离就可以调节能带的位置以及能带的带宽。不过，要在材料中制备周期分布且紧密排列的量子点阵列仍然有很多的挑战。

10.4　上转换器和下转换器

　　中间带太阳能电池通过引入中间能带增加了太阳能电池对长波长光的吸收，同时减小了热化过程的能量损失。类似于中间带太阳能电池，还可以设计上转换器和下转换器。上转换器如图 10.9 所示，是通过两个能带较小的太阳能电池，通过吸收两个长波长的光子，将电子逐级激发至高能态，电子再从高能态跃迁回低能态，放出一个短波长光子，从而使得带隙较宽的光吸收层能将其吸收利用。实际中，可以将两个窄带隙太阳能电池串联在一起，其提供的光电压 $V_1 + V_2$ 再驱动一个能带较宽的 LED，放出短波光子。

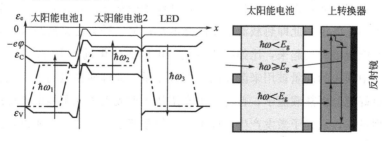

图 10.9　上转换器原理示意图[1]

上转换器安装在太阳能电池的背面，当太阳光入射时，短波长的光首先被太阳能电池所吸收，长波长的光透射过太阳能电池而入射到上转换器上，被上转换器所吸收，转化为短波长光子发射。在上转换器的背面安装上背反射镜，使得其所发射的短波长光子被反射回太阳能电池，进而被其吸收，从而增加了太阳能电池的效率。上转换器其基本功能与中间带太阳能电池类似，但是相比中间带太阳能电池，上转换器仅仅是一个光学器件，它不要求光生载流子被输运出上转换器，因此可以采用有机染料作为光吸收层，载流子在其中虽然流动性差，但是其量子效率却很高，正好满足上转换器的要求；并且，上转换器相对太阳能电池是一个独立器件，可以对其进行独立的优化；此外，上转换器虽然置于太阳能电池背面，但是其不需要与太阳能电池形成紧密接触的界面，不存在界面态使得太阳能电池原有的复合率增加，综上可以说明上转换器总是对增加太阳能电池的效率是有益的。

相对于上转换器，还可以制备下转换器。下转换器置于太阳能电池的前端，其功能是将一个高能光子变为两个能量较低的光子，这两个能量较低的光子略大于太阳能电池的带隙宽度，由此便减少了热化过程能量的损失。下转换器的实现可以首先通过宽禁带太阳能电池吸收高能光子，将载流子激发到较高的能态，再将光生载流子注入一个三能级系统发生辐射复合，在辐射复合过程中，电子先从高能级跃迁至中间能级放出一个低能光子，再从中间能级跃迁至低能级再次放出一个低能光子。

10.5 热载流子太阳能电池

10.5.1 热载流子能量分析

前面介绍的多结太阳能电池和中间带太阳能电池都是通过引入多个能带从而增加对入射光的吸收和减少热化过程中的能量损失。实际上，还可以采用更多的方法来降低热化过程的能量损失。一种方法是在载流子冷却之前，在其仍处于较高能态时便输出太阳能电池，此即热载流子太阳能电池；另一种方法是使载流子在热化过程中损失的能量被利用起来，比如高能载流子可以在热化过程中与晶格发生碰撞，其热化过程中损失的能量被用来激发出新的载流子，此即碰撞电离太阳能电池。

为了更好地分析热载流子，首先简单介绍从入射光射入太阳能电池后载流子经历的一系列过程，从光子激发产生高能电子，使载流子处于非热平衡态，到电子被冷却复合，最后整个太阳能电池又恢复至热平衡态（图10.10）。

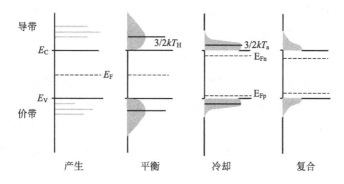

图 10.10　热载流子冷却的过程[2]

① 在太阳光入射的瞬间，处于价带中的电子被激发到导带，电子被激发获得的能量等于入射光子的能量，因此在导带中电子或价带中空穴的能量分布直接反映了入射光的能谱分布。电子的能量分布还与材料本身的性质如光吸收系数等有关。

② 在接下来的数百飞秒内，由于载流子被激发后在能带内具有一定的动能，载流子之间会发生相互的弹性散射（在这个过程中载流子系统内没有能量损失），最终达到自平衡态，此时载流子的能量分布可以用玻耳兹曼统计来描述，载流子系统的有效温度为 T_H，其化学势为 μ_H。此时由于载流子并没有与晶格之间发生能量传递，而其又从入射光子处获得多余的能量，其平均动能较大，因此其有效温度 T_H 大于环境温度 T_a。

③ 在以后的数皮秒内，热载流子与晶格声子之间发生碰撞而不断地损失能量，载流子的动能和有效温度不断下降，直到其有效温度与环境温度相等，与晶格实现热平衡为止，在这个过程中载流子被"冷却"，最后载流子分布处于准热平衡态。在这个过程中电子的动能以热的形式传递给晶格，整个系统的熵增加。虽然载流子能量下降，但是在这个过程中载流子的数量保持不变。此时，材料中自由载流子的数目明显多于材料处于同样温度下无入射光时的自由载流子数目。在无光照时电子和空穴有同一的费米能级，而此时由于电子和空穴的数目增加，从而导致电子的准费米能级向导带底移动，而空穴的费米能级向价带顶移动，准费米能级发生分裂。而准费米能级分裂的能量值也就等于此时自由电子和空穴对所获得的化学势。

④ 在随后的纳秒至微秒时间范围内，光生载流子开始发生复合，在理想情况下仅发生辐射复合，载流子数目下降。载流子数目下降使得载流子的复合速率下降，当载流子的复合速率与载流子被电极抽出的速率之和等于载流子的光激发产生速率时，材料中载流子浓度达到稳态，不再发生变化。这一点在连续性方程中也有体现。载流子数目的下降使得电子和空穴的准费米能级向禁带中间移动，自由电子空穴对的化学势也相应减小。此外，要产生光生电流，就必须把光生载流子从材料

内收集输运至外电路，要想获得较高的太阳能电池效率，载流子的收集率至少应该与载流子的复合率相当，或者大于载流子的复合率，使得载流子在复合前被收集。

在通常的太阳能电池中，载流子的收集总是发生在上述最后一步，也即载流子被冷却以后。载流子在冷却过程中损失很多能量而不能被加以利用。为了充分利用热载流子的能量，一方面可以在其冷却之前就将其收集；另一方面可以让热载流子在冷却过程中与晶格发生碰撞电离，产生更多的载流子。由于载流子的冷却过程发生在非常短的时间之内，想要在载流子冷却之前加以利用，一方面可以降低载流子的冷却速率，另一方面可以减少载流子的收集时间。对于载流子的冷却速率，其受到声子的能量和动量的影响，同时还受到导带中低能态的态密度的影响；而想要减少载流子的收集时间，可以减少载流子至电极的输运距离以及增加载流子的迁移速度。

下面将首先对热载流子太阳能电池做更为细致的讨论。Würfel 对热载流子太阳能电池的效率做过很好的理论计算，以下对热载流子太阳能电池的理论计算讨论主要依据 Würfel 的计算方法以及 Nelson 的讨论[1,2]。以下假设载流子的复合过程仅为辐射复合，且暂不考虑俄歇复合以及载流子的碰撞电离，载流子不与声子发生相互作用，其能量不会以热的形式传递给晶格，而载流子之间仅发生弹性散射，从而使得该太阳能电池尽量符合热载流子太阳能电池的要求。

当不同能量的载流子相互散射最后达到平衡态后，载流子的吉布斯自由能达到最小，由此可以得到：

$$\sum_i \eta_i dn_i = 常数 \tag{10.31}$$

式中，η_i 和 dn_i 分别为载流子的化学势和粒子数目。由此可以得到当两个载流子之间发生散射时，其化学势之和保持不变：

$$\eta_{e1} + \eta_{e2} = \eta_{e3} + \eta_{e4} \tag{10.32}$$

同时，由于载流子之间的散射为弹性散射，两载流子之间的动能呈和保持不变，由此可以得到：

$$E_{e1} + E_{e2} = E_{e3} + E_{e4} \tag{10.33}$$

可以认为载流子的化学势与载流子的动能呈线性关系，由此载流子的化学势和动能可以同时满足上诉两守恒关系式，可以给出化学势的表达式：

$$\eta_i = \eta_0 + \gamma E_i \tag{10.34}$$

式中，η_0 和 γ 均为常数；η_i 和 E_i 分别为热载流子的化学式和动能。如果载流子可以与晶格声子充分地相互作用，使得载流子的动能通过热化过程而损失，而对化学势没有贡献，那么 $\gamma = 0$。但是，这里为了求得热载流子太阳能电池的最大效率，假设载流子与声子之间无相互作用，那么载流子的动能将贡献于化学势，使得$\gamma >0$。将自由电子和空穴的化学势相加便得到光激发电子空穴对的化学势：

$$\Delta\mu = \eta_{e0} + \eta_{h0} + \gamma(E_e + E_h) \tag{10.35}$$

上式可以表示为另一种形式，使其与入射光子的能量 E 联系起来：

$$\Delta\mu = \mu_0 + \gamma E \tag{10.36}$$

式中，μ_0 的表达式为：

$$\mu_0 = \eta_{e0} + \eta_{h0} - \gamma E_g \tag{10.37}$$

这里认为被激发的电子空穴对的动能之和 $E_e + E_h$ 等于入射光子的能量减去吸收层材料的带隙宽度。由于载流子不与声子发生相互作用，载流子的能量分布由与其相互作用的能量为 E 的光子决定，载流子的分布函数为：

$$f = \frac{1}{\exp\left(\dfrac{E - \Delta\mu}{kT_a}\right) + 1} \tag{10.38}$$

由于其中 $\Delta\mu$ 与 E 相关，$\Delta\mu = \mu_0 + \gamma E$，因此可以将上式进一步改写为：

$$f = \frac{1}{\exp\left[\dfrac{E(1-\gamma) - \mu_0}{kT_a}\right] + 1} \tag{10.39}$$

可以定义：

$$\mu_H = \frac{\mu_0}{1 - \gamma} \tag{10.40}$$

$$T_H = \frac{T_a}{1 - \gamma} \tag{10.41}$$

由于 μ_0 和 γ 均为常数，因此 μ_H 也为一个常数。由此可以得到：

$$f = \frac{1}{\exp\left(\dfrac{E - \mu_H}{kT_H}\right) + 1} \tag{10.42}$$

也即此时载流子的分布与化学势为 μ_H、温度为 T_H 的载流子的分布相同，由此可以认为 T_H 为热载流子的有效温度，$T_H > T_a$。同时，电子和空穴对的化学势可以表示为：

$$\Delta\mu = \mu_H \frac{T_a}{T_H} + E\left(1 - \frac{T_a}{T_H}\right) \tag{10.43}$$

$\Delta\mu$ 的表达式中，μ_H、T_a、T_H 各个量均为常数，$\Delta\mu$ 的值与入射光子能量或载流子的动能密切相关。借助载流子新的分布函数，可以得到

$$J(V) = q[Xf_s N(E_g, \infty, T_s, 0) - N(E_g, \infty, T_H, \mu_H) + (1 - Xf_s)N(E_g, \infty, T_a, 0)]$$

$$\tag{10.44}$$

式中，X 为太阳能电池的聚光因子，当全聚光时有 $X f_s = 1$。

有了上述分析以后还需要考虑一个问题，那就是热载流的输出。如果采用一般的电极，电极的温度为 T_a，电极内的电子温度也为 T_a，当热电子进入电极以后很快就会被冷却至电极的温度 T_a 而损失能量；另一方面，如果吸收层和电极之间的电子可以自由进出，那么甚至吸收层中的热电子也将会被冷却至电极温度 T_a，能量也被损失而不被利用。由于热电子被传输至外电路最终还是会被冷却，为了使热电子能量在输出时不发生损失，需要在热电子的输出过程中使热电子会被冷却的能量转换为化学势，且为了最大效率地利用这些能量，整个过程应尽量为等熵过程。上述过程的实现可以通过让能带宽度非常小 $\Delta E \ll k T_a$ 且能量高于导带底或低于价带顶的电极来分别收集电子和空穴，也即选择性接触电极。如图 10.11 所示，由于能带宽度很窄，载流子在电极内通过热化过程损失的能量将

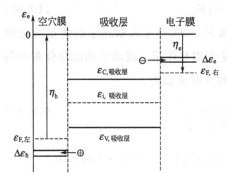

图 10.11 选择性接触电极示意图[1]

会非常小，因此整个过程接近等熵过程。载流子的抽出会影响热载流子在吸收层中的分布，但如果载流子的抽出速度低于吸收层热电子之间相互散射而达到平衡态的速度，那么热载流子的分布将可以持续地保持平衡稳态。此时，电极内获得的载流子的化学势为：

$$\mu_{\text{out}} = \mu_H \frac{T_a}{T_H} + E_{\text{out}} \left(1 - \frac{T_a}{T_H}\right) \quad (10.45)$$

其中，E_{out} 为电子和空穴选择性接触电极之间的能量差，为一定值。由此可以得到采用选择性接触电极以后热载流子太阳能电池的输出电压为：

$$V = \frac{\mu_{\text{out}}}{q} \quad (10.46)$$

由此可以得到热载流太阳能电池的功率为：

$$p(V) = VJ = \frac{\mu_{\text{out}}}{q} J \quad (10.47)$$

从而可以进一步计算出热载流子太阳能电池的效率。图 10.12 给出了计算得到的在吸收层材料带隙宽度一定的条件下，不同 E_{out} 下太阳能电池的 I-V 曲线和热载流子太阳能电池的效率[2]。在输出电流-电压变化的过程中，吸收层中热载流子的有效温度 T_H 和 μ_H 也随之变化。当太阳能电池短路时，载流子均被抽出吸收层，此时 $\mu_{\text{out}} = 0$，而载流子的有效温度降为环境温度，也即 $T_H = T_a$；随着电流减小，热

载流子的有效温度不断增加，当太阳能电池断路时达到最大值。这是容易理解的，当太阳能电池短路时，吸收层中所有的光生载流子都被抽出，而正是这些载流子对吸收层内载流子的平均动能有贡献，它们被抽离后，在吸收层载流子的平均动能下降。随着电流减小，吸收层光生载流子浓度增加，从而使得载流子的平均动能增加，载流子的有效温度也随之增加。

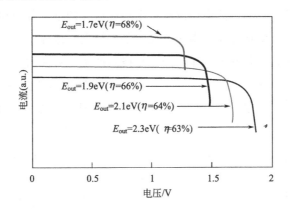

图 10.12　不同 E_{out} 下太阳能电池的 I-V 曲线和热载流子太阳能电池的效率[2]

10.5.2　热载流子太阳能电池结构

要制备热载流子太阳能电池，必须满足两个基本要求：首先，必须在载流子冷却之前将载流子收集；其次，需要使用选择性接触电极，避免热载流子能量在电极中损失。对于第一点，由于热载流冷却的时间非常短，要及时收集载流子一方面可以降低载流子的冷却速度，另一方面可以缩短载流子的收集时间。

热载流子的冷却速度受到声子数量和能量以及载流子在低能态的能态密度的影响。例如，当入射光强度非常大时，使得热载流子的数量和动能都非常大，数量有限的声子在短时间内并不能将其冷却，并且此时声子会与热载流子发生相互作用，其能量增加，从而使得声子的有效温度也增加。不过，这种情况下要求入射光非常强，通常很难达到。另一个更为实际的方法就是引入量子结构，可以通过采用量子点来降低载流子冷却的速度。在量子点中，载流子的能级是分立的，当能级之间的能量差大于声子的最大能量时，单个声子的作用将不能使载流子从高能级弛豫至低能级，而必须通过多声子作用，从而使得载流子跃迁至低能级的概率大大降低，也即声子瓶颈效应，从而使得热载流子冷却时间增加。而对于在一般半导体能带中的载流子，由于带中的能级是连续分布的，因此任意能量大小的声子都可以使得热载流子的能量降低，载流子的弛豫过程要容易得多。

对于选择性接触电极也同样可以借助量子结构，可以通过利用超晶格来实现选择性接触电极。超晶格结构会形成很多分立的能带，但是每个能带的带宽都很小，正好可以满足选择性接触电极的要求。

10.6　碰撞电离太阳能电池

在前面对热载流子的讨论中，没有考虑热载流子的俄歇复合和碰撞电离，当考虑上述两者时，便可得到碰撞太阳能电池的基本模型。碰撞电离是俄歇复合的逆过程，具有较高动能的热载流子，通过碰撞晶格而产生一对新的载流子，产生新的载流子的能量来自于热载流子从高能带跃迁至带边时所释放的能量，也即将热载流子的动能转化为另一对载流子的化学势（图 10.13）。由此，当入射光子的能量大于 $2E_g$ 时，太阳能电池的量子效率将可能大于 1。由于细致平衡的要求，在讨论碰撞电离太阳能电池时还必须讨论俄歇复合过程，俄歇复合是处于带边的载流子发生复合，其复合释放的能量激

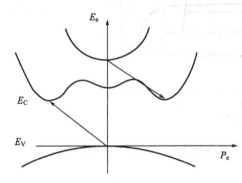

图 10.13　热载流子的碰撞电离

发另一个载流子到高能态成为热载流子，在这个过程中一对载流子化学势被转化为另一个载流子的动能。

在碰撞电离的过程中，载流子遵循动量守恒及能量守恒。假设一个能量为 E_{e1}、动量为 P_{e1} 的电子，碰撞电离后其能量和动量变为 E'_{e1} 和 P'_{e1}，并同时产生一对电子和空穴，其能量和动量分别为 E_{e2}、E_{h2}、P_{e2}、P_{h2}，则有：

$$E_{e1} = E'_{e1} + E_{e2} + E_{h2} \tag{10.48}$$

$$P_{e1} = P'_{e1} + P_{e2} + P_{h2} \tag{10.49}$$

下面就具体讨论碰撞电离太阳能电池最大效率的计算，这里主要介绍 Würfel 以及 Nelson 的计算方法[1,2]。为了计算碰撞电离太阳能电池的最大效率，考虑理想情况，载流子的复合只通过辐射复合和俄歇复合，热载流子不与晶格声子发生相互作用而损失能量。

碰撞电离太阳能电池与热载流子太阳能电池类似，只是在碰撞电离太阳能电池中还会考虑热载流子的碰撞电离和俄歇复合。对于热载流子太阳能电池，其电子空穴对的化学势可以表示为：

$$\Delta\mu = \eta_{e0} + \eta_{h0} + \gamma(E_e + E_h) \tag{10.50}$$

对于碰撞电离太阳能电池，其化学势的表达式有类似的形式。在碰撞电离和俄

歇复合的过程中，假设 dn_{e1} 个能量为 E_{e1} 的电子和 dn_{h1} 个能量为 E_{h1} 的空穴经过碰撞电离和俄歇复合过程变为 dn_{e2} 个能量为 E_{e2} 的电子和 dn_{h2} 个能量为 E_{h2} 的空穴，由能量守恒，有如下关系式：

$$-dn_{e1}E_{e1} - dn_{h1}E_{h1} + dn_{e2}E_{e2} + dn_{h2}E_{h2} = 0 \qquad (10.51)$$

热载流子在诸过程后最终会建立起热力学稳态，其自由能达到最小，由此：

$$dF = -dn_{e1}\mu_{e1} - dn_{h1}\mu_{h1} + dn_{e2}\mu_{e2} + dn_{h2}\mu_{h2} + \cdots = 0 \qquad (10.52)$$

上述两式中，由于电子和空穴总是成对产生或复合，因此有：

$$dn_{e1} = dn_{h1}, \quad dn_{e2} = dn_{h2} \qquad (10.53)$$

由于在碰撞电离太阳能电池中载流子的数目是可以任意变化的，可以存在 $dn_{e1} \neq dn_{e2}$。采用热载流子太阳能电池化学势的表达式 $\Delta\mu = \eta_{e0} + \eta_{h0} + \gamma(E_e + E_h)$ 将很难同时满足上述两关系式。但是，可以得到以下关系式：

$$\frac{\mu_{e1} + \mu_{h1}}{E_{e1} + E_{h1}} = \frac{\mu_{e2} + \mu_{h2}}{E_{e2} + E_{h2}} \qquad (10.54)$$

结合上述讨论，可以将载流子的化学势表示为：

$$\Delta\mu = \gamma(E_e + E_h) = \gamma E \qquad (10.55)$$

这也与热载流子太阳能电池中载流子化学势的表达式类似，只是 $\mu_0 = 0$。由此，可以借助热载流子太阳能电池中使用的方法来描述碰撞电离太阳能电池中载流子的分布，其中载流子的有效温度为：

$$T_H = \frac{T_a}{1 - \gamma} \qquad (10.56)$$

且有

$$\mu_H = 0 \qquad (10.57)$$

载流子的化学势可以表示为：

$$\Delta\mu = E\left(1 - \frac{T_a}{T_H}\right) \qquad (10.58)$$

同样采用选择性接触电极对载流子进行收集，由此可以得到太阳能电池的输出电压为：

$$V = \frac{\mu_{out}}{q} = \frac{E_{out}}{q}\left(1 - \frac{T_a}{T_H}\right) \qquad (10.59)$$

由于载流子输入电极时，电子空穴对的能量等于 E_{out}，因此电流密度与 E_{out} 的乘积就为太阳能电池所俘获的总能量，于是有：

$$JE_{out} = q[Xf_s L(E_g, \infty, T_s, 0) - L(E_g, \infty, T_H, 0) + (1 - Xf_s)L(E_g, \infty, T_a, 0)] \qquad (10.60)$$

当确定电极以后，便可以知道 E_{out} 的值，从而可以得到电流密度的表达式。结合输出电压的表达式可以得到碰撞电离太阳能电池的输出功率为：

$$P = JV = q\left(1 - \frac{T_a}{T_H}\right)\left[Xf_s L(E_g, \infty, T_s, 0) - L(E_g, \infty, T_H, 0) + \right.$$

$$\left.(1 - Xf_s)L(E_g, \infty, T_a, 0)\right] \qquad (10.61)$$

从上式可以看出，与热载流子太阳能电池一样，影响太阳能电池输出功率的因素主要有两个，也即吸收层材料的带隙宽度 E_g 和热载流子的有效温度 T_H。其中有效温度 T_H 受到 E_{out} 或输出电压 V 的影响。图 10.14 给出了不同带隙宽度下热载流太阳能电池的最大效率，可以看出当太阳能电池入射光未聚焦时，其最大效率可以达到 55% 左右，此时吸收层材料的带隙宽度约为 1eV；当太阳能电池入射光全聚焦时，可以达到的太阳能电池的最大效率约为 85%，此时热载流子的温度约为 2460K，而吸收层材料的带隙此时为一极小值，对于全聚焦碰撞电离太阳能电池，其效率接近于太阳能电池的热力学极限效率[2]。

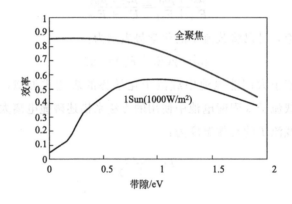

图 10.14　全聚焦和未聚焦情况下不同带隙宽度热载流太阳能电池的最大效率[2]

对于碰撞电离太阳电池的实际器件，其不仅仅和热载流太阳能电池一样要求载流子的收集快于载流子的冷却以及采用选择性接触电极，其对吸收层材料也有一定的要求，以便能促进碰撞电离过程的发生。Werner 等对材料的要求曾做过一定的论述，概括如下：首先，吸收层材料最好为间接带隙半导体，而其同一 K 点带隙的最小值为其间接带隙宽度的两倍以上，从而使得载流子能够提供足够的能量发生碰撞电离；其次，材料的导带和价带在较大的 K 空间范围内尽量保持平行，这样载流子更容易满足碰撞电离过程中的动量守恒条件；另外，材料应该有较强的光吸收[5]。对于晶体 Si 材料，同一 K 点带隙的最小值约为 3.4eV，而其间接带隙宽度约为 1.12eV，满足上述第一个条件，但是其光吸收系数较小，Si 碰撞太阳能电池的碰撞效率也较低，对于入射能量为 4eV 的电子，碰撞电离效率仅为 5% 左右[4]。另一个实现碰撞电离太阳能电池的结构就是采用量子点，如前所述，量子点由于其能级分立，可以有效地降低热载流子的冷却速度，此外在量子点中还存在所谓的多激子产生，也就是说一个热载流子可以碰撞电离产生多对载流子，从而使得太阳能电池的量子效率大大提高。

10.7 热光伏太阳能电池和热光子转换器

在之前的讨论中，介绍了很多利用热载流子以及减少入射光能量损失的方法，它们主要是提高太阳能电池对其所吸收的能量的利用率。下面将介绍 Würfel 提出的另一种更为特别的方法，也即热光伏太阳能电池[1]。如图 10.15 所示，太阳光入射后，并不直接照射在太阳能电池上，而是由一个中间吸收体全部吸收，该吸收体在获得太阳能以后，温度升高，作为黑体而向外发射能量，其发射光通过一个滤波片后达到太阳能电池。该滤波片只允许能量为 $E_g + \Delta E$ 的光子通过，其他能量的光都被反射回吸收体。

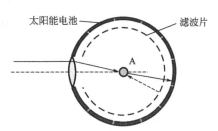

图 10.15 热光伏太阳能
电池结构示意图[1]

由于到达太阳能电池的光子其能量为 $E_g \sim E_g + \Delta E$，其能量都能被太阳能电池充分地利用。整个系统处于光封闭的环境中，未被太阳能电池吸收的光子以及其辐射复合产生的光子都被反射回吸收体，使得能量可以被循环利用，最大限度地减少了能量的损失。由此从吸收体辐射的能量最终被太阳能电池利用的效率为：

$$\eta' = 1 - \frac{T_0}{T_A} \tag{10.62}$$

也即等于卡诺热机的能量转换效率。考虑到吸收体利用入射太阳能的效率，最终整个太阳能电池系统的效率为：

$$\eta = \left[1 - \left(\frac{T_A}{T_s}\right)^4\right]\left(1 - \frac{T_0}{T_A}\right) \tag{10.63}$$

式中，T_0 为太阳能电池的温度；T_A 为中间吸收体的温度；T_s 为太阳温度。当吸收体的温度为 2478K 时，太阳能系统达到最大效率约为 85%。

不过要实现这样的系统非常困难。首先，当吸收体的温度高达 2478K，其材料很可能会发生挥发，从而覆盖在滤波片上，使得光子不能较好地通过；其次，要制备带宽如此小的滤波片也非常困难。此外，由于吸收体的温度仅为 2478K，相比太阳光其辐射的能量主要集中在长波区域，因此太阳能电池材料应选用带隙比较窄的材料，以便更加高效地吸收入射光子。

鉴于实现热光伏太阳能电池的上述困难，Green 提出了热光子转换概念用于上述太阳能电池系统[6]。在这个系统中，中间体不再直接辐射光子照射到太阳能电池上，而是用于加热一个 LED，同时该系统中不再需要使用滤波片。该 LED 的带隙宽度略大于太阳能电池，其发射的光子与太阳能电池的能带相匹配。对 LED 加外电压，其就可以发射光子，由于 LED 同时被中间体加热，其辐射的能量将会被增强，从而大于外电路输入的能量。在这个系统中，LED 其实起到了与滤波片类似的作用。该系统要求 LED 在高达上千摄氏度的高温下仍然要保持很高的量子效率，这通常较难实现。

参 考 文 献

[1] Peter Wurfel. Physics of Solar Cells. Weinheim：WILEY-VCH，2005.

[2] J Nelson. The Physics of Solar Cells. London：Imperial College Press，2003.

[3] Richard R King, et al. Advances in High-Efficiency Ⅲ-Ⅴ Multijunction Solar Cells. Advances in OptoElectronics，2007.

[4] 熊绍珍，朱美芳. 太阳能电池基础与应用. 北京：科学出版社，2009.

[5] Jürgen H Werner，Sabine Kolodinski，Hans J Queisser. Novel optimization principles and efficiency limits for semiconductor solar cells. Physical Review Letters，1994. 72 (24)：3851-3854.

[6] Martin A Green. Third Generation Photovoltaics：Advanced Solar Energy Conversion. Springer Series in Photonics，2003.

11　光伏组件在发电系统中的应用

多个光伏电池经过串接、层压封装、装边框、安装接线盒等程序后得到可在实际中应用的光伏电池板（亦称光伏组件，Photovoltaic Module）。从成本经济性的角度，一般将光伏组件中除电池以外的所有部分（包括原材料、劳务等）称为组件平衡（Balance of Module，BOM）。但仅有光伏组件还不足以完成向用户提供光伏电力的目的，光伏组件必须与其他设备配合才能形成完整的光伏发电系统。行业内将光伏系统中除组件以外的所有设备及安装成本总称为系统平衡（Balance of System，BOS）。以某 2011 年建成的装机规模为 3MW 的 10kV 并网光伏系统为例，表 11.1 列出了系统中各项设备及其对应成本，从此表可看出电池、组件、BOM、BOS 之间的关系和成本比例。

表 11.1　3MW 10kV 并网光伏系统中各项设备及其对应成本

原料与设备			价格/(元/W)	备　注
光伏系统	电池		4.000	单晶硅电池
	组件	组件平衡（BOM）		
		封装胶（EVA）	0.253	
		背板（PET）	0.140	
		玻璃	0.265	
		铝合金框	0.234	
		焊带	0.014	
		焊锡	0.005	
		密封胶	0.070	
		接线盒	0.131	
		胶带	0.022	
		助焊剂	0.001	
		标签	0.001	
		包装箱	0.072	
		劳务及不良损耗	0.32	假设 2% 不良率

原料与设备		价格/(元/W)	备 注
光伏系统	系统平衡（BOS）		
	支架及土建基地	0.909	含支架及组件安装
	光伏专用电缆	0.034	含接头
	电力电缆	0.96	
	汇流箱	0.061	非智能汇流箱
	直流配电柜	0.057	
	数据采集及环境监测	0.013	
	逆变器（含站房及交流配电柜）	0.857	每台500kW
	10kV箱式变压器	0.357	
	低压（0.4kV）开关柜	0.018	
	高压（10kV）开关柜、站用变柜	0.117	
	无功补偿（SVC）	0.2	
	电力监控、继电保护、计量、通信等	0.541	
	机电安装	0.34	
	电力相关设计	0.179	含一次、二次系统设计、防孤岛设计等
	光伏相关设计	0.133	
	评审	0.2	含可研、设计评审、环评、安评、验收等
	招标及监理	0.083	
	蓄电池及充放控制器	N/A	可选项
	屋顶或土租金	N/A	无偿
总成本		10.587	

注：以2011年建成的3MW屋顶并网光伏系统为例（10kV并网，使用晶体硅组件）。

组件是光伏系统的核心部分，本章着重讨论与组件相关的参数与特性在实际应用中如何对光伏系统产生整体性影响，包括发电量、经济性、安全性、稳定性等。

11.1　光伏组件自身成本及其对BOS的影响

从表11.1显示的案例可以看出，晶体硅组件自身成本大约占光伏系统整体成本的50%，即组件与BOS成本大致相当。因此为了控制光伏系统的建设期投资，降低组件和BOS的成本同等重要，而不能只考虑其中一方面。

在光伏发电没有大规模应用前，光伏产业主要集中在电池与组件的研发生产上，希望采用新的技术降低组件成本，但却无意间忽略了BOS的影响。以高倍聚光组件的开发为例（图11.1），将大面积光线聚焦于小面积电池，相当于使用相对廉价的光学材料代替昂贵的半导体材料，从而达到降低组件成本（元/W）的目的。然而在真实应用中，这种高倍聚光组件需要使用具有高精密度的双轴太阳追踪器及冷却系统，导致BOS成本大幅提高，最终光伏系统的整体成本并无降低。因此这种高倍聚光系统自2008年开始在地中海地区建设兆瓦级示范电站后，并没有得到进一步推广。在当前晶体硅组件价格大幅下降的情况下，现在这种高倍聚光组件本身的成本优势也失去了。

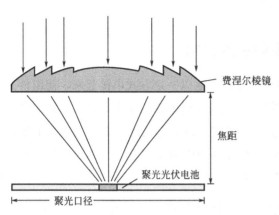

图 11.1　高倍聚光组件

随着光伏系统的普遍应用，BOS 对系统整体成本的影响也越来越受到重视。有的厂商甚至过于强调 BOS，而忽略了组件本身。以美国加州光伏公司 Solyndra 为例 [图 11.2 (a)]，其生产的玻璃管式铜铟镓硒组件以安装简便著称，可大幅节省 BOS。但这种管式组件在生产中破损率极高、工艺复杂，因此价格昂贵，导致系统整体成本不降反升。最终此公司无法持续运营，于 2011 年宣布倒闭。另一个例子是生产卷式硅基薄膜组件的 Unisolar 公司，安装这种组件 [图 11.2 (b)] 不需支架，通过黏合剂直接粘贴在建筑物屋顶即可，节省大量 BOS 成本。但这种组件效率较低（<7%），成本很高，结果系统总成本与使用其他组件相比没有优势，而且这种组件表面易磨损，空气中水汽的长期侵蚀使发电量迅速降低。同样此公司在 2001 年宣布破产。

(a) Solyndra管式铜铟镓硒组件　　　　　(b) Unisolar卷式硅基薄膜组件

图 11.2　Solyndra 及 Unisolar 公司光伏组件

综上所述，光伏组件本身既要做到效率较高、成本较低，也要确保其在系统应用中不会使 BOS 大幅上升；反之在考虑降低 BOS 时，不应以大幅提高组件成本为代价。在实际应用案例中，最优的方案往往是组件与 BOS 两者的最佳平衡。

11.2 光伏组件对系统发电量的影响

11.2.1 光伏组件结构对系统发电量的影响

为了满足实际应用需求，需要将单体光伏电池以一定方式串接起来，使组件具有特定的输出电压、电流和功率，以满足用电设备对电源的要求。以晶体硅组件为例（图 11.3），单体电池间通过互联金属带连接，每个电池的正极均与相邻电池的负极相连 [图 11.3（a）]，这样可以将任意数目的电池串联起来。图 11.3（b）所示为由 36 个串联电池组成的组件的电池排布示意图。

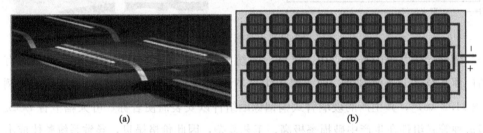

(a)　　　　　　　　　　　　　　　(b)

图 11.3　晶体硅组件

通常根据组件标称的工作电压来确定电池片的串联数，根据标称的输出功率来确定电池片的总数，电池总数应是串联数的整数倍，若大于 1 则说明还需要将多个组串并联。为保证组件的最佳发电量，制作光伏组件时，要遵循以下几个原则。

① 同一组件应挑选电性能参数一致的单体电池进行组合和封装：电池串联后的组串电压为各电池电压累加之和，而组串电流则由具有最低工作电流的电池决定；同样，不同组串并联后的电压也与具有最低电压的组串一致，因此只有各个电池的工作电压、电流尽量接近，才能保证光伏电池连接在一起后组件的功率损失最小。

② 制作光伏组件时，应对电池片进行合理的排布，使其总面积最小：这样不但可以节约封装材料，还能降低无效面积，提高组件的有效转换效率，提高单位面积发电量。

③ 使用旁通二极管（By-pass Diode）：实际应用中会发生因树木与建筑物遮挡、落叶、尘土、鸟粪等因素在组件上造成阴影，受阴影影响的某个电池的输出电流会显著下降，则串联此电池的整个组串电流也随之下降，造成组件的整体功率损失。为了避免这种因个别电池被遮挡而影响组件整体效率的情形出现，可在串接电池时采用旁通二极管。旁通二极管的两极分别连接到光伏电池的正极和负极，正常情况下旁通二极管处于关断状态，若因遮挡使通过光伏电池的电流小于一定设定值时，旁通二极管

自动导通，将此光伏电池短路以避免影响组串效率。组件中的每个电池都配备旁通二极管在技术上完全可行，但成本较高，与发生遮挡的概率相比在经济性上并不合理，因此实际应用中往往以多个串联电池为一组，每组电池配备一个旁通二极管。以图11.4(a) 所示组件为例，整个组件由 50 个串联电池组成，分 5 列纵向排布，纵向的每相邻两列 20 个电池作为一组配备一个旁通二极管。当遮挡发生时 [图 11.4(b)～图 11.4(e)]，只有被遮挡电池所在的组被旁通二极管短路，其他电池仍正常工作。

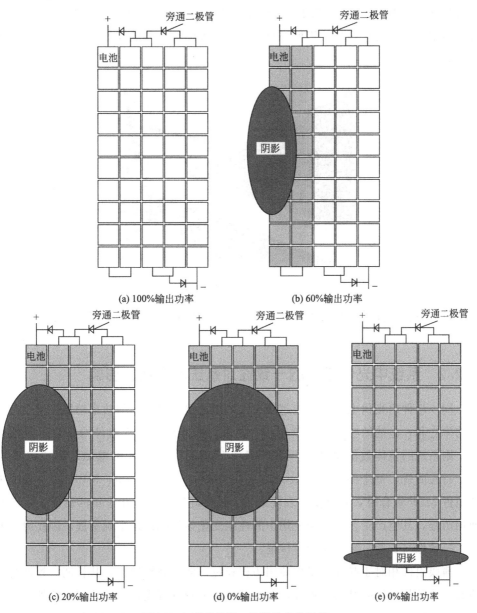

图 11.4　配备旁通二极管的光伏组件

以内连接（Monolithic）方式制造的薄膜组件因电池间不是通过外连接线串联，无法加入旁通二极管，因此在实际长期使用时可能会有隐患，必须经常清洗与检查，若发现某个电池出现异常则应立即更换整片组件。

④ 边框材料厚度尽量小或采用无边框设计：目前商业化组件（特别是晶体硅组件）多采用铝制边框，边框内灌注密封胶来保护组件不被水气等侵入。铝框的使用使组件边沿处产生台阶（图 11.5），在户外长期使用后，灰尘、泥土等逐渐在此台阶积累，可能对位于底部的电池形成遮挡，造成如图 11.4（e）所示的情况出现，使整个组件失效。降低铝框材料的厚度（即降低台阶的高度）可以在一定程度上缓解这一问题。

图 11.5　使用铝框的组件

目前薄膜组件大多采用无边框设计，但在组件封装时需要采用更抗水气渗透的密封胶。

11.2.2　系统中光伏组件的一致性对系统发电量的影响

同一组件内光伏电池的性能越接近，则组件整体表现出的功率越接近于全部电池功率之和，电池的功率损失就越小；同理，在光伏系统中组件的参数一致性越好，则系统的整体效能也越高。如图 11.6 所示的组件"电流-电压"和"功率-电压"特性曲线，每个组件都有最大功率点（Max Power Point，MPP），当系统中的组件 MPP 重合时，系统整体表现最佳。晶体硅组件经过几十年的研发、生产和使用历程，其生产工艺、长期使用中的性能变化等情况已被准确掌握，因此组件的出厂一致性与长期一致性比较有保证。

薄膜组件相对于晶体硅组件使用历程较短，使用规模较小，其长期一致性尚需检验。尤其是单结硅基薄膜组件，由于其材料本身具有光致衰减效应，户外使用一段时间后效率会下降，出厂时铭牌显示参数通常为实测数据按经验打折后（通常

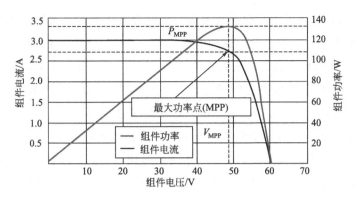

图 11.6　组件"电流-电压"和"功率-电压"特性曲线

10%～20%）的数据，并不反应使用中的实际表现。因此在户外使用一段时间后，单一组件的电性能、不同组件的 MPP 是否一致等情况就成为未知数。即使系统中仅有极少数组件的衰减显著高于预期，但整体发电量也会大受影响。对于大型光伏系统来说，排查出这样的问题组件将非常耗时。现在已有公司开发出微型逆变器（Micro Inverter），使用时给每个组件都配备此种微型逆变器，不仅起到将直流电转化为交流电的作用，还具有最大效率跟踪（Max Power Point Tracking，MPPT）的功能，即通过其内特别的电路设计使对应组件在 MPP 处工作。而且微型逆变器可检测对应组件的发电量，能及时反映出组件的性能表现，有利于故障组件的排查。从经济性上考虑，使用微型逆变器会在系统长期运行中节省成本，但会大大提高光伏系统的初期建设投资，因此目前的光伏系统多在汇流箱中加装电量检测功能（即智能汇流箱），当接入汇流箱的某个组件串列发电量异常时，系统管理员可以及时得知并对这个串列中的组件进行检查。

11.2.3　光伏组件类型对系统发电量的影响

11.2.3.1　光伏组件的效率衰减

如 11.2.2 节所述，光伏组件的"电流-电压"特性曲线不是一成不变的，随着实际使用的进程，效率会逐渐降低，从而发电量也会降低。这种下降主要由两种原因造成，首先，不同光伏电池采用的吸光半导体材料不同，由于这些材料本身内在的性质会引起效率的变化。

① 晶体硅：晶体硅电池在制备完成后的几天内会存在相对 1%～3% 的效率衰减，即初始 20.0% 效率会降低为 19.4%～19.8%，这个效应对于使用硼元素掺杂的 p 型晶体硅电池比较明显。

② 硅基薄膜（Amorphous Silicon，非晶硅）：单结硅基薄膜电池会在室外光照下的数个月时间里发生 10%～30% 的效率衰减，即初始 10% 的效率会降为 7%～

9%；为了消除这种显著的光致衰减效应，同时提高效率，也有厂商生产由非晶硅与微晶硅组成的多结薄膜电池，这种电池的光致衰减效应预计可大幅降低。

③ 铜铟镓硒与碲化镉：目前的研究并未发现铜铟镓硒与碲化镉电池有明显的效率衰减，但在工业界制备这两种电池后，一般先通过强光照射数小时（Light Soaking，光浸润）再进行"电流-电压"特性曲线的检测。

其次，组件在长期使用中由于外部原因造成老化而使效率下降，例如水气对组件的渗透、日照中紫外线的照射等。一般可通过使用新型封装材料、改进封装工艺等方法减缓这种老化衰减。目前晶体硅组件厂商可保证10年内组件效率相对衰减不超过10%，并且25年内效率相对衰减不超过20%；其他薄膜厂商一般也有类似的质量保证；对于硅基薄膜，此类质保的前提是组件效率以光致衰减后稳定的效率为基准。

11.2.3.2　光伏组件的弱光响应

通过近几年的实际应用，研究者发现薄膜组件对弱光和散射光的响应比晶体硅组件更高。如图11.7（a）所示，将同处于北京附近某地点的1kW晶体硅与1kW铜铟镓硒光伏系统在一天（4月某日）内的发电情况进行对比：清早及黄昏时铜铟镓硒组件的实际发电功率高于晶体硅组件。这说明铜铟镓硒组件在以散射光为主的日照下，其发电量高于同等容量的晶体硅组件。图11.7（b）所示为晶体硅、铜铟镓硒和硅基薄膜组件在一年内不同月份的发电量对比。由于较好的弱光响应，铜铟镓硒和硅基薄膜组件的单位发电量（每千瓦平均发电量）比晶体硅高出5%～20%。此图中硅基薄膜组件的单位发电量最高，是因为在前面的数个月份其仍在光致衰减期内，其实际发电功率比铭牌标称功率要高；当光致衰减结束，功率趋于稳定，与铭牌标称一致时（10～12月份），其与铜铟镓硒的单位发电量基本一致。

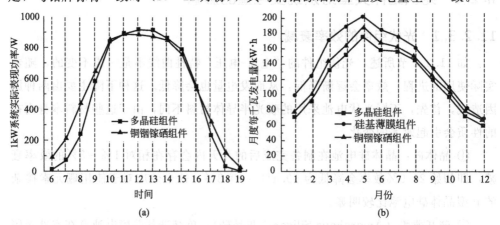

图11.7　晶体硅、铜铟镓硒组件及薄膜组件的光响应情况

由此可见，装机容量一致的前提下，在散射光为主的地区（例如江浙）更适于采用薄膜组件。但在目前商业化薄膜组件效率普遍低于晶体硅的情况下，同样的装机容量，晶体硅组件占地面积更小。因此在为光伏系统选择组件类型时，需要综合考虑日照情况与占地面积的平衡。

11.2.3.3 光伏组件的温度系数

光伏组件的"电流-电压"特性曲线随温度变化，一般来说组件铭牌标称的电性能参数是在 25℃ 下测量得到的。如图 11.8（a）所示，当组件温度升高时，短路电流（I_{SC}）会小幅度升高，开路电压（V_{OC}）明显下降，而组件的最大功率也下降。

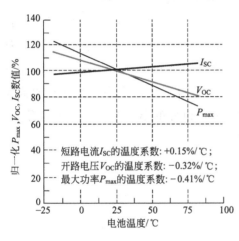

短路电流 I_{SC} 的温度系数：+0.15%/℃；
开路电压 V_{OC} 的温度系数：−0.32%/℃；
最大功率 P_{max} 的温度系数：−0.41%/℃

（a）P_{max}、V_{OC}、I_{SC} 与电池温度的关系

最大功率（P_{max}）*	230W
最大功率误差	+10%/−5%
电池种类	多晶硅
电池连接方式	60 个串联
开路电压（V_{OC}）	36.9V
最大功率点处电压（V_m）	29.3V
短路电流（I_{SC}）	8.45A
最大功率点处电流（I_m）	7.85A
组件效率	14.10%
最大系统电压	600V
串联熔断电流	15A
P_{max} 温度系数	−0.485%/℃
V_{OC} 温度系数	−0.36%/℃
I_{SC} 温度系数	0.053%/℃

* 电池温度 25℃，ASTM E892 标准 AM1.5 全光谱 1000W/m² 光强下测得

（b）组件电性能参数

组件型号		FS-375	FS-377	FS-380	FS-382	FS-385
最大功率（+5%/−5%）	P_{MPP}/W	75	77.5	80	82.5	85
最大功率处电压	V_{MPP}/V	46.9	48.3	48.5	48.3	48.5
最大功率处电流	I_{MPP}/A	1.6	1.61	1.65	1.71	1.76
开路电压	V_{OC}/V	60.1	60.7	60.8	60.8	61
短路电流	I_{SC}/A	1.82	1.84	1.88	1.94	1.98
最大系统电压	V_{SYS}/V	1000				
最大功率的温度系数		−0.25%/℃				
开路电压的温度系数（>25℃）		−0.27%/℃				
开路电压的温度系数（−40~25℃）		−0.20%/℃				
短路电流的温度系数		0.04%/℃				
最大串联熔断电流	I_{CF}（A）	3.5				

（c）标准条件下组件参数

图 11.8 温度对光伏组件的影响

不同类型组件对温度变化有不同的响应：图11.8（b）所示为 Sharp ND230 多晶硅组件的性能参数铭牌，从中可以看出其最大功率随温度升高而降低，温度每升高一度，最大功率相对降低0.485%；图11.8（c）所示为 First Solar FS3 碲化镉组件的性能参数铭牌，从中可看出温度每升高一度，组件最大功率降低0.25%。在实际户外应用中，组件温度不会恒定，在有日照时实际工作温度将高于环境温度，因此在其他条件不受限制的情况下，光伏系统应尽量选用温度系数小的组件，避免组件功率随温度升高而降低过快，导致发电量损失过大。当然，这也说明同样日照情况下，同类型光伏组件在寒冷的地区的发电量更高。

图11.9 所示为在新加坡所做的实际对比测试，测试的两种组件为晶体硅组件和非晶硅-微晶硅多结薄膜组件（Tandem Junction，TJ）。横坐标为辐照强度，辐照强度越大，则组件的工作温度越高（当辐照强度在 $0.2kW/m^2$ 时，组件温度约为30℃；当辐照强度在 $0.8kW/m^2$ 时，组件温度约为50℃）；纵坐标为具有同样标称功率的 TJ 薄膜与晶体硅组件发电量的比值，从中可以看出，低温下 TJ 组件发电量略高于晶硅，比值在 0.95～1.1 之间；而高温下，TJ 组件发电量明显高于晶硅，比值在 1.05～1.15 之间。这说明 TJ 多结组件的温度系数小于晶硅组件，温度越高 TJ 薄膜的发电量比晶硅就越多。

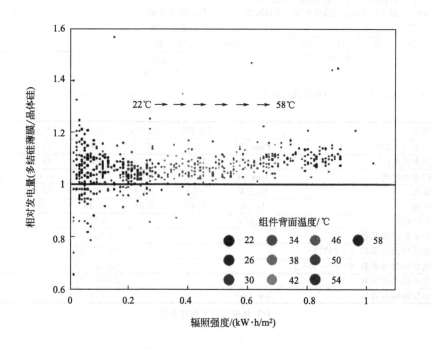

图11.9　晶体硅组件和非晶硅-微晶硅多结薄膜组件

11.3　光伏组件的安全性

光伏发电系统与传统火电、水电、核电等发电方式相比的一个重要优势就是可以做到远程监控，而现场无人值守。在无人为故意破坏的情况下，光伏发电系统本身可通过各种开关设置达到突发事件发生时自动停止供电的目的。而且发电过程中不会产生火焰、不需运动部件（除追踪系统外）、无物质投入和排放、无污染物产生，因此光伏发电总的来说是最安全的发电方式。组件本身对光伏发电系统安全性的影响主要在两个方面。

① 组件热斑：没有采用旁通二极管的光伏组件在实际使用过程中可能因为电池局部裂纹、电池间连接失效、局部被遮挡等原因造成电池间性能不匹配，这些出现缺陷的电池不但不能正常供电，还会在实际上成为电阻而消耗其他电池产生的电流，导致局部过热。过热部分的封装胶会因温度过高而老化，颜色由透明转深色，产生热斑，严重时则有可能引发火灾。图 11.10 所示为产生热斑的多晶硅组件图片。

图 11.10　产生热斑的多晶硅组件

② 组件材料的毒性：大部分组件本身不含毒性材料，但特定种类的组件含有潜在的有毒元素。著名的实例是碲化镉组件，尽管碲化镉合金本身毒性极低，但有的使用者担心其在灾害（例如火灾）发生时可能释放出有毒镉元素而拒绝使用。日本已经明确禁止碲化镉组件的使用，欧洲国家也要求碲化镉组件的生产商 First Solar 必须在欧洲本地建立组件回收基地后方可开始销售。

11.4　光伏组件能量回收期

　　光伏发电系统的各个设备（包括组件与BOS）在生产和制造过程中会消耗能源，一般把光伏系统所发电力抵消，这部分消耗能源所需要的时间称为能量回收期（Energy Payback Time）。相应的也有排放回收期的概念，即光伏发电产生的环境效益抵消制造期间产生的污染与排放所需要的时间。京都议定书中CDM机制就以二氧化碳的净减排量作为计算CDM项目补贴的标准。由此可见，能量回收期、净环境效益是衡量光伏发电系统是否为真正绿色低碳技术的重要指标。

　　图11.11显示目前使用晶体硅与薄膜组件的光伏系统能量回收期分别为3.7年和3.0年。预计将来晶体硅组件（不带边框）的能量回收期为1.8年，其对应BOS的能量回收期为0.3年；薄膜组件（不带边框）及其对应BOS的能量回收期分别为0.7年和0.4年。

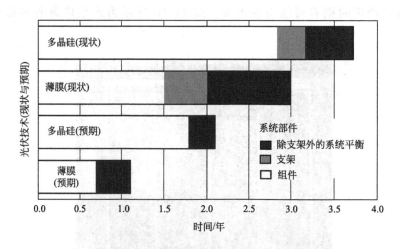

图11.11　晶体硅与薄膜组件的光伏系统能量回收期现状与预期

11.5　光伏组件的回收

　　除碲化镉组件外，各国政府与行业协会对于破损、失效的光伏组件并没有明确的回收规定。尽管当前还没有大量的组件需要回收，但按照最近十年全球平均每年10GW的组件安装量估算，15年后开始也将有年平均10GW的退役组件需要回收。以晶体硅为例，10GW意味着约67.5平方公里的组件，即几乎同样面积的玻璃、塑料背板、硅片、约21万公里长的铝合金边框、约8万公里长的光伏电缆需要回收，当然这还不包括其他 BOS 设备。如此巨大的回收量需要各国有应对的策略。

11.6　光伏发电系统的经济性

投资光伏发电系统是否具有较好的收益？这是所有对太阳能光伏利用感兴趣的人士最关心的问题。只有在经济性上可行，光伏发电才有可能最终大范围推广。光伏发电的经济性最终决定于以下四个因素：

（1）成本——光伏发电的成本应包含其 25 年生命周期内的所有支出

① 建设期投入：建成光伏发电系统并顺利通过验收且并网的全部费用（表 11.1），这部分费用通常按每瓦造价（元/瓦）计算。

② 运营维护费用：光伏系统建成后维护人员的工资、社保、福利等人力成本；设备保险、维修、更换等所产生的支出；日常办公、年检、培训等行政费用。

③ 贷款本利偿付：若部分资金通过借贷方式筹集，则需定期进行本利偿还。

④ 税费：光伏系统所有者因光伏发电业务所产生的税赋与费用，缴纳税费的具体科目、比例与所处地域及光伏系统运营的商务模式有关。例如对于以光伏发电出售给电网公司为唯一主营业务的企业，江苏省对其征收 17% 的增值税，由于太阳光没有任何进项税款可作抵扣，因此全部发电收入的 17% 首先作为增值税被征收，剩余 83% 的发电收入经过扣除设备折旧、城建和教育附加等其他税费后计算毛利润，随后减去运营维护相关支出后再按 25% 税率缴纳企业所得税；对于主营业务并非光伏发电的企业，其投资光伏系统一般为自发自用，光伏电力直接抵消其主营业务用电成本，不直接与税费相关；对于合同能源管理企业投资光伏系统，一般卖电给最终用户，但对于这样的合同能源管理企业如何征税尚未有明确的政策（由于受到目前法规的限制，名义上正式从事光伏发电的合同能源管理企业在中国尚未出现）。

在过去的十年，光伏发电系统的使用尚处于快速发展期，大部分投资人对成本的关注重点集中于建设期成本，即以元/瓦计算的投入。随着光伏系统逐件普及，对光伏系统运营与维护的认识进一步加深，均化发电成本（Levelized Cost of Energy，LCOE）已经成为对光伏电力成本关注的重点。LCOE 的定义是平摊在光伏系统整个生命周期内全部发电量上的成本，即系统生命周期内产生的所有相关费用之和除以发电量总额，或者说是每发一度电的成本，单位是元每千瓦时 [元/(kW·h)]。LCOE 反映了光伏发电的最终成本，是与其他发电系统（如火力、水力、生物质发电等）进行比较的最关键参数。

（2）收入——在光伏系统 25 年生命周期内全部与光伏发电相关的资金进项

① 政府建设期补贴：政府通过激励政策为批准的光伏发电项目提供资金补贴，这部分补贴以系统装机容量计算（即元/瓦），在项目开工、验收等时间节点分期到位。例如 2012 年中国"金太阳计划"为经过核准的光伏项目提供每瓦 5.5 元的补贴资金，其中的 70% 在项目开工时由财政部下拨，剩余 30% 则在项目验收通过后下拨到位。

② 光伏电力销售收入：光伏电力销售收入情况与运营模式和政策有关。2012 年在中国主要有两种情况：第一种为按照规定价格（Feed-in Tarrif，FIT）将电力出售给电网公司，若项目得到了政府建设期补贴，上网价格按脱硫燃煤标杆电价计算，若没有得到政府建设期补贴，则按照 1 元/（kW·h）价格出售给电网公司，某些省份在 1 元/（kW·h）基础上额外给予更高电价（例如江苏、山东、辽宁）；第二种为自发自用，在电网公司批准的前提下系统业主将光伏电力即时使用掉，相当于抵充用电费，如果用不完全部光伏电力，剩余电力按照脱硫燃煤标杆电价出售给电网公司。在欧美等国家，较大型光伏系统的业主能够以合同能源管理模式，将光伏电力通过电力购买协议（Power Purchase Agreement，PPA）确定价格后直接出售给终端用户；小型的户用光伏系统则采用自发自用和净电量计量，即光伏电力抵充用电，而且剩余电量以用电价格的标准（非脱硫燃煤标杆电价）出售给电网。

（3）时间性——光伏发电的特点是初期一次性投资大，但整个收益期长达 25 年，这就决定了时间性是考虑整体收益的重要因素

以 FIT 方式出售光伏电力，一般政府和电网采用 25 年平价收购方式，即在光伏系统整个生命周期里产生的电力价格不变（这种方式对于政府和电网公司在预算安排上最为有利）。但是今年 1 度电与十年后 1 度电的货币价格是不一样的，而以 FIT 方式售电就必须在当前就要订出以后 25 年的光伏电价。因此考虑到其他发电方式的成本在 25 年里必然上涨，以及通货膨胀等因素，欧洲政府设定的 FIT 价格大大高于当前电价，以充当光伏系统投资人在时间性上的可能收益，因此吸引了大量私人投资进入光伏系统的应用领域。

对于以自发自用方式抵充用电的光伏系统，时间性因素更为重要，因为 25 年的电费抵充收益由变动的市场电价决定。根据以往几十年的统计数据，一般都认为电价每年至少保持 4% 的涨幅；另外自发自用的收益也与用电性质极为相关，在中国民用电价格为 0.5～0.6 元/（kW·h），工业用电为 0.6～1.1 元/（kW·h），商业用电为 0.8～1.6 元/（kW·h），很明显商业的自发自用最为划算；中国的工业用电与商业电价施行分时电价，在用电高峰时段电价高，用电低谷时段电价低，有日照的白天时段一般为用电高峰期和平稳期，而没有低谷区，因此这样的分时电价对光伏发电的收益更有利。

在光伏系统长达 25 年的生命周期里，由于公司运营的不确定性（包括系统业主和光伏电力购买者）、政府政策的不确定性、战争、天灾等因素可能会导致光伏系统业主的投资无法收回或收益受损，因此有些业主希望尽量少动用自有资金并在短期内收回投资。出于这个考虑，部分投资人更希望得到政府的初期建设补贴，并在建成后尽快将光伏系统溢价转让。

（4）政策

从以上影响光伏系统经济性的成本、收入、时间性等要素可以看出，光伏发电的政策风险不容忽视。由于电力是任何一个国家的基础性战略性行业，光伏发电与水电、火电、风电、核电等不可避免要受到政府的政策干预。这些政策包括立项政策、补贴政策、电价政策（FIT）、税收政策、并网技术规范与流程等等。2012 年10 月中国国家电网公司发布《关于做好分布式光伏发电并网服务工作的意见》，一改以前对光伏电力并网排斥的态度，积极欢迎光伏并网而且明确了电网接入方面的审批流程，确保光伏电量能够被收购。类似于这样的措施对于降低光伏发电收益的政策性风险有很大帮助。另外国家的适当金融政策也会对光伏发电的推广及其经济性有重大影响，除了银行贷款外，也可考虑发行光伏发电相关金融产品与工具，促进民间资本的介入。

表 11.2 所示为以天津某 2.0MWp 光伏屋顶项目为例所作的基本财务分析。此项目的初期建设总成本为 10.587 元/W（参考表 11.1），获得金太阳补贴 5.5 元/W，剩余建设资金全部由业主自有资金支付，不需贷款；业主为商铺出租者，项目建成后通过自发自用抵消商铺的公共用电（如车库照明、电梯等），其用电性质为商业用电，根据在天津地区分时电价及对应时段光伏发电量的权重，估计白天的平均电价为0.8293 元/（kW·h）；由于电费抵充并不产生资金进项，增值税为零，同时假设光伏系统设备匀速折旧 15 年，在这些情况下此光伏项目的内部收益率为 14.8%。由于业主的主营业务并非光伏发电本身，因此以上的收益分析只是孤立地测算光伏部分的经济性，其与业主主营业务收益之间的相互影响并不清楚，但通过这样的分析可以半定量地看出投资此光伏电站对于业主来说必然不会带来投资损失。

表 11.2　天津 2.0MWp 光伏屋顶项目基本财务分析

科目	细目	数值	备注
发电相关	首年发电量/万度	256.5859	
	每年效率递减	0.50%	
	初始电价/[元/(kW·h)]	0.8293	
	电价每年上涨百分比	0.00%	

科目	细目	数值	备注
投资和信贷情况	自有投资/万元	1017	
	项目总装机容量/MW	2	
	每瓦造价/元	10.587	
	项目总造价/万元	2117.4	
	政府设备补贴总额/万元	1100.0	
	政府设备补贴第一期/万元	770.0	建设期补贴
	政府设备补贴第二期/万元	330.0	运营期补贴
	银行贷款总额/万元	—	
	贷款年限	10	
	贷款利率	8.00%	
	还款方式	期末一次性偿还本金	
建设及维护成本	可抵扣增值税固定资产/万元	1800	可抵扣增值税
	其他建设、设计等费用/万元	318	
	项目维护成本/万元	5	
	维护成本每年上涨百分比	2%	
税率及折旧	增值税率	0%	
	城建及教育附加	11%	增值税的11%
	企业所得税率	25%	
	折旧方式	匀速折旧	
	折旧年限	15	
项目财务回报	内部收益率	14.81%	
	净现值/万元	196.23	
	贴现率	12%	
	项目存续期内总现金流/万元	2692.09	